教育部高等学校电子信息类专业教学指导委员会规划教材

高等学校电子信息类专业系列教材

U0368465

电路分析基础

主　编　刘景夏

副主编　王　娜　于战科

编　著　林　莹　陈　姝

清华大学出版社

北京

内 容 简 介

本书是根据教育部高等学校工科基础课程教学指导委员会于 2019 年修订的《电路分析基础课程教学基本要求》，结合电类课程教学改革形势和实际需要编写而成的。主要内容分为 7 章：电路的基本概念和定律、电阻电路分析、动态电路时域分析、正弦稳态分析、电路的频率响应和谐振现象、二端口网络、非线性电路。本书力求准确把握课程体系的基本脉络，体现较好的知识结构。基本概念讲述严密准确，理论讲解细致透彻；基本方法阐述步骤明确，前后联系紧密；并配有丰富的例题、思考和练习题、习题等。

本书可作为电子信息类、计算机类、自动化类等专业的本科生教材，也可作为研究生入学考试复习用书，以及相近专业师生和工程技术人员的参考书。

图书在版编目(CIP)数据

电路分析基础/刘景夏主编.—北京：清华大学出版社，2022.9
高等学校电子信息类专业系列教材
ISBN 978-7-302-61055-7

Ⅰ.①电… Ⅱ.①刘… Ⅲ.①电路分析－高等学校－教材 Ⅳ.①TM133

中国版本图书馆 CIP 数据核字(2022)第 096442 号

责任编辑：赵　凯
封面设计：李召霞
责任校对：焦丽丽
责任印制：宋　林

出版发行：清华大学出版社
　　　　　网　　址：http://www.tup.com.cn，http://www.wqbook.com
　　　　　地　　址：北京清华大学学研大厦 A 座　　邮　　编：100084
　　　　　社 总 机：010-83470000　　　　　　　邮　　购：010-62786544
　　　　　投稿与读者服务：010-62776969，c-service@tup.tsinghua.edu.cn
　　　　　质量反馈：010-62772015，zhiliang@tup.tsinghua.edu.cn
　　　　　课件下载：http://www.tup.com.cn，010-83470236
印 装 者：三河市铭诚印务有限公司
经　　销：全国新华书店
开　　本：185mm×260mm　　印　　张：21.25　　　　字　　数：518 千字
版　　次：2022 年 9 月第 1 版　　　　　　　　　　　印　　次：2022 年 9 月第 1 次印刷
印　　数：1～1500
定　　价：69.00 元

产品编号：093213-01

高等学校电子信息类专业系列教材

序

FOREWORD

我国电子信息产业销售收入总规模在 2013 年已经突破 12 万亿元,行业收入占工业总体比重已经超过 9%。电子信息产业在工业经济中的支撑作用凸显,更加促进了信息化和工业化的高层次深度融合。随着移动互联网、云计算、物联网、大数据和石墨烯等新兴产业的爆发式增长,电子信息产业的发展呈现了新的特点,电子信息产业的人才培养面临着新的挑战。

(1) 随着控制、通信、人机交互和网络互联等新兴电子信息技术的不断发展,传统工业设备融合了大量最新的电子信息技术,它们一起构成了庞大而复杂的系统,派生出大量新兴的电子信息技术应用需求。这些"系统级"的应用需求,迫切要求具有系统级设计能力的电子信息技术人才。

(2) 电子信息系统设备的功能越来越复杂,系统的集成度越来越高。因此,要求未来的设计者应该具备更扎实的理论基础知识和更宽广的专业视野。未来电子信息系统的设计越来越要求软件和硬件的协同规划、协同设计和协同调试。

(3) 新兴电子信息技术的发展依赖于半导体产业的不断推动,半导体厂商为设计者提供了越来越丰富的生态资源,系统集成厂商的全方位配合又加速了这种生态资源的进一步完善。半导体厂商和系统集成厂商所建立的这种生态系统,为未来的设计者提供了更加便捷却又必须依赖的设计资源。

教育部 2012 年颁布的《普通高等学校本科专业目录》将电子信息类专业进行了整合,为各高校建立系统化的人才培养体系,培养具有扎实理论基础和宽广专业技能的、兼顾"基础"和"系统"的高层次电子信息人才给出了指引。

传统的电子信息学科专业课程体系呈现"自底向上"的特点,这种课程体系偏重对底层元器件的分析与设计,较少涉及系统级的集成与设计。近年来,国内很多高校对电子信息类专业课程体系进行了大力度的改革,这些改革顺应时代潮流,从系统集成的角度,更加科学合理地构建了课程体系。

为了进一步提高普通高校电子信息类专业教育与教学质量,贯彻落实《国家中长期教育改革和发展规划纲要(2010—2020 年)》和《教育部关于全面提高高等教育质量若干意见》(教高〔2012〕4 号)的精神,教育部高等学校电子信息类专业教学指导委员会开展了"高等学校电子信息类专业课程体系"的立项研究工作,并于 2014 年 5 月启动了《高等学校电子信息类专业系列教材》(教育部高等学校电子信息类专业教学指导委员会规划教材)的建设工作。其目的是为推进高等教育内涵式发展,提高教学水平,满足高等学校对电子信息类专业人才培养、教学改革与课程改革的需要。

本系列教材定位于高等学校电子信息类专业的专业课程,适用于电子信息类的电子信息工程、电子科学与技术、通信工程、微电子科学与工程、光电信息科学与工程、信息工程及其相近专业。经过编审委员会与众多高校多次沟通,初步拟定分批次(2014—2017 年)建设约 100 门课程教材。本系列教材将力求在保证基础的前提下,突出技术的先进性和科学的前沿性,体现创新教学和工程实践教学;将重视系统集成思想在教学中的体现,鼓励推陈出新,采用"自顶向下"的方法编写教材;将注重反映优秀的教学改革成果,推广优秀的教学经验与理念。

为了保证本系列教材的科学性、系统性及编写质量,本系列教材设立顾问委员会及编审委员会。顾问委员会由教指委高级顾问、特约高级顾问和国家级教学名师担任,编审委员会由教育部高等学校电子信息类专业教学指导委员会委员和一线教学名师组成。同时,清华大学出版社为本系列教材配置优秀的编辑团队,力求高水准出版。本系列教材的建设,不仅有众多高校教师参与,也有大量知名的电子信息类企业支持。在此,谨向参与本系列教材策划、组织、编写与出版的广大教师、企业代表及出版人员致以诚挚的感谢,并殷切希望本系列教材在我国高等学校电子信息类专业人才培养与课程体系建设中发挥切实的作用。

吕志伟 教授

前 言
PREFACE

随着教育观念的不断更新和现代电子科技、现代教育技术日新月异的发展,电类课程的教学改革对教师提出了新的、更高的要求。目前,"电路分析基础"课程课时大多压缩在60～70学时,而课堂教学仍然是教学工作的主要环节,十分有必要设计好课堂教学内容,提高课堂教学质量及教学效率,要求教师贯彻精讲原则,精心组织讲课内容,突出知识点间的联系,体现知识点的前后呼应和举一反三。本书是根据教育部电子信息与电气信息类基础课程教学指导委员会修订的《电路分析基础课程教学基本要求》,结合电类课程教学改革形势和实际需要,在编者多年教学讲稿的基础上编写而成的。

全书结合最新融合式电类基础课程内容体系的要求,注重电路分析基础课程知识点与后续课程之间的融合与衔接,力求准确把握课程体系的基本脉络,体现较好的知识结构,顺序合理,要点明确,重点突出,语言力求简明、通俗易懂。基本概念讲述严密准确,说理细致透彻;基本方法阐述步骤明确,前后联系紧密;并配有丰富的例题、思考和练习题、习题等。教材内容还与人文知识相结合,与工程实际相联系,阐述知识发现的背景和实际应用的需要,有利于学生在学习该课程的过程中建立科学的思维方法,培养分析问题和解决问题的能力、科学总结与归纳的能力、综合运用知识的能力,以达到课程标准的要求。

全书主要内容分为7章:电路的基本概念和定律、电阻电路分析、动态电路时域分析、正弦稳态分析、电路的频率响应和谐振现象、二端口网络、非线性电路。另有附录内容为电路理论发展简史、复数及其运算、部分习题参考答案。

使用本教材的教学参考学时为60～80学时。

本书可作为通信工程、电子工程、信息工程、网络工程、系统工程、计算机科学与技术、测控技术与仪器等专业的本科生教材,也可作为研究生入学考试复习用书,以及相近专业师生和工程技术人员的参考书。

在本书的编写过程中,参阅了大量教材、著作和论文,许多专家和同仁提供了很多教学资料并提出了不少修改意见,在此一并表示衷心感谢。

限于作者的水平和经验,书中难免有疏漏不妥之处,恳请专家、读者不吝指教。

编 者

2022 年 5 月

目 录

CONTENTS

部分习题参考答案

电路的基本概念和定律

提到电路,大家并不陌生。人类进入电气时代已经一个多世纪了,电灯、电扇、电冰箱、电话、手机、计算机等,无数改变了人们生活面貌的发明创造,都要依赖电路来实现。可以说,各种电路设备对于人类社会已经不可或缺。

那么,这些纷繁复杂的各类电路遵循着哪些共性的规律呢?电路理论即是研究电路的基本规律及基本分析方法的工程学科,它起源于物理学中电磁学的一个分支,若从欧姆定律(1827 年)和基尔霍夫定律(1845 年)的发表算起,至今已有至少 190 多年的历史。电路理论通常指电路分析和电路综合与设计两个分支。电路分析是根据已知的电路结构和元件参数,在电源或信号源(可统称为激励)作用下,分析计算电路的响应(即计算电压、电流和功率等),以讨论给定输入下电路的特性。电路综合与设计是电路分析的逆命题,即根据所提出的对电路性能的要求,确定给定输入和输出下合适的电路结构和元件参数。另外,由于电子元件与设备的规模扩大,促进了故障诊断理论的发展,因而故障诊断理论被人们视为继电路分析和电路综合与设计之后电路理论的一个新的分支,它指预报故障的发生及确定故障的位置、识别故障元件的参数等技术。电路综合与设计、故障诊断都是以电路分析为基础的。

本课程属电路理论中电路分析这一分支。作为电路理论的基础和入门,本书主要讨论电路分析的基本规律和电路的各种分析计算方法。通过本课程的学习将为后续课程的学习打下基础,并能用相关理论知识去解决今后工作中遇到的电路问题。

本章讨论电路的基本概念与基本定律,如电路模型、电路变量、基尔霍夫定律、基本元件、等效概念和等效方法等。

1.1 实际电路与电路模型

1.1.1 实际电路组成与功能

电路是电流的通路,是为了某种需要由某些元器件或电气设备按一定方式组合起来的。电路的结构形式和所能完成的任务是多种多样的,其作用是实现电能的传输、分配和转换,例如电力系统完成电能的传输、分配,而如图 1-1 所示的手电筒电路完成能量的转换功能。

图 1-1 所示的手电筒电路由灯泡、开关、导线、电池等连接而成,可归纳为电源、负载和中间环节 3 个组成部分。电池是一种常用的电源,为电路提供电能。灯泡是负载,是取用电

能器件,把电能转换为光能。导线、开关等称为中间环节,是连接电源和负载的部分,起传输和控制作用。

　　电路的另一种作用是传递和处理信号。常见的一个例子如扩音机,其电路示意图如图 1-2 所示。先由话筒把语音或音乐(通常称为信息)转换为相应的电压和电流,它们就是电信号,通过放大电路传递到扬声器,把电信号还原为语音或音乐。由于由话筒输出的电信号比较微弱,不足以推动扬声器发音,因此中间还要用放大电路来放大。信号的这种转换和放大,称为信号处理。事实上,为使信号转换和放大,中间的放大电路中还需加有类似电池的电源,否则就不能正常工作。

图 　1-1　　　　　　　　　图 　1-2

　　在图 1-2 中,话筒是输出信号的设备,称为信号源,但与上述的电池这种电源不同,信号源输出的电信号(电压和电流)的变化规律是取决于所加的信息的。扬声器是接收和转换信号的设备,也就是负载。

　　信号传递和处理的例子很多,如收音机和电视机,它们的接收天线(信号源)把载有语音、音乐、图像等信息的电磁波接收后转换为相应的电信号,而后通过电路将信号传递和处理(调谐、变频、检波、放大等),送到扬声器和显像管(负载),还原为原始信息。

1.1.2　电路模型

　　实际电路中使用的电路元器件一般都和电能的消耗现象及电磁能的储存现象有关,这些现象交织在一起并发生在整个部件中。如果把这些现象或特性全部加以考虑,就给分析电路带来了困难。因此,必须在一定条件下,忽略它的次要性质,用一个足以表征其主要电磁性能的模型来表示,以便进行定量分析。

　　当实际电路尺寸远小于其使用时最高工作频率所对应的波长时,可以定义出几种理想元件,用来构成实际部件的模型。这个条件即为集总假设。在此条件下,一种理想元件只反映一种基本电磁现象,其电磁过程都分别集中在各元件内部进行,且可由数学方法精确定义,这样的元件称为集总参数元件,简称集总元件。例如,电阻元件表征消耗电能的特性,电容元件表征储存电场能量的特性,电感元件表征储存磁场能量的特性。这 3 种理想元件模型如图 1-3 所示。

　　电路模型即是在集总假设条件下实际电路在一定条件下的科学抽象和足够精确的数学描述。电路理论中所说的电路一般是指由一些理想元件按一定方式连接组成的总体(电路模型),也称集总参数电路,即由集总元件构成的电路。

　　不同的实际部件,只要具有相同的主要电磁性能,在一定条件下可用同一个模型表示。例如电灯、电扇、

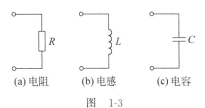

(a)电阻　　(b)电感　　(c)电容
图 　1-3

电吹风、电阻器等都是以消耗电能为主的元件和设备,因此都可以将其用理想电阻元件模型来代替。同一个实际部件在不同的条件下,它的模型也可以有不同的形式。例如,实际电感器在不同条件下的模型可如图 1-4 所示。

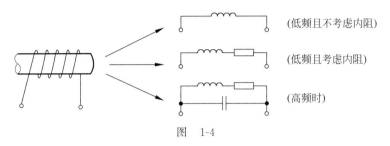

（低频且不考虑内阻）

（低频且考虑内阻）

（高频时）

图　1-4

将实际电路中各个部件用其电路模型表示,这样画出的图即为实际电路的电路模型,亦称电路原理图。如图 1-1 所示的手电筒电路,就可抽象为如图 1-5 所示的电路模型。本课程进行电路分析的对象主要是抽象后的电路模型。

相反,不满足集总假设的电路则不能用上述电路模型表示。例如,我国电力系统供电的频率为 50Hz,对应的波长为 6000km,而输电网络的距离动辄数千千米,其尺寸与所供电的波长相差不大;另外,微波电路频率可高达几十 GHz,波长可低至毫米量级,此时的电路元件尺寸均可与之比拟,也不满足集总假设。类似这些情况都不能按照集总参数电路去分析。

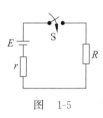

图　1-5

思考和练习

1.1-1　实际电路的基本功能主要包括几类? 在本书所举的例子之外各举两个实例。

1.1-2　电路模型的主要组成部分是什么? 常见的理想元件有哪些?

1.2　电路基本变量

电路的电性能通常可以用一组变量来描述,电路分析的任务在于解得这些变量。从根本上说,电荷与能量是描述电现象的基本变量或原始变量。但为便于描述电路,从电荷和能量的角度出发又引入了电路的基本变量:电流、电压和功率。电压和电流都易于测定,其中功率又可由电压、电流算得。因此,电路分析问题往往侧重于求解电流和电压。以下就介绍这些电路基本变量。

1.2.1　电流

电荷有规则的定向运动,形成传导电流。金属导体中的大量自由电子,在外电场的作用下逆电场运动而形成电流,电解液中带电离子做规则的定向运动形成电流。

电流是电流强度的简称,定义为单位时间内通过导体横截面的电荷量。一般用字母 i 表示。即有

$$i(t) = \frac{\mathrm{d}q(t)}{\mathrm{d}t}$$

(1.2-1)

在国际单位制中,电荷量的单位是库(C),时间的单位是秒(s),电流的单位是安培(A),简称安。实际应用中,该单位有时过小或过大,可在其前适当加词头,形成十进倍数单位和分数单位,如 mA、μA、kA 等。

由于电流的本质是电荷的定向流动,因此电流是有方向的。实际电路中流动的电荷可能是正电荷(如电解质溶液中的正离子)或负电荷(如电解质溶液中的负离子以及导线中的自由电子),但习惯上规定正电荷流动的方向为电流的方向,并称为电流的真实方向。

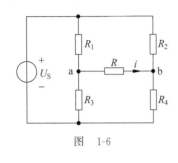

图 1-6

在实际问题中,电流的真实方向往往在电路图中难以判断。如图 1-6 所示,电阻 R 的电流实际方向不是一看便知的,但它的实际方向无非是 a 流向 b 或 b 流向 a。因此,可以像其他代数量问题一样任意假设正电荷的运动方向,这种假定的正电荷运动方向称为电流的参考方向,用箭头标在电路图上,或用双下标表示(如 i_{ab} 表示电流从 a 点流向 b 点),并以此为准去分析计算。对电路进行计算的结果不外乎以下 3 种:$i>0$、$i=0$ 和 $i<0$。其中,$i>0$ 代表电流的真实方向与参考方向相同,$i<0$ 则代表电流的真实方向与参考方向相反。因此,电流值的正负是以设定了参考方向为前提的,如果没有设定参考方向,则电流值的正负没有任何意义。

如果一个电流的大小和方向均不随时间而改变,称其为直流电流,常用 DC(Direct Current)来表示,如图 1-7(a)所示。本书中,在电阻电路中,大写字母 I 和小写字母 i 均可用来表示直流,但在动态电路中则仅用 I 来表示直流。如果一个电流的大小和方向随时间而改变称其为时变电流,如图 1-7(b)所示。如果时变电流的大小和方向均作周期性变化且均值为零,则称其为交变电流,简称交流,常用 AC(Alternating Current)来表示,如图 1-7(c)所示。

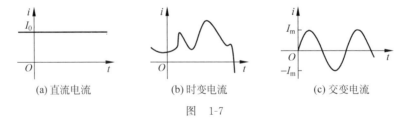

(a) 直流电流　　　　　　(b) 时变电流　　　　　　(c) 交变电流

图　1-7

1.2.2　电压

电荷在电路中流动,就必然发生能量的交换。电荷可能在电路的某处获得能量而在另一处失去能量。因此,电路中存在着能量的流动,电源一般提供能量,有能量流出,电阻等元件吸收能量,有能量流入。为便于研究问题,引用"电压"这一物理量。

在电路理论中,电压定义为将单位正电荷从一点移到另一点时电场力所做的功。电压用字母 u 表示,即

$$u(t) = \frac{\mathrm{d}w(t)}{\mathrm{d}q} \tag{1.2-2}$$

在国际单位制中,功的单位是焦(J),电压的单位是伏特(V),简称伏。实际应用中,该单位有时过小或过大,可在其前适当加词头,形成十进倍数单位和分数单位,如 mV、μV、kV 等。

与电流一样,电压也是有方向的。实际电路中,电压的方向不同,将电荷从一点移动到另一点时的做功情况也可能不同,既可能是电场力对外做功(如电灯发光),也可能是外力对电场力做功(如蓄电池充电)。通常规定电位降落的方向为电压的真实方向或实际方向,而把高电位端标为"+"极,低电位端标为"-"极。

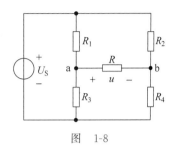

图 1-8

同电流的参考方向一样,也需要为电压选定参考方向。通常在电路图上用"+"表示参考方向的高电位端,"-"表示参考方向的低电位端,如图 1-8 所示。或用箭头、双下标表示(如 u_{ab} 表示电压参考方向从 a 点指向 b 点),并以此为准去分析计算。对电路进行计算的结果也不外乎 3 种: $u>0$、$u=0$ 和 $u<0$。其中,$u>0$ 说明该电压的真实方向与所设参考方向一致,$u<0$ 则说明该电压的真实方向与参考方向相反。因此,电压值的正负也是以设定了参考方向为前提的,如果没有设定参考方向,则电压值的正负没有任何意义。

在电路中还会经常用到"电压降""电压升"的概念,电压降即指电压,而电压升则是电压降的相反值。例如,图 1-8 中从电压源正极性端到负极性端的电压降为 U_S,电压升为 $-U_S$。

DC 和 AC 最早是针对电流而提出来的概念,但人们习惯上也用其来表示直流电压和交流电压,主要也是依据电压方向和取值的变化与否。如果一个电压的大小和方向均不随时间变化,则称其为直流(DC)电压,否则即为时变电压,如果这种变化是呈周期性的且均值为零,又称为交流(AC)电压。例如,人们日常生产生活中经常遇到的工频电压即是指有效值为 220V、频率为 50Hz 的正弦交流电压。

除了电压,电路中还有一个重要的"电位"概念。电路中常假设一个零电位点,用符号"⊥"表示,称为参考点。在电路中,某点的电位是将单位正电荷沿一路径移至参考点时电场力做的功。因此,某一点的电位就是该点到参考点的电压降。所以计算电位的方法与计算电压的方法完全相同。

在电路分析中引入了电位,电路中任一支路的电压均可由支路两端(或该两点之间)电位之差得到,简化了电路分析计算的过程,且当电路中有多个电压源时,将它们一一画出是很不方便的,这时可以采用电位的概念,仅将各电压源正极性端在图中标出,并注明其电压值,而将电压源支路省略不画。在后续的电子电路课程中,把这种画法叫"习惯画法"。例如,采用习惯画法可将图 1-9(a)所示电路改画成图 1-9(b)所示电路。

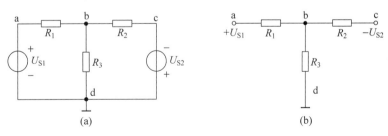

图 1-9

在电路分析中,对一个元件或一段电路上的电流与电压的参考方向是任意选定的,两者之间独立无关。但为了方便起见,常采用关联参考方向:电流参考方向与电压参考"+"到

"一"极的方向一致,即电流与电压参考方向一致,如图 1-10 所示;否则称二者为非关联的,如图 1-11 所示。

图　1-10　　　　　　　　　　　　图　1-11

1.2.3　功率

电路中存在着能量的传输,讨论能量传输的速率使用功率变量。

功率定义为单位时间内电场力所做的功或电路所吸收的能量,用字母 p 表示,其定义式为

$$p(t) = \frac{\mathrm{d}w(t)}{\mathrm{d}t} \tag{1.2-3}$$

在国际单位制中,功率的单位是瓦特(W),简称瓦。

根据电压和电流的定义式,在电压电流关联参考方向前提下,可以导出功率的计算式,其过程如下:

$$p(t) = \frac{\mathrm{d}w(t)}{\mathrm{d}t} = \frac{\mathrm{d}w(t)}{\mathrm{d}q(t)} \cdot \frac{\mathrm{d}q(t)}{\mathrm{d}t} = u(t)i(t)$$

或简写为

$$p = ui \tag{1.2-4}$$

即在电压 u、电流 i 参考方向关联的条件下,一段电路所吸收的功率为该段电路两端电压、电流的乘积。显然,若 u、i 参考方向非关联,则计算吸收功率的公式中应冠以负号,即 $p = -ui$。

据此,代入 u、i 数值,若计算得 p 为正值,该段电路实际就是吸收功率(或消耗功率);若 p 为负值,该段电路实际向外提供功率(或产生功率)。

与功率问题密切相关的还有能量问题。在电路理论中,功率是能量随时间的变化率即微分,因此在从 t_0 时刻到 t 时刻电路吸收或产生的能量 w 即为功率 p 随时间的积分

$$w(t_0, t) = \int_{t_0}^{t} p(\xi)\mathrm{d}\xi = \int_{t_0}^{t} u(\xi)i(\xi)\mathrm{d}\xi \tag{1.2-5}$$

例 1-1　在图 1-12 所示电路中,已知 $I_1 = 3\mathrm{A}$,$I_2 = -2\mathrm{A}$,$I_3 = 1\mathrm{A}$,电位 $V_a = 8\mathrm{V}$,$V_b = 6\mathrm{V}$,$V_c = -3\mathrm{V}$,$V_d = 8\mathrm{V}$。

(1) 求电压 U_{ac},U_{db}。

(2) 求元件 1、3、5 上吸收的功率。

解:(1) 由电压和电位的关系可得

$$U_{ac} = V_a - V_c = 8 + 3 = 11\mathrm{V},$$
$$U_{db} = V_d - V_b = 8 - 6 = 2\mathrm{V}$$

(2) 设元件 1、3、5 上吸收的功率分别为 P_1、P_3、P_5,则有

在元件 1 上,a 点到地间的电压 U_1 即为 a 点电位 V_a,该电压参考方向与元件 1 上电流 I_1 的参考方向为非关联

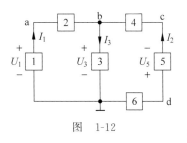

图　1-12

的,即 I_1 从 U_1 的负极性端流入,正极性端流出,故根据吸收功率计算式,有 $P_1=-V_aI_1=$ $-8\times3=-24$W。吸收功率为负值,表明其实际是发出功率的。

在元件 3 上,电压为 $U_3=V_b$,电流为 I_3,二者参考方向为关联的,故吸收功率 $P_3=$ $V_bI_3=6\times1=6$W,表明实际为吸收功率。

在元件 5 上,电压为 $U_5=U_{dc}$,电流为 I_2,二者参考方向为关联的,故吸收功率

$$P_5=U_{dc}I_2=(V_d-V_c)I_2=(8+3)\times(-2)=-22\text{W}$$

其值为负,表明实际为发出功率。

思考和练习

1.2-1 练习题 1.2-1 图所示电路中,电压 u、电流 i 参考方向是否关联?(应对 A、B 分别回答。)

1.2-2 有人说"电路中两点之间的电压等于该两点之间的电位差,因这两点的电位数值随参考点不同而改变,所以这两点之间的电压数值亦随参考点的不同而改变",试判断其正误,并给出理由。

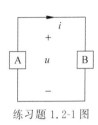

练习题 1.2-1 图

1.3 基尔霍夫定律

电路是由一些元件相互连接构成的整体。电路中各个元件的电流和电压受到两类约束:第一类约束来自元件的相互连接方式,由基尔霍夫定律体现,称为拓扑约束;另一类约束来自元件的性质,每一种元件的电压、电流形成一个约束。例如,线性电阻元件服从欧姆定律,别无选择,这种只取决于元件性质的约束,称为元件约束。

基尔霍夫定律是由德国物理学家基尔霍夫于 1845 年(当时他还是一名大学生)提出的,它与欧姆定律一起奠定了电路理论的基础。该定律包括基尔霍夫电流定律和基尔霍夫电压定律,它是分析一切集总参数电路的根本依据,一些重要的定理、有效的电路分析方法,都是以基尔霍夫定律为"源"推导、证明、归纳总结得出的。由于涉及元件的互连形式,故先介绍电路模型中的几个名词,然后再介绍基尔霍夫定律。

支路:一个二端元件或若干个二端元件的串联构成的每一个分支。为方便起见,本书多用"若干个二端元件的串联构成的每一个分支"作为支路,如图 1-13 中共有 6 条支路:ab、bc、cd、ad、bd、ac。

节点:支路与支路的连接点。如图 1-13 电路中共有 4 个节点:a、b、c、d。

回路:电路中任何一个闭合路径称为回路。如图 1-13 中有 7 个回路:abda、bcdb、adca、abca、abcd、abdca、adbca。

网孔:内部不含支路的回路称为网孔。网孔一定是回路,但回路不一定是网孔。图 1-13 中有 3 个回路是网孔:abda、bcdb、adca。

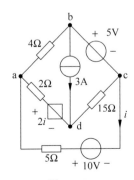

图 1-13

1.3.1 基尔霍夫电流定律

基尔霍夫电流定律的内容是:对于集总参数电路中的任意节

点,任一时刻流入或流出该节点电流的代数和为零。其数学表示式为

$$\sum_{k=1}^{m} i_k(t) = 0 \tag{1.3-1}$$

该式称为节点电流方程,简称 KCL 方程。其中,m 为连接节点的电流总数,$i_k(t)$ 为第 k 条支路电流,$k=1,2,\cdots,m$。其含义即把连接节点的支路电流都看成是流进(或流出),那么这些支路电流的代数和为零。因此,必然要求为每个电流规定符号,如假设流入该节点的电流取正号,则流出该节点的电流取负号(也可反过来规定)。基尔霍夫电流定律也简称为 KCL(Kirchhoff's Current Law)。

　　建立 KCL 方程时,首先要设定每一支路电流的参考方向,然后依据参考方向取号,电流流入或流出节点可取正或取负,但列写的同一个 KCL 方程中取号规则一致。

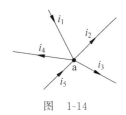

图　1-14

　　如图 1-14 所示,设 a 为集总参数电路中某一节点,共有 5 个电流流入或流出该节点,这些电流可以是常量,也可以是时间变量。则根据 KCL,不妨假设流入为正,列出 KCL 方程为

$$i_1 - i_2 - i_3 - i_4 + i_5 = 0$$

该 KCL 方程又可改写为

$$i_1 + i_5 = i_2 + i_3 + i_4$$

　　由此式含义可得 KCL 的另一种叙述方式:对于集总参数电路中的任意节点,任一时刻流入该节点的电流之和等于流出该节点的电流之和。即有

$$\sum i_{\text{流出}} = \sum i_{\text{流入}} \tag{1.3-2}$$

　　电流定律可推广适用于电路中任意假设的封闭面(广义节点)。如图 1-15 电路中对封闭面 S,有 $i_1 + i_2 + i_3 = 0$。

　　KCL 的实质是电荷守恒定律和电流连续性在集总参数电路中任意节点处的具体反映,即对集总参数电路中流入某一横截面多少电荷即刻从该横截面流出多少电荷,不可能产生电荷的积累。$\mathrm{d}q/\mathrm{d}t$ 在一条支路上应处处相等。对于集总参数电路中的节点,其"收支"完全平衡,故 KCL 成立。

　　需要说明的是,基尔霍夫定律适用于任意时刻、任意激励源情况的任意集总参数电路,激励源可为直流、交流或其他任意时间函数,电路可为线性、非线性、时变、非时变电路。

　　例 1-2　求图 1-16 所示电路中的未知电流。

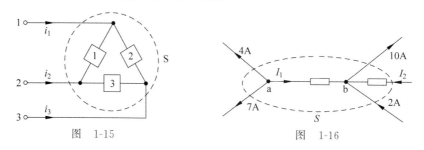

图　1-15　　　　　　　　　　　　　图　1-16

　　解:列 a 节点的 KCL 方程为(设流出为正)

$$I_1 + 4 + 7 = 0$$

得 $I_1 = -11\mathrm{A}$。

列 b 节点的 KCL 方程为(设流入为正)

$$I_1 + I_2 + 2 - 10 = 0$$

得 $I_2 = 19\text{A}$。

求 I_2 时还可直接按假设的封闭面 S 列 KCL 方程为

$$I_2 + 2 = 4 + 7 + 10$$

得 $I_2 = 19\text{A}$。

1.3.2　基尔霍夫电压定律

基尔霍夫电压定律的内容是：在集总参数电路中,任一时刻沿任一回路绕行一周的所有支路电压的代数和等于零。其数学表示式为

$$\sum_{k=1}^{m} u_k(t) = 0 \qquad (1.3\text{-}3)$$

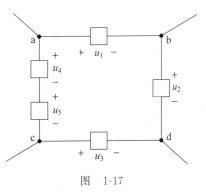

该式称为回路电压方程,简称 KVL(Kirchhoff's Voltage Law)方程。其中,m 为回路内出现的电压段总数,$u_k(t)$ 为第 k 段电压,$k = 1, 2, \cdots, m$。其含义即把沿绕行方向的支路电压都看成是电压降(或电压升)的话,那么这些支路电压的代数和为零。通常,建立 KVL 方程时规定顺绕行方向的电压(电压降)取正号,逆绕行方向的电压(电压升)取负号。

图　1-17

如图 1-17 所示,回路中共有 5 个支路电压,其参考方向已经给出。取顺时针方向为绕行方向,则根据 KVL,其方程为

$$u_1 + u_2 - u_3 - u_4 - u_5 = 0$$

上式又可改写为

$$u_1 + u_2 = u_3 + u_4 + u_5$$

由该式含义可得 KVL 另一叙述方式：在集总参数电路中,任一时刻沿任一回路的支路电压降之和等于电压升之和,即有

$$\sum u_{降} = \sum u_{升} \qquad (1.3\text{-}4)$$

与 KCL 类似,KVL 也可推广适用于电路中任意假想的回路(广义回路或虚回路)。在图 1-17 电路中,ad 之间并无支路存在,但仍可把 abd 或 acd 分别看成一个回路(它们是假想的回路),由 KVL 分别得

$$u_1 + u_2 - u_{ad} = 0$$

$$u_{ad} - u_3 - u_4 - u_5 = 0$$

原图中回路 KVL 方程有 $u_1 + u_2 - u_3 - u_4 - u_5 = 0$。故有

$$u_{ad} = u_1 + u_2 = u_3 + u_4 + u_5$$

可见,两点之间电压与选择的路径无关。据此可得出求任意两点之间电压的重要结论：任意 ab 两点之间的电压,等于自 a 点出发沿任何一条路径绕行至 b 点的所有电压降的代数和。

KVL 的实质反映了集总参数电路遵从能量守恒定律。从电压变量的定义容易理解 KVL 的正确性：如果单位正电荷从 a 点移动,沿着构成回路的闭合路径又回到 a 点,相当于求电压 u_{aa},显然 $u_{aa}=0$,即该正电荷既没得到又没失去能量。

同样,KVL 适用于任意时刻、任意激励源下的任意集总参数电路。

例 1-3 电路如图 1-18 所示,已知 $I_1=1A$, $I_2=2A$, $U_1=1V$, $U_2=-3V$, $U_4=-4V$, $U_5=7V$,求电压 U_{bd} 及元件 1、3、6 所消耗的功率。

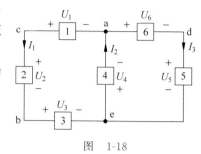

图 1-18

解：设元件 5 电流 I_3,如图 1-18 所示,列节点 a 的 KCL 方程为

$$I_1+I_3=I_2$$

得 $I_3=I_2-I_1=1A$。

运用任意两点的电压计算的重要结论

$$U_{bd}=-U_2+U_1-U_4-U_5=3+1+4-7=1V$$
$$U_3=-U_2+U_1-U_4=3+1+4=8V$$
$$U_6=-U_4-U_5=4-7=-3V$$

计算 1、3、6 元件消耗的功率为

$$P_1=-U_1I_1=-1\times1=-1W(实为产生 1W 功率)$$
$$P_3=U_3I_1=8\times1=8W$$
$$P_6=U_6I_3=-3\times1=-3W(实为产生 3W 功率)$$

思考和练习

1.3-1 试从物理原理上解释基尔霍夫电流定律和电压定律的本质。

1.3-2 如练习题 1.3-2 图所示电路中电流 I 为多少？

1.3-3 试求练习题 1.3-3 图所示的电路图中各元件的功率,并指出是吸收还是发出的。

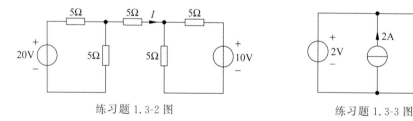

练习题 1.3-2 图   练习题 1.3-3 图

1.4 电路基本元件

电路元件是组成电路模型的最小单元,电路元件的特性由端口电压、电流关系来表示,简称伏安特性,简记为 VAR 或 VCR。可用数学关系式表示,也可描绘成 u-i 平面曲线,称伏安特性曲线。

常用的电路元件包括电阻、电容、电感、电压源、电流源、受控源、运算放大器、耦合电感、变压器以及一些非线性元件等。电路元件根据其外接端钮的个数可以分为二端元件和多端元件。例如,电阻元件、电感元件和电容元件等是二端元件,三极管元件、受控源元件、运算放大器元件等是多端元件。此外,还可以根据电路元件在工作时是否还需要外加电源才能工作将其分为有源元件和无源元件,电阻、电容、电感等是无源元件,运算放大器、微处理器等是有源元件。

本节首先介绍构成电阻电路的 4 种常用元件:电阻、电压源、电流源和受控源元件,其他元件将在后续章节中陆续介绍。

1.4.1 电阻

电阻元件是从实际电阻器件抽象出来的理想模型,它是表征电阻器对电流呈现阻碍作用、消耗电能的一种理想元件。

如果一个二端元件在任意时刻,其伏安特性均能用 u-i 平面上的一条曲线描述,称之为电阻元件。若该曲线是过原点的直线且不随时间变化,则称为线性时不变电阻元件。本课程涉及的电阻元件主要为线性时不变电阻元件,非线性电阻元件将在第 7 章介绍。

线性电阻元件的电路模型如图 1-19(a)所示,伏安特性曲线如图 1-19(b)所示。

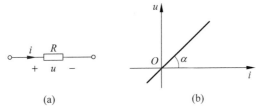

图 1-19

从图 1-19(b)可以看出,若线性电阻元件两端的电压电流参考方向为关联的,则其伏安关系呈正比例关系,其比例系数即为电阻元件的阻值。此即欧姆定律,用公式表示为

$$u = Ri \tag{1.4-1}$$

当电压电流参考方向为非关联时,上式应为

$$u = -Ri \tag{1.4-2}$$

电阻的单位为欧姆(Ω),简称为欧。另外几个常用的单位有千欧($k\Omega$)、兆欧($M\Omega$)和毫欧($m\Omega$)等。

电阻是反映物体对电流的阻碍作用的一个物理量,也可以从物体对电流的导通作用来定义另一个对偶的物理量,这就是电导,是电阻的倒数,用字母 G 表示,即有

$$G = \frac{1}{R} \tag{1.4-3}$$

因此,欧姆定律也可以写成

$$i = Gu(u、i\ \text{关联}) \quad \text{或} \quad i = -Gu(u、i\ \text{非关联}) \tag{1.4-4}$$

可见,电阻和电导是同一个问题的两个方面,物体的电阻越大,则其电导应该越小,反之若电阻越小,电导越大。

在国际单位制中,电导的单位是西门子(S),简称西。

在实际中经常会听到开路、断路、短路等说法,它们的本质都是电阻的特定值或状态。

具体地说,如果电阻 $R \to \infty$ 或电导 $G=0$,则称其为开路或断路,如果电阻 $R=0$ 或电导 $G \to \infty$,则称其为短路。

根据功率的定义和欧姆定律,当电压电流参考方向关联时,电阻元件吸收的功率 p 可由下式计算

$$p = ui = i^2 R = \frac{u^2}{R} \tag{1.4-5}$$

当电压电流参考方向非关联时,电阻元件吸收的功率 p 计算公式为

$$p = -ui = -(-Ri)i = i^2 R = \frac{u^2}{R}$$

显然,两种情况下,功率的计算公式是一样的。观察功率计算式可发现一个重要特点,即当电阻为正值时,电阻元件吸收功率永远是非负值,即其永远只能消耗功率,而不可能产生功率,此即电阻元件的耗能性质。从 t_0 到 t 时刻电阻元件所消耗或吸收的能量 $w(t)$ 为

$$w(t_0,t) = \int_{t_0}^{t} p(\xi)\mathrm{d}\xi = \int_{t_0}^{t} Ri^2(\xi)\mathrm{d}\xi = \int_{t_0}^{t} \frac{u^2(\xi)}{R}\mathrm{d}\xi \tag{1.4-6}$$

需要注意的是,有时也会遇到负电阻元件,它是对某些复杂的有源电子电路或某些特殊器件(如隧道二极管)外部特性的一种抽象,这样的器件会向外电路提供功率和能量,不是耗能元件。

例 1-4 在图 1-20 中,已知电阻两端某瞬间电压 $u=4\mathrm{V}$,且 $R=2\Omega$,试求流经电阻的电流 i 和该瞬间电阻的吸收功率 p。

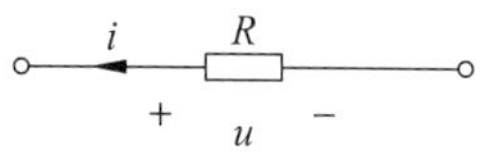

图 1-20

解:在图示电路中,电压电流采用非关联参考方向,欧姆定律应表示为

$$u = -Ri$$

故有

$$i = -\frac{u}{R} = -\frac{4}{2} = -2\mathrm{A}$$

该瞬间电阻的吸收功率为

$$p = -ui = 8\mathrm{W}$$

理想电阻元件的伏安特性曲线是向两端无限延伸的,意味着其电压电流可以不加约束地满足欧姆定律,因而其功率值也可以为任意值。但电灯、电烙铁等实际电阻器件却不能对其电压、电流和功率不加限制。这是因为根据电流的热效应,电阻器件有电流流过时不可避免地要产生热量,而过大的电压和电流会使器件过热而损坏,这个限额通常称为额定值,如额定电压、额定电流、额定功率。实际电阻器件使用时不得超过其规定的额定值,以保证安全工作。

例 1-5 设教室里安装了额定值"220V,100W"的电灯 6 盏,则教室选用额定电流为下面哪个值的保险丝比较合适?

A. 10A   B. 5A

C. 3A   D. 1A

解:因为 6 盏 100W 的灯全部开启时的总功率就是 $6 \times 100 = 600\mathrm{W}$,所以额定电流为 $600/220 = 2.7\mathrm{A}$,所以选 3A 的灯合适,答案为 C。

1.4.2 电压源与电流源

在电路中负责提供功率和能量的元件是电源元件,电源元件包括电压源和电流源两类。其中,电压源是对外电路提供电压的实际电源的抽象,例如干电池、稳压电压源、交流电源等。电流源是对外电路提供电流的实际电源的抽象,例如光电池、稳压电流源等。一些常用的实际电源如图 1-21 所示。

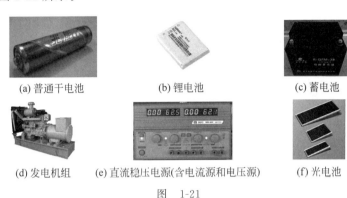

(a) 普通干电池   (b) 锂电池   (c) 蓄电池

(d) 发电机组   (e) 直流稳压电源(含电流源和电压源)   (f) 光电池

图 1-21

1. 电压源

如果一个二端元件无论其上流过的电流大小和方向如何,其两端的电压始终保持恒定的值或一定的时间函数(例如正弦波形),则称其为电压源元件。

电压源的电路模型如图 1-22(a)、(b)所示,其中,图 1-22(a)可表示直流或时变电压源,图 1-22(b)仅用于表示直流电压源。电压源的伏安特性曲线如图 1-22(c)所示。

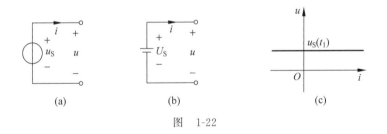

(a)   (b)   (c)

图 1-22

电压源的伏安特性可以写为

$$\begin{cases} u \equiv u_S \\ i = \text{任意值} \end{cases} \tag{1.4-7}$$

观察电压源的伏安特性曲线,可知:

(1) 在任意时刻,电压源的伏安特性曲线是平行于 i 轴,其值为 $u_S(t_1)$ 的直线。

(2) 若 $u_S(t_1)=0$,则伏安特性曲线是 i 轴,在 t_1 时刻它相当于短路。

(3) 电压源两端的电压与其上流过的电流无关。这意味着其上流过的电流值和方向可以是任意的。当电压源接在电路中时,流经它的电流值将由电压源和外电路共同来确定。根据不同的外电路,电流可以不同方向流过电源,因此理想电压源可对电路提供能量(起激励作用),也可从外电路接受能量(起负载作用)。又因为电流可以为任意值,故理想情况下它可提供或吸收无穷大的能量。

理想电压源实际并不存在,因为电源内部不可能储存无穷大的能量。但对于新干电池或发电机等一些实际电源来说,当外接负载在一定范围之内变化时确实能近似为定值或一定的时间函数。在这种情况下,把这些实际电源看成理想电压源在工程计算中是允许的。即使在有些条件下不能把实际电压源看作理想电压源,也可用理想电压源串联一适当电阻作为实际电压源的模型。

2. 电流源

如果一个二端元件不论其两端的电压大小和方向如何,其上的电流始终保持恒定的值或者某个特定的时间函数(例如正弦波形),则称其为电流源元件。

电流源的电路模型如图 1-23(a)所示。电流源的伏安特性曲线如图 1-23(b)所示。

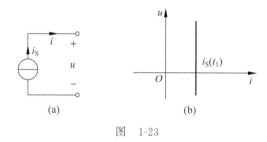

图　1-23

电流源的伏安特性可以写为

$$\begin{cases} i \equiv i_S \\ u = \text{任意值} \end{cases} \tag{1.4-8}$$

观察电流源的伏安特性曲线,可知:

(1) 在任意时刻,电流源的伏安特性曲线是平行于 u 轴(垂直于 i 轴),其值为 $i_S(t_1)$ 的直线。

(2) 若 $i_S(t_1)=0$,则伏安特性曲线是 u 轴,在 t_1 时刻它相当于开路。

(3) 电流源输出的电流与其两端的电压无关。这意味着其两端的电压值和方向可以是任意的。当电流源接在电路中时,其两端电压将由电流源和外电路共同来确定。根据不同的外电路,电压可以有不同的极性,因此理想电流源可对电路提供能量(起激励作用),也可从外电路接受能量(起负载作用)。又因为电压可以为任意值,故理想情况下它可提供或吸收无穷大的能量。

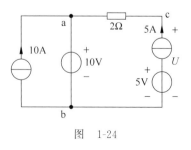

图　1-24

同样,理想电流源在实际中并不存在,因为电源内部不可能储存无穷大的能量。但对于光电池或电子线路中等效信号源等一些实际电源,在外接负载在一定范围之内变化时输出电流确实能近似为定值或一定的时间函数。

例 1-6　求图 1-24 所示电路中的电压 U。

解:由 KVL 方程,得

$$U = U_{ca} + U_{ab}$$

$U_{ab} = 10\text{V}$　　　　　（取决于 10V 电压源，而与 10A 电流源无关）

$U_{ca} = 2 \times 5 = 10\text{V}$　　（欧姆定律，2Ω 电阻与 5A 电流源串联，故其电流为 5A）

故 $U = U_{ca} + U_{ab} = 10 + 10 = 20\text{V}$。

1.4.3　受控源

前面讨论的电压源和电流源，由于电压源提供的电压和电流源提供的电流均由其内部特性决定，独立于电路的其他部分，因此均可称独立源。电路中还存在另一种源，它提供的电压或电流由其他部分的电压或电流决定或控制，因而称为受控源。受控源是由电子器件抽象而来的一种模型。一些电子器件如晶体管、耦合电感、运算放大器等，如图 1-25 所示，均具有输入端电流（或电压）能控制输出端电流（或电压）的特点，于是提出了受控源元件。

(a) 三极管　　　　　(b) 耦合电感　　　　　(c) 集成运算放大器

图　1-25

受控源定义为输出电压或电流受到电路中某部分的电压或电流控制的电源。受控源有输入和输出两对端钮，因此又称双口元件。输出端的电压或电流受输入端所加的电压或电流的控制，按照控制量和被控制量的组合情况，理想受控源（线性）分为 4 种：电压控制电压源（VCVS）、电压控制电流源（VCCS）、电流控制电压源（CCVS）、电流控制电流源（CCCS），如图 1-26 所示。

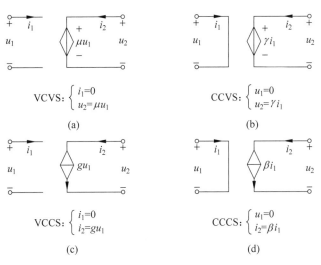

图　1-26

图 1-26 中的比例系数 μ、γ、g、β 是反映每种受控源控制关系的一个关键参数。其中，μ 和 β 是没有量纲的，γ 和 g 则分别具有电阻和电导的量纲。

由于受控源具有两个端口,故其总功率应针对两个端口分别计算后再求和。即受控源功率 p 为

$$p = u_1 i_1 + u_2 i_2$$

但观察上述理想受控源的 4 种模型,可以发现,控制支路要么开路,要么短路,因此控制支路的两个变量(电压和电流)中总有一个为零,故有

$$p = u_1 i_1 + u_2 i_2 = u_2 i_2$$

即实际计算受控源功率时只需计算受控支路的功率即可。

受控源与独立源(电压源和电流源)虽然同为电源,但却有本质的不同。独立源在电路中可对外独立提供能量,直接起激励作用,因为有了它才能在电路中产生响应;而受控源则不能直接起激励作用,它的电压或电流受电路中其他电压或电流的控制。控制量存在,则受控源就存在,当控制量为零时,则受控源也为零。因此,它仅表示这种"控制"与"被控制"的关系,是电路内部一种物理现象而已。

例 1-7 计算图 1-27 中各元件的功率,并说明是吸收还是产生的。

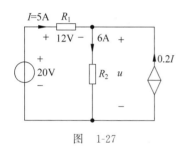

图 1-27

解:根据图中各元件的电压电流关系以及发出或吸收功率的定义来求解。

对于 20V 电压源,电压电流参考方向为非关联,可直接计算其发出功率为

$$p_{20V} = 20 \times 5 = 100W$$

对于电阻 R_1,其上电压电流参考方向为关联的,可直接计算其吸收功率为

$$p_{R_1} = 12 \times 5 = 60W$$

对于电阻 R_2,其两端电压 u 可根据 KVL 求得

$$u = 20 - 12 = 8V$$

故图中电阻 R_2 上电压电流参考方向关联,其吸收功率可直接计算得

$$p_{R_2} = 8 \times 6 = 48W$$

最后计算受控电流源上的功率。其电压 u 与电流 $0.2I$ 参考方向为非关联的。由前述结论,其功率应为受控支路的功率,将条件 $I = 5A$ 代入,可得受控源发出功率为

$$p_{0.2I} = 8 \times 0.2I = 8 \times (0.2 \times 5) = 8W$$

显然,有

$$p_{R_1} + p_{R_2} = p_{20V} + p_{0.2I} = 108W$$

即电路中产生的总功率等于吸收的总功率,符合能量守恒定律。

例 1-8 含 CCCS 电路如图 1-28(a)所示,试求电压 u_O。

解:图 1-28(a)是含受控源电路的简化图,若为了显现受控源的控制和受控支路的电路图,则可画为图 1-28(b)所示。今后常见的电路图一般为简化图。

在列写 KCL、KVL 方程时,注意两点:(1)可把受控源暂时看作独立源;(2)列出方程后,必须找出控制量与列方程所选变量的关系。

选择变量 u 如图,则电路的 KCL 方程为

$$\frac{u}{6} + \frac{u}{1+2} - 4i + 10 = 0$$

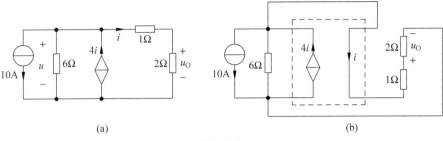

图　1-28

控制量 i 与 u 的关系是

$$i = \frac{u}{3}$$

联立求解方程式,得 $u = 12\text{V}, i = 4\text{A}$,则

$$u_\text{O} = 2i = 8\text{V}$$

思考和练习

1.4-1　有人说"理想电压源可看作内阻为零的电源,理想电流源可看作内阻为无穷大的电源"。这种说法对吗? 为什么?

1.4-2　试阐述独立源与受控源的异同。

1.4-3　试求练习题 1.4-3 图所示的电路图中电压 U_0 的值。

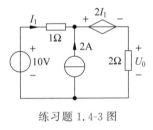

练习题 1.4-3 图

1.5　简单电路分析

当元件相互连接组成一定几何结构形式的电路后,电路中出现了节点和回路,其各部分的电压、电流将为两类约束所支配。电路分析的任务即是在给定电路的结构、元件特性以及电源条件下,求出电路中所有支路电压和电流或某些指定的支路电压、电流等。根据两类约束总能列出所需的方程组,从而解出所需的未知量。因此,两类约束是解决集总参数电路问题的基本依据。

本节讨论利用两类约束来分析两类简单电路:单回路电路和单节点偶电路。

1.5.1　单回路电路分析

单回路电路即只有一个回路的电路,通常以回路电流为变量,列一个 KVL 方程,求得回路电流后可再求其他响应。

例 1-9 求图 1-29 所示单回路电路中电阻和受控源的功率,说明其为产生还是吸收的。

解: 根据电路列出回路 KVL 方程为

$$3I_1 + 2I_1 - 5 = 0$$

得 $I_1 = 1A$。

故电阻上吸收的功率为

$$p_{3\Omega} = 3I_1^2 = 3 \times 1^2 = 3W$$

受控源上吸收的功率为

$$p_{2I_1} = 2I_1 \times I_1 = 2 \times 1^2 = 2W$$

例 1-10 求电路图 1-30 中各点电位。

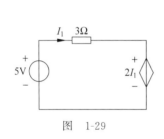

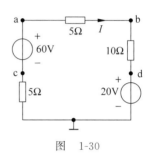

图 1-29   图 1-30

解: 设回路电流 I 如图 1-30 所示。列 KVL 方程为

$$5I + 10I + 20 + 5I - 60 = 0$$

得 $I = 2A$。

再求各点电位如下:

$$V_d = 20V$$

$$V_b = 10I + V_d = 40V$$

$$V_a = 5I + V_b = 10 + 40 = 50V$$

$$V_c = -5I = -10V$$

从上面两道例题可以看出,在分析单回路电路时,计算回路电流和其余各变量都使用了拓扑约束(KVL)和元件特性约束(VAR)。

1.5.2 单节点偶电路分析

单节点偶电路即具有两个节点的电路,通常以节点间电压为变量,列一个 KCL 方程,求得节点间电压后可再求其他响应。

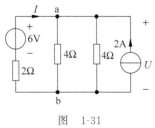

例 1-11 求图 1-31 所示电路中的电流 I 和电压 U 值。

解: 该电路为单节点偶电路,且节点间电压为 U。根据 KCL 列写节点 a 的电流方程(假设流入为正)为

$$\frac{6-U}{2} + 2 - \frac{U}{4} - \frac{U}{4} = 0$$

图 1-31

得 $U = 5V$。故

$$I = \frac{6-U}{2} = \frac{6-5}{2} = 0.5\mathrm{A}$$

同样,例 1-11 计算节点间电压 U 和其余各变量都使用了拓扑约束(KCL)和元件特性约束(VAR)。

思考和练习

1.5-1 分析电路的基本依据是两类约束。试就单回路电路和单节点偶电路的分析过程加以说明。

1.5-2 若电路既非单回路也非单节点偶电路,如何利用两类约束来求解?

1.6 电路的等效变换

到目前为止,只对一些简单的电阻电路问题作了分析。有些电路问题或只需运用 KCL,或只需运用 KVL,或只需运用元件的 VAR 即可解决。典型的问题是单回路电路和单节点偶电路分析。对于一些复杂电路,运用两类约束当然可以解决问题,但用什么变量去建立什么样的电路方程? 一时还很难入手。如果要求一条支路上的响应,能否寻求一个简单的电路去替代该支路以外的电路,从而在简化了的电路(如单回路电路和单节点偶电路)中求出该支路响应,且对于求任何的外接电路的响应均不受影响呢? 回答是肯定的。

1.6.1 电路的等效概念

在电路分析中,可以把一组相互连接的元件作为一个整体来看待,当这个整体只有两个端钮可与外部电路相连接,则称该整体为二端网络。一个典型的二端网络如图 1-32(a)虚线框内所示。如果将二端网络看成一个广义节点,则根据广义 KCL 可得到结论:进出二端网络两个端钮的电流是同一个电流。如果一个二端网络 N 其内部结构和参数未知,常用图 1-32(b)来表示。

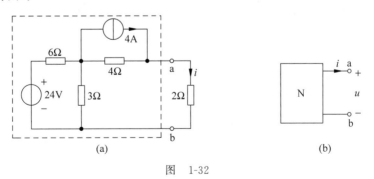

图 1-32

在图 1-32 所示的电路中,要求计算 2Ω 电阻支路上的电流 i。对 ab 以左虚线框内的二端网络,如何用一个简单的电路去替代而不影响电流 i 的值呢?

这里首先给出电路等效的定义:两个二端网络 N_1 和 N_2,如果它们的端口伏安关系完全相同,则 N_1 和 N_2 是等效的,或称 N_1 和 N_2 互为等效电路,如图 1-33 所示。也就是说,二

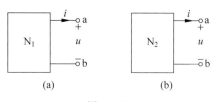

图 1-33

端网络 N_1 和 N_2 可以互为替代。

在上述电路等效定义的要求下,可以证明,两个二端网络 N_1 和 N_2,若分别连接到同一个任意的二端网络 M 时不会影响到 M 内的电压和电流值。利用图 1-34 所示电路可予以说明。设两电路图中 ab 两端以右接相同的任意二端网络 M,待求 ab 端口的电压、电流分别为 u、i,则关于 u、i 的电路方程可分别列为

图(a),$\begin{cases} \text{M 以右端口伏安关系} \\ N_1 \text{端口 } u\text{、}i \text{ 伏安关系} \end{cases}$

图(b),$\begin{cases} \text{M 以右端口伏安关系} \\ N_2 \text{端口 } u\text{、}i \text{ 伏安关系} \end{cases}$

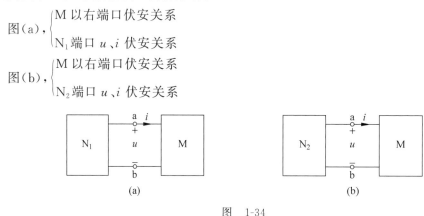

图 1-34

可见,只要 N_1 和 N_2 端口伏安关系完全相同,则两个网络端口以外的变量 u、i 即相同,或者说,这两个网络互为替代后对求端口以外的电路变量不受影响。因此,又可得到电路等效的另一定义:两个二端网络 N_1 和 N_2,若能分别连接到同一个任意的二端网络 M 而不致影响到 M 内的电压和电流值,则 N_1 和 N_2 是等效的。

在介绍了电路等效概念后,若要求解某支路电压或电流时,则可先把该支路以外的电路进行化简,用简单网络去替代原来复杂的二端网络,从而把原电路转化为单回路电路或单节点偶电路,这样求解就大大简便了。

下面根据等效的定义来求解图 1-32 的问题,其步骤如下:

(1) 计算断开待求支路后余下的二端网络的端口伏安关系。

(2) 将求得的端口伏安关系用一个最简等效电路来表示。

(3) 将待求支路与最简等效电路相连接,在获得的简单电路中解出待求变量。

例 1-12 利用等效定义求图 1-35(a)所示电路中的电流 i。

解:将待求支路断开,余下的电路如图 1-35(b)所示。假设其端口电压为 U,端口电流为 I,则根据两类约束可列写方程为

$$\begin{cases} 4(4+I)+U_1=U \\ \dfrac{24-U_1}{6}+I=\dfrac{U_1}{3} \end{cases}$$

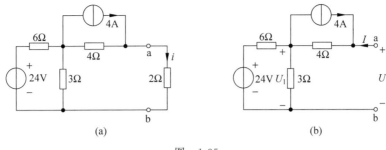

图 1-35

消去中间变量 U_1，可得图 1-35(b)电路的端口伏安关系为

$$U = 24 + 6I$$

该式可看成一条支路的 KVL 方程，故其所对应的最简等效电路如图 1-36(a)所示。

将待求变量支路接上，可得图 1-36(b)所示的单回路电路。从中解得待求变量为

$$i = \frac{24}{6+2} = 3\text{A}$$

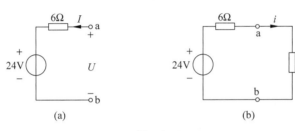

图 1-36

例 1-12 说明，一个二端网络的端口伏安关系完全由它本身确定，与外电路无关。就像一个电阻元件的伏安关系为 $u = Ri$ 一样，不会因为这个电阻所接的外电路不同而有所不同。只要求出一个二端网络的端口伏安关系，即可根据这一伏安关系得到该二端网络的化简等效电路。这种方法称为端口伏安关系法，该方法适用于任何二端网络的等效化简。

值得注意的是，两个网络 N_1 和 N_2 等效，但它们内部结构和元件参数可能完全不同，对其外部电路而言，无论接入的是 N_1 还是 N_2，它们的作用完全相同，因而外部电路各处的电流、电压将不会改变，故等效又为"对外等效"。即求外电路响应可用等效方法。相反，由于两个等效网络的内部结构和参数都可能不同，其内部变量一般都会发生变化，甚至可能出现找不到对应变量的情况。例如，图 1-37(a)与图 1-37(b)的端口伏安关系都是 $u = 2 - 8i$，因而是相互等效的。但图 1-37(a)中的电流 I_1 是无法在图 1-37(b)中找到对应的变量的。此

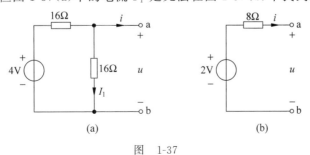

图 1-37

外,还可以看到,即使不加任何外电路,图 1-37(a)中的 4V 电压源有功率输出,而图 1-37(b)中的 2V 电压源则无功率输出。说明它们对内是无法使用等效的。

1.6.2 电阻的串联、并联和混联等效

一些简单电路,如电阻的串联、并联和混联,理想电源的串联、并联等,可以从定义出发,导出一些等效规律和公式,在等效化简分析电路中可直接引用。本节首先给出电阻的串联、并联和混联等效公式。

1. 电阻的串联

多个电阻首尾依次串行连接的形式称为电阻的串联。如图 1-38(a)所示,图中假设有 n 个电阻相串联。

根据 KVL,网络 N_1 的端口电压为

$$u = u_1 + u_2 + \cdots + u_n$$

根据欧姆定律可得

$$u = R_1 i + R_2 i + \cdots + R_n i = (R_1 + R_2 + \cdots + R_n)i$$

上式即为 N_1 网络的端口 VAR。若将其用一个值为 $R = R_1 + R_2 + \cdots + R_n$ 的电阻来替换,如图 1-38(b)中网络 N_2 所示,则 N_1 与 N_2 将具有相同的端口 VAR。因此可得串联等效电阻的计算公式为

$$R = R_1 + R_2 + \cdots + R_n \tag{1.6-1}$$

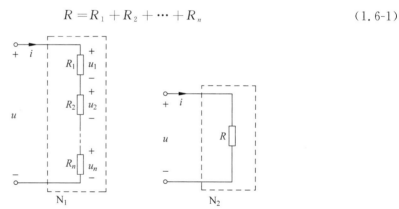

图　1-38

每个电阻上的分压可由下列公式求得

$$u_1 = R_1 i = R_1 \frac{u}{R_1 + R_2 + \cdots + R_n} = \frac{R_1}{R_1 + R_2 + \cdots + R_n} u$$

$$u_2 = \frac{R_2}{R_1 + R_2 + \cdots + R_n} u$$

$$\vdots$$

$$u_n = \frac{R_n}{R_1 + R_2 + \cdots + R_n} u$$

可见,其中任意一个电阻 R_k 的电压为

$$u_k = \frac{R_k}{R_1 + R_2 + \cdots + R_n} u \tag{1.6-2}$$

式(1.6-2)称为分压公式,即每个电阻上的分压与其在串联总电阻中所占的比例成正比。工程实际中,常用串联电阻做分压装置,电阻值越大,分配的电压也越大。

对于两个电阻 R_1 和 R_2 串联的情况,分压公式为

$$u_1 = \frac{R_1}{R_1 + R_2} u, \quad u_2 = \frac{R_2}{R_1 + R_2} u$$

2. 电阻的并联

多个电阻首尾分别并接在一起的形式称为电阻的并联。如图1-39(a)所示,图中假设有 n 个电阻相并联。由于电阻的并联等效公式用电导来推导较为方便,图中所有电阻均用其电导值来表示。

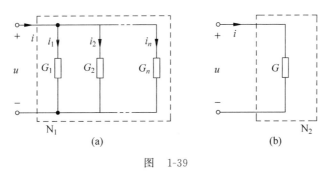

图　1-39

根据 KCL,网络 N_1 的端口电流为

$$i = i_1 + i_2 + \cdots + i_n$$

根据欧姆定律可得

$$i = G_1 u + G_2 u + \cdots + G_n u = (G_1 + G_2 + \cdots + G_n) u$$

上式即为 N_1 网络的端口 VAR。若将其用一个值为 $G = G_1 + G_2 + \cdots + G_n$ 的电导来替换,如图1-39(b)中网络 N_2 所示,则 N_1 与 N_2 将具有相同的端口 VAR。故并联等效电导为

$$G = G_1 + G_2 + \cdots + G_n \tag{1.6-3}$$

每个电导上的分流可由下列公式求得

$$i_1 = G_1 u = G_1 \frac{i}{G_1 + G_2 + \cdots + G_n} = \frac{G_1}{G_1 + G_2 + \cdots + G_n} i$$

$$i_2 = \frac{G_2}{G_1 + G_2 + \cdots + G_n} i$$

$$\vdots$$

$$i_n = \frac{G_n}{G_1 + G_2 + \cdots + G_n} i$$

可见,其中任意一个电阻 R_k 的电流为

$$i_k = \frac{G_k}{G_1 + G_2 + \cdots + G_n} i \tag{1.6-4}$$

式(1.6-4)称为分流公式,即每个电导上的分流与其在并联总电导中所占的比例成正比。工程实际中,常用并联电阻做分流装置,电阻值越小,分配的电流也越大。

对于两个电阻 R_1 和 R_2 并联的情况,并联总电阻为

$$R = \frac{R_1 R_2}{R_1 + R_2} \tag{1.6-5}$$

该并联总电阻常写为

$$R = R_1 /\!/ R_2$$

分流公式为

$$i_1 = \frac{R_2}{R_1 + R_2} i, \quad i_2 = \frac{R_1}{R_1 + R_2} i$$

3. 电阻的混联

电阻的连接中既有串联又有并联的形式称为混联。一般运用电阻串、并联公式从局部到端口进行逐级化简,具体方法为"设电流、走电路、缩节点"。其中,缩节点指将电路中电位相同的节点缩为一个节点。

例 1-13 求图 1-40(a)所示端口的等效电阻。

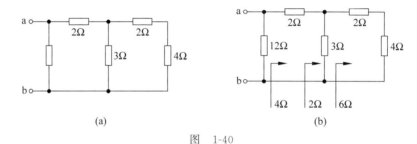

(a)   (b)

图 1-40

解:如图 1-40(b)所示,按从局部到端口的顺序,利用电阻串联、并联等效方法可得

$$R_{ab} = 12 /\!/ 4 = 3\Omega$$

例 1-14 求图 1-41(a)所示电路 ab 端的等效电阻。

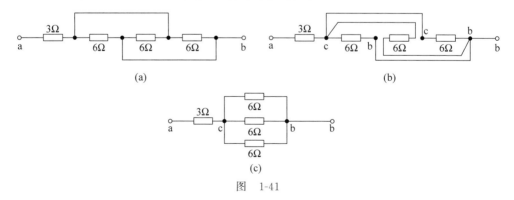

(a)   (b)

(c)

图 1-41

解:按"缩节点,画等效图"的方法,电路中实际上只有 3 个节点:a、b 和 c。因此可依次画出图 1-41(b)、(c)的等效图。结果是 3 个 6Ω 电阻作并联,然后与 3Ω 串联,最后可得等效电阻为 5Ω。

例 1-15 求图 1-42(a)所示中端口等效电阻 R_{ab}。

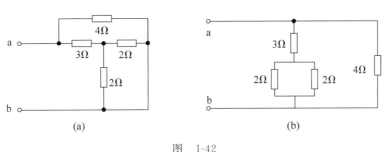

图 1-42

解：画出图 1-42(a)的等效电路图如图 1-42(b)所示,可以清晰地看出原电路 1-42(a)中右边 2 个 2Ω 电阻并联后与左边相邻的 3Ω 电阻组成一个串联组合,这个串联组合再和上面的 4Ω 电阻构成并联结构,因此 ab 端口等效电阻为

$$R_{ab}=(3+2/\!/2)/\!/4=2\Omega$$

例 1-16 求图 1-43(a)所示电路中 ab 端口等效电阻 R_{ab}。

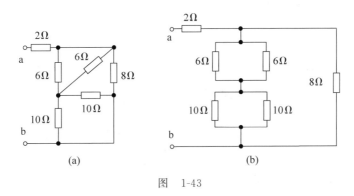

图 1-43

解：按"缩节点,画等效图"的方法可得图 1-43(b),从变换后的电路图中可以看出原电路是 2 个 6Ω 电阻并联后再与 2 个 10Ω 电阻的并联组成一个新的串联组合,这个串联组合再和 8Ω 电阻并联后,与端口 2Ω 电阻串联最终得到 ab 端口等效电阻为

$$R_{ab}=(6/\!/6+10/\!/10)/\!/8+2=4+2=6\Omega$$

1.6.3 电阻星形和三角形连接的等效变换

图 1-44 所示电路是桥形结构电路,ab 端口内电阻的连接既非串联,又非并联,难以用电阻串、并联的结论求解等效电阻 R_{ab}。但考虑到 1、2、3 节点连接的电阻接成星形,如能转换成三角形(如图中虚线所示),则问题将转化为一般电阻混联电路的化简。这种转换实际上是多端网络的等效问题,可由等效二端网络概念加以推广应用。

参考二端网络的等效概念,如图 1-45 所示的星形连接(用"丫"表示)的电阻网络和三角形连接(用"△"表示)的电阻网络,如果两者相互等效,则要求它们任意两个端

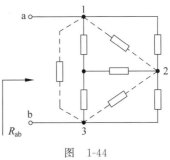

图 1-44

口之间具有相同的端口伏安关系,也即要求任意两个端口之间的等效电阻都是相同的。因此,图 1-45 所示的电路的等效条件应为

$$R_{ab} = R_1 + R_2 = R_{12} \ // \ (R_{13} + R_{23}) = \frac{R_{12}(R_{13} + R_{23})}{R_{12} + R_{13} + R_{23}}$$

$$R_{bc} = R_2 + R_3 = R_{23} \ // \ (R_{12} + R_{13}) = \frac{R_{23}(R_{12} + R_{13})}{R_{12} + R_{13} + R_{23}}$$

$$R_{ca} = R_1 + R_3 = R_{13} \ // \ (R_{12} + R_{23}) = \frac{R_{13}(R_{12} + R_{23})}{R_{12} + R_{13} + R_{23}}$$

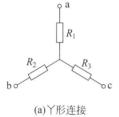
(a)丫形连接

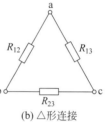
(b) △形连接

图 1-45   电阻的丫形连接和△形连接

若需要将电阻的星形连接网络用三角形连接网络来等效,只需要将 R_1、R_2、R_3 作为已知量,利用上述公式求解 R_{12}、R_{23}、R_{13} 即可。求解这个方程组的结果为

$$\begin{cases} R_{12} = \dfrac{R_1 R_2 + R_2 R_3 + R_3 R_1}{R_3} \\[2mm] R_{23} = \dfrac{R_1 R_2 + R_2 R_3 + R_3 R_1}{R_1} \\[2mm] R_{13} = \dfrac{R_1 R_2 + R_2 R_3 + R_3 R_1}{R_2} \end{cases} \qquad (1.6\text{-}6)$$

也可求得将电阻的三角形连接网络用星形连接网络来等效的公式为

$$\begin{cases} R_1 = \dfrac{R_{12} R_{31}}{R_{12} + R_{23} + R_{31}} \\[2mm] R_2 = \dfrac{R_{23} R_{12}}{R_{12} + R_{23} + R_{31}} \\[2mm] R_3 = \dfrac{R_{31} R_{23}}{R_{12} + R_{23} + R_{31}} \end{cases} \qquad (1.6\text{-}7)$$

当星形电路的 3 个电阻相等即对称时,三角形电路的 3 个电阻也相等即对称,若 $R_1 = R_2 = R_3 = R_丫$,则 $R_{12} = R_{23} = R_{31} = R_\triangle = 3R_丫$。

例 1-17   求出图 1-46 所示电路中电压源的电流 I 和发出的功率。

解:本题只需要求解电源的电流和功率,因此只需要求出图中电阻网络对于电压源端口的等效电阻即可。可考虑将图 1-46 中虚线框内的三角形网络变换为星形网络,如图 1-47 所示。

代入求解星形连接等效电阻的公式,可得

$$R_1 = \frac{100 \times 125}{100 + 125 + 25} = 50\Omega$$

$$R_2 = \frac{100 \times 25}{250} = 10\Omega$$

$$R_3 = \frac{125 \times 25}{250} = 12.5\Omega$$

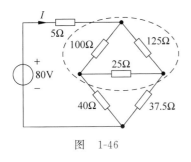

图　1-46

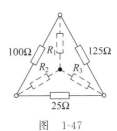

图　1-47

用该星形网络在原电路中将对应三角形网络等效代换，所得电路图如图 1-48 所示。

此时可直接利用电阻的串、并联等效公式计算出电压源端口的等效电阻为

$$R_{eq} = 5 + 50 + (10 + 40) \mathbin{/\!/} (12.5 + 37.5) = 80\Omega$$

故原电路图等效为图 1-49 所示。

故电源电流 $I = 80/80 = 1\text{A}$，电压源发出的功率 $P = 80I = 80\text{W}$。

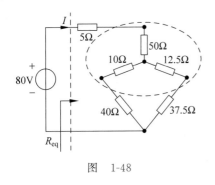

图　1-48

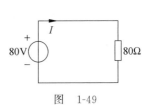

图　1-49

1.6.4　理想电源的串联、并联等效

以下以两个理想电源为例介绍其串、并联等效，多个电源的情况可类推得到。

1. 理想电压源的串联

两个理想电压源的串联电路如图 1-50(a)所示。

根据 KVL 可立即得到图 1-50(a)中网络 N_1 的端口伏安关系为

$$\begin{cases} u = u_{S1} + u_{S2} \\ i = \text{任意值} \end{cases}$$

故其可等效为一个值为 $u_S = u_{S1} + u_{S2}$ 的理想电压源，即图 1-50(b)中的网络 N_2。

2. 理想电流源的并联

两个理想电流源的并联电路如图 1-51(a)所示。

根据 KCL 可立即得到图 1-51(a)中网络 N_1 的端口伏安关系为

$$\begin{cases} i \equiv i_{S1} + i_{S2} \\ u = 任意值 \end{cases}$$

故其可等效为一个值为 $i_S = i_{S1} + i_{S2}$ 的理想电流源，即图 1-51(b)中的网络 N_2。

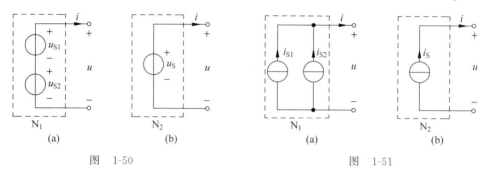

图 1-50 图 1-51

3. 理想电压源与多余元件的并联

理想电压源与多余元件的并联如图 1-52(a)所示。根据理想电压源的端口伏安关系，输出电压 u 应保持 u_S 不变，而端口电流 i 仍然由外电路决定，与如图 1-52(b)所示的一个独立源外特性完全相同，两者等效，故称 N' 为"多余元件"。显然，该多余元件不能为不同于 u_S 的电压源，否则违背 KVL。

4. 理想电流源与多余元件的串联

理想电流源与多余元件的串联如图 1-53(a)所示。根据理想电流源的端口伏安关系，输出电流 i 应保持 i_S 不变，而端口电压 u 仍然由外电路决定，与如图 1-53(b)所示的一个独立源外特性完全相同，二者等效，故称 N' 为"多余元件"。显然，该多余元件不能为不同于 i_S 的电流源，否则违背 KCL。

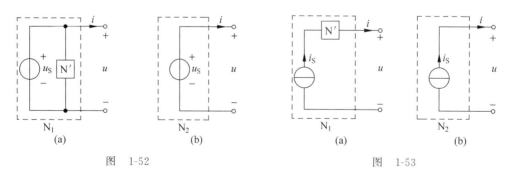

图 1-52 图 1-53

1.6.5 实际电源的两种模型及其等效变换

理想电源在实际中是不存在的，实际电源都存在一定的内阻。考虑了内阻影响的实际电源(见图 1-54(a))的外特性一般可近似表示为图 1-54(b)所示的线段。其中，u_S 是电源在输出电流为零时的输出电压,称为开路电压。i_S 是电源在输出电压为零时的输出电流,称为短路电流。显然,该特性既不与 i 轴垂直也不与 i 轴平行。

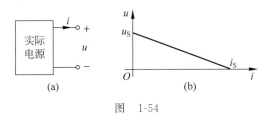

图 1-54

根据图 1-54(b)的伏安特性可写出其数学方程即端口伏安关系为

$$u = u_\mathrm{S} - \frac{u_\mathrm{S}}{i_\mathrm{S}} i = u_\mathrm{S} - R_\mathrm{S} i \quad \text{或} \quad i = i_\mathrm{S} - \frac{u}{R_\mathrm{S}}$$

其中,$R_\mathrm{S} = u_\mathrm{S} / i_\mathrm{S}$。上述端口伏安关系可分别看成一个 KVL 和 KCL 方程的形式,故其电路模型可用电压源串联电阻或电流源并联电阻的两种模型表示,如图 1-55 所示。这样,实际电源就存在两种等效模型:理想电压源与内阻的串联组合和理想电流源与内阻的并联组合。两者也必然是等效的,因它们均来自同一个实际电源。通常也将电压源串联电阻的模型称为有伴电压源,电流源并联电阻的模型称为有伴电流源,而将单独的理想电压源或电流源支路称为无伴电压源或无伴电流源。

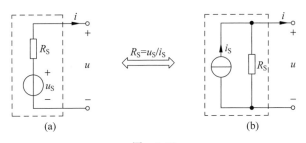

图 1-55

实际电源的两种模型及其等效变换引出了电路等效分析中的另一种重要方法——电源模型互换法,简称模型互换法。以下结合例题进行介绍。

例 1-18 求图 1-56 所示 ab 端的等效电路。

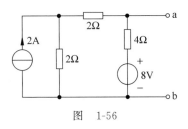

图 1-56

解:应用模型互换法,把原图逐次化为如图 1-57 所示的(a)、(b)、(c)图,最后可化为图 1-57 中的(d)、(e)两种最简电路。

由此例可见,使用模型互换法化简电路过程清楚明了、不易出错,但中间过程图较多,且模型互换法一般是针对有伴电源进行的。

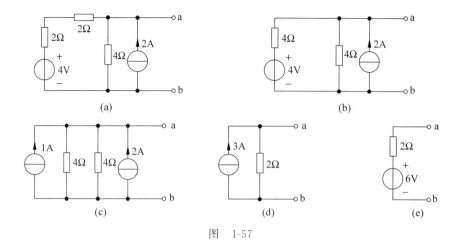

图　1-57

1.6.6　含受控源电路的等效变换

含受控源电路的等效变换,一般应采用端口伏安关系法。

例 1-19　求图 1-58(a)所示电路端口的最简等效电路。

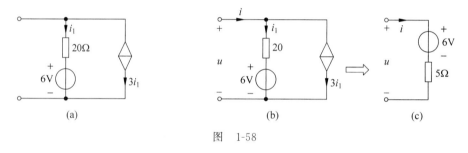

图　1-58

解：如图 1-58(b)所示设电路端口电压为 u,电流为 i,并列出端口伏安关系。

由 KVL 得 $u = 20i_1 + 6$；

由 KCL 得 $i = 3i_1 + i_1 = 4i_1$,即有 $i_1 = \dfrac{1}{4}i$。

消去 i_1 得电路的端口伏安关系为

$$u = 5i + 6$$

由此可得图 1-58(c)所示最简等效电路。

例 1-20　求图 1-59(a)中 1.5Ω 电阻上的电流 i_1。

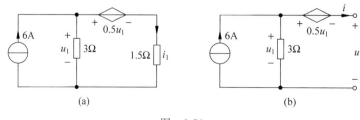

图　1-59

解：利用等效概念，将待求支路断开后余下的网络如图1-59(b)所示。现在求解它的端口伏安关系。假设其接上任意外电路后端口电压为 u，端口电流为 i，则

$$\begin{cases} u = -0.5u_1 + u_1 = 0.5u_1 \\ i = 6 - \dfrac{u_1}{3} \end{cases}$$

得 $u = 9 - 1.5i$。

画出其最简等效电路并将待求支路接上，如图1-60所示。

由图可得 1.5Ω 电阻上的电流为 $i_1 = \dfrac{9}{1.5 + 1.5} = 3A$。

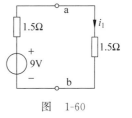

图 1-60

例1-21 求图1-61(a)所示电路 ab 端的最简等效电路。

解：采用端口伏安关系法。设端口电压为 u，观察电路即可写出

$$u = 5i + 10(1 + i - 0.5i) + 6(1 + i) + 12 = 28 + 16i$$

由该端口伏安关系可画出 ab 端的最简等效电路，如图1-61(b)所示。

例1-22 含受控源电路如图1-62所示，求 ab 端的等效电阻 R_{ab}。

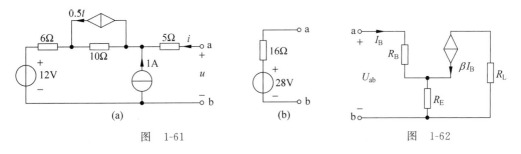

(a)   (b)

图 1-61   图 1-62

解：采用端口伏安关系法求解，则

$$U_{ab} = R_B I_B + R_E(I_B + \beta I_B) = [R_B + (1 + \beta)R_E]I_B$$

$$R_{ab} = \frac{U_{ab}}{I_B} = R_B + (1 + \beta)R_E$$

由此例1-22还可推广得到一个重要结论：任何一个含有受控源的无独立源的二端网络均可以等效为一个纯电阻。

与有伴独立源之间互换一样，有伴受控源之间也可作等效变换。如图1-63和图1-64所示电路，由于端口的伏安关系相同，均有 $u = 6i_1 + 3i$ 或 $i = \dfrac{u}{3} - 2i_1$，故二者可以互为替代。

图 1-63   图 1-64

例1-23 电路如图1-65(a)所示，求图示电流 i。

解：利用等效概念，先画出 ab 端口以右电路等效图，再代入原电路方程求解。对有伴受控源应用模型互换法，把图1-65(b)逐次转化为图1-65(c)、(d)、(e)所示的电路图。

根据图 1-65(e)所示电路列出 ab 端口伏安关系得

$$U_{ab} = 2i + 20 \times 0.7i = 16i$$

求得 ab 端口的等效电阻 R_{ab} 为

$$R_{ab} = \frac{U_{ab}}{i} = 16\Omega$$

将等效电阻 R_{ab} 代回原电路得到图 1-65(f)所示等效电路,得到

$$i = \frac{36}{R_{ab} + 2} = 2\text{A}$$

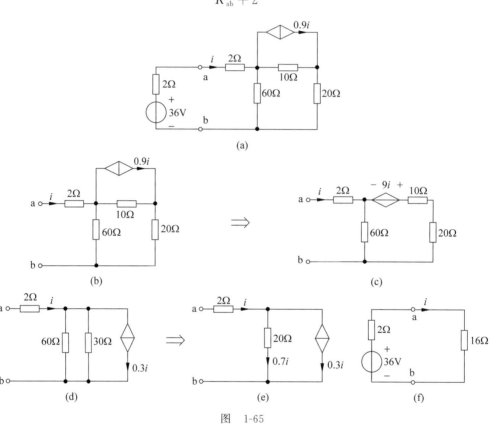

图　1-65

思考和练习

1.6-1　列出练习题 1.6-1 图所示电路的端口伏安关系,并画出其最简等效电路。

1.6-2　试求练习题 1.6-2 图所示电路中的输入电阻 $R_{in}(\alpha \neq 1, \mu \neq 1)$。

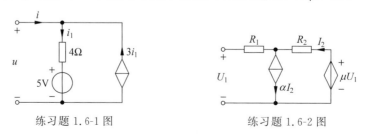

练习题 1.6-1 图　　　　　　　　　练习题 1.6-2 图

1.7　运算放大器

前面在介绍受控源时提过,一些电子器件,如晶体管、运算放大器等均具有输入端电流(或电压)能控制输出端电流(或电压)的特点,依据这类器件内部的物理现象可将其抽象为受控电源。本节即介绍运算放大器,它的内部结构、工作原理将在"电子电路"等课程中讨论,在电路分析中通常只关注它的外部特性及其等效电路。以下主要介绍运算放大器的等效电路,在理想化条件下的外部特性,以及含有运算放大器的电阻电路的分析。

1.7.1　运算放大器及其等效电路

运算放大器(简称运放)是包含晶体管等许多元件构成的集成电路,它被广泛用于电子计算机、自动控制系统和各种通信系统中,除了可用来实现信号放大外,还能与其他元件组合来完成比例、加减、微分、积分等数学运算,因而称为运算放大器。运放是一种多功能有源多端器件,其内部构造是非常复杂的,主要包括由大量晶体管和其他元器件构成的多级放大电路。以常见的 μA741 运算放大器为例,其中集成了 24 个晶体管和电阻等元件。图 1-66是一些常见的运算放大器。图 1-67 给出了 μA741 的内部电原理图。

(a) mA741(通用)　　　(b) LM324(四运放)　　(c) NE532(双运放、高性能、低噪声)

图　1-66

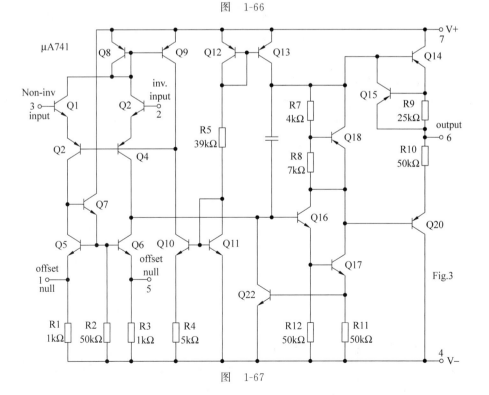

图　1-67

运算放大器在电路中的图形符号如图 1-68(a)所示(实际运算放大器的对外连接的端钮比图示的还要多,例如还可能有一组正负直流偏置电源端),它有两个输入端(反相输入端 a 和同相输入端 b)、一个输出端 o 和一个公共接地端等。有时也可画成如图 1-68(b)所示的形式,甚至把接地的连接线也省略。

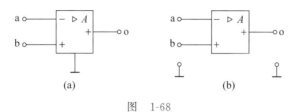

图　1-68

运算放大器的输入输出特性曲线可近似用如图 1-69 描述。图中 $u_d = u_b - u_a$,称为差动输入电压,而 u_a 和 u_b 分别是 a、b 端与公共接地端之间的输入电压。其中,过原点的一条直线称为运算放大器的线性区,其斜率为 A,其物理意义是运算放大器的开环电压放大倍数(即图 1-68 电路图中 A),数值上可达 $10^5 \sim 10^8$。ε 称为线性区截止电压,数值很小,如仅为几十微伏、几十毫伏。当 $|u_d| > \varepsilon$ 时,输出电压趋于饱和,图中用 $\pm U_{sat}$ 表示其饱和值,数值上略低于直流偏置电压值。

运算放大器的控制特性主要是指在线性区输入端差动电压具有控制输出端电压的特点,即有

$$u_o = A(u_b - u_a) = Au_d \tag{1.7-1}$$

如果仅在 a 端与公共接地端之间输入电压 $u_a(u_b = 0)$,则输出电压为

$$u_o = A(0 - u_a) = -Au_a$$

故 a 端称为反相输入端。如果仅在 b 端与公共接地端之间输入电压 $u_b(u_a = 0)$,则输出电压为

$$u_o = A(u_b - 0) = Au_b$$

故 b 端称为同相输入端。

很多情况下,运放工作在线性区,根据式(1.7-1)以及运放的特性,可以用一个电压控制电压源(VCVS)来构成运放的等效电路模型,如图 1-70 所示。其中,电阻 R_i 称为运放的输入电阻,数值较大。R_o 称为输出电阻,数值较小。例如,集成运放 OP07 的 R_i 为 33MΩ,R_o 为 60Ω,开环放大倍数 A 大于十万倍。

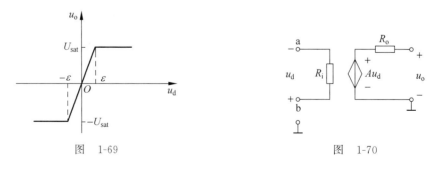

图　1-69 　　　　　　　　　　　　　　　图　1-70

运放工作在线性区,即要求其差分输入电压 $|u_d| < \varepsilon$,此时有 $|u_o| < U_{sat}$。由于运放的放大倍数 A 很大,而饱和输出电压 U_{sat} 的值一般为正、负十几伏或几伏,显然,差动输入电

压的值必须很小(可达毫伏甚至微伏量级)。例如,若 $U_{sat}=12V,A=50\ 000$,则 u_d 的范围为$(-0.24,0.24)mV$。工程实际中,如把运放工作范围限制在线性区,通常要通过一定的方式将输出的一部分引回(反馈)到输入端(如图 1-72 所示的电路),这种状态称为"闭环运行",否则称为"开环运行"。

1.7.2　理想运算放大器

实际运算放大器的输入电阻 R_i 很大,输出电阻 R_o 很小,开环电压放大倍数 A 很大。在理想化的情况下,可以认为:

(1) $R_i \rightarrow \infty$,因此可认为流入每一输入端的电流均近似为零。

(2) $R_o = 0$。

(3) $A \rightarrow \infty$,若要求输出为有限值,则要求 $u_d = u_b - u_a \approx 0$,即 $u_a \approx u_b$。

这样,实际运算放大器可进一步抽象为理想运算放大器。理想运算放大器的电路符号如图 1-71(a)所示。图 1-70 所示的等效电路也可进一步简化为图 1-71(b)所示。

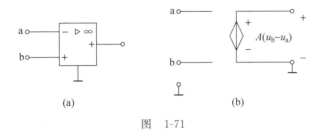

图　1-71

在工程上,为了简化含运算放大器的电路分析,经常假设运算放大器具有上述理想特性。这样做产生的误差一般在可以接受的范围内。

1.7.3　含运算放大器的电阻电路分析

根据以上介绍的理想运放的性质,可得到以下两条分析依据:

(1) 两个输入电流为零,可称为"虚断"。

(2) 两个输入端的电位相等,可称为"虚短"。

合理运用这两条依据,将使含运算放大器的电路分析大大简化。以下根据上述分析依据对一些典型的含运放的电阻电路进行分析。后续章节中还将介绍一些其他类型的含运放电路分析。

1. 比例运算电路

反相比例器电路如图 1-72 所示,这是反相输入的运放电路。图中 R_1 称为输入电阻,R_f 称为反馈电阻。输出电压 u_o 与输入电压 u_i 之比称为闭环放大倍数,用 k_f 表示。

根据"虚短":$u_a = u_b = 0$;

根据"虚断":$i_1 = i_f$。

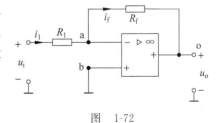

图　1-72

而由欧姆定律可知

$$i_1 = \frac{u_i - u_a}{R_1}, \quad i_f = \frac{u_a - u_o}{R_f}$$

故有

$$\frac{u_i - u_a}{R_1} = \frac{u_a - u_o}{R_f}$$

解得

$$u_o = -\frac{R_f}{R_1} u_i \tag{1.7-2}$$

$$k_f = -\frac{R_f}{R_1} \tag{1.7-3}$$

可见，选择不同的 R_1 和 R_f 可以完成不同的比例运算。当两者数值相等时，输出电压和输入电压大小相等，方向相反，此时的比例运算电路又称为反相器。

图 1-72 所示电路的等效电路如图 1-73 所示。由此图可运用两类约束列出 a 节点的KCL 方程，同样可得上述结论，请读者自己进行练习。

同相比例器如图 1-74 所示，这是同相输入的运放电路。

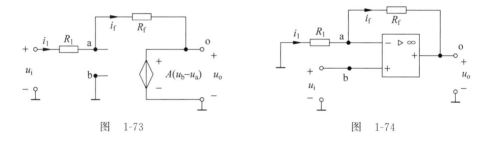

图 1-73   图 1-74

同样，根据"虚短"和"虚断"规则，得

$$u_a = u_b = u_i$$

$$i_1 = \frac{0 - u_a}{R_1}, \quad i_f = \frac{u_a - u_o}{R_f}$$

故有

$$\frac{0 - u_a}{R_1} = \frac{u_a - u_o}{R_f}$$

解得

$$u_o = \left(1 + \frac{R_f}{R_1}\right) u_i \tag{1.7-4}$$

$$k_f = 1 + \frac{R_f}{R_1} \tag{1.7-5}$$

显然，当 $R_1 \to \infty$ 或 $R_f = 0$ 时，$u_o = u_i$。即输出电压和输入电压完全相同，此时该电路又称为电压跟随器。在多级电路中，电压跟随器经常起到既将前级输出信号耦合至后级的输入端，同时又避免前后级阻抗互相影响的作用。

2. 加法运算电路

如图 1-75 所示为加法器。

根据"虚短"和"虚断"规则,有

$$u_a = u_b = 0, \quad i_1 + i_2 = i_f$$

$$i_1 = \frac{u_1}{R_1}, \quad i_2 = \frac{u_2}{R_2}, \quad i_f = \frac{0 - u_o}{R_f}$$

故有

$$\frac{u_1}{R_1} + \frac{u_2}{R_2} = \frac{0 - u_o}{R_f}$$

解得

$$u_o = -\left(\frac{R_f}{R_1}u_1 + \frac{R_f}{R_2}u_2\right) \tag{1.7-6}$$

若取

$$R_1 = R_2 = R_f$$

则有

$$u_o = -(u_1 + u_2) \tag{1.7-7}$$

此结果说明,输出电压数值上等于输入电压之和,但相位与之相反。显然,该结果很容易推广到对多个输入电压求和的情况。

3. 减法运算电路

如图 1-76 所示为减法器。

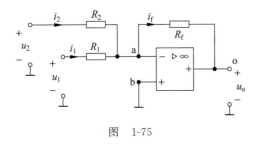

图　1-75

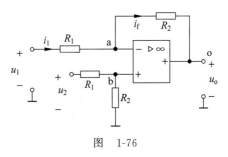

图　1-76

根据"虚短"和"虚断"规则,有

$$u_a = u_b = \frac{R_2}{R_1 + R_2}u_2$$

$$i_1 = \frac{u_1 - u_a}{R_1}, \quad i_f = \frac{u_a - u_o}{R_f}$$

故有

$$\frac{u_1 - u_a}{R_1} = \frac{u_a - u_o}{R_f}$$

解得

$$u_o = \frac{R_2}{R_1}(u_2 - u_1) \tag{1.7-8}$$

若取 $R_1 = R_2 = R$，则有

$$u_o = u_2 - u_1 \qquad\qquad (1.7\text{-}9)$$

4. 负电阻变换电路

在 1.4.1 节和 1.6.6 节中都提到过负电阻的概念。运算放大器也可以用来实现负电阻。如图 1-77 所示的运放电路，在其输入端口即可等效为一个负电阻。这是工程上实现负电阻的一种办法。

根据"虚短"和"虚断"规则，有

$$u_a = u_b \Rightarrow u_1 = u_2$$

$$i_1 = i_3 = \frac{u_a - u_o}{R} = \frac{u_1 - u_o}{R}$$

$$i_2 = i_4 = \frac{u_b - u_o}{R} = \frac{u_2 - u_o}{R} = i_1$$

则端口输入电阻为

$$R_i = \frac{u_1}{i_1} = \frac{u_2}{i_2} = -\frac{u_2}{-i_2} = -R \qquad\qquad (1.7\text{-}10)$$

从伏安关系上可见，运放电路把正电阻变换成了一个负电阻。

5. 电源转换电路

图 1-78 所示电路具有将电压源转换为电流源的功能。图中 R_S 为电压源内阻，R_L 为负载电阻。根据"虚短"和"虚断"规则，有

$$\begin{cases} u_a = u_b = u_S \\ i_L = i_1 = \dfrac{0 - u_a}{R} = -\dfrac{u_S}{R} \end{cases} \qquad\qquad (1.7\text{-}11)$$

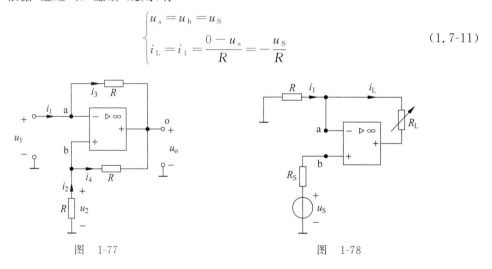

图 1-77   图 1-78

式(1.7-11)表明，i_L 与输入电压成正比，但与负载 R_L 无关。负载 R_L 相当于接在一个理想电流源上，达到了电压源、电流源线性变换的目的。

例 1-24 求图 1-79 所示电路中的输出电压 u_o 与各输入电压的运算关系式。

解：本例含有两个理想运算放大器组成的两级运算电路。显然前一级为反相比例运算电路，其输出为

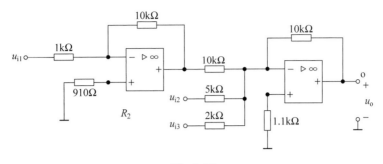

图 1-79

$$u_{o1} = -\frac{10}{1}u_{i1}$$

后一级为加法运算电路,可得输出电压为

$$u_o = -\left(\frac{10}{10}u_{o1} + \frac{10}{5}u_{i2} + \frac{10}{2}u_{i3}\right) = 10u_{i1} - 2u_{i2} - 5u_{i3}$$

例 1-25 为了获得电压放大倍数,而又避免采用高阻值反馈电阻 R_f,将反相比例运算电路改为图 1-80 所示电路,并设 $R_f \gg R_4$,试证:

$$k_f = \frac{u_o}{u_i} = -\frac{R_f}{R_1}\left(1 + \frac{R_3}{R_4}\right)$$

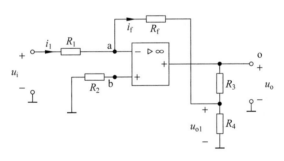

图 1-80

证:根据"虚短",有 $u_a = u_b = 0$,即 a 点相当于不接地的地(称为虚地),因而从输出端求图中电压 u_{o1},可把 R_f 和 R_4 看作并联,故有

$$u_{o1} = \frac{R_4 \mathbin{/\mkern-5mu/} R_f}{R_3 + R_4 \mathbin{/\mkern-5mu/} R_f}u_o$$

由已知条件 $R_f \gg R_4$,即得

$$u_{o1} = \frac{R_4}{R_3 + R_4}u_o$$

根据"虚断"规则,有

$$i_1 = i_f$$

由欧姆定律可知

$$i_1 = \frac{u_i - 0}{R_1}, \quad i_f = \frac{0 - u_{o1}}{R_f}$$

故有

$$u_{\mathrm{o1}} = -\frac{R_{\mathrm{f}}}{R_1}u_{\mathrm{i}} = \frac{R_4}{R_3 + R_4}u_{\mathrm{o}}$$

因此得闭环电压放大倍数为

$$k_{\mathrm{f}} = \frac{u_{\mathrm{o}}}{u_{\mathrm{i}}} = -\frac{R_{\mathrm{f}}}{R_1}\left(1 + \frac{R_3}{R_4}\right)$$

思考和练习

1.7-1　什么是理想运算放大器? 理想运算放大器工作在线性区有何特点? 怎样才能使运算放大器工作于线性区?

1.7-2　F007 运算放大器的正、负电源的电压为 $\pm 15\mathrm{V}$,开环电压放大倍数 $A = 2 \times 10^5$,输出最大电压(即 $\pm U_{\mathrm{sat}}$)为 $\pm 13\mathrm{V}$。今在其输入端分别加下列输入电压,求其输出电压。

(1) $u_{\mathrm{a}} = -10\mu\mathrm{V}, u_{\mathrm{b}} = +15\mu\mathrm{V}$。

(2) $u_{\mathrm{a}} = +10\mu\mathrm{V}, u_{\mathrm{b}} = -15\mu\mathrm{V}$。

(3) $u_{\mathrm{a}} = +5\mathrm{mV}, u_{\mathrm{b}} = 0$。

(4) $u_{\mathrm{a}} = 0, u_{\mathrm{b}} = +5\mathrm{mV}$。

1.7-3　求练习题 1.7-3 图所示电路中的输出电压 u_{o} 与输入电压 u_{i} 的运算关系式。

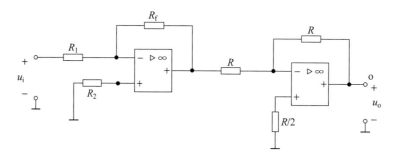

练习题 1.7-3 图

1.7-4　练习题 1.7-4 图所示电路中,已知 $R_{\mathrm{f}} = 2R_1, u_{\mathrm{i}} = -2\mathrm{V}$,试求输出电压 u_{o}。

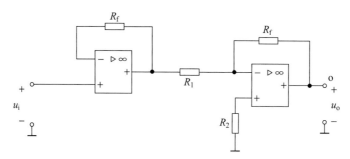

练习题 1.7-4 图

1.8 实用电路介绍

1.8.1 非平衡电桥

电桥是一种比较式电路。其结构简单,准确度和灵敏度都比较高,在测量仪器、生物医学诊断等领域有着广泛的应用。例如工业上采用电桥测量锅炉温度,医学上用电桥测量人体不同部位和不同状态的生物电阻抗等。按使用方式可将电桥分为平衡电桥和非平衡电桥两种。平衡电桥是通过平衡调节,把待测电阻与标准电阻进行比较直接得到待测电阻值,典型的是惠斯通电桥,它只能测量具有相对稳定状态的物理量,对于实际中经常遇到的连续变化的物理量的测量则无能为力。非平衡电桥往往和一些传感元件配合使用。某些传感元件受外界环境(压力、温度、光强等)变化引起其内阻的变化,如铜电阻、热敏电阻、铂(Pt)电阻和光敏电阻等。利用非平衡电桥,通过必要的运算和处理可将阻值转化为电流输出,从而达到观察、测量和控制环境变化的目的。

非平衡电桥的工作原理如下。

如图 1-81 所示的惠斯通电桥中,U_S 为稳压电源,R_1 和 R_2 为固定电阻,R_L 为可变电阻,R_x 为电阻型传感器,U_o 为电桥输出电压。当 $U_o=0$ 时,电桥处于平衡状态,此时有

$$R_1 R_L = R_2 R_x$$

显然,此时电桥的平衡状态与电源无关。

当 $U_o \neq 0$ 时,电桥处于不平衡状态,则根据分压公式和 KVL,有

$$U_o = U_S \times \frac{R_2 R_x - R_1 R_L}{(R_L + R_x)(R_1 + R_2)}$$

在一定条件下,可调整电桥达到平衡状态。当外界条件改变时,传感器的阻值 R_x 会有相应的变化,这时电桥平衡被破坏,桥支路两端的电压 U_o 也随之改变,由于桥支路的输出电压 U_o 能反映出桥臂电阻 R_x 的微小变化,因此根据上式,通过测量输出电压即可以检测外界条件的变化。由于电路在非平衡条件下工作,故被称为非平衡电桥。

图 1-81 中并未考虑引线电阻的影响,因此仅适用于测量精度要求不高、测量仪器与被测传感元件距离较近的情况。但有时传感器电阻本身的阻值很小,引线的电阻及其变化不能忽略。例如,工业上用热电阻进行测温时,通常采用精确度较高的 Pt 电阻。即使导线电阻只有 1Ω,也将会产生 $2.5℃$ 的测量误差。为了消除或减少这种误差,传感元件的引出线一般采用三线制,即将传感器电阻与电桥的两个臂以及测量仪表间均用相同的引线(粗细、长度和阻值均相同)相连接,以抵消或减小引线电阻的影响,如图 1-82 所示。其中,r 为引线电阻。

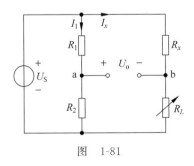

图 1-81

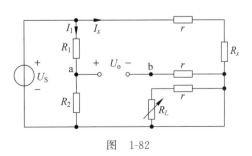

图 1-82

1.8.2 电压表与电流表量程扩展

模拟电压表和模拟电流表都有一定的量程,事实上,无论电压表还是电流表,其核心一般都是一个较小量程(毫安或微安级)的电流表,当其上通过一定电流时,其表头中的指针在磁场的作用下产生相应的偏转。这个电流表的内阻是很小的,满偏电流也很小,自然能承受的电压也很小。如果要直接测量超出电表量程的电压和电流,势必导致电表的损坏。为了解决这个问题,需要进行电压和电流表的量程扩展。根据已经学过的知识,利用分压公式可以进行电压表的量程扩展,利用分流公式则可以进行电流表的量程扩展。图 1-83 给出了两种常见的电路测量仪表。

下面来研究具体的实现途径。

为了测量较大的电压,需要给微安表串联一个较大的电阻,使得大部分的电压都加在该大电阻上,从而限制了流过微安表的电流使其不至于超出满偏值,如图 1-84 所示。假设微安表内阻为 r,满偏电流为 I_o,则其满偏电压为 $U_m = rI_o$,设串联电阻为 R,则该电压表能够测量的最大电压为

$$U_g = (r + R)I_o$$

(a) 毫安表

(b) 指针式电流表

图 1-83

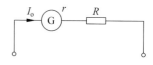

图 1-84

例如,假设有一个微安表,其表头内阻 $r = 1\text{k}\Omega$,满偏电压 $U_m = 0.1\text{V}$,则其满偏电流 $I_o = 100\mu\text{A}$,若要将其改成量程 $U_g = 10\text{V}$ 的电压表,需要为其串联的电阻值为

$$R = \frac{U_g}{I_o} - r = \frac{10}{100 \times 10^{-6}} \times 10^{-3} - 1 = 99\text{k}\Omega$$

一般地,若要将电压表的量程扩大至原来的 K 倍,则串联电阻的值应为原来内阻的 $K - 1$ 倍。若要继续扩大量程,可以此类推。因此,实际的电压表的内阻是比较大的,且其量程越大,内阻也越大。当其接在电路中测量时,一般可看作开路。

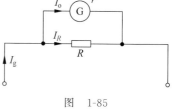

图 1-85

为了测量较大的电流,需要给微安表并联一个较小的电阻,从而使得大部分的电流从该小电阻上流过,限制了流过微安表的电流使其不至于超出满偏值,如图 1-85 所示。

假设微安表内阻为 r,满偏电流为 I_o,则其满偏电压为 $U_m = rI_o$,设并联电阻为 R,则其能测量的最大电流为

$$I_g = \frac{R + r}{R}I_o$$

例如,假设有一个微安表,其表头内阻 $r=1\text{k}\Omega$,满偏电流 $I_o=100\mu\text{A}$,若要将其改成量程 $I_g=100\text{mA}$ 的电流表,需要为其并联的电阻值为

$$R = \frac{rI_o}{I_g - I_o} = \frac{1 \times 100 \times 10^{-6}}{100 \times 10^{-3} - 100 \times 10^{-6}} \times 10^{-3} = \frac{1}{999} \text{ k}\Omega$$

一般地,若要将电流表的量程扩大至原来的 K 倍,则并联电阻的值应为原来内阻的 $\frac{1}{K-1}$ 倍。若要继续扩大量程,可依此类推。因此,实际的电流表的内阻是比较小的,且其量程越大,内阻越小。当其接在电路中测量时,一般可看作短路。

习题 1

1-1 选择合适答案填入括号内,只需填入 A、B、C 或 D。

(1) 电路如题 1-1(1)图所示,其端口电压 $U_{ab}=(\quad)$。

A. -8V B. 14V C. 2V D. -14V

(2) 电路如题 1-1(2)图所示,其中,电压源产生的功率为$(\quad)$。

A. 0 B. 1W C. 2W D. -1W

(3) 如题 1-1(3)图所示,图中的 $U_x=(\quad)$。

A. 2V B. -13V C. 3V D. -3V

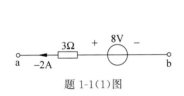

题 1-1(1)图

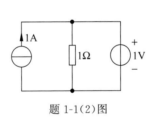

题 1-1(2)图

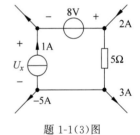

题 1-1(3)图

(4) 题 1-1(4)图所示电路中,电流 $I=(\quad)$。

A. 0 B. -1A C. 1A D. 5A

(5) 题 1-1(5)图所示电路中,ab 端的等效电阻为$(\quad)$。

A. 14Ω B. 9Ω C. 4Ω D. 11Ω

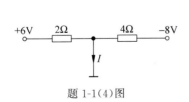

题 1-1(4)图

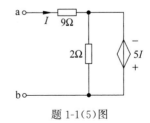

题 1-1(5)图

1-2 将合适的答案填入空内。

(1) 题 1-2(1)图所示电路中 $U=\underline{\quad\quad}$。

（2）题 1-2(2)图所示电路中 $I =$ _____。

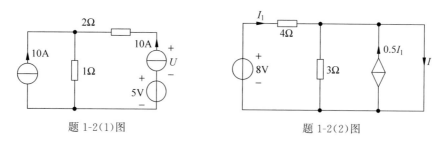

题 1-2(1)图   题 1-2(2)图

（3）如题 1-2(3)图所示，测得题(a)图所示网络端口的电压电流关系如题(b)图所示，则其等效为题(c)图电路中的 $U_S =$ _____，$R_S =$ _____。

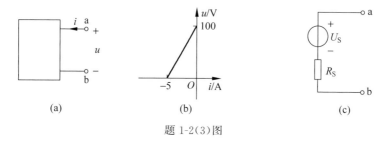

（a）   （b）   （c）

题 1-2(3)图

（4）在题 1-2(4)图中，题(a)图所示电路等效为(b)图所示电路，则 $I_S =$ _____，$R_S =$ _____。

（5）题 1-2(5)图所示电路中 A 点的电位 $U_A =$ _____。

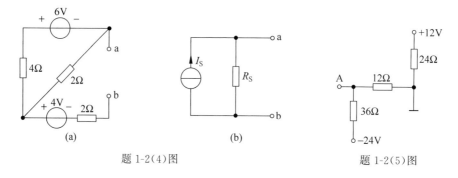

（a）   （b）

题 1-2(4)图   题 1-2(5)图

1-3   题 1-3 图是电路中的一条支路，其电流、电压参考方向如题图所示。

（1）如 $i = 2A, u = 4V$，求元件吸收功率。

（2）如 $i = 2mA, u = -5mV$，求元件吸收功率。

（3）如 $i = 2.5mA$，元件吸收功率 $p = 10mW$，求电压 u。

（4）如 $u = -200V$，元件吸收功率 $p = 12kW$，求电流 i。

1-4   题 1-4 图是电路中的一条支路，其电流、电压参考方向如题图所示。

题 1-3 图   题 1-4 图

(1) 如 $i=2A$，$u=3V$，求元件发出功率。

(2) 如 $i=2mA$，$u=5V$，求元件发出功率。

(3) 如 $i=-4A$，元件发出功率 20W，求电压 u。

(4) 如 $u=400V$，元件发出功率-8kW，求电流 i。

1-5　如某支路的电流、电压为关联参考方向，分别求下列情况的吸收功率，并画出功率与时间关系的波形。

(1) 如 $u=3\cos\pi t$ V，$i=2\cos\pi t$ A。

(2) 如 $u=3\cos\pi t$ V，$i=2\sin\pi t$ A。

1-6　如题 1-6 图所示电路，若已知元件 C 发出功率为 20W，求元件 A 和 B 吸收的功率。

1-7　如题 1-7 图所示电路，若已知元件 A 吸收功率为 20W，求元件 B 和 C 吸收的功率。

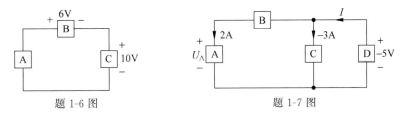

题 1-6 图　　　　　　　　　　　　题 1-7 图

1-8　某支路电流、电压为关联参考方向，其波形分别如题 1-8(a)、(b) 图所示。分别画出其功率和能量的波形(设 $t=0$ 时，能量 $w(0)=0$)。

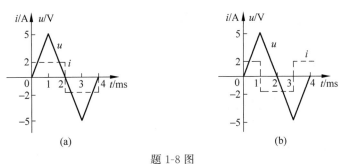

(a)　　　　　　　　　　　　(b)

题 1-8 图

1-9　电路如题 1-9 图所示，求电流 i_1 和 i_2。

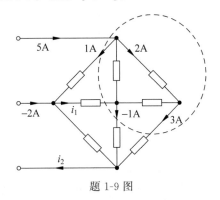

题 1-9 图

1-10 电路如题 1-10 图所示,求电压 u_1 和 u_{ab}。

1-11 求题 1-11 图所示电路中的 I_1、I。

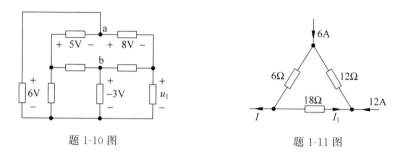

题 1-10 图　　　　　　　题 1-11 图

1-12 一电阻 $R=5\text{k}\Omega$,其电流 i 如题 1-12(b)图所示:

(1) 写出电阻端电压表达式。

(2) 求电阻吸收的功率,并画出波形。

(3) 求该电阻吸收的总能量。

1-13 电路如题 1-13 图所示,已知 100V 电压源供出 100W 功率,求元件 A 的电压 U 和电流 I。

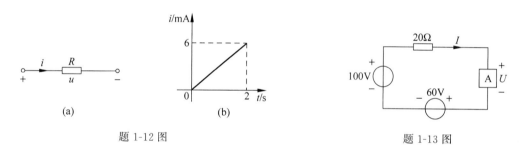

题 1-12 图　　　　　　　题 1-13 图

1-14 求题 1-14 图所示电路中的电流 I。

1-15 求题 1-15 图所示电路中的电流 I 和电压 U 值。

1-16 求题 1-16 图所示电路中的 I_1、I_2、I_3。

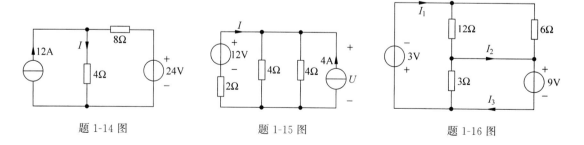

题 1-14 图　　　　　　题 1-15 图　　　　　　题 1-16 图

1-17 电路如题 1-17 图所示,求电流 i。

1-18 求题 1-18 图所示电路中的 R 值。

1-19 题 1-19 图所示电路中,分别求题(a)图和题(b)图中的未知电阻 R。

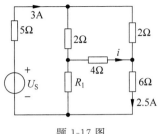

题 1-17 图

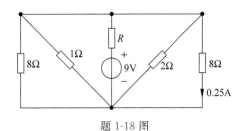

题 1-18 图

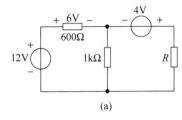

(a)

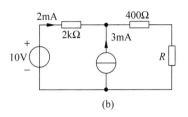

(b)

题 1-19 图

1-20 电路如题 1-20 图所示：

(1) 求题(a)图中的电流 i。

(2) 求题(b)图中的电流源的电压 u。

(3) 求题(c)图中的电流 i。

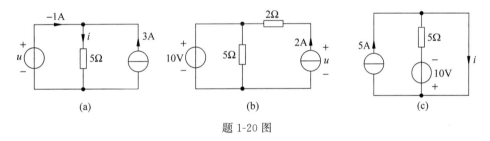

(a)   (b)   (c)

题 1-20 图

1-21 求题 1-21 图所示电路中电流源 I_S 产生的功率。

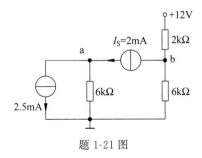

题 1-21 图

1-22 在题 1-22 图所示含受控源的电路中，分别求：

(1) 题(a)图中的电流 i。

(2) 题(b)图中的电流 i。

(3) 题(c)图中的电压 u。

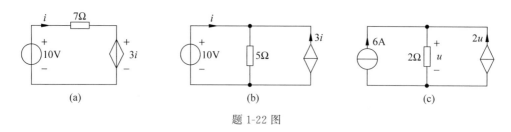

题 1-22 图

1-23　电路如题 1-23 图所示,试求受控源吸收的功率 P。

1-24　在题 1-24 图所示电路中,求变量 U_x 值。

1-25　题 1-25 图电路中,已知 $u_1=2\text{V}$,ab 两点等电位,试求电阻 R 和流过受控源的电流 I。

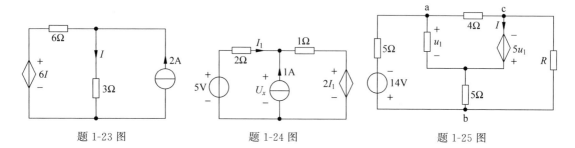

题 1-23 图　　　　　　题 1-24 图　　　　　　题 1-25 图

1-26　求题 1-26 图所示电路中,各电路 ab 端的等效电阻。

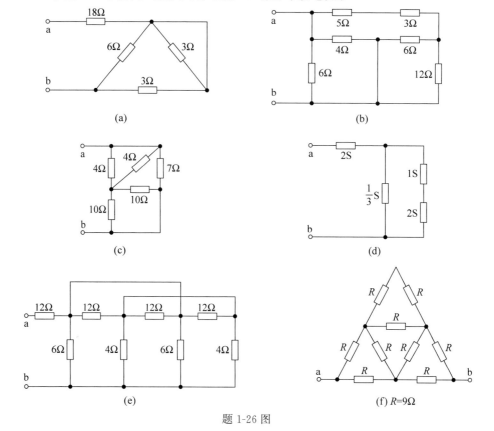

题 1-26 图

1-27 如题 1-27 图所示的双 T 形电路,分别求当开关 S 闭合时及断开时 ab 端的等效电阻。

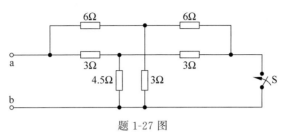

题 1-27 图

1-28 求题 1-28 图所示电路中 ab 两点之间的电位。

1-29 求题 1-29 图所示电路中的电压 U_{ab}。

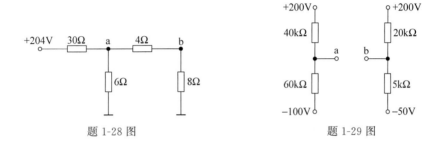

题 1-28 图   题 1-29 图

1-30 求题 1-30 图所示电路中的电压 U 和电流 I。

1-31 用 Y-△ 变换计算题 1-31 图所示电路中的电压 u。

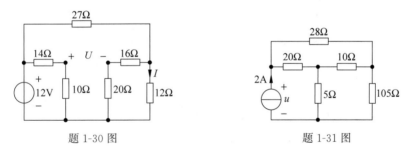

题 1-30 图   题 1-31 图

1-32 如题 1-32 图所示含受控源的电路,求各图中 ab 端的等效电阻。

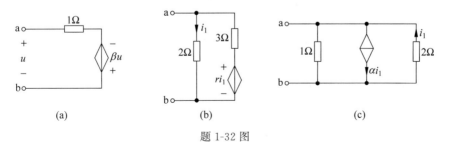

(a)   (b)   (c)

题 1-32 图

1-33 电路如题 1-33 图所示,求 ab 端的等效电阻 R_{ab}。

1-34 求题 1-34 图所示电路中的电压 u。

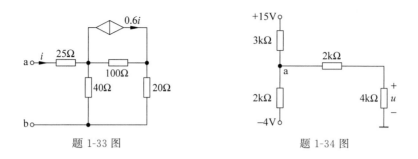

题 1-33 图   题 1-34 图

1-35   题 1-35 图所示电路中,已知支路电流 $I=2\text{A}$,求电阻 R 的值。

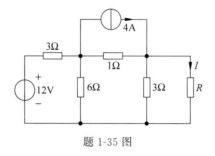

题 1-35 图

1-36   化简题 1-36 图所示各二端网络。

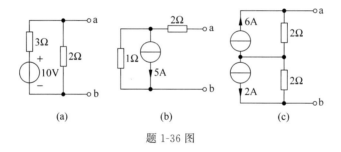

(a)   (b)   (c)

题 1-36 图

1-37   求题 1-37 图中 ab 端口的最简等效电路。

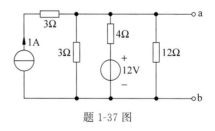

题 1-37 图

1-38   求题 1-38 图所示电路中的电流 i。

1-39   求题 1-39 图所示电路中的 i_1 和 u_2 值。

1-40   求题 1-40 图所示电路中当负载 R_L 取值为 0Ω、4Ω、8Ω 三种情况下的负载电流 I_L。

1-41   题 1-41 图所示电路中,已知 $R_f=2R_1$,$u_i=-2\text{V}$,试求输出电压 u_o。

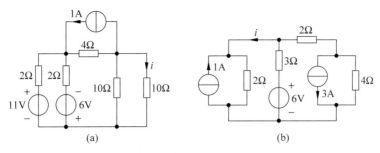

题 1-38 图

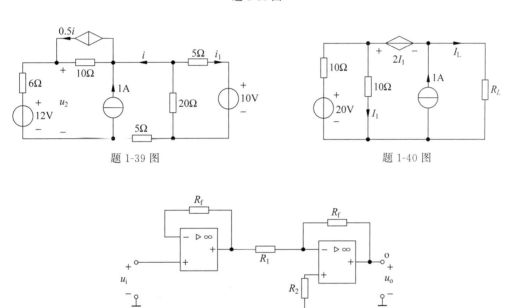

题 1-39 图   题 1-40 图

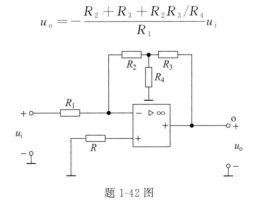

题 1-41 图

1-42 为了用低值电阻实现高放大倍数的比例运算,常用一个 T 形网络来代替反馈电阻 R_f,如题 1-42 图所示。试证明:

$$u_o = -\frac{R_2 + R_3 + R_2 R_3 / R_4}{R_1} u_i$$

题 1-42 图

1-43 求题 1-43 图所示电路中的电压 u 和电流 i。

1-44 求题 1-44 图所示电路中的电流 I。

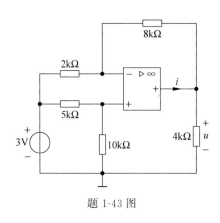

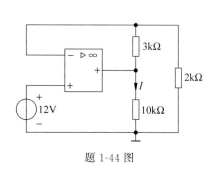

题 1-43 图   题 1-44 图

1-45   用运放设计一个反相放大器,要求增益为 6(即输出与输入的关系为 $u_o = -6u_i$),
输入电阻大于或等于 50kΩ。

第 2 章

电阻电路分析

本章讨论线性电阻电路。由电阻、独立源和受控源组成的电路称为电阻电路,对其先作讨论,是因为一方面它分析起来较为简单,另一方面它是学习动态电路、非线性电路的基础。

电路的分析依据是两类约束。有些电路问题只需运用 KCL 或 KVL 或元件的 VAR 即可解决。典型的问题是单回路电路和单节点偶电路分析。如果要求复杂电路中一条支路上的响应,则可用等效分析法将原电路化简为单回路电路和单节点偶电路求出该支路响应,其特点是改变了电路结构。这些问题在第 1 章已作了讨论。

本章将介绍一般分析法或方程法,它们适用于求解一组变量,且一般不改变电路的结构。主要介绍:2b 法和支路法、回路法、网孔法和节点法等。其基本思路是:选取适当的一组变量,依据两类约束建立电路方程,求得这组变量后再确定所求响应。其中一个重点是利用独立变量概念对线性电路进行分析(回路法、网孔法和节点法)。这类方法不仅适用于手工计算,更被广泛应用于电路的计算机辅助分析。

为进一步探讨电路的分析方法,电路理论的前辈从电路的特性出发,总结归纳出了一些电路定理。这些定理是电路理论的重要组成部分,对进一步学习后续课程以及在今后工作中都将起到重要作用,也为求解电路问题提供了另一类分析方法。因此,本章还将介绍一些常用的电路定理。主要介绍叠加定理、齐次定理、替代定理、等效电源定理(戴维南和诺顿定理)、最大功率传输定理、互易定理等。

2.1　图与电路方程

利用等效变换概念分析电路有很多优点,但不便于对电路作一般性分析。其中一个问题是求电路中多条支路响应即一组变量时,若用等效法须进行多次变换,显得繁琐。一般分析法或方程法是针对求解一组变量提出的,其首要解决的问题是选取适当的一组变量。问题在于:如何选择一组合适的变量(电流或电压),从而去建立求解这些变量所需的方程?为此,先引入图与电路方程的有关知识。

2.1.1　图论基础知识

关于图论的起源,最有名的是"七桥难题"。18 世纪在德国的柯尼斯堡有两座小岛,小岛与陆地彼此间有 7 座桥将小城连接成一个整体,如图 2-1 所示。小城的人们空暇时间喜欢沿着这 7 座桥散步。有一天某个居民提出了一个这样的问题：有谁能从一座桥出发，经过各座桥且仅限一次再回到原地？经过无数次的试验，始终没有一个人做到。最后他们求助于大数学家欧拉。欧拉于 1736 年得出结论：若将问题抽象为图 2-2 的形式，可以较易证明，由于连接各陆地和小岛的桥均为奇数，"七桥难题"事实上是无解的。欧拉同时也为我们打开了一个新的数学分支——图论的大门。图论的应用范围很广，如原子结构、生物系统、交通运输、社会学、军事领域等。在电网络中图论的应用包括大规模电路、计算机网络、集成电路布局及布线等。可以说，随着现代科学的发展，图论的应用将随处可见。

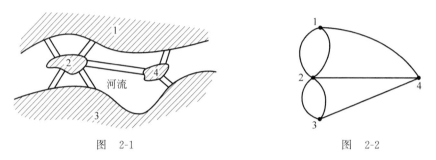

图 2-1   图 2-2

利用图论考察电路实际上是一种抽象的过程，它忽略具体支路和元件的特性，而着重考察其连接特性，从中找出一些拓扑规律，为选择变量、列写方程提供依据。这里，先介绍关于电路图中的有关概念。

1. 电路的图

电路的图是指电路的拓扑图，与大家熟知的一般电路图不同。它没有任何电路元件，只有抽象的线段和点，常用 G 表示。在图 2-3 中，分别画出了一个电路和它的图。这些线段和点分别对应原图的支路和节点，因此图是节点和支路的集合。习惯上，把某些元件的串联组合或并联组合也当作一条支路来对待。

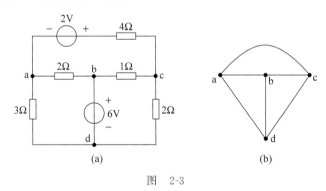

(a)   (b)

图 2-3

根据图论，图的构成和变换规则如下：
（1）每条支路的两端都必须连接到相应的节点上。
（2）移走某条支路时，并不移去与其两端相连的节点。
（3）移走某节点则须把与该节点相连的所有支路同时移去。
电路的图可以有多种分类方法，常见的有以下几种：

（1）连通图与非连通图。若图中的所有节点均能通过一条或多条支路相连接,该图称为连通图。反之,则称为非连通图。如图 2-4 中,图（a）为非连通图,图（b）为连通图。

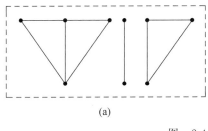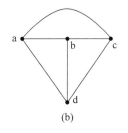

图　2-4

（2）有向图与无向图。在电路中的一条支路通常会被指定一个电流参考方向,而电压通常取与电流关联参考方向,若在电路的图中为每一条支路指定一个方向（即支路电流的参考方向）,此时的图称为有向图,如图 2-5 所示。反之,如未给支路指定方向的图称为无向图,如图 2-4（b）所示。

（3）子图。子图是图的子集,若从图 G 中按照图的变换规则去掉某些支路或节点,所形成的新图即成为原图 G 的一个子图。如图 2-6 中,图（b）、图（c）都是图（a）的子图。

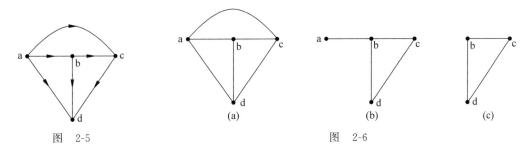

图　2-5　　　　　　　　　　图　2-6

（4）平面图与非平面图。能够画在一个平面上,并且所有支路除节点外没有交叉的图称为平面图,否则称为非平面图。对应的电路分别称为平面电路和非平面电路。非平面图的一个例子如图 2-7（a）所示,图 2-7（b）为平面图。

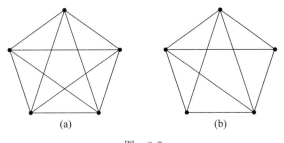

图　2-7

2．回路、割集、树

1）回路
由图中支路、节点的集合构成的闭合路径称为回路。任何一个回路均具有以下几个特点：

（1）回路是图 G 的一个子图，且是一个连通图。

（2）回路子图中的节点连接的支路必须且只能是两条。

（3）若移去回路子图中的任意一个支路或节点，则闭合路径便遭破坏。

图 2-8(a)所示的图 G 的几个回路，如图 2-8(b)、图 2-8(c)、图 2-8(d)所示。

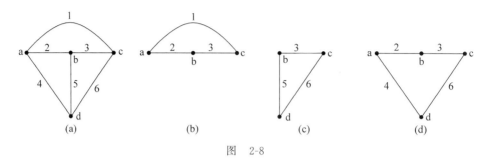

图　2-8

2）割集

在连通图 G 中，这样的支路集 S 称为割集：若从图 G 中移去或割断属于 S 的所有支路，则图 G 恰好被分成两个互相分离的部分，但只要少移去其中的一条支路，则图仍然是连通的。

割集还可简明地定义为：把连通图分割为两个连通子图（包括单独的节点）所需移去的最少支路集。这里"最少"的含义是指如果少移去割集中任何一条支路，剩下的图就仍然是一个连通子图。

图 2-9(a)中给出了一些典型的割集，如{1,2,4}、{1,3,4,5}、{2,3,5}、{4,5,6}等。以割集{1,3,4,5}为例，当将支路 1、3、4、5 移除后，图 G 被分割成图 2-9(b)所示的两部分。但如果这 4 条支路中任何一条被加上，图 2-9(b)就成为一个连通图。

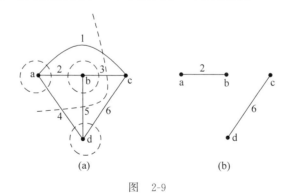

图　2-9

3）树

对于连通图 G，包含图中所有节点，但不包含回路的连通子图，称为图 G 的树。

一个连通图可以有多种树。若其节点数为 n，则可以证明共有 n^{n-2} 个树。图 2-10(b)、图 2-10(c)、图 2-10(d)是图 2-10(a)的其中 3 种树。

树中的支路称为树支，不属于树的支路（即剩余的支路）称为连支。从图 2-10(b)、(c)、(d)中可以看出，所有的树的树支数都是相同的。可以证明，一个有 n 个节点和 b 条支路的连通图 G，其树支数为 $T=(n-1)$，连支数为 $L=(b-T)=(b-n+1)$。

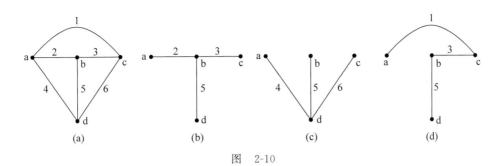

图　2-10

在连通图 G 中,任意选一种树,则树支支路、连支支路相应确定。此时,只包含一条连支的回路称为基本回路,只包含一条树支的割集称为基本割集。显然,有多少条连支,就有多少个基本回路,故基本回路的个数为$(b-n+1)$个。同样,有多少条树支,就有多少个基本割集,故基本割集的个数为$(n-1)$个。

如图 2-11(b)、(c)所示,实线表示的支路构成图 2-11(a)中图 G 的一种树,则回路{1,2,3},{3,5,6},{1,3,5,4}为基本回路;割集{1,2,4},{4,5,6},{2,3,4,6}为基本割集。

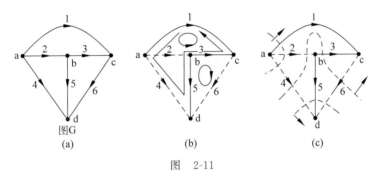

图　2-11

为建立电路方程的方便起见,在有向图中通常规定基本回路与基本割集的方向,连支的方向为该连支所在基本回路的方向,树支的方向为该树支所在的基本割集的方向。

值得注意的是,平面电路的网孔是一个基本回路,如图 2-12 所示。

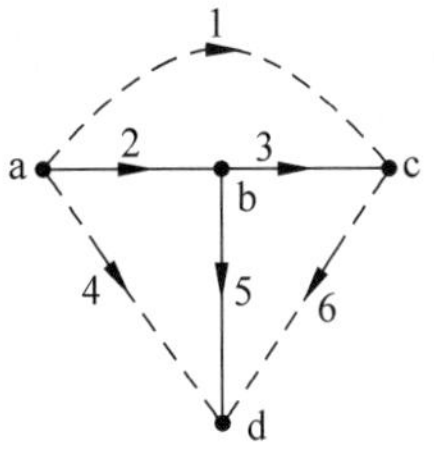

那么,割集的电流方程有什么规律呢? 观察图 2-11(c)中割集 {2,3,4,6},可以发现,如将图中与该割集相交的虚线闭合,且将节点 d 也包含在内,则可看出割集电流正好满足广义节点的 KCL 方程,即割集{2,3,4,6}中的各支路电流应有如下关系:

$$i_3-i_2-i_4-i_6=0$$

其中,应把从不同方向穿过切割线的电流冠以不同的符号。显然,即使该割集不是基本割集,其电流也仍然满足 KCL 方程。因此引入割集这一概念后,KCL 还可以表示为:对网络中的任一割集来说,流过割集支路的各支路电流的代数和为零。这与在第 1 章曾把 KCL 推广到任一假设的封闭面的结论是一致的。

图　2-12

基本回路和基本割集的个数一定分别少于回路和割集的总数,这为选取独立变量和建立独立方程提供了思路。

2.1.2　KCL 和 KVL 的独立方程

根据上述图论有关概念,现在可以回答本节开始提出的问题,即如何选择独立电流变量和电压变量? 如何寻找独立的 KCL 方程和 KVL 方程? 独立变量是可用于建立电路方程的一组中间变量,应具有独立性(各变量不能互相表示)和完备性(利用这组变量可表示任意响应)。

对于一个具有 n 个节点、b 条支路的连通图 G,选定一种树后,则它的 $(b-n+1)$ 条连支与 $(b-n+1)$ 个基本回路对应,每个基本回路可列出一个 KVL 方程,由于每个方程中含有其他方程所没有的连支电压变量,因此基本回路的 KVL 方程是独立的。

相应地,对于一个具有 n 个节点、b 条支路的连通图 G,选定一种树后,则它的 $(n-1)$ 条树支与 $(n-1)$ 个基本割集对应,每个基本割集可列出一个 KCL 方程,由于每个方程中含有其他方程所没有的树支电流变量,因此基本割集的 KCL 方程是独立的。

综上所述,基本回路的 KVL 方程和基本割集的 KCL 方程是独立方程。对于一个具有 n 个节点、b 条支路的电路,独立的 KCL 方程个数为 $(n-1)$,独立的 KVL 方程个数为 $(b-n+1)$。

思考和练习

2.1-1　简要证明:一个有 n 个节点,b 条支路的连通图 G,其任何一种树的树支数为 $T=n-1$,连支数为 $L=b-T=b-n+1$。

2.1-2　有人说:"一个连通图的树包含该连通图的全部节点和全部支路。"你同意吗? 为什么?

2.1-3　有人说:"支路电流变量、支路电压变量均是独立而完备的电路变量。"你同意吗? 为什么?

2.1-4　有人说:"一个电路的 KVL 独立方程数等于它的独立回路数。"你同意吗? 为什么?

2.2　$2b$ 法和支路法

2.2.1　$2b$ 法

对一个具有 b 条支路和 n 个节点的电路,当以支路电压和支路电流同时作为变量列写方程时,共有 $2b$ 个未知变量。根据 KCL 可列出 $(n-1)$ 个独立方程,根据 KVL 可列出 $(b-n+1)$ 个独立方程;根据元件的伏安关系,b 条支路又可列出 b 个支路电压和电流关系方程。于是所列出的 $2b$ 个方程,足以用来求解 b 个支路电压和 b 个支路电流。这种选取未知变量列方程求解电路的方法称为 $2b$ 法。

$2b$ 法的优点是列写方程简便,但其方程数较多。电路结构越复杂,方程数也越多,计算工作量越繁重。因此在人工计算分析时将十分困难,必须借助计算机来解决。

例 2-1　用 $2b$ 法求图 2-13(a)所示电路中的电流 i 和电压 u。

解:在图 2-13(a)中标明各支路电压、电流和各节点,如图 2-13(b)所示。电路中有 4 个

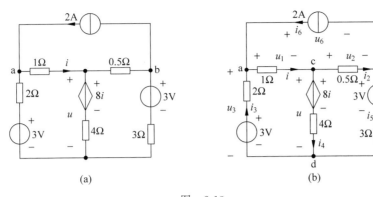

图 2-13

节点,6 条支路,故可列写 6 个支路伏安关系方程、3 个 KCL 方程和 3 个 KVL 方程。

根据 2b 法,首先列写 6 条支路的伏安关系

$$\begin{cases} u_1 = 1 \times i \\ u_2 = 0.5 \times i_2 \\ u_3 = -2i_3 + 3 \\ u = 8i + 4i_4 \\ u_5 = 3 + 3i_5 \\ i_6 = 2\text{A} \end{cases}$$

再列写 3 个网孔回路的 KVL 方程

$$\begin{cases} u_6 = u_1 + u_2 \\ u_3 = u_1 + u \\ u = u_2 + u_5 \end{cases}$$

最后列写 3 个节点 a、b、c 的 KCL 方程(d 节点的方程可由这 3 个方程导出)

$$\begin{cases} i = i_6 + i_3 \\ i_2 = i_5 + i_6 \\ i = i_2 + i_4 \end{cases}$$

求解这 12 个方程,可得

$$i = 1\text{A}, \quad u = 4\text{V}$$

显然,从本例即可看出 2b 法因设了较多的变量而建立了较多方程,列写和求解都较为烦琐。

2.2.2 支路法

以支路电流(或电压)为变量列出 KCL 和 KVL 方程,解得支路电流(或电压)后再求其他响应,这种方法称为支路电流法(或支路电压法)。

显然,在求支路电流(或电压)时,所需要的方程数将减少为 b 个。

例 2-2 如图 2-14 所示电路,用支路电流法求出 cd 两点间的电压及各电源产生的功率。

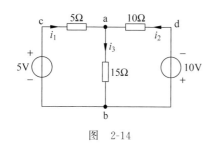

图 2-14

解：(1) 设支路电流变量为 i_1、i_2、i_3，其参考方向如图 2-14 所示。

(2) 电路图中节点数为 2，支路数为 3。

任选 a 节点或 b 节点，列出一个独立 KCL 方程为

$$i_1 + i_2 = i_3$$

(3) 任选两个回路，列出两个独立 KVL 方程为

$$5i_1 + 15i_3 = 5$$

$$10i_2 + 15i_3 = -10$$

(4) 联立解方程组，得各支路电流为

$$i_1 = 1\text{A}, \quad i_2 = -1\text{A}, \quad i_3 = 0\text{A}$$

(5) 由支路电流求出待求响应为

$$u_{cd} = 5i_1 - 10i_2 = 15\text{V}$$

$$P_{5\text{V}} = 5 \times i_1 = 5\text{W}(产生)$$

$$P_{10\text{V}} = -10 \times i_2 = 10\text{W}(产生)$$

支路电流法求解电路的上述 5 个步骤适用于电路中每一条支路电压都能用支路电流来表示的情况。如遇这些支路恰好是电流源或受控电流源时，则可直接利用电流源省去一些方程。其中，遇受控电流源时还需要补足辅助方程才能进行求解。

支路电流法的方程数仍然较多，特别是电路复杂、支路数较多时，联立求解 b 个方程，计算工作量仍然相当繁重。

思考和练习

"支路法相对于 $2b$ 法减少了一半的方程，因此支路法才是分析电路的最简方法"。这种说法对吗？为什么？

2.3　回路法

从 $2b$ 法到支路法，方程个数减为 b 个，但手工计算过程仍然相当繁重。能否使方程的数目进一步减少下来，简化手工计算的过程？回答是肯定的，回路法就是其中的一种(后面介绍的网孔法和节点法也基于这一思路)。

支路法列出了全部 KCL 和 KVL 方程，共 b 个。欲使方程数目减少，必然要使方程的变量数减少，其数目应少于支路数 b 个。回路法把独立 KVL 方程作为基本方程，因此其方程数必然少于 b 个。对一个 n 个节点、b 条支路的电路，选定树以后，即可由各连支确定全部的基本回路。连支电流是一组独立变量，回路法就是选择连支电流作为方程变量。将基本回路的 KVL 方程中各支路电压用连支电流表示，即可得到 $(b-n+1)$ 个独立方程。而通常把所列 KVL 方程相互独立的回路称为独立回路，故基本回路是独立回路。

因此，回路法可归纳为以连支电流为变量，列写基本回路的 KVL 方程，求得连支电流后再求其他响应。它的基本过程如下：

(1) 选定树，确定连支电流为方程变量。

　　假想电路的各独立回路中均有一电流在各回路单独作闭合流动,这些假想的电流称作各独立回路的回路电流。当选定图的一种树之后,各树支、连支也就确定,基本回路只包含一条连支,各基本回路包含不同的连支,根据独立回路电流的定义,选择各连支电流作为各连支所属基本回路的回路电流是最合适的。

　　连支电流是相互独立的变量。由树的定义可知,对连通图中任何一个节点,与它相连的所有支路中一定有一条树支,不可能全是连支。这样,连支电流不可能由节点的 KCL 方程联系起来。另外,全部由连支支路构不成割集,因为将这些连支支路全部移去图仍然是连通的,所以也不能通过割集的 KCL 方程把各连支电流联系起来,故连支电流是相互独立的电流变量。

　　连支电流是完备的变量。有了连支电流,可通过节点或基本割集的 KCL 方程求得各树支电流,并可求该电路中任何支路的电流、电压、功率,故连支电流具有完备性。

　　(2) 列基本回路的 KVL 方程。由于回路中各支路电压均可根据支路伏安关系由各支路电流表示,同时树支电流又可根据完备性由连支电流表示,所以列写的 KVL 方程就是关于连支电流的方程。

　　(3) 解方程求得连支电流后,再求其他待求响应。

　　例 2-3　电路如图 2-15(a)所示,求电压 u 和独立电压源发出的功率。

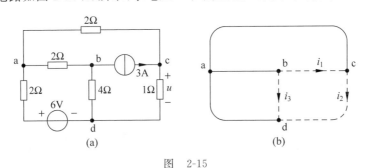

图　2-15

　　解:第 1 步,选树。注意到图中含有理想电流源支路,该支路电流是已知的,可以考虑选择该支路为连支,这样可以省去一个变量,减少一个方程。选其中一种树如图 2-15(b)实线所示,所确定的连支电流变量分别为 i_1、i_2、i_3。

　　第 2 步,列写基本回路 KVL 方程。3 个基本回路分别为 abca、abda、acda。对应的 KVL 方程为

$$i_1 = 3\text{A}$$
$$2(i_1 + i_3) + 4i_3 - 6 + 2(i_2 + i_3) = 0$$
$$2(i_2 - i_1) + i_2 - 6 + 2(i_2 + i_3) = 0$$

　　注意包含电流源连支的基本回路是不需要列写 KVL 方程的。因为 i_1 已知,两个独立变量只需要两个独立方程即可解出。这是回路法通过树的适当选择带来的好处。

　　第 3 步,求解该方程,得各连支电流为

$$i_1 = 3\text{A}, \quad i_2 = -\frac{2}{3}\text{A}, \quad i_3 = \frac{8}{3}\text{A}$$

故 $u = 1 \times i_2 = -\dfrac{2}{3}\text{V}$。

6V 电压源发出的功率为

$$p_{6\text{V}} = 6 \times (i_2 + i_3) = 12\text{W}$$

可以看出,回路法对选树技巧有一定要求,若使用得当,可以利用支路电流源减少方程数,简化电路求解。

思考和练习

2.3-1 在例 2-3 中若选择电路的树如练习题 2.3-1 图所示,试重新求解该题。

2.3-2 "在回路法中,每一个基本回路可含多个连支,且这些连支不出现在其他基本回路中。"这种说法对吗? 说明原因。

2.3-3 只用一个方程,求练习题 2.3-3 图所示电路中的电流 i。

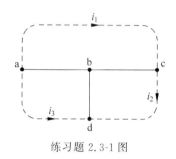

练习题 2.3-1 图

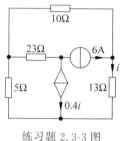

练习题 2.3-3 图

2.4 网孔法

对于许多平面电路,可以考虑统一将树选在图的"内部",如图 2-16(a)电路可选树如图 2-16(b)实线所示。此时各基本回路构成了一个个网孔,如果把沿网孔边界流动的假想电流设为"网孔电流"变量,此时网孔电流即是连支电流,按照回路法的步骤直接列写电路方程求解,此时网孔法并无其他特殊之处。

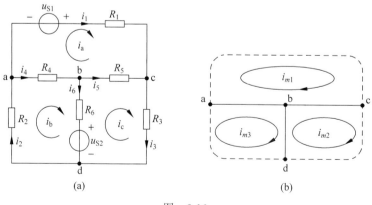

图 2-16

但是这种将网孔法看成是将树选在电路图的"内部"的说法却是不严谨的,例如,对于图 2-17 所示的电路图,由于无法找到一个树使得所有连支电流与网孔电流相对应,就不能把网孔法看成是特殊的回路法了。因此,网孔电流、网孔法和连支电流、回路法显然有不同之处。

　　以网孔电流为电路变量,直接列写网孔的 KVL 方程,先求得网孔电流进而求得响应,这种求解方法称为网孔法。实际所遇到的电路大都是平面电路,网孔法只适用于这类电路分析。以下讨论均对具有 n 个节点、b 条支路的电路而言。

　　这里,网孔电流定义为沿网孔边界流动的假想电流。电路中共有 $L=(b-n+1)$ 个网孔,因而也有 L 个网孔电流。图 2-18 所示电路中有 3 个网孔,其 3 个网孔电流分别为 i_a、i_b、i_c,分别沿 abca、abda、bcdb 网孔边界流动。

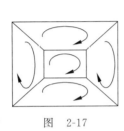

图　2-17

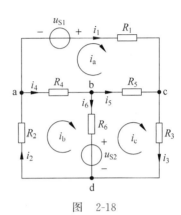

图　2-18

　　网孔电流是相互独立的变量。由于每一网孔电流流经某一节点时,必然流入又流出该节点,因此若以网孔电流列节点的 KCL 方程,各网孔电流将彼此抵消,它们相互间不受 KCL 约束,具有独立性。

　　网孔电流是完备的变量。对于平面网络,网络边界的每条支路只与一个网孔关联,支路电流视其参考方向,或等于其所关联网孔的网孔电流,或与该网孔电流相差一个负号;而网络内部的每条支路与两个网孔关联,支路电流等于其所关联两网孔的网孔电流和或差(视网孔电流的参考方向而定)。可见,网孔电流一旦求得,所有支路电流(或电压等)随之可求出,因此网孔电流具有完备性。如图 2-18 所示电路有

$$i_1=i_a, \quad i_2=i_b, \quad i_3=i_c$$
$$i_4=i_b-i_a, \quad i_5=i_c-i_a, \quad i_6=i_b-i_c$$

　　为了求出 L 个网孔电流,必须建立 L 个以网孔电流为变量的独立方程,由于网孔电流不受 KCL 约束,因此只能根据 KVL 和支路的伏安关系列方程。

　　网孔是基本回路,各网孔的 KVL 方程是一组独立方程。若利用网孔电流的完备性以及支路的伏安关系,将各支路电压用网孔电流表示,则可得到 L 个以网孔电流为变量的独立方程。该组方程就称为网孔方程。对图 2-18 所示电路列写 KVL 方程如下:

　　网孔 a:$R_1 i_a-R_5(i_c-i_a)-R_4(i_b-i_a)=u_{S1}$

　　网孔 b:$R_2 i_b+R_4(i_b-i_a)+R_6(i_b-i_c)=-u_{S2}$

　　网孔 c:$R_3 i_c-R_6(i_b-i_c)+R_5(i_c-i_a)=u_{S2}$

整理得

$$\begin{cases}(R_1+R_4+R_5)i_a-R_4i_b-R_5i_c=u_{S1}\\(R_2+R_4+R_6)i_b-R_4i_a-R_6i_c=-u_{S2}\\(R_3+R_5+R_6)i_c-R_5i_a-R_6i_b=u_{S2}\end{cases} \qquad (2.4\text{-}1)$$

写成一般形式

$$\begin{cases}R_{11}i_a+R_{12}i_b+R_{13}i_c=u_{S11}\\R_{21}i_a+R_{22}i_b+R_{23}i_c=u_{S22}\\R_{31}i_a+R_{32}i_b+R_{33}i_c=u_{S33}\end{cases} \qquad (2.4\text{-}2)$$

如果用网孔法分析电路都有上述方程的整理过程,那显然还是比较麻烦的。能否简化方程的列写呢? 例如,能否通过观察电路即写出每一个网孔的 KVL 方程? 不妨先看整理后每一个方程式有何规律。

观察方程组(2.4-1)第一个方程可以看出:以网孔电流参考方向作为绕行方向,方程的左端为电压降之和(含网孔电流变量),方程的右端为电压升之和。i_a 前的系数($R_1+R_4+R_5$)恰好是网孔 a 内所有电阻之和,称它为网孔 a 的自电阻;i_b 前的系数($-R_4$)是网孔 a 和网孔 b 公共支路上的电阻,称它为网孔 a 和网孔 b 的互电阻。由于流过 R_4 的网孔电流 i_a、i_b 方向相反,故 R_4 前冠以“$-$”号(如一致,则取“$+$”号);同样,i_c 前系数($-R_5$)是网孔 a 和网孔 c 公共支路上的电阻,称它为网孔 a 和网孔 c 的互电阻。等式右端表示网孔 a 中电压源的代数和(沿绕行方向冠以“$+$”号,否则冠以“$-$”号)。

在方程组(2.4-2)中:R_{kk} 称为网孔 k 的自电阻,恒取“$+$”号。$R_{kj}(k\neq j)$ 称为网孔 k 与网孔 j 的互电阻。u_{Skk} 为网孔 k 的电压源之代数和(沿绕行方向的电压升之和)。

因此可得,从网络直接列写网孔方程的通式为

自电阻×本网孔电流 $+\sum$ 互电阻×相邻网孔电流 = 本网孔所含电压源电压升之和

综上所述,网孔法分析电路的步骤归纳如下:

(1) 设定网孔电流及其参考方向(通常同取顺时针方向或逆时针方向)。

(2) 列网孔方程组,联立求解,解出网孔电流。

(3) 由网孔电流求出电路响应。

列网孔方程时,要将各网孔 KVL 方程中的各支路电压用网孔电流表示。若网络含有电流源,由于电流源的电压要由外电路确定而不能直接用网孔电流表示,故一般采用以下处理方法:

(1) 若存在电流源并联电阻的有伴电流源,则将其并联组合转换成电压源串联电阻模型。

(2) 若某个无伴电流源所在支路单独属于某个网孔,则与其关联网孔的网孔电流为已知,该网孔的 KVL 方程可省去。

(3) 若某个无伴电流源为两个网孔所共有,则可增设电流源两端电压为未知变量,从而增补一个辅助方程,使电流源电流与网孔电流相联系。

例 2-4 如图 2-19 所示电路,试用网孔分析法求电流 i 和电压 u。

解:图 2-19(a)中 20A 电流源有伴,将其并联组合转换成电压源串联电阻如图(b)所示;在图(b)中,10A 电流源为网孔 a 独有,故 $i_a=10$A,该网孔 KVL 方程可省去;5A 电流源为 b、c 两网孔共有,应增设其两端电压变量 u_x 如图。故应列 KVL 方程 2 个、辅助方程 1 个:

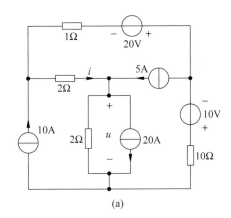 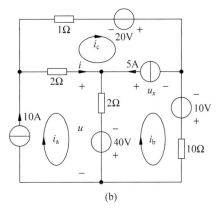

(a)　　　　　　　　(b)

图　2-19

网孔 b：$10i_{\mathrm{b}}+2(i_{\mathrm{b}}-i_{\mathrm{a}})=10-40-u_x$

网孔 c：$1\times i_{\mathrm{c}}+2(i_{\mathrm{c}}-i_{\mathrm{a}})=20+u_x$

辅助方程：$i_{\mathrm{c}}-i_{\mathrm{b}}=5$

或应用网孔方程通式加上辅助方程，得到方程组

$$\begin{cases}(10+2)i_{\mathrm{b}}-2i_{\mathrm{a}}=10-40-u_x\\(1+2)i_{\mathrm{c}}-2i_{\mathrm{a}}=20+u_x\\i_{\mathrm{c}}-i_{\mathrm{b}}=5\end{cases}$$

联立求解上述方程（其中，$i_{\mathrm{a}}=10\mathrm{A}$），得

$$i_{\mathrm{b}}=1\mathrm{A},\quad i_{\mathrm{c}}=6\mathrm{A}$$

故用网孔电流表示所求响应为

$$i=i_{\mathrm{a}}-i_{\mathrm{c}}=10-6=4\mathrm{A}$$
$$u=2(i_{\mathrm{a}}-i_{\mathrm{b}})-40=2(10-1)-40=-22\mathrm{V}$$

　　如果电路中含有受控源，可先将受控源按独立源一样对待，列写网孔方程，再增加辅助方程，即将受控源的控制量用网孔电流表示。

　　例 2-5　如图 2-20 所示电路，求电压 u、电流 i。

　　解：设网孔电流 i_1、i_2、i_3 如图，则所需方程组为

$$\begin{cases}(1+2)i_1-2i_2-i_3=-2u\\(1+2+2)i_2-2i_1-2i_3=-5\\(1+1+2)i_3-i_1-2i_2=0\\u=2(i_3-i_2)\end{cases}$$

KVL 方程

辅助方程

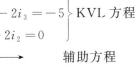 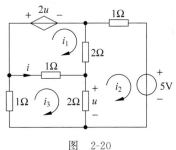

图　2-20

联立求解得

$$\begin{cases}i_1=-6\mathrm{A}\\i_2=-5\mathrm{A}\\i_3=-4\mathrm{A}\end{cases}$$

用网孔电流表示所求响应

$$u=2(-4+5)=2\mathrm{V}$$
$$i=i_3-i_1=-4+6=2\mathrm{A}$$

思考和练习

2.4-1 有人说:"若电路不含受控源,在对电路列写网孔方程时,如果网孔电流都设成顺时针或逆时针方向,则所列出的网孔方程中的互电阻均为负。"这种说法正确吗? 为什么?

2.4-2 有人说:"以网孔电流为变量的方程必是 KCL 方程。"这种说法正确吗? 为什么?

2.4-3 用网孔法求练习题 2.4-3 图所示电路图中的各支路电流。

2.4-4 为求上节练习题 2.3-3 图所示电路中的电流 i,试比较用网孔法和回路法哪种更好。

2.4-5 如练习题 2.4-5 图所示的电路,求电压 u、电流 i。

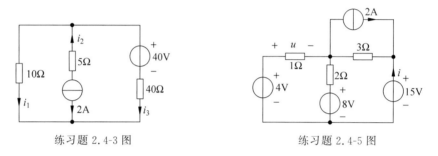

练习题 2.4-3 图　　　　　　练习题 2.4-5 图

2.5 节点法

从 $2b$ 法到支路法,方程个数减为 b 个,回路法和网孔法的方程个数又减少到 $(b-n+1)$ 个,主方程即是 $(b-n+1)$ 个 KVL 方程。与连支电流相对应,树支电压也是一组独立而完备的变量,以树支电压为变量,必然建立 $(n-1)$ 个独立的 KCL 方程。这里,以图 2-21 为例,首先介绍图 2-21(a)对应的一种特殊的树结构,如图 2-21(b)所示,这种树的特点是:各树支的一端均连向一个节点(还可画另外 3 种),即图中 4、5、6 这 3 条支路均连向 d 端。这时,在原电路中 a、b、c 各节点的所有支路集为基本割集,建立这些节点的 KCL 方程必然是独立的,因此称为独立节点。

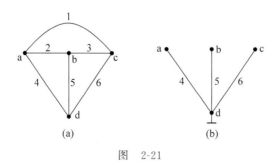

图　2-21

以节点电压为电路变量,直接列写独立节点的 KCL 方程,先求得节点电压进而求得响应。这种求解方法称为节点法。以下讨论亦均对具有 n 个节点、b 条支路的电路而言。

这里,节点电压定义为:当任意选定电路中某一节点为参考点,其余节点指向参考点之间的电压(或称节点电位,本质上是树支电压。以下多用"节点电压")。显然,节点电压的数目为 $T=(n-1)$ 个。如图 2-22 所示,当选择节点 d 为参考点时,节点电压则为 u_a、u_b、u_c。

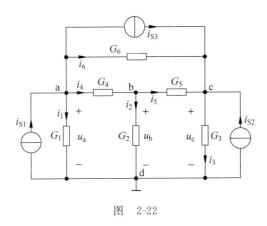

图 2-22

节点电压是相互独立的变量。这是因为,节点电压变量不可能处于同一个回路内,所以不能通过 KVL 方程把各个节点电压变量联系起来,即它们相互间不受 KVL 约束,具有独立性。

节点电压是完备的变量。由图 2-22 可以看出,任何支路的电压均可用节点电压表示。由支路伏安关系还可求出各支路电流,进而可进一步求出其余变量。因此节点电压具有完备性。

设电路有 $T(T=n-1)$ 个节点电压,必须建立 T 个以节点电压为变量的独立方程,由于节点电压不受 KVL 约束,因此只能根据 KCL 和支路的伏安关系列方程。若利用节点电压的完备性及支路伏安关系,将这些 KCL 方程中的各支路电流用节点电压表示,则可得到 T 个以节点电压为变量的独立方程,该组方程就称为节点方程。

对图 2-22 所示电路列写 KCL 方程如下:

$$\begin{cases} \text{节点 a:} \ G_1 u_a + G_4(u_a - u_b) + G_6(u_a - u_c) = i_{S1} - i_{S3} \\ \text{节点 b:} \ G_2 u_b + G_4(u_b - u_a) + G_5(u_b - u_c) = 0 \\ \text{节点 c:} \ G_3 u_c + G_5(u_c - u_b) + G_6(u_c - u_a) = i_{S2} + i_{S3} \end{cases} \quad (2.5\text{-}1)$$

整理得

$$\begin{cases} (G_1 + G_4 + G_6)u_a - G_4 u_b - G_6 u_c = i_{S1} - i_{S3} \\ (G_2 + G_4 + G_5)u_b - G_4 u_a - G_5 u_c = 0 \\ (G_3 + G_5 + G_6)u_c - G_5 u_b - G_6 u_a = i_{S2} + i_{S3} \end{cases} \quad (2.5\text{-}2)$$

写成一般形式为

$$\begin{cases} G_{11} u_a + G_{12} u_b + G_{13} u_c = i_{S11} \\ G_{21} u_a + G_{22} u_b + G_{23} u_c = i_{S22} \\ G_{31} u_a + G_{32} u_b + G_{33} u_c = i_{S33} \end{cases} \quad (2.5\text{-}3)$$

其中，

G_{kk} 称为节点 k 的自电导，它是连接到节点 k 的所有支路的电导之和，恒取"＋"号。

$G_{kj}(k \neq j)$ 称为节点 k 与节点 j 的互电导，它是节点 k 与节点 j 之间共有支路的电导之和，恒取"－"号。

i_{Skk} 为流入节点 k 的电流源之代数和。

上述方程的左端为流出某节点的电导上电流之代数和，方程的右端为流入该节点的电流源之代数和。同网孔分析法一样，节点法也能仅观察电路即可写出不需要整理的通式。对式(2.5-2)中的每一个方程可总结为以下通式：

自电导 × 本节点电压 ＋ $\sum$ 互电导 × 相邻节点电压 ＝ 流入本节点电流源电流代数和

综上所述，节点法分析电路的步骤归纳如下：

（1）设定参考节点，确定节点电压变量。

（2）列节点方程组，联立求解，解出节点电压。

（3）由节点电压求出电路响应。

列节点方程时，要将各独立节点 KCL 方程中的各支路电流用节点电压表示。若网络含有电压源，由于电压源的电流要由外电路确定而不能直接用节点电压表示，故一般采用以下处理方法：

（1）若存在电压源串联电阻的有伴电压源，则可将其串联组合转换成电流源并联电阻模型。

（2）若存在无伴电压源支路，可将无伴电压源支路的一端设为参考点，则它的另一端的节点电压即为已知量，等于该电压源的电压或差一个负号，此节点的节点方程可省去。

（3）若存在两个或两个以上无伴电压源支路，可对其中的一个无伴电压源支路作第（2）种方法处理。而对其余的无伴电压源支路，可增设流过无伴电压源的电流为未知量，先列节点方程，再增补一个或若干个辅助方程，使电压源电压与节点电压相联系。

例 2-6 如图 2-23 所示电路，应用节点分析法求电流 i 和电压 u。

解：此电路含有两个无伴电压源，只能选择其中一个理想电压源的一端为参考点。设节点 d 为参考点，则 $u_a = 10\text{V}$ 为已知量，该节点的 KCL 方程可省去。设流过 5V 电压源的电流为 i_x，则列出节点方程及辅助方程为

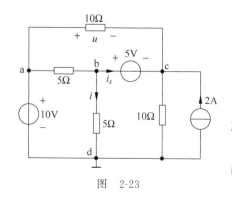

图 2-23

节点 b： $-\dfrac{1}{5}u_a + \left(\dfrac{1}{5} + \dfrac{1}{5}\right)u_b = -i_x$

节点 c： $-\dfrac{1}{10}u_a + \left(\dfrac{1}{10} + \dfrac{1}{10}\right)u_c = i_x + 2$

$u_b - u_c = 5 \rightarrow$ 辅助方程

联立求解以上方程可得

$$u_b = 10\text{V}, \quad u_c = 5\text{V}$$

故有

$$u = u_a - u_c = 10 - 5 = 5\text{V}$$

$$i = \frac{u_b}{5} = \frac{10}{5} = 2\text{A}$$

同样，如果电路中含有受控源，可先将受控源按独立源一样对待，列写节点方程，再增加辅助方程，即将受控源的控制量用节点电压表示。

例 2-7　如图 2-24(a)所示电路，用节点分析法求电压 u、电流 i。

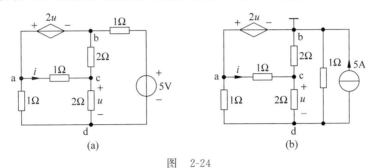

图　2-24

解： ab 两节点连接有一个无伴受控电压源，设 b 节点为参考点，则 $u_a = 2u$。将原图化为图 2-24(b)所示，可列出节点法所需的方程组为

$$\begin{cases} \left(1 + \frac{1}{2} + \frac{1}{2}\right)u_c - 1 \times u_a - \frac{1}{2}u_d = 0 \\ \left(1 + 1 + \frac{1}{2}\right)u_d - 1 \times u_a - \frac{1}{2}u_c = -5 \end{cases} \Big\} \text{KCL 方程}$$

$$u_a = 2u \longrightarrow \text{辅助方程}$$

$$u = u_c - u_d$$

联立求解得

$$\begin{cases} u_a = 4\text{V} \\ u_c = 2\text{V} \\ u_d = 0 \end{cases}$$

用节点电压表示所求响应

$$u = \frac{u_a}{2} = 2\text{V}$$

$$i = \frac{u_a - u_c}{1} = 2\text{A}$$

思考和练习

2.5-1　"若电路中不含受控源，应用节点法时均有互电导相等，即 $G_{kj} = G_{jk}$。"这种说法对吗？若电路中含有受控源，情况又如何？

2.5-2　重新用节点法求练习题 2.4-3 图中各支路电流，并比较两种方法哪一种更好。

2.5-3　用节点法求练习题 2.3-3 图电路中的电流 i，再次比较网孔法、节点法和回路法哪一种更好。

2.5-4　如练习题 2.5-4 图所示电路，用节点法求电压 u、电流 i 和电压源产生的功率。

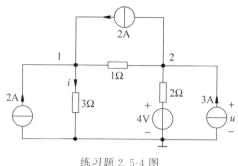

练习题 2.5-4 图

2.6 齐次定理和叠加定理

线性电路是由线性元件组成的,其重要特性是同时具有齐次性(又称比例性或均匀性)和叠加性。由此可总结为两个重要定理:齐次定理和叠加定理。当电路中有多种或多个信号激励时,它们为研究响应与激励的关系提供了理论依据和方法,并经常作为推导其他电路定理的基础。

2.6.1 齐次定理

在介绍齐次定理之前,先看以下的例题。

例 2-8 求图 2-25 中(a)中电流 I_1' 和(b)中电流 I_1''。

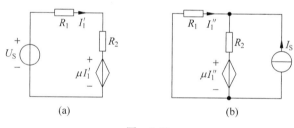

(a)   (b)

图 2-25

解:(a) 以回路电流为变量,列出回路的 KVL 方程为

$$(R_1 + R_2)I_1' + \mu I_1' = U_S$$

解得

$$I_1' = \frac{U_S}{R_1 + R_2 + \mu}$$

可见,由于电阻值和受控源参数均为常数,响应 I_1' 与激励 U_S 成正比。

(b) 网孔法求解。设两个网孔电流与 I_1'' 和 I_S 一致,则网孔方程为

$$(R_1 + R_2)I_1'' + R_2 I_S + \mu I_1'' = 0$$

解得

$$I_1'' = \frac{-R_2 I_S}{R_1 + R_2 + \mu}$$

同样,由于电阻值和受控源参数均为常数,响应 I_1'' 与激励 I_S 成正比。

例 2-8 中反映的响应与激励成正比的关系具有一定的普遍性,可将其总结为齐次定理。

齐次定理的内容为当线性电路中只有一个激励源作用时,其任意支路上的响应与激励值成正比。

其中,激励源可以是独立电压源,也可以是独立电流源,但不可以是受控源。例如,假设

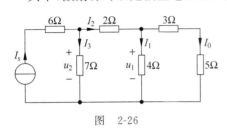

图 2-26

激励源是电压源 u_S,响应是某支路电流 i,则根据齐次定理有 $i=ku_S$。式中 k 为常数,它只与电路结构和元件参数有关,而与激励源无关。

例 2-9　如图 2-26 所示电路中,已知电流源 $I_s=15A$,试求电流 I_0。

解:利用齐次定理求解。不妨先假设电流 $I_0=1A$,则

$$u_1=(3+5)I_0=8\times1=8V$$

$$I_1=\frac{u_1}{4}=\frac{8}{4}=2A \quad I_2=I_1+I_0=2+1=3A$$

可求得

$$u_2=2I_2+u_1=2\times3+8=14V$$

从而有

$$I_3=\frac{u_2}{7}=\frac{14}{7}=2A$$

此时的 $I_s=I_2+I_3=3+2=5A$。

显然,根据齐次定理,当 $I_s=15A$ 时,则

$$I_0=1\times\frac{15}{5}=3A$$

2.6.2　叠加定理

在介绍叠加定理之前,先看以下的例题。

例 2-10　求解电路图 2-27 中的 I_1。

解:网孔法求解。设网孔电流同 I_1 和 I_S(大小及参考方向均相同),则网孔方程为

$$(R_1+R_2)I_1+R_2I_S+\mu I_1=U_S$$

解得

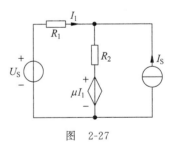

图 2-27

$$I_1=\frac{U_S-R_2I_S}{R_1+R_2+\mu}=\frac{U_S}{R_1+R_2+\mu}+\frac{-R_2I_S}{R_1+R_2+\mu}$$

分析该结果可知,响应 I_1 与两个独立源 U_S 和 I_S 均有

关系。I_1 的表达式中第 1 项只与 U_S 有关,第 2 项只与 I_S 有关。若令 $I_1'=\frac{U_S}{R_1+R_2+\mu}$,

$I_1''=\frac{-R_2I_S}{R_1+R_2+\mu}$,则显然有

$$I_1 = I'_1 + I''_1$$

联系例 2-8 题,可以发现 I'_1 和 I''_1 在两道题中是一致的。故本例中的 I'_1 可看作仅有 U_S 作用而 I_S 不作用(视为开路)时 R_1 上的电流,I''_1 可看成仅有 I_S 作用而 U_S 不作用(视为短路)时 R_1 上的电流。即电流 I_1 可以看成独立电压源 U_S 与独立电流源 I_S 分别单独作用时产生电流的代数和。响应与激励之间关系的这种规律,不仅对于本例才有,而且对于所有具有唯一解的线性电路都具有这种特性,具有普遍意义,因此把线性电路的这种特性总结为叠加定理。

叠加定理的内容为对于具有唯一解的线性电路,多个激励源共同作用时引起的响应(电流或电压)等于各个激励源单独作用时(其他激励源置为零)所引起的响应之代数和。

所谓激励源单独作用,是指每个或一组独立源作用时,其他独立源均置为零(即其他独立电压源短路,独立电流源开路),而电路的结构及所有电阻和受控源均不得变动。

叠加定理用来分析线性电路的基本思想是"化整为零"的思想,它将多个独立源作用的复杂电路分解为每一个(或每一组)独立源单独作用的较简单的电路,在分解图中分别计算某支路的电流或电压响应,然后作代数和求出它们共同作用时的响应。对于独立源数目不是很多的线性电路,用叠加定理分析有方便之处。

例 2-11　利用叠加定理求图 2-28(a)所示电路的电压 u_2。

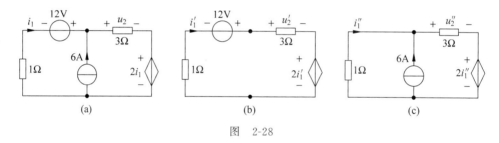

图　2-28

解:根据叠加定理,首先分别画出两个独立源分别单独作用时的分解电路。

(1) 当 12V 电压源单独作用时,6A 电流源被置零即开路,如图 2-28(b)所示。可得

$$(3 + 2 + 1)i'_1 = 12$$
$$i'_1 = 2A$$
$$u'_2 = 3i'_1 = 6V$$

(2) 当 6A 电流源单独作用时,12V 电压源被置零即短路,如图 2-28(c)所示。可得

$$u''_2 = 3(6 + i''_1) = -1 \times i''_1 - 2i''_1 = -3i''_1$$
$$i''_1 = -3A$$
$$u''_2 = 9V$$

故由叠加定理得 $u_2 = 6 + 9 = 15V$。

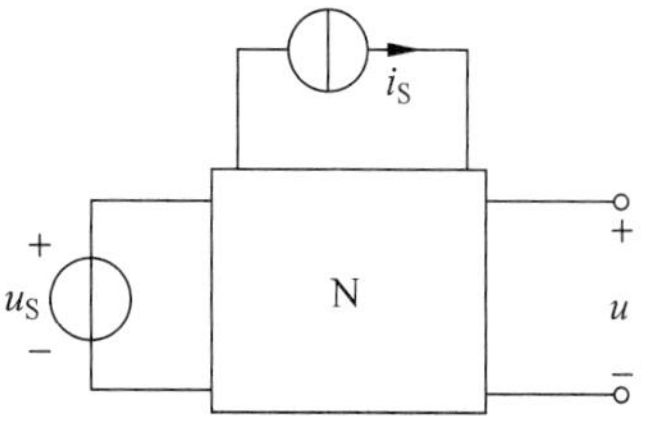

例 2-12　如图 2-29 所示的电路中,N 为含有独立源的线性电阻电路。已知,

当 $u_S = 6V, i_S = 0$,开路端电压 $u = 4V$;

当 $u_S = 0V, i_S = 4A, u = 0$;

当 $u_S = -3V, i_S = -2A, u = 2V$;

图　2-29

求当 $u_S=3V, i_S=3A$ 时的开路端电压 u。

解：将激励源分为 3 组：电压源 u_S、电流源 i_S、N 内的全部独立源。

设仅有电压源 u_S 产生的响应为 u_1，则 $u_1=au_S$（u_S 发生变化）；

设仅有电流源 i_S 产生的响应为 u_2，则 $u_2=bi_S$（i_S 发生变化）；

设 $u_S=0, i_S=0$ 时，仅由 N 内部所有独立源引起的响应为 u_3，$u_3=c$（N 内独立源不发生变化，故设为常数）。

于是，在任何情况下均有

$$u=u_1+u_2+u_3=au_S+bi_S+c$$

将已知条件代入得

$$\begin{cases} 6a+c=4 \\ 4b+c=0 \\ -3a-2b+c=2 \end{cases}$$

解得

$$a=\frac{1}{3}, \quad b=-\frac{1}{2}\Omega, \quad c=2V$$

则当 $u_S=3V, i_S=3A$ 时的开路端电压 u 为

$$u=au_S+bi_S+c=\frac{1}{3}\times 3-\frac{1}{2}\times 3+2=1.5V$$

例 2-13 如图 2-30 所示电路中，当开关合在位置 1 时电流 I 为 40mA，当开关合在位置 2 时电流 I 为 -60mA，试求当开关合在位置 3 时电流 I 为何值。

解：这是一个综合应用线性电路的齐次性和叠加性的例子。

当开关合在位置 1 时电流 I 为 40mA，则已知仅由电源 U_S 作用而产生的响应为 40mA，记 $I_1=40$mA。

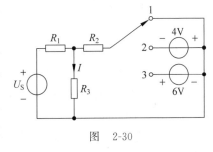

图 2-30

当开关合在位置 2 时，设仅由 4V 电压源产生的响应为 I_2，则由叠加定理得 $I=I_1+I_2=-60$mA，则 $I_2=-100$mA。

当开关合在位置 3 时，设仅由 6V 电压源产生的响应为 I_3，则由电路的齐次性可知，$I_3=-\frac{6}{4}I_2=-1.5\times(-100)=150$mA（6V 电压源与 4V 电压源极性相反，故应加一负号），则 $I=I_1+I_3=40+150=190$mA。

使用叠加定理时应注意以下几点：

(1) 叠加定理仅适用于线性电路（包括线性时变电路），而不适用于非线性电路。

(2) 叠加定理只适用于计算电流和电压，而不能用于计算功率。这是因为电压和电流都与激励呈一次函数关系，而功率与激励不是一次函数关系。

(3) 若电路中含有受控源，受控源不单独作用。在独立源每次单独作用时受控源都要保留其中，其数值随每一独立源单独作用时控制量数值的变化而变化。

(4) 应用叠加定理时，可以分别计算各个独立电压源和电流源单独作用下的电流或电

压,然后把它们相叠加;也可以将电路中的所有独立源分为几组,按组计算所需的电流或电压,然后叠加。特别是对于内部结构未知的"黑箱"问题,只能通过将其中所有的独立源作为一组进行分析。

思考和练习

2.6-1 电路如练习题 2.6-1 图所示,N 为含有独立源和电阻的线性电路,已知 $U_\mathrm{S}=2\mathrm{V}$ 时,$I=1\mathrm{A}$,则当 $U_\mathrm{S}=4\mathrm{V}$ 时,$I=2\mathrm{A}$,这个结论对吗? 为什么?

2.6-2 用叠加定理求练习题 2.6-2 图所示电路图中的 I 和 U_ab。

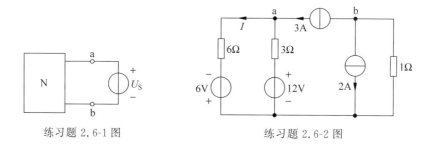

练习题 2.6-1 图   练习题 2.6-2 图

2.6-3 有人说:"叠加定理只适用于线性电路,它可以用来求线性电路中的任何量,包括电流、电压、功率。"你同意这种观点吗? 为什么?

2.7 替代定理

替代定理(又称置换定理)是集总参数电路理论中一个重要的定理,既适用于线性电路,又适用于非线性电路,尤其在线性时不变电路问题的分析中替代定理的应用更为普遍,这里着重讨论在这类电路问题分析中的应用。

大家知道,电桥电路在平衡时,桥支路既可看成短路又可看成开路,即当一支路上电流为零时,可以将其开路,当一支路两端电压为零时,可以将其短路,遇到分析这样的电路问题时,经开路或短路处理后,电阻的连接关系虽然发生了变化,但对电路的状态并无影响。由此联想到,若知道某支路中不为零的电流,或某支路两端不为零的电压,该支路能否用某种方式替代而不影响其他部分的状态呢? 替代定理回答了这个问题。

替代定理的内容为在具有唯一解的线性或非线性电路中,若已知某一支路的电压为 u,电流为 i,那么该支路可以用"$u_\mathrm{S}=u$"的电压源替代,或者用"$i_\mathrm{S}=i$"的电流源替代。替代后电路其他各处的电压、电流均保持原来的值。

定理中所说的某支路可以是无源的,也可以是含独立源的,或是一个二端网络(又称广义支路)。但是,被替代的支路与原电路的其他部分(图 2-31(a)中的电路 N)间不应有耦合,也就是说,在被替代部分的电路中不应有控制量在 N 中的受控源,而 N 中受控源的控制量也不应在被替代部分的电路中。图 2-31 为替代定理示意图,其中,M 为被替代的广义支路。

替代定理可论证如下:设原电路(图 2-31 中 N 部分)各支路电流、电压具有唯一的解,它们满足 KCL、KVL 和各支路的伏安关系。当某条支路用电压源 u 替代后,其电路拓扑结

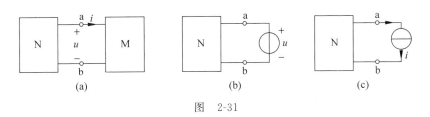

图 2-31

构与原电路完全相同,因而原电路与替代后的电路的 KCL 和 KVL 方程完全相同;除被替代的支路外,替代前后电路的支路约束关系也完全相同。替代后的电路中,电压源支路的电压为 u 没有变化,而它的电流是任意的(因电压源的电流可为任意值)。所以,上述原电路各支路的电流、电压满足替代后电路的所有约束关系。故它也是替代后电路的唯一的解。

若用电流源来替代,也可作类似的论证。

替代定理的正确性也可作如下理解:在数学中,对给定的有唯一解的一组方程,其中任何一个未知量,如用它的解答来置换(代替),不会引起方程中其他任何未知量的解答在量值上有所改变。对于电路问题,一般的电压或电流变量总是处于方程(网孔方程或节点方程等)之中,把某支路已知的电压或电流用电压源或电流源替代后,相当于将网络方程的某未知量用已知量代替,这样做当然不会影响其他支路的解答。

在分析电路时,经常使用替代定理化简电路,辅助其他方法求解。在推导许多新的定理与等效变换方法时也常用到替代定理。实际工程中,在测试电路或试验设备中采用假负载(或称模拟负载)的理论根据即是替代定理。

依据替代定理,可将大网络分裂成若干个小网络而用于大网络的分析,此方法称为"分裂法",图 2-32(a)表示的大网络可分裂成图 2-32(b)～图 2-32(g)所示。

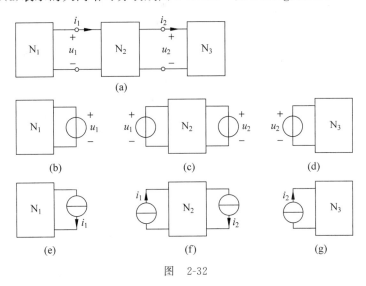

图 2-32

例 2-14 在含源网络 N 的一侧接 π 形衰减器如图 2-33(a)所示,求当负载电阻 R_L 为何值时,负载中的电流为网络 N 的输出电流的一半。

解: 为求出电阻 R_L,可先求其两端电压,并以 U_L 表示,再利用欧姆定律求出电阻 R_L。为此,根据替代定理,N 网络及负载均用电流源替代,得电路如图 2-33(b)所示。

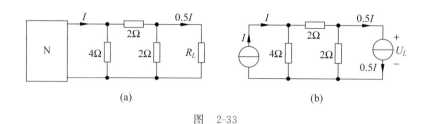

图 2-33

由叠加定理,求得负载电阻电压为

$$U_L = I \times \frac{4}{4+2+2} \times 2 + \left(-\frac{I}{2}\right) \times [2 /\!/ (2+4)] = 0.25I$$

故利用欧姆定律有

$$R_L = \frac{U_L}{0.5I} = \frac{0.25I}{0.5I} = 0.5\Omega$$

即当 $R_L = 0.5\Omega$ 时,负载中的电流为网络 N 的输出电流的一半。

应当注意,"替代"与"等效变换"是两个不同的概念。"替代"是用独立电压源或电流源替代已知电压或电流的支路,替代前后替代支路以外电路的拓扑结构和元件参数不能改变,因为一旦改变,替代支路的电压和电流也将发生变化;而等效变换是两个具有相同端口伏安特性的电路间的相互转换,与变换以外电路的拓扑结构和元件参数无关。

从等效的角度看,替代定理属于有条件等效。即必须在电路确定并已知支路上电压或电流的限定条件时支路才能被替代,替代前后各支路的电压、电流、功率是等效的。

例如,图 2-34(a)与图 2-34(b)中的网络 N_1、N_2 是可以替代的,但不能因此认为其是等效的。因为一个是理想电压源,一个是理想电流源,二者是不可能等效的。

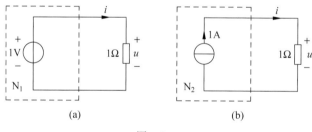

图 2-34

思考和练习

2.7-1 有人说:"理想电压源与理想电流源之间不能互换,但对某一确定的电路,若已知理想电压源的电流为 2A,则该理想电压源可以替代为 2A 的理想电流源,这种替代不改变原电路的工作状态。"你认为对吗?

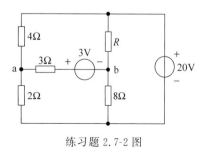

练习题 2.7-2 图

2.7-2 练习题 2.7-2 图所示电路中,已知 $u_{ab}=0$,求电阻 R。

2.7-3 在待替代支路中串联两个极性相反且数值等于该支路已知电压值的电压源,即可证明替代定理。

试画出电路图,并证明。

2.8　等效电源定理

在电路分析中,有时只需求出某一支路的电压、电流或功率,就可以将该支路以外的二端网络进行等效。在第 1 章曾介绍了二端网络的两种等效方法:伏安关系法和模型互换法。但有时用来解决某些电路问题,却并不简单。如图 2-35 中,若要用等效方法求出 R_5 支路的电流 i,当采用端口伏安关系法时,需要多个方程联立求解,当采用电源模型互换法时由于含无伴电源的支路而无法进行。这就迫使人们寻求更加有用的等效方法。

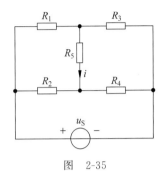

图　2-35

等效电源定理说明的就是如何将一个有源线性二端网络(指一个含电源、线性电阻和线性受控源的二端网络)等效成一个电源,这就提供了非常有用的另一种等效变换方法。它包括戴维南定理和诺顿定理。如果将有源线性二端网络等效成电压源形式,应用的则是戴维南定理;如果将有源线性二端网络等效成电流源形式,应用的则是诺顿定理。前者由法国电信工程师戴维南(L. C. Thévenin)于 1883 年提出,后者由美国贝尔实验室的工程师诺顿(L. Norton)于 1933 年提出。两个定理具有对偶性,但二者的提出却相隔了 50 年,这一方面说明了人类进行科学探索的艰辛,另一方面也说明了科学的方法论对于科研实践具有重要的指导意义。

戴维南定理的内容为:任何一个线性有源二端网络 N,对外电路而言,它可以用一个电压源和电阻的串联组合电路来等效,该电压源的电压 u_{OC} 等于该有源二端网络在端口处的开路电压,与电压源串联的电阻 R_0 等于该有源二端网络中全部独立源置零(电压源短路,电流源开路)后的等效电阻。

上述电压源和电阻的串联组合称为戴维南等效电路,电阻 R_0 称为戴维南等效电阻。

诺顿定理的内容为:任何一个线性有源二端网络 N,对外电路而言,它可以用一个电流源和电导的并联组合电路来等效,该电流源的电流 i_{SC} 等于该有源二端网络端口处的短路电流,与电流源并联的电导 G_0 等于该有源二端网络中全部独立源置零后的等效电导。

上述电流源和电导的并联组合电路称为诺顿等效电路,电导 G_0 称为诺顿等效电导。

等效电源定理的示意图如图 2-36 所示。

由图 2-36 可以看出,由于网络 N_1 和 N_2 都是网络 N 的等效电路,它们彼此之间也是等效的。则显然有

$$u_{OC} = R_0 i_{SC} \quad \text{或} \quad i_{SC} = \frac{u_{OC}}{R_0}, \quad G_0 = \frac{1}{R_0}$$

需要指出的是,一般来说,二端网络的两种等效电路都存在。但当网络内含有受控源时,其等效电阻有可能为零,这时戴维南等效电路即为理想电压源,而其诺顿等效电路将不存在。如果其等效电导为零,这时诺顿等效电路即为理想电流源,戴维南等效电路将不存在。

应用叠加定理和替代定理可以推导出等效电源定理。以下仅以戴维南定理为例,用替

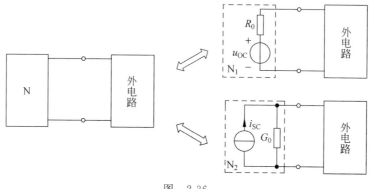

图 2-36

代定理和叠加定理加以证明。

在图 2-37(a)所示电路中,N 为有源二端网络,当接外电路后,N 端口电压为 u,电流为 i。根据替代定理,外电路可用一个电流 $i_\mathrm{S} = i$ 的电流源替代,替代后的电路如图 2-37(b)所示。

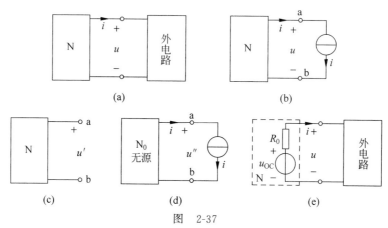

图 2-37

应用叠加定理推导出 N 端口的电压与电流的关系。对图 2-37(b)所示电路,可分解为图 2-37(c)和图 2-37(d)两个分解图。其中,图 2-37(c)所示电路为电流源 i 不作用、由 N 中全部独立源作用时的电路,此时端口电压即为 ab 支路开路电压,即有 $u' = u_\mathrm{OC}$;图 2-37(d)所示电路为电流源 i 单独作用,而 N 中全部独立源不作用时的电路。于是,N 变为 N_0(无源网络),ab 端口的等效电阻为 R_0,此时其端口电压 $u'' = -R_0 i$。

根据叠加定理,端口电压为

$$u = u' + u'' = u_\mathrm{OC} - R_0 i$$

该 N 端口的电压与电流的关系对应的电路模型即为戴维南等效电路,如图 2-37(e)中虚线框内所示。

等效电源定理在网络分析中十分有用,如果要求网络中某条支路的电压或电流,可将该支路从网络中抽出,而将网络的其余部分视为一个有源二端网络,应用戴维南定理或诺顿定理将该有源二端网络用它的戴维南等效电路或诺顿等效电路等效,从而把原电路简化为一个单回路或单节点偶电路,在此电路中所要求的支路电压或电流可很容易求得。

因此,应用等效电源定理分析电路的基本步骤可归纳如下:

(1) 断开待求支路或局部网络,求出所余二端有源网络的开路电压 u_{OC} 或短路电流 i_{SC}。

(2) 将二端网络内所有独立源置零(电压源短路,电流源开路),求等效电阻 R_0。

(3) 将待求支路或局部网络接入等效后的戴维南等效电路或诺顿等效电路,求取响应。

在这个过程中,开路电压和短路电流的求解用前面学过的方法即可解决,需要注意的是等效电阻的求解。归纳起来,其求解方法有以下几种:

(1) 纯电阻网络等效变换方法。若二端网络为纯电阻网络(无受控源),则可利用电阻串联、并联和丫-△转换等规律进行计算。

(2) 外加电源法。在无源二端网络的端口处施加电压源 u 或电流源 i,在端口电压和电流关联参考方向下,求得端口处电流 i(或电压 u),得等效电阻 $R_0 = u/i$。此法适用于任何线性电阻电路,尤其适用于含受控源二端网络的等效电阻的计算,如图 2-38 所示。

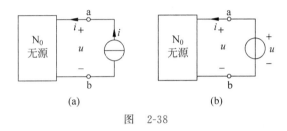

图　2-38

(3) 开路短路法。当求得有源二端网络的开路电压 u_{OC} 后,把端口 ab 处短路,求出短路电流 i_{SC}(注意,u_{OC} 和 i_{SC} 参考方向对外电路一致,如图 2-39 所示),于是等效电阻 $R_0 = \dfrac{u_{OC}}{i_{SC}}$。此方法同样适用于任何线性电阻电路,尤其适用于含受控源的有源二端网络的等效电阻的计算。需要注意的是,求 u_{OC} 和 i_{SC} 时,N 内所有独立源均应保留。

例 2-15　在图 2-35 中,若 $R_1 = R_2 = 5\Omega, R_3 = 3\Omega, R_4 = 7\Omega, R_5 = 10\Omega, u_S = 48\text{V}$,求支路电流 i。

解:利用戴维南定理求解。首先将已知条件代入图 2-35 中,如图 2-40 所示。

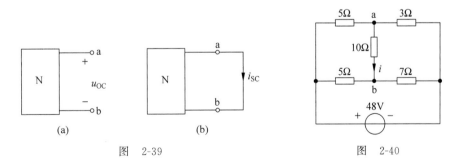

图　2-39　　　　　　　　　　　　　图　2-40

然后,将待求支路断开,得到图 2-41(a)所示的二端网络,计算 ab 端口的开路电压:

$$u_{OC} = 48 \times \frac{3}{5+3} - 48 \times \frac{7}{5+7} = -10\text{V}$$

再计算等效电阻 R_0。将独立源电压源置零(短路),如图 2-41(b)所示。由图可得等效

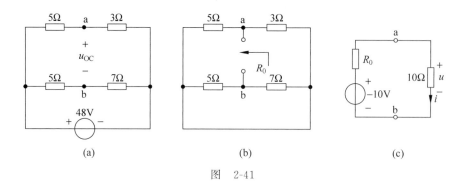

图　2-41

电阻 R_0 为

$$R_0 = (5 /\!/ 3) + (5 /\!/ 7) = 4.8\Omega$$

则接上电阻 R_5 后,原电路等效为图 2-41(c)所示。

从而可得支路电流

$$i = \frac{-10}{10 + 4.8} = -0.676\text{A}$$

显然,利用等效电源定理求解本题要比端口伏安关系法和电源模型互换法更加简单有效。

例 2-16　用等效电源定理求电路图 2-42(a)中的负载电压 u。

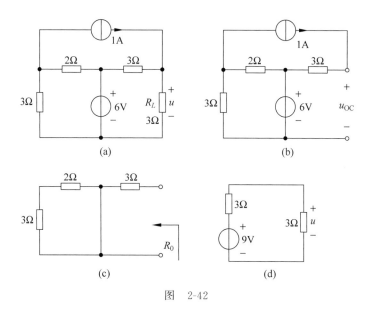

图　2-42

解法 1：用戴维南定理求解。

(1) 断开负载 3Ω 电阻,如图 2-42(b)所示。求开路电压 u_{OC} 为

$$u_{OC} = 3 \times 1 + 6 = 9\text{V}$$

(2) 把独立源置为零,得图 2-42(c)所示电路。求等效电阻 R_0 为

$$R_0 = 3\Omega$$

（3）接上负载，原电路可简化为图 2-42(d)所示。

由分压公式可得

$$u = 4.5\text{V}$$

解法 2：诺顿定理求解。

（1）将负载短路，如图 2-43(a)所示，求短路电流 i_{SC} 为

$$i_{SC} = 1 + \frac{6}{3} = 3\text{A}$$

（2）求等效电阻 R_0，方法同戴维南定理过程，得 $R_0 = 3\Omega$。也可用开路短路法验证，即

$$R_0 = \frac{u_{OC}}{i_{SC}} = \frac{9}{3} = 3\Omega$$

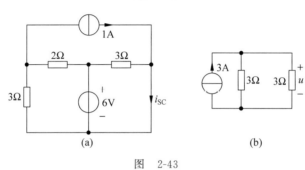

图　2-43

（3）将原电路化为图 2-43(b)所示。

显然，$u = 3 \times (3 // 3) = 4.5\text{V}$。

例 2-17　电路如图 2-44(a)所示，求 ab 端口的戴维南等效电路和诺顿等效电路。

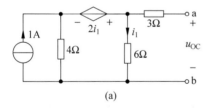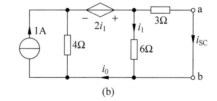

图　2-44

解：利用戴维南定理和诺顿定理求解。

（1）求开路电压 u_{OC} 和短路电流 i_{SC}。

当 ab 端开路时，右侧网孔电流即为控制量 i_1，其网孔方程为

$$(4+6)i_1 - 1 \times 4 - 2i_1 = 0$$

解得 $i_1 = 0.5\text{A}$，故 $u_{OC} = 6i_1 = 3\text{V}$。

当 ab 端短路后可得电路如图 2-44(b)所示，设网孔电流为 i_0，则中间网孔方程为

$$(4+6)i_0 - 1 \times 4 - 2i_1 - 6i_{SC} = 0$$

又有 $i_{SC} = 2i_1$，$i_1 = i_0 - i_{SC}$，由以上 3 式消去 i_1 和 i_0 可得

$$i_{SC} = 0.5\text{A}$$

（2）求等效电阻 R_0。

① 开路短路法

$$R_0 = \frac{u_{OC}}{i_{SC}} = \frac{3}{0.5} = 6\Omega$$

② 外加电源法为令网络内部独立源为零（电流源开路），受控源保留，在 ab 端加一电压源 u，得电路如图 2-45 所示。

设端口流入无源网络的电流为 i，则等效电阻 $R_0 = \frac{u}{i}$。故只需列出端口 u 和 i 关系即可。

右网孔的 KVL 方程为

$$u = 3i + 6i_1$$

外沿回路的 KVL 方程为

$$u = 3i + 2i_1 + 4(i - i_1)$$

由以上 2 式消去 i_1 得

$$u = 6i$$

故 $R_0 = \frac{u}{i} = 6\Omega$。

（3）由求得的开路电压 u_{OC} 或短路电流 i_{SC} 和 R_0 可画出原二端网络的戴维南等效电路和诺顿等效电路，如图 2-46 所示。

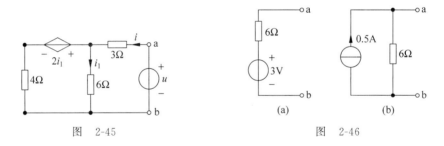

图 2-45　　　　　　　　　　　　图 2-46

例 2-18　图 2-47（a）、（b）所示电路中，网络 N 为相同的含独立电源的电阻网络。在图 2-47（a）中测得 ab 两端电压 $U_{ab} = 30V$，在图 2-47（b）中测得 ab 两点电压 $U_{ab} = 0$，求网络 N 的 ab 端最简等效电路。

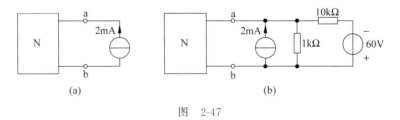

图 2-47

解：由诺顿定理，网络 N 可用电流源并联电阻的电路模型替代（即所求的最简等效电路），图 2-47（a）、（b）电路可分别对应为如图 2-48（a）、（b）所示电路。

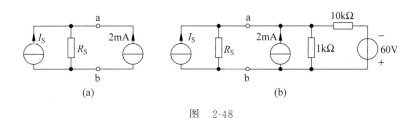

图　2-48

在图 2-48(a)中,有方程

$$U_{ab} = (I_S + 2) \times R_S = 30V$$

在图 2-48(b)中,先将 60V 电压源串联 10kΩ 支路转化为 6mA 电流源和 10kΩ 并联组合,已知 $U_{ab}=0$,即有方程

$$I_S + 2 = 6mA$$

解得 $I_S = 4mA$,此结果代入图 2-48 对应方程,即得 $R_S = 5kΩ$。

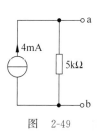

图　2-49

故 N 网络可等效为 4mA 电流源及 5kΩ 电阻的并联组合,即有如图 2-49 所示的诺顿等效电路。

应用等效电源定理时,需要注意以下几点:

(1) 等效电源定理只要求被等效的有源二端网络是线性的(可含线性电阻、独立源和受控源),而对该网络所接的外电路没有限制(线性或非线性均可),但被等效的二端网络与外电路之间不能有耦合关系(例如含有控制变量在外电路中的受控源等)。

(2) 求等效电阻 R_0 时,将有源二端网络中的所有独立源置零,但受控源应保留不变。

思考和练习

2.8-1　有人说:"一线性二端网络 N 的戴维南等效内阻为 R_0,则 R_0 上消耗的功率等于 N 内所有电阻及受控源吸收功率之和。"你同意这样的观点吗? 说明理由。

2.8-2　求线性有源网络的等效电阻 R_0 也可以用测量的方法完成。如练习题 2.8-2 图所示,设断开负载 R_L 时测得开路电压为 u_{OC},接入后测得电压为 u_1(电压内阻为无穷大),试证明:

$$R_0 = \left(\frac{u_{OC}}{u_1} - 1\right) R_L$$

2.8-3　电路如练习题 2.8-3 图所示,其中,N 为含源二端网络。当 ab 端口开路时,电流 $I = I_1$;当 ab 端口短路时,电流 $I = I_2$;当 ab 端口接上某负载电阻 R_L 时,端口电压正好为开路电压的一半。求此时的电流 I。

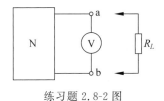

练习题 2.8-2 图

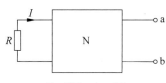

练习题 2.8-3 图

2.9 最大功率传输定理

在电路分析中还常遇到最大功率传输问题。所谓最大功率传输是指有源二端网络连接负载电阻后,通过改变负载电阻的阻值使有源二端网络传递最大功率,也就是说此时负载电阻获得功率最大。在电子技术中,负载电阻可能接在许多电子设备所用的电源或信号源上,这些电源或信号源内部结构复杂,就可以看成一个有源二端网络。

因此,应用戴维南定理和诺顿定理分析这类问题十分方便。最大功率传输问题可以用图 2-50(a)来说明。即对于外接负载 R_L 的有源二端网络 N,当负载 R_L 调至多少时可使负载上获得最大功率?

首先,利用戴维南定理将原电路转化为图 2-50(b)电路。

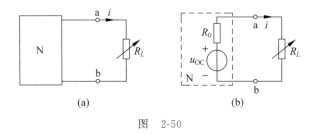

图 2-50

其次,推导出负载取得最大功率的条件及其取得的最大功率。由图 2-50(b)可知,流经负载的电流为

$$i = \frac{u_{OC}}{R_0 + R_L}$$

负载吸收功率

$$p_L = i^2 R_L = \frac{u_{OC}^2}{(R_0 + R_L)^2} R_L = \frac{u_{OC}^2 R_L}{R_0^2 + R_L^2 + 2R_0 R_L}$$

$$= \frac{u_{OC}^2}{\dfrac{R_0^2}{R_L} + R_L + 2R_0}$$

由数学极值定理可知,当 $\dfrac{R_0^2}{R_L} = R_L$,即 $R_L = R_0$ 时,上式分母最小,负载吸收功率最大,即有

$$p_{L\max} = \frac{u_{OC}^2}{4R_0}$$

可见,为了能从给定的网络或电源获得最大功率,应使负载电阻等于网络等效电阻或电源内阻,即 $R_L = R_0$ 时,其最大功率为 $p_{L\max} = \dfrac{u_{OC}^2}{4R_0}$。这常称为最大功率传输定理,也称为最大功率传输条件。

上面的结论是通过戴维南等效电路得到的,若改用诺顿等效电路来求解,其结论是一样的,负载功率仍然是当 $R_L = R_0$ 时获得最大值,最大值为 $p_{L\max} = \dfrac{1}{4} i_{SC}^2 R_0$(读者可自行证明)。

不难看出,求解最大功率传输问题的关键是求出一个二端网络的戴维南等效电路或诺顿等效电路。

例 2-19 在图 2-51(a)所示电路中,当 R_L 为何值时能取得最大功率?该最大功率为多少?

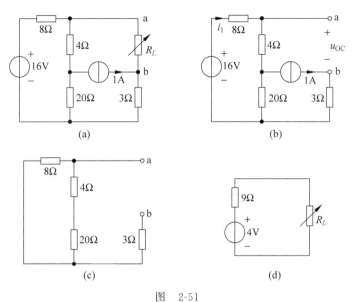

图 2-51

解: (1) 断开 R_L 支路如图 2-51(b)所示,求开路时的电路电压 u_{OC}。设左网孔电流为 i_1,列出该网孔的 KVL 方程为

$$(8+4+20)i_1 - 20 \times 1 = 16$$

解得

$$i_1 = \frac{9}{8} \text{A}$$

由 KVL 得

$$u_{OC} = -8i_1 + 16 - 3 \times 1 = 4\text{V}$$

(2) 将独立源置零,得图 2-51(c)所示电路,求等效电阻 R_0。

$$R_0 = 3 + 8 /\!/ (4 + 20) = 9\Omega$$

(3) 根据求出的 u_{OC} 和 R_0 作出戴维南等效电路,并接上负载,得到如图 2-51(d)所示电路。根据最大功率传输定理可知,当 $R_L = R_0 = 9\Omega$ 时,负载可获得最大功率,其最大功率为

$$p_{L\max} = \frac{u_{OC}^2}{4R_0} = \frac{4^2}{4 \times 9} = \frac{4}{9} \text{W}$$

例 2-20 电路如图 2-52 所示,试求当负载 R_L 为何值时可获得最大功率,并求最大功率的值。

解: 根据戴维南定理和最大功率传输定理求解。

当 R_L 开路时,计算所余二端网络的开路电压(如图 2-53(a)所示)为

$$20i + (2+2)(i+9i) = 60$$

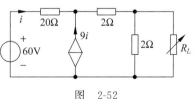

图 2-52

可得 $i=1\mathrm{A}$。

从而有

$$u_{\mathrm{OC}}=2\times(i+9i)=20\mathrm{V}$$

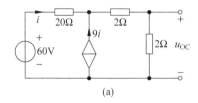 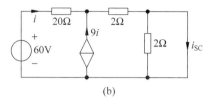

图　2-53

当 R_L 短路时,计算所余二端网络的短路电流 i_{SC}(如图 2-53(b)所示)为

$$20i+2(i+9i)=60$$

可得 $i=1.5\mathrm{A}$,从而有 $i_{\mathrm{SC}}=i+9i=15\mathrm{A}$。

根据开路短路法可得戴维南等效电阻 R_0 为

$$R_0=\frac{u_{\mathrm{OC}}}{i_{\mathrm{SC}}}=\frac{20}{15}=\frac{4}{3}\Omega$$

故根据最大功率传输定理,当负载电阻 $R_L=R_0=(4/3)\Omega$ 时,可获得最大功率,其最大功率为

$$p_{L\max}=\frac{u_{\mathrm{OC}}^2}{4R_0}=\frac{20^2}{4\times\dfrac{4}{3}}=75\mathrm{W}$$

也可用诺顿等效电路的结论来验证

$$p_{L\max}=\frac{1}{4}i_{\mathrm{SC}}^2R_0=\frac{1}{4}\times15^2\times\frac{4}{3}=75\mathrm{W}$$

注意,本题中计算戴维南等效电阻用的是开路短路法,故在图 2-53(a)、图 2-53(b)中,不可将独立源置零。当然,也可以用外加电源法求解等效电阻,请读者自己练习。

思考和练习

2.9-1　"实际电压源接上可调负载电阻 R_L 时,只有当 R_L 等于其内阻时,R_L 才能获得最大功率,此时电源产生的功率也最大。"这种说法正确吗?为什么?

2.9-2　如练习题 2.9-2 图所示,试将线性含源二端网络 N 等效为诺顿电路后证明,负载获得最大功率条件及其最大功率为当 $R_L=R_0$ 时,$p_{L\max}=\dfrac{1}{4}i_{\mathrm{SC}}^2R_0$。

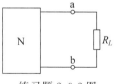

练习题 2.9-2 图

2.10　互易定理

互易定理描述一类特殊的线性电路的互易性质,广泛应用于网络的灵敏度分析、测量技术等方面。先看一个例子。

如图 2-54(a)所示电路中,只含一个独立源、无受控源,在 6Ω 支路中串入一个电流表,不难算出其 6Ω 支路电流(即电流表读数)为

$$i_2 = \frac{4}{2+3 /\!/ 6} \times \frac{3}{3+6} = \frac{1}{3}\text{A}$$

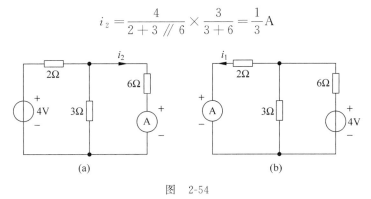

图 2-54

现将 4V 电压源和电流表的位置互换一下,如图 2-54(b)所示。计算 2Ω 支路电流(即电流表读数)为

$$i_1 = \frac{4}{2 /\!/ 3 + 6} \times \frac{3}{3+2} = \frac{1}{3}\text{A}$$

可见,两图中的电流表读数是相同的,即

$$i_2 = i_1 = \frac{1}{3}\text{A}$$

这说明当该电路电压源和电流表位置互换以后,电流表读数不变,这就是互易性。互易性表明当外加激励的端口和观测响应的端口互换位置时,网络不改变对相同输入的响应。因此,把线性电路的这种特性总结为互易定理。

互易定理的内容为:对于仅含线性电阻的二端口电路 N_R,其中一个端口加激励源,另一个端口作为响应端口(所求响应在该端口),在只有一个激励源的情况下,当激励与响应互换位置时,同一激励所产生的响应相同。

定理内容中的"二端口电路"是指具有两个端口的电路,而每个端口的一对端钮进出电流相等(详见 6.1 节)。

根据激励源与响应变量的不同,互易定理有以下 3 种形式。

(1) 形式 1:图 2-55 所示电路中 N 只含有线性电阻,当端口 $11'$ 接入电压源 u_S 时,在 $22'$ 端口的响应为短路电流 i_2;若将激励源移到端口 $22'$,在端口 $11'$ 的响应为短路电流 i_1'。在图 2-55 所示电压电流参考方向条件下,有

$$i_2 = i_1'$$

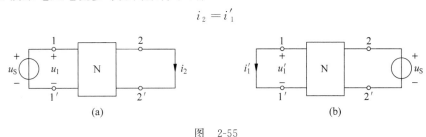

图 2-55

(2) 形式 2:图 2-56 所示电路中 N 只有线性电阻,当端口 $11'$ 接入电流源 i_S 时,在 $22'$ 端

口的响应为开路电压 u_2；若将激励源移到端口 $22'$，在端口 $11'$ 的响应为开路电压 u_1'。在图 2-56 所示电压电流参考方向条件下，有

$$u_2 = u_1'$$

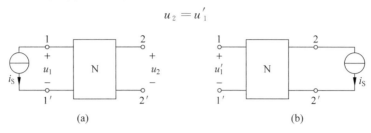

图　2-56

（3）形式 3：图 2-57 所示电路中 N_R 只有线性电阻，当端口 $11'$ 接入电压源 u_S 时，在 $22'$ 端口的响应为开路电压 u_2；若在 $11'$ 端口接入电流源 i_S 时，在 $22'$ 端口的响应为短路电流 i_1'。在图 2-57 所示电压电流参考方向条件下，有

$$\frac{u_2}{u_S} = \frac{i_1'}{i_S}$$

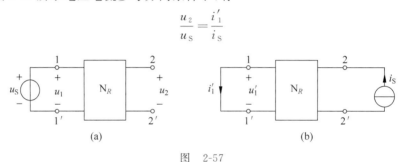

图　2-57

互易定理可用网孔法或其他定理加以证明，本书从略，感兴趣的读者可参考其他教材和资料自行证明。

例 2-21　电路如图 2-58 所示，N 只含线性电阻。已知 $U_1 = 3\text{V}$，$U_2 = 0$ 时，$I_1 = 1\text{A}$，$I_2 = 2\text{A}$，求当 $U_1 = 9\text{V}$，$U_2 = 6\text{V}$ 时，I_1 的值。

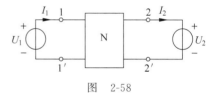

图　2-58

解：如图 2-58 所示的电路图中有两个激励，需应用叠加定理和互易定理求响应 I_1。

已知 $U_1 = 3\text{V}$，$U_2 = 0$ 时，可画出电路如图 2-59(a)所示(对应互易定理形式 1 电路)。其中，$U_1 = 3\text{V}$，$I_1 = 1\text{A}$，$I_2 = 2\text{A}$。

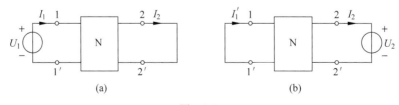

图　2-59

由电路的齐次性可知，当 $U_1 = 9\text{V}$，$U_2 = 0$ 时，$I_1 = 3\text{A}$。

根据互易定理，将图 2-59(a)电路转换为图 2-59(b)所示，如 $U_2 = 3\text{V}$ 时，$I_1 = -2\text{A}$。由电路的齐次性，当 $U_2 = 6\text{V}$ 时，$I_1' = -4\text{A}$。

根据叠加定理,$U_1 = 9\text{V}$,$U_2 = 6\text{V}$时,可得

$$I_2 = 3 - 4 = -1\text{A}$$

例 2-22　线性无源电阻网络 N_R 如图 2-60(a),若 $U_S = 100\text{V}$ 时,$U_2 = 20\text{V}$,求当电路改为图 2-60(b)时的电流 I。

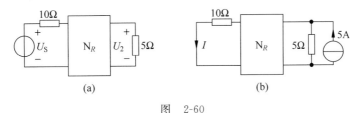

图　2-60

解:本例中不能在图 2-60(a)中直接对 N_R 网络应用互易定理,而应将 N_R 与其外接的两个电阻一起作为一个新网络 N_R' 来应用互易定理,如图 2-61 所示。其中,虚线框内为新网络 N_R',仍然满足互易定理。

图 2-61 中激励为电压源,响应为电压变量,满足互易定理形式 3 的条件,故可将其互换位置,并将电压源 U_S 改成 5A 电流源,即为图 2-60(b)。

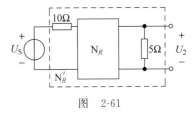

图　2-61

应用互易定理形式 3,可得

$$\frac{20}{100} = \frac{I}{5}$$

故有电流 $I = 1\text{A}$。

应用互易定理时,需要注意以下几点:

(1) 该定理只适用于一个独立源作用下的线性互易网络,对其他网络一般不适用。

需要说明的是,不包含受控源的线性电阻网络一定是互易网络;包含受控源的线性电阻网络则有可能是互易网络,也有可能不是互易网络。而常见的包含受控源的线性电阻网络不是互易网络。故互易定理一般只是针对线性电阻网络 N_R 而提出的。

(2) 互易前后应保持网络的拓扑结构及参数不变。在定理形式 1 和形式 2 中,只需要将激励和响应位置互易即可,但在形式 3 中,除了互易位置外,还需要将电压源改为电流源,电压响应改为电流响应。

(3) 以上 3 种形式中,特别要注意激励支路的参考方向。对于形式 1 和形式 2,两个电路激励支路电压、电流的参考方向关系一致,即要关联都关联,要非关联都非关联;对于形式 3,两个电路激励支路电压、电流的参考方向不一致,即一个电路的激励支路关联,而另一电路的激励支路一定要非关联。

思考和练习

2.10-1　"具有互易性的电路一定是线性电路,凡是线性电路一定具有互易性。"这种说法正确吗?为什么?

2.10-2　练习题 2.10-2 图电路中 N_R 仅由线性电阻组成,当 $11'$ 端接 $u_{S1} = 20\text{V}$ 时,如练

习题 2.10-2 图(a)所示,测得 $i_1 = 5A$,$i_2 = 2A$。若 11′端接 2Ω 电阻,22′端接电压源 $u_{S2} = 30V$,如练习题 2.10-2 图(b)所示,求电流 i_R。

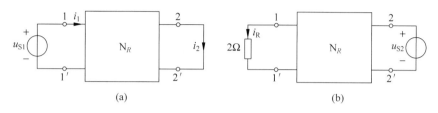

(a)   (b)

练习题 2.10-2 图

2.11　实用电路介绍

2.11.1　数-模转换电阻网络

对于数字计算机和数字系统而言,经常需要在模拟信号和数字信号之间相互转换,分别称为数-模转换和模-数转换。采用电阻阶梯网络可以进行数-模转换,如图 2-62 所示,其中,输出的模拟信号为电压 u_o。输入的数字信号用以控制 n 个开关。

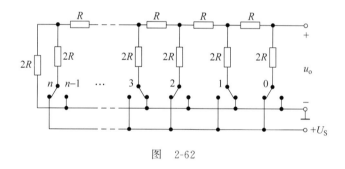

图　2-62

二进制数 $a_n a_{n-1} \cdots a_1 a_0$ 到十进制数 b 的转换公式为

$$b = a_n \times 2^n + a_{n-1} \times 2^{n-1} + \cdots + a_1 \times 2^1 + a_0 \times 2^0$$

例如,二进制数 101 和 1111 分别对应的十进制数为 5 和 15。

假设 $n = 4$,即电阻阶梯网络中有 4 个开关(注意电路中最右边对应最高位,最左边对应最低位),则电路如图 2-63 所示。当 n 为其他值时,以下的分析可以类推。

由图 2-63 可以看出,根据每个开关的位置不同,输出电压 u_o 对应于不同的十进制数值。每个开关只有两种状态,要么使电阻 $2R$ 的下方接地,要么将其接到参考电压 U_S 上。选择何种状态取决于对应位输入的数字信号。例如,如果逻辑高电平代表二进制数 1,开关即连接至 U_S,而输入逻辑低电平则代表二进制数 0,开关接地。

若所有的开关均接地,如图 2-64 所示。显然,此时电源未加到网络上,输出电压为 0。

以图 2-63 为例,可以验证其数-模转换性质。图中开关位置表明输入的二进制数为 1011,转换为十进制数应为 11。将每个与电源连接的 $2R$ 电阻支路均用电压源串联电阻模型代替,可得图 2-65 所示的等效电路。

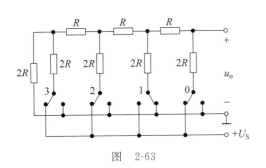

图 2-63

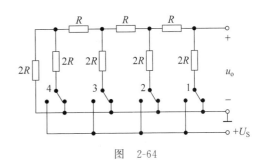

图 2-64

在图 2-65 中,输出电压 u_o 可看成是由 3 个电压源共同作用所引起的响应,根据叠加定理,u_o 可以被看成是各个电压源单独作用所引起的响应之和。3 个分解电路如图 2-66～图 2-68 所示。

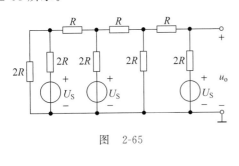

图 2-65

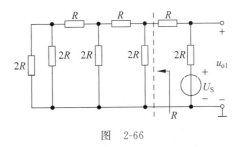

图 2-66

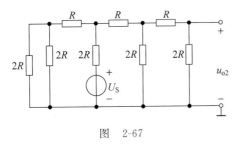

图 2-67

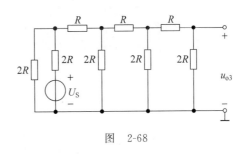

图 2-68

在图 2-66 中,根据电阻的串、并联等效,可得响应分量 u_{o1} 为

$$u_{o1} = \frac{R+R}{R+R+2R} \times U_S = \frac{1}{2}U_S$$

类似可得图 2-67 和图 2-68 中的响应分量 u_{o2} 和 u_{o3} 为

$$u_{o2} = \frac{1}{8}U_S, \quad u_{o3} = \frac{1}{16}U_S$$

以上两式的结果读者可自行推导。

令 $U_S = 16\text{V}$,则总响应电压为

$$u_o = u_{o1} + u_{o2} + u_{o3} = \frac{1}{2}U_S + \frac{1}{8}U_S + \frac{1}{16}U_S$$

$$= 8 + 2 + 1 = 11\text{V}$$

即实现了数-模转换。当输入其他二进制数字信号时,也可根据叠加定理来进行类似的分析。

目前,采用集成电路实现的数-模转换器已经非常成熟,一般均由数码寄存器、模拟电子开关电路、解码网络、求和电路及基准电压几部分组成。根据解码网络可分为 T 形电阻网络 D/A 转换器、倒 T 形电阻网络 D/A 转换器、权电流 D/A 转换器、权电阻网络 D/A 转换器等。按模拟电子开关电路的不同又可分为 CMOS 开关型 D/A 转换器(速度要求不高)、双极型开关 D/A 转换器、电流开关型(速度要求较高)和 ECL 电流开关型(转换速度更高)等。目前常见的芯片包括美国国家半导体公司的 DAC0832 以及 ADI 公司的 AD 系列芯片等。DAC0832 是一种 8 位分辨率 D/A 转换集成芯片,可与通用微处理器直接接口,转换控制容易,在单片机应用系统中得到了广泛的应用。DAC0832 的芯片外观及引脚定义如图 2-69 所示。

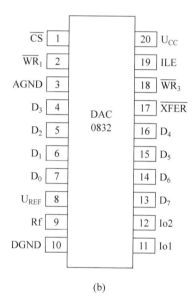

(a)   (b)

图   2-69

2.11.2   燃料电池的最大功率点跟踪

当前,世界范围内的能源问题及其过度消耗所带来的环境污染问题日益突出,各国纷纷启动可再生能源和绿色能源的研究、开发和利用,如风能、太阳能、燃料电池等。其中,燃料电池由于具有能量密度高、无噪声、低污染且不受日照、天气等自然条件的制约,日益受到人们的青睐,但燃料电池也具有成本高、投资大、寿命短等问题。目前的研究热点主要集中在如何将其锁定在最大功率输出状态上。其中一种行之有效的方法就是利用最大功率传输定理,自适应跟踪匹配燃料电池的内电阻,实现对其能量的高效利用。

燃料电池的外特性具有分段线性性质,并且能够反映燃料电池本身的内部特性,如图 2-70 所示。因此,只要对其输出端口的电压电流进行实时检测,就可获得电池本身和其工作环境的物理特性,为实现最大功率输出和进行其他控制功能提供依据。

在图 2-70 中,电压曲线主要分为 3 部分:电化学极化区、欧姆极化区和浓差极化区。显然,该特性具有明显的非线性特点。可用下式来表示:

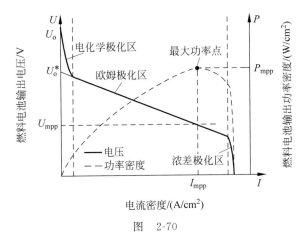

图 2-70

$$U = U_0 - (I - I_n)R - A\ln\left(\frac{I + I_n}{I_0}\right) + B\ln\left(\frac{I + I_n}{I_{\text{lim}}}\right)$$

其中，U_0 为开路电压（V），I 为输出电流密度（A/cm²），I_n 为内部等效电流密度（A/cm²），I_0 为交换电流密度（A/cm²），I_{lim} 为燃料全部反应能达到的最大电流密度，A（V）和 B（V）分别为电化学极化区和浓差极化区参数。R（Ω）对应为欧姆极化区的等效电阻。

如果控制燃料电池工作于欧姆极化区，则燃料电池基本上就可以用一个标准的戴维南等效电路来等效，即看成一个电压源 U_s 和内阻 R 的串联组合。

从图 2-70 中还可看出，电池的输出特性存在一个最大功率点，为了充分利用电池的能量，可以控制变换装置工作于此最大功率点上，也即使得燃料电池的等效负载电阻始终等于其内阻 R，即可确保获得最大功率输出。由于外部环境可能发生变化，导致最大功率点发生移动，因此必须采用自适应跟踪技术来"追踪"这个最大功率点。

燃料电池加上变换器工作时的等效电路图如图 2-71 所示。

图 2-72 是燃料电池的简化外特性图。若控制变换器使得电池的输出电流为 I_1，检测到此时的电池输出电压为 U_1，再控制变换器使得电池的输出电流为 I_2，检测到此时的电池输出电压为 U_2，则可得到如下表达式：

$$RI_1 = U_s - U_1$$
$$RI_2 = U_s - U_2$$

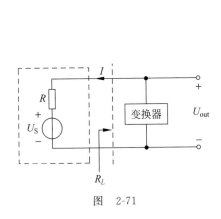

图 2-71

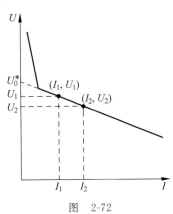

图 2-72

从而可求得电池的两个等效参数为

$$R = \frac{U_1 - U_2}{I_1 - I_2}$$

$$U_S = \frac{U_1 I_2 - U_2 I_1}{I_2 - I_1}$$

由图 2-71 及最大功率传输定理,可得如下结论:

当等效外电阻 $R_L = R = \dfrac{U_1 - U_2}{I_1 - I_2}$ 时,系统可获得最大输出功率,且此时的最大功率点参考电流值为

$$I_{ref} = \frac{U_S}{2R} = \frac{U_1 I_2 - U_2 I_1}{2R(I_2 - I_1)}$$

因此,具体的工作过程可总结如下。

首先通过控制变换器工作于指定电流 I_1 和 I_2,检测相应的燃料电池输出电压 U_1 和 U_2;再利用上述的公式计算出燃料电池内阻和欧姆线性区延长到电压轴上的电压值,也即线性区所对应的戴维南等效参数;然后再计算出最大功率点的参考电流值,调节变换器使得其工作于这个电流上。当最大功率点变化时,变换器可以自动检测参数的变化,并重复上述过程,此时即实现了自动跟踪最大功率点。

当然,实际的跟踪过程要比上述过程更为复杂,需要考虑的因素更多,但基本思想是一致的,都是基于等效电源定理和最大功率传输定理进行设计。

习题 2

2-1 选择题

(1) 电路如题 2-1(1)图所示,已知网孔电流 $I_1 = 2A$,$I_2 = 1A$,则 U_{S1} 和 R 应分别为( )。

A. $16V, 17\Omega$ B. $16V, 9\Omega$ C. $-16V, 10\Omega$ D. $-16V, 9\Omega$

(2) 电路如题 2-1(2)图所示,已知 A 点的电位为 6V,则电路中 $R = ($)。

A. 2Ω B. 4Ω C. 5Ω D. 3Ω

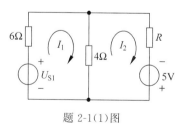

题 2-1(1)图

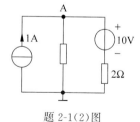

题 2-1(2)图

(3) 如题 2-1(3)图所示电路中,N 为含独立源的电阻电路。已知:当 $U_S = 0$ 时,$I = 4mA$;当 $U_S = 10V$ 时,$I = -2mA$。则当 $U_S = -15V$ 时,$I = ($)。

A. $2mA$ B. $11mA$ C. $13mA$ D. $-11mA$

(4) 电路如题 2-1(4)图所示,当开关 S 在位置"1"时,电压表读数为 20V;S 在位置"2"

时,电流表的读数为 50mA。则 S 在位置"3"时,电压表及电流表的读数分别为(　　)。

A. 40mA, 2V
B. 40mA, 8V
C. 20mA, 4V
D. 40mA, 4V

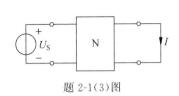
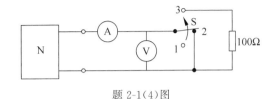

题 2-1(3)图　　　　　　　　　　题 2-1(4)图

(5) 题 2-1(5)图所示电路中,24V 电压源单独作用于电路产生的电流 I 分量应为(　　)。

A. -6A
B. 0
C. -2A
D. -1A

2-2　填空题

(1) 电路如题 2-2(1)图所示,由节点法可得 A 点的电位为_____。

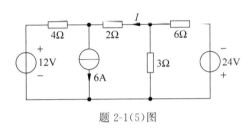
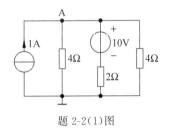

题 2-1(5)图　　　　　　　　　　题 2-2(1)图

(2) 题 2-2(2)图所示电路中图(a)端口等效为图(b)端口时,则 $U_S =$_____,
$R_S =$_____。

(3) 题 2-2(3)图所示电路中,电压源单独作用时的 $I =$_____,电流源单独作用时的
$I =$_____。

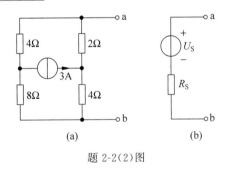
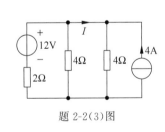

题 2-2(2)图　　　　　　　　　　题 2-2(3)图

(4) 题 2-2(4)图所示电路中,若开关 S 在位置"1"时,$I = 3$A。则开关在位置"2"时,
$I =$_____。

(5) 题 2-2(5)图所示电路中 $R =$_____时可获得最大功率。

2-3　如题 2-3 图所示的拓扑图,画出 4 种不同的树,其树支数是多少? 连支数是多少?

2-4　如题 2-4 图所示的拓扑图,图中粗线表示树,试列出其全部基本回路和基本割集,
该图的独立节点数、独立回路数和网孔数各为多少。

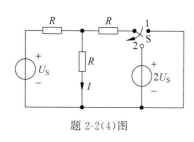

题 2-2(4)图

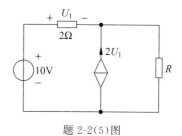

题 2-2(5)图

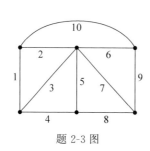

题 2-3 图

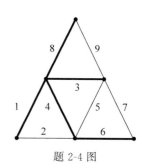

题 2-4 图

2-5 如题 2-5 图所示的电路,试分别用 $2b$ 法和支路电流法求各支路电流。

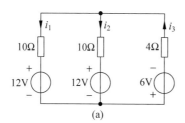

(a)

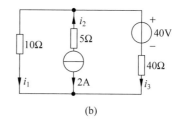

(b)

题 2-5 图

2-6 用支路电流法求题 2-6 图中各电路的电流 i_1。

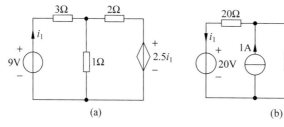

(a)   (b)

题 2-6 图

2-7 用回路分析法求题 2-7 图所示电路中的电流 I_1、I_2、I_3 的值。

2-8 电路如题 2-8 图所示,用回路分析求电流源的端电压 u。

2-9 仅列一个方程,求题 2-9 图所示电路中的电流 i。

2-10 用网孔法求如题 2-10 图所示电路中的 I_1、I_2、I_3。

2-11 如题 2-11 图所示的电路,试分别列出网孔方程(不必求解)。

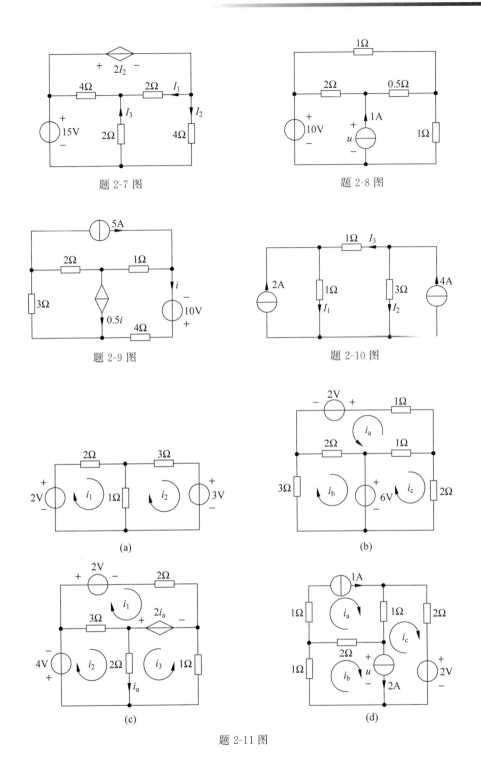

题 2-7 图

题 2-8 图

题 2-9 图

题 2-10 图

(a)

(b)

(c)

(d)

题 2-11 图

2-12 用网孔分析法求题 2-12 图所示电路中的 i_x。

2-13 用网孔分析法求题 2-13 图所示电路的网孔电流。

2-14 分别列出用网孔法和节点法分析题 2-14 图所示电路所需的方程组(不必求解)。

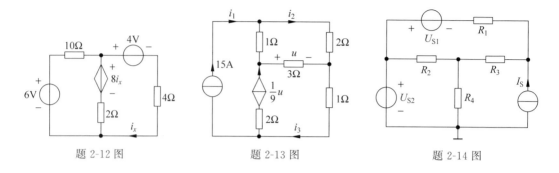

题 2-12 图   题 2-13 图   题 2-14 图

2-15   如题 2-15 图所示电路,参考点如图中所示,试分别列出节点方程。

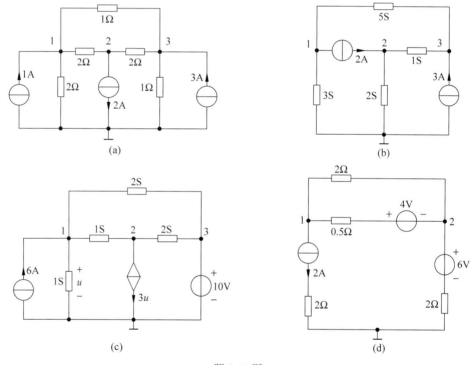

题 2-15 图

2-16   求题 2-16 图所示电路中 1、2 两节点的电位。

2-17   如题 2-17 图所示的电路,求电压 u 和电流 i。

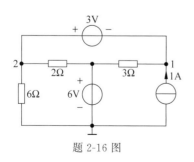

题 2-16 图

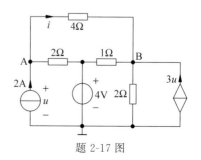

题 2-17 图

2-18　如题 2-18 图所示的运放电路,试求电压增益 u_0/u_S。

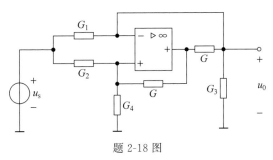

题 2-18 图

2-19　如题 2-19 图所示是一个 3 位 D/A 转换电路。试利用节点电压法推导其输出电压为

$$-u_O = R_f\left(\frac{u_1}{2R} + \frac{u_2}{4R} + \frac{u_3}{8R}\right)$$

2-20　如题 2-20 图所示为电压/电流转换电路,若 $R_1/R_2 = R_3/R_4$,试证输出电流 i_L 与负载电阻 R_L 的数值无关。

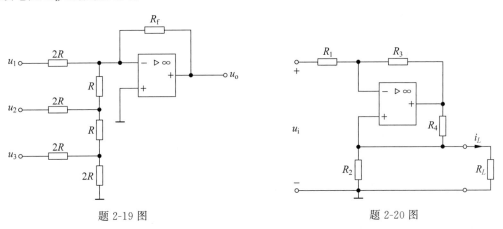

题 2-19 图　　　　　　　　　　题 2-20 图

2-21　设有一个代数方程组

$$\begin{cases} 5x_1 - 2x_2 = 2 \\ -2x_1 + 4x_2 = -1 \end{cases}$$

(1) 试画出一电阻电路,使其节点方程与给定的方程相同;若给定方程中第 2 式 x_1 的系数改为 +2,电路又该如何画?

(2) 试画出一电阻电路,使其网孔方程与给定的方程相同;若给定方程中第 1 式 x_2 的系数改为 +2,电路又该如何画?

2-22　用一个 3A 的电流源和一个 2A 的电流源(两个电流源不允许并联使用)以及若干个电阻构造一个电路,使得该电路的各独立节点电压分别为 4V、3V、2V。

2-23　求题 2-23 图所示电路中两个独立源的功率,并指出是吸收的还是产生的。

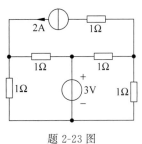

题 2-23 图

2-24 选择方程数较少的方法,求题 2-24 图所示电路中的 u_{ab}。

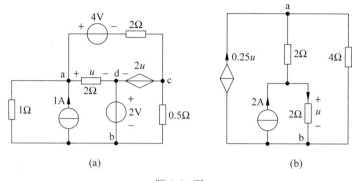

(a)   (b)

题 2-24 图

2-25 只用一个方程,求题 2-25 图所示电路中的电压 u。

2-26 求题 2-26 图所示电路中的 i_x。

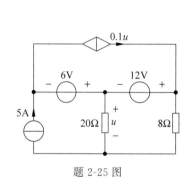

题 2-25 图

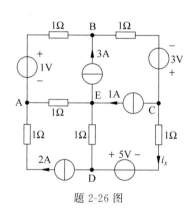

题 2-26 图

2-27 用最少的方程求解题 2-27 图所示电路的 u_x。

(1) 若 N 为 12V 的独立电压源,正极在 a 端。

(2) 若 N 为 0.5A 的独立电流源,箭头指向 b。

(3) 若 N 为 $6u_x$ 受控电压源,正极在 a 端。

2-28 如题 2-28 图所示电路,用叠加定理求电流源端电压 u 和电压源的电流 i。

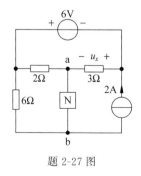

题 2-27 图

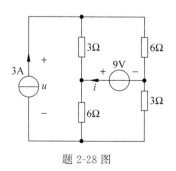

题 2-28 图

2-29 如题 2-29 图所示电路,N 为不含独立源的线性电路。已知当 $u_S = 12V$,$i_S = 4A$ 时,$u = 0$;当 $u_S = -12V$,$i_S = -2A$ 时,$u = -1V$。求当 $u_S = 9V$,$i_S = -1A$ 时的电压 u。

2-30 如题 2-30 图所示电路中，N 中不含独立源，独立源 u_S、i_{S1}、i_{S2} 的数值一定。当电压源 u_S 和电流源 i_{S1} 反向时（i_{S2} 不变），电流 i 是原来的 0.5 倍；当 u_S 和 i_{S2} 反向时（i_{S1} 不变），电流 i 是原来的 0.3 倍；如果仅 u_S 反向而 i_{S1}、i_{S2} 均不变，则电流 i 是原来的多少倍？

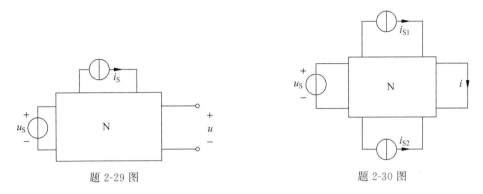

题 2-29 图　　　　　　　　题 2-30 图

2-31 求题 2-31 图所示各电路 ab 端的戴维南等效电路或诺顿等效电路。

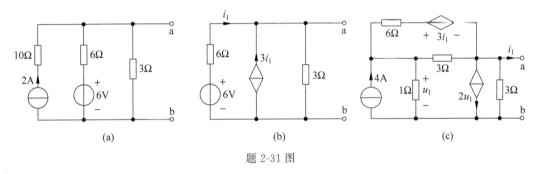

(a)　　　　　　　(b)　　　　　　　(c)

题 2-31 图

2-32 如题 2-32 图所示电路中，当开关 S 断开时，电流 $I = 1\mathrm{A}$，求开关接通后电流 I。

2-33 如题 2-33 图所示的电路，已知 $u = 8\mathrm{V}$，求电阻 R。

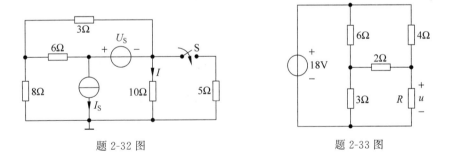

题 2-32 图　　　　　　　　题 2-33 图

2-34 用电压表测量直流电路中某条支路的电压，如题 2-34 图所示。当电压表的内电阻为 20kΩ 时，电压表的读数为 5V；当电压表的内电阻为 50kΩ 时，电压表的读数为 10V。

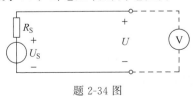

题 2-34 图

问该支路的实际电压是多少。

2-35 在题 2-35 图所示电路中，已知 R_x 支路的电流为 0.5A，试求 R_x。

2-36 如题 2-36 图所示直流电路中，当电压源 $U_S=18\text{V}$，电流源 $I_S=2\text{A}$ 时，测得 ab 端开路电压 $U=0$；当 $U_S=18\text{V}$，$I_S=0$ 时，测得 $U=-6\text{V}$。试求：

(1) 当 $U_S=30\text{V}$，$I_S=4\text{A}$ 时，U 为多大。

(2) 当 $U_S=30\text{V}$，$I_S=4\text{A}$ 时，测得 a、b 两端的短路电流为 1A。在 a、b 端接 $R=2\Omega$ 的电阻时，通过电阻 R 的电流是多少。

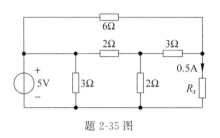

题 2-35 图

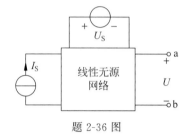

题 2-36 图

2-37 如题 2-37 图 (a) 电路中，测得 $U_2=12.5\text{V}$，若将 A、B 两点短路，如图 (b) 所示，短路线上电流为 $I=10\text{mA}$，试求网络 N 的戴维南等效电路。

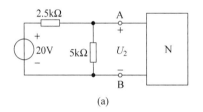

(a)

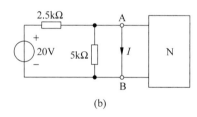

(b)

题 2-37 图

2-38 如题 2-38 图所示的电路中，可调负载电阻 R_L 为何值时才能得到最大功率？其最大功率是多少？

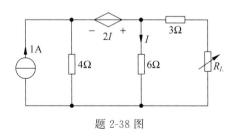

题 2-38 图

2-39 如题 2-39 图所示的各电路，负载 R_L 为何值时能获得最大功率？此最大功率是多少？

2-40 (1) 求题 2-40 图所示电路 ab 端的戴维南等效电路或诺顿等效电路；(2) 当 ab 端接可调电阻 R_L 时，问其为何值时能获得最大功率，此最大功率是多少。

2-41 如题 2-41 图所示电路中 N_R 仅由线性电阻组成，当 $11'$ 端接以 10Ω 与 $u_{S1}=10\text{V}$ 的串联组合时，测得 $u_2=2\text{V}$，如图 (a) 所示，求电路接成如图 (b) 时的电压 u_1。

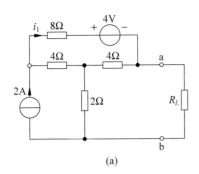

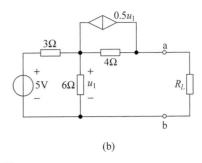

题 2-39 图

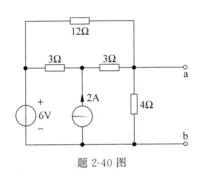

题 2-40 图

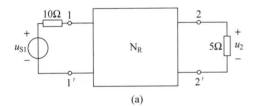

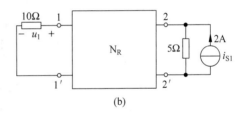

题 2-41 图

2-42 试用互易定理求题 2-42 图所示电路中的 i。

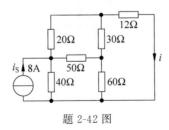

题 2-42 图

第 3 章

动态电路时域分析

电阻电路建立的电路方程是用代数方程描述的。如果外加激励为直流电源,那么在激励作用到电路的瞬间,电路响应立即为一常量而使电路处于稳定状态(简称稳态)。这就是说,在任一时刻的响应只与同一时刻的激励有关,因此称电阻电路具有"即时性"或"无记忆性"特点。但当电路中含有电感元件或电容元件时,则不然。例如,当 *RC* 串联电路与恒压源接通后,电容元件被充电,其电压逐渐增长,要经过一个暂态过程才能达到稳定值。这种现象是由电感元件或电容元件的性质决定的,因为这类元件的电压、电流关系涉及对电流、电压的微分或积分,称为动态元件。含动态元件的电路称为动态电路。

由于动态元件压流关系为微积分关系,建立的电路方程将用微分方程描述,这就决定了动态电路在任一时刻的响应与激励的全部过去历史有关,并且将使电路产生暂态过程或过渡过程。例如,一个动态电路,尽管已不再作用,但仍有输出,因为输入曾经作用过,这种特点,称电路具有"记忆性"特点。

本章主要利用两类约束研究暂态过程或过渡过程中响应随时间而变化的规律。首先介绍两个动态元件,随后主要介绍直流一阶电路的零输入响应、零状态响应和全响应,以及一阶电路的三要素法,最后简要介绍阶跃响应及正弦激励下一阶电路分析、直流二阶电路分析等。

研究暂态过程的目的是认识和掌握这种客观存在的物理现象和规律,既要充分利用暂态过程的特性,同时也必须预防它所产生的危害。例如,在工程应用中常利用电路中的暂态过程现象来改善波形和产生特定波形;但某些电路在与电源接通或断开的暂态过程中,会产生过电压或过电流,从而使电气设备或器件遭受损坏。

3.1 动态元件

3.1.1 电容元件

电容器是最常用的电能储存器件。用介质(如云母、绝缘纸、电解质等)把两块金属极板隔开就可构成一个电容器,如图 3-1 所示。

在电容器两端加上电源,两块极板能分别聚集等量的异性电荷,在介质中建立电场,并储存电场能量。电源移去后,这些电荷由于电场力的作用而互相吸引,但被介质所绝缘而不能中和,因

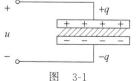

图　3-1

而极板上电荷能长久地储存起来,所以电容器是一种能够储存电场能量的实际器件。

应用电荷、电压关系 q-u 表征电容器的外特性,经理想化处理,可建立电容元件的模型。

一个二端元件,在任意时刻,其电荷 q、电压 u 关系能用 q-u 平面上的曲线确定,则称此二端元件为电容元件,简称电容。

若电容元件在 q-u 平面上的曲线是通过原点的一条直线,且不随时间变化,则称为线性时不变电容元件,即电荷 q 与其两端电压 u 的关系为

$$q = Cu \tag{3.1-1}$$

其中,C 称为电容量,单位为法拉(F),简称法,另常用 $\mu F(10^{-6}F)$ 和 $pF(10^{-12}F)$ 等单位。其电路模型及库伏特性曲线如图 3-2 所示。本书主要讨论线性时不变电容元件。

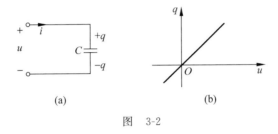

图 3-2

在电路分析中,更关注的是电容元件的伏安关系和储能公式等。当电容电压 u 发生变化时,聚集在电容极板上的电荷也相应地发生变化,从而形成电容电流,在电压和电流关联参考方向下,线性电容的伏安关系为

$$i = \frac{dq}{dt} = C \frac{du}{dt} \tag{3.1-2}$$

写成积分形式

$$u(t) = \frac{1}{C} \int_{-\infty}^{t} i(\xi) d\xi \tag{3.1-3}$$

如果只对某一任意选定的初始时刻 t_0 以后电容电压的情况感兴趣,便可将积分形式写为

$$u(t) = \frac{1}{C} \int_{-\infty}^{t_0} i(\xi) d\xi + \frac{1}{C} \int_{t_0}^{t} i(\xi) d\xi$$

$$= u(t_0) + \frac{1}{C} \int_{t_0}^{t} i(\xi) d\xi \tag{3.1-4}$$

上式表明如果知道了由初始时刻 t_0 开始作用的电流 $i(t)$ 以及电容的初始电压 $u(t_0)$,就能确定 $t \geqslant t_0$ 时的电容电压 $u(t)$。

由以上线性电容的伏安关系可得到以下重要结论:

(1)任何时刻,线性电容的电流与该时刻电压的变化率成正比。如果电容电压不变,即 du/dt 为零,此时电容上虽有电压,但电容电流为零,这时的电容相当于开路,故电容有隔断直流的作用。

(2)如果在任何时刻,通过电容的电流是有限值,则 du/dt 必须是有限值,这就意味着电容电压不可能发生跃变,而只能是连续变化的。

(3)积分形式表明:在某一时刻 t,电容电压的数值并不仅取决于该时刻的电流值,而是取决于从 $-\infty$ 到 t 所有时刻的电流值,即与电流全部过去历史有关。所以,电容电压具有

"记忆"电流的性质,电容是一种"记忆元件"。

在电压和电流关联参考方向下,线性电容吸收的瞬时功率为

$$p = ui = Cu\frac{\mathrm{d}u}{\mathrm{d}t} \tag{3.1-5}$$

若 $p>0$,表示电容被充电而吸收能量; 若 $p<0$,表示电容放电而释放能量。从 $-\infty$ 到 t 时刻,电容吸收的能量为

$$w_C(t) = \int_{-\infty}^{t} p\,\mathrm{d}\xi = \int_{-\infty}^{t} Cu(\xi)\frac{\mathrm{d}u(\xi)}{\mathrm{d}\xi}\mathrm{d}\xi = \int_{u(-\infty)}^{u(t)} Cu(\xi)\mathrm{d}u(\xi)$$

$$= \frac{1}{2}Cu^2(t) - \frac{1}{2}Cu^2(-\infty)$$

设 $u(-\infty)=0$,则意味着电容在任一时刻储存的能量等于它吸收的能量,即电容有储能公式为

$$w_C(t) = \frac{1}{2}Cu^2(t) \tag{3.1-6}$$

式(3.1-6)表明,电容在任何时刻的储能只与该时刻的电压有关,而与通过的电流大小无关。只要电压存在,即使没有电流(例如,断开与它相连接的电路)也有储能。因此电容元件是储能元件,电容吸收的能量以电场能量形式储存在元件的电场中。

在电容电流是有限值时,电容电压不能跃变,实质上也就是电容的储能不能跃变的反映。如果电容储能跃变,则功率将是无限大,当电容电流是有限值时,这种情况实际是不可能的。

例 3-1 电容元件如图 3-2(a)所示,已知 $C=1\mathrm{F}$,$t=0$ 以前无初始储能。若其电流 i 为如图 3-3(a)所示的波形,试作出其电压 u 的波形图。

解:由图 3-3(a)所示波形可知,电流 i 的表达式为

$$i(t) = \begin{cases} 2\mathrm{A}, & 0<t<1\mathrm{s}, \quad 2\mathrm{s}<t<3\mathrm{s} \\ 0, & \text{其他} \end{cases}$$

$t=0$ 以前无初始储能。故根据电容元件伏安关系积分形式,有

$$u(t) = \frac{1}{C}\int_0^t i(\xi)\mathrm{d}\xi = \int_0^t i(\xi)\mathrm{d}\xi$$

$$= \begin{cases} \int_0^t 2\mathrm{d}\xi = 2t\,\mathrm{V}, & 0 \leqslant t \leqslant 1\mathrm{s} \\ u(1) + \int_1^t 0\times\mathrm{d}\xi = 2\mathrm{V}, & 1\mathrm{s} \leqslant t \leqslant 2\mathrm{s} \\ u(2) + \int_2^t 2\mathrm{d}\xi = 2t-2\,\mathrm{V}, & 2\mathrm{s} \leqslant t \leqslant 3\mathrm{s} \\ u(3) = 4\mathrm{V}, & t \geqslant 3\mathrm{s} \end{cases}$$

据此,可画出电压波形图如图 3-3(b)所示。

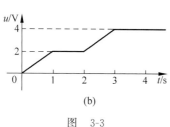

图 3-3

实际的电容器除了有储能作用外,还会消耗一部分电能。这主要是由于介质不可能是理想的,其中多少存在一些漏电流。由于电容器消耗的功率与所加电压直接相关,因此可用电容与电阻的并联电路模型来表示实际电容器,

如图 3-4 所示。

另外,每个电容器所能承受的电压是有限度的,电压过高,介质就会被击穿,从而丧失电容器的功能。因此,一个实际的电容器除了要标明它的电容量外,还要标明它的额定工作电压,使用电容器不应高于它的额定工作电压。

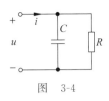

图 3-4

3.1.2 电感元件

用导线绕制成空芯或具有铁芯的线圈就可构成一个电感器或电感线圈。线圈中通以电流 i 后将产生磁通 Φ_L,在线圈周围建立磁场,并储存磁场能量,所以电感线圈是一种能够储存磁场能量的实际器件。

如果磁通 Φ_L 与线圈的 N 匝都交链,则磁链 $\Psi_L = N\Phi_L$,如图 3-5 所示。Φ_L 和 Ψ_L 都是由线圈本身的电流产生的,称为自感磁通和自感磁链。

应用磁链、电流关系 Ψ_L-i 表征电感器的外特性,经理想化处理,可建立电感元件的模型。

一个二端元件,在任意时刻,其磁链 Ψ_L、电流 ι 关系能用 Ψ_L-i 平面上的曲线确定,则称此二端元件为电感元件。

若电感元件 Ψ_L-i 平面上的曲线是通过原点的一条直线,且不随时间变化,则称为线性时不变电感元件。设电感上磁通 Φ_L 的参考方向与电流 i 的参考方向之间满足右手螺旋定则,则任何时刻线性电感的自感磁链 Ψ_L 与其中电流 i 的关系为

$$\Psi_L = Li \qquad (3.1\text{-}7)$$

其中,L 称为电感量,单位为亨利(H),简称亨,另常用 $mH(10^{-3}H)$ 和 $\mu H(10^{-6}H)$ 等单位。其电路模型及磁链-电流特性如图 3-6 所示。本书主要讨论线性时不变电感元件。

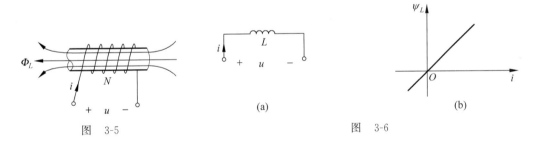

图 3-5   (a)   (b)   图 3-6

在电路分析中,同样更关注的是电感元件的伏安关系和储能情况等。当电感电流发生变化时,自感磁链也相应地发生变化,于是该电感上将出现感应电压 u。根据电磁感应定律,在电感电流与自感磁链的参考方向符合右手螺旋定则、电压和电流参考方向关联时,有

$$u = \frac{\mathrm{d}\Psi_L}{\mathrm{d}t} = L\frac{\mathrm{d}i}{\mathrm{d}t} \qquad (3.1\text{-}8)$$

写成积分形式

$$i(t) = \frac{1}{L}\int_{-\infty}^{t} u(\xi)\mathrm{d}\xi \qquad (3.1\text{-}9)$$

如果只对某一任意选定的初始时刻 t_0 以后电感电流的情况感兴趣,便可将积分形式

写为

$$i(t) = \frac{1}{L}\int_{-\infty}^{t_0} u(\xi)\mathrm{d}\xi + \frac{1}{L}\int_{t_0}^{t} u(\xi)\mathrm{d}\xi$$

$$= i(t_0) + \frac{1}{L}\int_{t_0}^{t} u(\xi)\mathrm{d}\xi \qquad (3.1\text{-}10)$$

上式表明如果知道了由初始时刻 t_0 开始作用的电压 $u(t)$ 以及电感的初始电流 $i(t_0)$，就能确定 $t \geqslant t_0$ 时的电感电流 $i(t)$。

由以上线性电感的伏安关系可得到以下重要结论：

（1）任何时刻，线性电感的电压与该时刻电流的变化率成正比。如果电感电流不变，即 $\mathrm{d}i/\mathrm{d}t$ 为零，则此时电感虽有电流但电感电压为零，这时的电感相当于短路。

（2）如果在任何时刻，电感的电压是有限值，则 $\mathrm{d}i/\mathrm{d}t$ 就必须是有限值，这就意味着电感电流不可能发生跃变，而只能是连续变化的。

（3）积分形式表明，在某一时刻 t 电感电流的数值并不仅取决于该时刻的电压值，而是取决于从 $-\infty$ 到 t 所有时刻的电压值，即与电压全部过去历史有关。所以，电感电流具有"记忆"电压的性质，电感也是一种"记忆元件"。

在电压和电流关联参考方向下，线性电感吸收的瞬时功率为

$$p = ui = Li\frac{\mathrm{d}i}{\mathrm{d}t} \qquad (3.1\text{-}11)$$

若 $p > 0$，表示电感吸收能量；若 $p < 0$，表示电感释放能量。从 $-\infty$ 到 t 时刻，电感吸收的能量为

$$w_L(t) = \int_{-\infty}^{t} p\,\mathrm{d}\xi = \int_{-\infty}^{t} Li(\xi)\frac{\mathrm{d}i(\xi)}{\mathrm{d}\xi}\mathrm{d}\xi = \int_{i(-\infty)}^{i(t)} Li(\xi)\mathrm{d}i(\xi)$$

$$= \frac{1}{2}Li^2(t) - \frac{1}{2}Li^2(-\infty)$$

设 $i(-\infty) = 0$，则意味着电感在任一时刻储存的能量等于它吸收的能量，即电感有储能公式为

$$w_L(t) = \frac{1}{2}Li^2(t) \qquad (3.1\text{-}12)$$

此式表明，电感在任何时刻的储能只与该时刻通过的电流有关，而与其电压大小无关。只要电流存在，即使没有电压也有储能。因此电感元件是储能元件，电感吸收的能量以磁场能量形式储存在元件的磁场中。

当电感电压是有限值时，电感电流不能跃变，实质上也就是电感的储能不能跃变的反映，如果电感储能跃变，则功率将是无限大，当电感电压是有限值时，这种情况是不可能的。

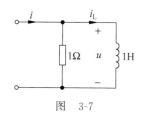

图　3-7

例 3-2　电路如图 3-7 所示，已知 $i_L(t) = 3\mathrm{e}^{-2t}\mathrm{A}\,(t \geqslant 0)$，求 $t \geqslant 0$ 时的端口电流 $i(t)$。

解：设电感电压 $u(t)$，参考方向与 i_L 关联。

根据电感元件伏安关系得

$$u(t) = L\frac{\mathrm{d}i_L(t)}{\mathrm{d}t} = 1 \times (-2) \times 3\mathrm{e}^{-2t} = -6\mathrm{e}^{-2t}\,\mathrm{V}$$

由 KCL，端口电流 i 应为电阻电流和电感电流之和，即

$$i(t) = \frac{u(t)}{1} + i_L(t) = -6e^{-2t} + 3e^{-2t} = -3e^{-2t} \text{A}$$

实际的电感器除了有储能作用外,还会消耗一部分电能。这主要是由于构成电感的线圈导线多少存在一些电阻的缘故。由于电感器消耗的功率与流过它的电流直接相关,因此可用电感与电阻的串联电路作为实际电感器的电路模型,如图 3-8 所示。

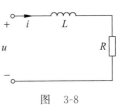

图 3-8

另外,每个电感器所能承受的电流是有限的,流过电流过大,会使线圈过热或使线圈受到大电磁力的作用而发生机械形变,甚至烧毁线圈。因此,一个实际的电感器除了要标明它的电感量外,还要标明它的额定工作电流,使用电感器不应高于它的额定工作电流。

3.1.3 电感、电容的串联和并联

工程实际中,常会遇到单个电容器的电容量或电感线圈的电感量不能满足电路的要求,须将几个电容器或几个电感线圈适当地连接起来,组成电容器组或电感线圈组。电容器或电感线圈的连接形式与电阻相同,可采用串联、并联、混联方式,利用等效概念最终可以证明等效为一个电感或电容。以下主要讨论电感、电容的串联和并联后的等效。

1. 电感的串联

电感的串联如图 3-9(a)所示,可等效为一个电感如图 3-9(b)所示。

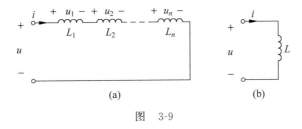

图 3-9

图中,$L = L_1 + L_2 + \cdots + L_n$。利用等效概念可以说明二者是等效的。在图 3-9(a)中,流过各电感的电流是同一电流 i,根据 KVL 和电感元件的端口伏安关系,端口压流关系有

$$u = u_1 + u_2 + \cdots + u_n = L_1\frac{di}{dt} + L_2\frac{di}{dt} + \cdots + L_n\frac{di}{dt}$$

$$= (L_1 + L_2 + \cdots + L_n)\frac{di}{dt}$$

若图 3-9(b)中的电感 $L = L_1 + L_2 + \cdots + L_n$,两个电路端口具有相同的伏安关系,故二者是等效的。

2. 电感的并联

电感的并联如图 3-10(a)所示,可等效为一个电感,如图 3-10(b)所示。

图中,$\frac{1}{L} = \frac{1}{L_1} + \frac{1}{L_2} + \cdots + \frac{1}{L_n}$。

可见,电感线圈串联和并联等效电感的计算方式和电阻串、并联等效电阻的计算方式

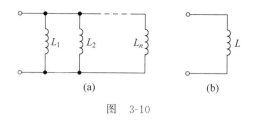

图 3-10

相同。

电感线圈串联后的额定电流是其中最小的额定电流值。电感量相同的电感线圈并联后的额定电流是各线圈额定电流值之和。因此,串联使用电感线圈可以提高电感量,并联使用电感线圈可以增大额定电流。实际使用各种线圈时,除了考虑电感量的大小外,还要注意使正常工作时通过线圈的电流小于线圈的额定电流值,否则会烧坏线圈绕组。

3. 电容的串联

电容的串联如图 3-11(a)所示,可等效为一个电容,如图 3-11(b)所示。

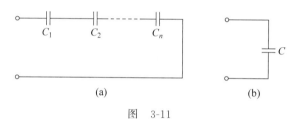

图 3-11

图中,$\dfrac{1}{C}=\dfrac{1}{C_1}+\dfrac{1}{C_2}+\cdots+\dfrac{1}{C_n}$。

4. 电容的并联

电容的并联如图 3-12(a)所示,可等效为一个电容,如图 3-12(b)所示。

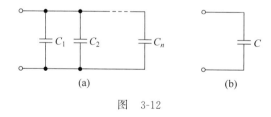

图 3-12

图中,$C=C_1+C_2+\cdots+C_n$。

可见,电容器串联与并联等效电容的计算方式和电阻串、并联等效电阻的计算方式正好相反。

电容器串联后的等效电容量比每一个电容器的电容量都小。电容器串联时,由于静电感应的作用,每一个电容器上所带的电量是相同的,所以各电容器上所分得的电压与其电容量成反比,电容量大的分配的电压低,电容量小的分配的电压高。具体使用时必须根据上述关系慎重考虑各电容器的耐压情况。

若所需的电容量大于单个电容器的电容量时,可以采用电容器的并联组合,同时也应考虑耐压问题。并联电容器组中的任何一个电容器的耐压值都不能低于外加电压,否则该电容器就会被击穿。

电容器和电感线圈还可混联使用,以获得合适的电容量及耐压、电感量及额定电流。

思考和练习

3.1-1　若 LC 元件端口电压、电流参考方向非关联,则它们的端口伏安关系应改写为何种形式?

3.1-2　判断下列命题是否正确,并说明理由。

(1) 电感电压为有限值时,电感电流不能跃变。

(2) 电感电流为有限值时,电感电压不能跃变。

(3) 电容电压为有限值时,电容电流可以跃变。

(4) 电容电流为有限值时,电容电压可以跃变。

(5) 由于电阻、电感、电容元件都能从外部电路吸收功率,所以它们都是耗能元件。

3.1-3　如果一个电感元件两端的电压为零,其储能是否也一定等于零? 如果一个电容元件中电流为零,其储能是否也一定等于零?

3.1-4　电感元件通过恒定电流时可视为短路,是否此时电感 L 为零? 电容元件两端加恒定电压时可视为开路,是否此时电容 C 为无穷大?

3.1-5　一电感 $L=1\mathrm{H}$,某时刻电感电流为 2A,问该时刻电感两端的电压和储能是否可能都等于零? 为什么? 一电容 $C=1\mathrm{F}$,某时刻电容两端的电压为 2V,问该时刻通过电容的电流和电容储能是否可能都等于零? 为什么?

3.1-6　试标出练习题 3.1-6 图所示电路中开关 S 打开瞬间,电感两端电压的极性。

练习题 3.1-6 图

3.2　动态电路方程的建立及其解

3.2.1　动态电路方程的建立

分析电路,首先要选择变量建立电路方程。基本依据是基尔霍夫定律和元件的伏安关系。由于动态元件的伏安关系是微积分关系,因此根据两类约束所建立的动态电路方程是以电流、电压为变量的微分-积分方程,一般可归为微分方程。如果电路中只有一个独立的动态元件,则描述该电路的是一阶微分方程,相应的电路称为一阶电路。如果电路中有 n 个独立动态元件,那么描述该电路的将是 n 阶微分方程,则相应的电路称为 n 阶电路。

动态电路中的暂态过程是由换路动作引起的,通常把电路中开关的接通、断开或者元件参数的突然变化等统称为换路。换路前后,电路结构或者元件参数不同,原有的工作状态经过过渡过程到达一个新的稳定工作状态。常设 $t=0$ 时换路,$t=0_-$ 表示换路前的终了时刻,

$t=0_+$ 表示换路后的初始时刻。动态电路建立的方程就是指换路后的电路方程。

在动态电路的许多电压变量和电流变量中,电容电压和电感电流具有特别重要的地位,它们确定了电路储能的状况,常称电容电压 $u_C(t)$ 和电感电流 $i_L(t)$ 为状态变量。如果选择状态变量建立电路方程,则可以通过状态变量很方便地求出其他变量。以下对一些典型电路讨论其建立电路方程的过程。

1. 一阶 RC 电路

图 3-13 所示一阶 RC 电路中,以电容电压 $u_C(t)$ 为变量。对 $t>0$ 时电路,根据 KVL,得

$$u_R + u_C = u_S$$

把元件的伏安关系 $u_R=Ri$,$i(t)=C\dfrac{\mathrm{d}u_C}{\mathrm{d}t}$ 等代入上式,得以 $u_C(t)$ 为变量的一阶微分方程

$$RC\frac{\mathrm{d}u_C}{\mathrm{d}t}+u_C=u_S$$

可将上述方程进一步化为

$$\frac{\mathrm{d}u_C}{\mathrm{d}t}+\frac{1}{RC}u_C=\frac{1}{RC}u_S \tag{3.2-1}$$

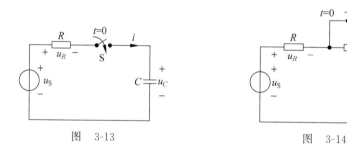

图　3-13　　　　　　　　　　　　　　　　图　3-14

2. 一阶 RL 电路

图 3-14 所示一阶 RL 电路中,以电感电流 $i_L(t)$ 为变量。对 $t>0$ 时电路,根据 KVL,得
$$u_R + u_L = u_S$$

把元件的伏安关系 $u_R=Ri_L$,$u_L(t)=L\dfrac{\mathrm{d}i_L}{\mathrm{d}t}$ 等代入上式,得以 $i_L(t)$ 为变量的一阶微分方程

$$L\frac{\mathrm{d}i_L}{\mathrm{d}t}+Ri_L=u_S$$

可将上述方程进一步化为

$$\frac{\mathrm{d}i_L}{\mathrm{d}t}+\frac{R}{L}i_L=\frac{1}{L}u_S \tag{3.2-2}$$

3. RLC 串联电路

图 3-15 所示 RLC 串联电路中,仍以电容电压 $u_C(t)$ 为变量。对 $t>0$ 时电路,根据

KVL,得

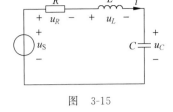

$$u_R + u_C + u_L = u_S$$

把元件的伏安关系 $u_R = Ri$，$i(t) = C\dfrac{\mathrm{d}u_C}{\mathrm{d}t}$，$u_L = L\dfrac{\mathrm{d}i}{\mathrm{d}t}$ 等

代入上式,得以 $u_C(t)$ 为变量的二阶微分方程

$$\frac{\mathrm{d}^2 u_C}{\mathrm{d}t^2} + \frac{R}{L}\frac{\mathrm{d}u_C}{\mathrm{d}t} + \frac{1}{LC}u_C = \frac{1}{LC}u_S \qquad (3.2\text{-}3)$$

图　3-15

综上所述,建立动态电路方程的步骤可归纳如下:

(1) 根据电路建立 KCL 和 KVL 方程,写出各元件的伏安关系。

(2) 在以上方程中消去中间变量,得到所需变量的微分方程。

3.2.2　动态方程的解

对于一阶电路的时域分析,考虑类似式(3.2-1)和式(3.2-2)典型一阶电路的方程为线性常系数微分方程,其一般形式可归为

$$\frac{\mathrm{d}y(t)}{\mathrm{d}t} + \frac{1}{\tau}y(t) = bf(t) \qquad (3.2\text{-}4)$$

其中,$f(t)$ 表示激励源,$y(t)$ 表示任意的电压或电流(而不一定限于电容电压、电感电流)。求解微分方程时,须已知或确定该方程成立之时的初始值。现设 $t = 0$ 时换路,并已知响应的初始值为 $y(0_+)$。

线性常系数微分方程的解由两部分组成,即

$$y(t) = y_h(t) + y_p(t)$$

其中,$y_h(t)$ 是齐次方程 $\dfrac{\mathrm{d}y(t)}{\mathrm{d}t} + \dfrac{1}{\tau}y(t) = 0$ 的通解(齐次解),解的形式为 $y_h(t) = Ae^{pt}$。p

由特征方程 $p + \dfrac{1}{\tau} = 0$ 确定,即 $p = -\dfrac{1}{\tau}$,故通解为 $y_h(t) = Ae^{-\frac{t}{\tau}}$。$y_p(t)$ 一般具有与激励

形式相同的函数形式。常见的激励函数 $f(t)$ 及相应的特解 $y_p(t)$ 列于表 3-1 中。

表 3-1　常见激励函数 $f(t)$ 相应的特解

激励 $f(t)$	特解 $y_p(t)$
直流	K
t^n	$K_n t^n + K_{n-1}t^{n-1} + \cdots + K_0$
$e^{\alpha t}$	$Ke^{\alpha t}$（当 α 不是特征根时） $(K_1 t + K_0)e^{\alpha t}$（当 α 是单特征根时） $(K_2 t^2 + K_1 t + K_0)e^{\alpha t}$（当 α 是二重特征根时）
$\cos\beta t$ 或 $\sin\beta t$	$K_1\cos\beta t + K_2\sin\beta t$

注:表中 K，K_0，K_1，$\cdots$，K_n 均为待定常数。

故完全响应为

$$y(t) = y_h(t) + y_p(t) = Ae^{pt} + y_p(t)$$

其中,A 可由初始值确定

$$y(0_+) = A + y_p(0_+)$$
$$A = y(0_+) - y_p(0_+)$$

故得一阶电路方程的解为

$$y(t) = y_p(t) + [y(0_+) - y_p(0_+)]e^{-\frac{t}{\tau}} \tag{3.2-5}$$

3.2.3 初始值计算

描述动态电路的方程是常系数微分方程。由式(3.2-5)可知,在求解常系数微分方程时,需要根据初始值 $y(0_+)$ 确定待定系数。下面讨论任意电压、电流初始值的计算方法。

在 3.1 节介绍动态元件时曾有这样的结论:电容电流 $i_C(t)$ 和电感电压 $u_L(t)$ 为有限值,则电容电压和电感电流不发生跃变。动态电路在换路期间也有相应的结论,并可总结为换路定律。

如果在换路期间,电容电流 $i_C(t)$ 和电感电压 $u_L(t)$ 为有限值,则电容电压和电感电流不发生跃变,称为换路定律。设 $t=0$ 时换路,则有

$$\begin{cases} u_C(0_+) = u_C(0_-) \\ i_L(0_+) = i_L(0_-) \end{cases} \tag{3.2-6}$$

由动态元件伏安关系的积分形式也可说明换路定律。设 $t=0$ 时换路,换路经历时间为 0_- 到 0_+,当 $t=0_+$ 时,电容电压和电感电流分别为

$$\begin{cases} u_C(0_+) = u_C(0_-) + \dfrac{1}{C}\displaystyle\int_{0_-}^{0_+} i_C(\xi)\mathrm{d}\xi \\ i_L(0_+) = i_L(0_-) + \dfrac{1}{L}\displaystyle\int_{0_-}^{0_+} u_L(\xi)\mathrm{d}\xi \end{cases} \tag{3.2-7}$$

如果在换路期间,电容电流 $i_C(t)$ 和电感电压 $u_L(t)$ 为有限值,则上两式中等号右方积分项将为零。此时电容电压和电感电流不发生跃变。

换路定律还可以从能量的角度来理解。已经知道,电容和电感的储能分别为

$$w_C = \frac{1}{2}Cu^2(t), \quad w_L = \frac{1}{2}Li^2(t)$$

如果电容电压或电感电流发生跃变,那么电容和电感的储能也发生跃变。而能量的跃变意味着瞬时功率为无限大,这在实际电路中是不可能的。

由换路定律可见,关于电容电压、电感电流 $u_C(0_+)$ 和 $i_L(0_+)$,一般可由 $t=0_-$ 时的 $u_C(0_-)$ 和 $i_L(0_-)$ 来确定。求解的步骤如下:

(1) 求 $u_C(0_-)$ 和 $i_L(0_-)$。可画出 $t=0_-$ 时的电路:对于激励源为直流的电路,若原电路已处稳态,电容可视为开路,电感可视为短路,然后求出 $u_C(0_-)$ 和 $i_L(0_-)$。

(2) 用换路定律求出独立初始值:$u_C(0_+) = u_C(0_-)$、$i_L(0_+) = i_L(0_-)$。

那么,如何求取其他任意变量的初始值呢?在求得电容电压、电感电流的初始 $u_C(0_+)$ 和 $i_L(0_+)$ 后,关键是寻求 $t=0_+$ 时的等效电路。

设电路图 3-16(a)中 N 为含源电阻网络,设该网络在 $t=0$ 时换路,则由换路定律可得

$$u_C(0_+) = u_C(0_-), \quad i_L(0_+) = i_L(0_-)$$

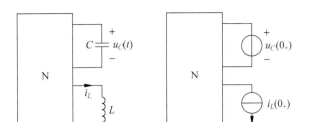

图 3-16

由于所求的是任意支路的电压、电流在换路后 $t=0_+$ 时刻的值，一般无"连续性"。根据替代定理，此时电容支路可用电压源 $u_C(0_+)$ 替代，电感支路可用电流源 $i_L(0_+)$ 替代，于是得到图 3-16(b)所示的等效电路。此时电路已转化为直流电阻电路，由此可运用直流电阻电路中各种分析方法确定任意变量的初始值。其基本步骤如下：

(1) 由 $t=0_-$ 时电路求出 $u_C(0_-)$ 和 $i_L(0_-)$。

(2) 由换路定律作出 $t=0_+$ 时的等效电路，此时电容可用大小和方向同 $u_C(0_+)$ 的电压源替代，电感可用大小和方向同 $i_L(0_+)$ 的电流源替代。

(3) 运用电阻电路分析方法计算初始值。

需要注意的是，上述换路定律仅在电容电流和电感电压为有限值的情况下才成立。在某些理想情况下，电容电流和电感电压可以为无限大，这时电容电压和电感电流将发生跃变，换路定律不再适用。此时，可根据电荷守恒和磁链守恒原理确定独立初始值。

例 3-3 求图 3-17(a)电路在换路后的初始值 $i(0_+)$ 和 $u(0_+)$。

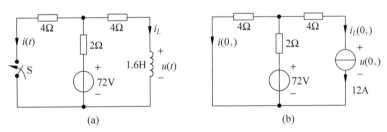

图 3-17

解：求 $i_L(0_-)$ 时，L 相当于短路，$i_L(0_-)=\dfrac{72}{2+4}=12\text{A}$。

由换路定律知，$i_L(0_+)=i_L(0_-)$，作出 $t=0_+$ 时的等效电路如图 3-17(b)所示。

以 $i(0_+)$ 为变量，列出该等效电路中左网孔的 KVL 方程为

$$4i(0_+)+2[12+i(0_+)]=72$$

解得 $i(0_+)=8\text{A}$，由此可得

$$u(0_+)=-4\times12+4\times8=-16\text{V}$$

思考和练习

3.2-1 电路如练习题 3.2-1 图所示，列出关于 $u_C(t)$ 的微分方程。

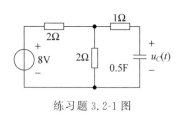

练习题 3.2-1 图

3.2-2 "在电感电压为有限值时,电感电流不能跃变,实质上也就是电感的储能不能跃变的反映。"你认为这种说法正确吗?为什么?

3.2-3 "在电容电流为有限值时,电容电压不能跃变,实质上也就是电容的储能不能跃变的反映。"你认为这种说法正确吗?为什么?

3.2-4 如练习题 3.2-4 图所示,利用等效概念,证明具有初始电压的电容图(a)可等效为图(b)的电路。

3.2-5 如练习题 3.2-5 图所示电路,已知 $R=2\Omega$,电压表的内阻为 $2.5\text{k}\Omega$,电源电压 $U=4\text{V}$。电路已处于稳态,试求开关 S 断开瞬间电压表两端的电压,分析其结果,并考虑采取何种措施来防止这种后果的发生。

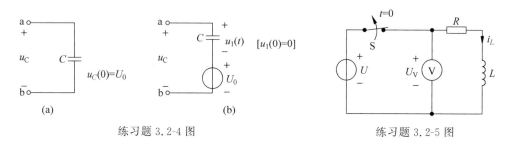

练习题 3.2-4 图　　　　　　　　　练习题 3.2-5 图

3.3　直流一阶动态电路的响应

动态电路的响应是指换路后过渡过程中的电压、电流随时间变化的规律。电路的响应可能仅仅取决于动态元件的初始储能,或仅仅取决于外加激励源,或由初始储能和外加激励源共同作用而产生。因而引出了零输入响应、零状态响应和全响应的概念及计算问题。本课程主要研究在直流电源作用下一阶动态电路(称直流一阶电路)的响应问题,简要介绍二阶直流电路问题的分析。

3.3.1　零输入响应

换路后外加激励为零,仅由电路初始储能作用产生的响应,称为零输入响应。

显然,当外加激励为零时,由式(3.2-5)可知一阶电路方程的特解 $y_p(t)=0$,$y_p(0_+)=0$,于是得到零输入响应的一般形式为

$$y(t)=y(0_+)\mathrm{e}^{-\frac{t}{\tau}} \tag{3.3-1}$$

式中,$\tau=RC$(RC 电路)或 $\tau=\dfrac{L}{R}$(RL 电路),是由微分方程特征根决定的。

可见,求解零输入响应关键是确定初始值 $y(0_+)$ 及方程中的 τ 值。

下面结合电路方程的建立与求解,首先研究一阶 RC 电路的零输入响应。图 3-18(a)所示电路原已处于稳定。$t=0$ 时换路,开关 S 由 1 侧闭合于 2 侧。现分析求解 $t>0$ 时电路中

的变量 u_C、u_R 和 i。

换路后的电路如图 3-18(b)，电路中无外加激励作用，所有响应取决于电容的初始储能，因此所求变量 u_C、u_R 和 i 均为零输入响应。电容初始储能通过电阻 R 放电，逐渐被电阻消耗，电路零输入响应则从初始值开始逐渐衰减为零。

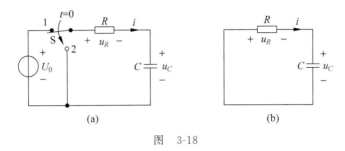

图 3-18

$t<0$ 时，开关 S 一直闭合于 1 侧。电容 C 被电压源 U_0 充电到电压 U_0，即 $u_C(0_-)=U_0$。由换路定律可知，$u_C(0_+)=U_0$。

由两类约束，建立以 u_C 为变量的电路方程为

$$\frac{\mathrm{d}u_C}{\mathrm{d}t}+\frac{1}{RC}u_C=0$$

对应一般形式，$\tau=RC$，方程特征根 $p=-\dfrac{1}{\tau}$，故零输入响应量 u_C 为

$$u_C(t)=u_C(0_+)\mathrm{e}^{-\frac{t}{\tau}}=U_0\mathrm{e}^{-\frac{t}{RC}},\quad t>0$$

由 KVL 方程 $u_C+u_R=0$ 得

$$u_R(t)=-u_C(t)=-u_C(0_+)\mathrm{e}^{-\frac{t}{\tau}}=-U_0\mathrm{e}^{-\frac{t}{RC}}$$

由欧姆定律得

$$i(t)=\frac{u_R(t)}{R}=\frac{-u_C(0_+)\mathrm{e}^{-\frac{t}{\tau}}}{R}=-\frac{U_0}{R}\mathrm{e}^{-\frac{t}{RC}}$$

u_C、u_R 和 i 随时间变化的曲线如图 3-19 所示。可见，u_C、u_R 和 i 都按同样指数规律变化。由于方程特征根 $p=-1/\tau$ 为负值，所以 u_C、u_R 和 i 都按指数规律不断衰减，最后当 $t\to\infty$ 时，它们都趋于零。

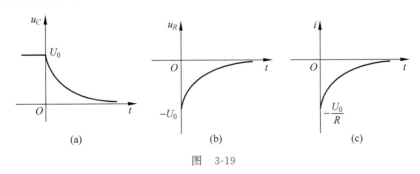

图 3-19

注意：在 $t=0$ 时，$u_C(t)$ 是连续的，没有跃变，而 u_R 和 i 分别由零跃为 $-U_0$ 和 $-U_0/R$，发生跃变，这正是由电容电压不能跃变所决定的。

$\tau = RC$ 称为电路的时间常数。如果 R 的单位为 Ω(欧)、C 的单位为 F(法),则 τ 的单位为 s(秒)。

τ 的大小反映此一阶电路过渡过程的变化速度。τ 越小,过渡过程变化越快,反之,则越慢。τ 是反映过渡过程特性的一个重要参量。

以电容电压为例,当 $t = \tau$ 时,$u_C(\tau) = U_0 e^{-1} = 0.368 U_0$;当 $t = 3\tau$ 时,$u_C(3\tau) = U_0 e^{-3} = 0.05 U_0$;当 $t = 5\tau$ 时,$u_C(5\tau) = 0.007 U_0$。

一般可认为换路后时间经 $3\tau \sim 5\tau$ 后电压、电流已衰减到零(从理论上讲 $t \to \infty$ 时才衰减到零),电路已达到新的稳定状态。

一阶 RL 电路的零输入响应,分析过程同一阶 RC 电路相同。

设图 3-20(a)所示电路原已处于稳定。$t = 0$ 时换路,开关 S 由 1 侧闭合于 2 侧。现分析求解 $t > 0$ 时电路中的变量 i_L、u_L 和 u_R。

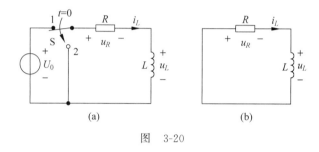

图   3-20

当 $t < 0$ 时,开关 S 一直合于 1 侧,电感电流为 $i_L(0_-) = \dfrac{U_0}{R} = I_0$。在 $t > 0$ 时,原电路转化为如图 3-20(b)所示,$i_L(0_+) = i_L(0_-) = I_0$。根据 KVL,可得电路方程

$$L \frac{\mathrm{d}i_L}{\mathrm{d}t} + R i_L = 0, \quad t > 0$$

即为

$$\frac{\mathrm{d}i_L}{\mathrm{d}t} + \frac{R}{L} i_L = 0$$

对应一般形式,$\tau = \dfrac{L}{R}$,故零输入响应量 i_L 为

$$i_L(t) = i_L(0_+) e^{-\frac{t}{\tau}} = I_0 e^{-\frac{Rt}{L}}, \quad t > 0$$

由此,即可求得其余两个变量为

$$u_R(t) = R i_L(t) = I_0 R e^{-\frac{Rt}{L}}, \quad t > 0$$

$$u_L(t) = -u_R(t) = -R i_L(t) = -I_0 R e^{-\frac{Rt}{L}}, \quad t > 0$$

同样,$\tau = L/R$ 称为电路的时间常数。如果 R 的单位为 Ω(欧),L 的单位为 H(亨),则 τ 的单位为 s(秒)。

i_L、u_R 和 u_L 随时间变化的曲线如图 3-21 所示,它们都是随时间衰减的指数曲线。

注意:RL 串联电路中,时间常数 τ 与电阻 R 成反比,R 越大,τ 越小;而在 RC 串联电路中,τ 与 R 成正比,R 越大,τ 越大。

例 3-4   图 3-22 所示电路原已处于稳态。$t = 0$ 时将开关 S 打开。求 $t > 0$ 时电压 u_R 和

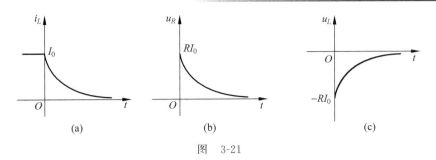

图　3-21

电流 i。

解：换路前原电路已处稳态，电容相当于开路，故有

$$u_C(0_-)=\frac{2}{3+2}\times 15=6\text{V}$$

根据换路定律，得电容电压的初始值 $u_C(0_+)=u_C(0_-)=6\text{V}$。

电路时间常数

$$\tau=1\times(1+2)=3\text{s}$$

则换路后，由零输入响应的一般形式及两类约束得

$$u_C(t)=u_C(0_+)\text{e}^{-\frac{t}{\tau}}=6\text{e}^{-\frac{t}{3}}\text{V},\quad t>0$$

$$i(t)=-\frac{u_C}{1+2}=-2\text{e}^{-\frac{t}{3}}\text{A},\quad t>0$$

$$u_R(t)=-2i(t)=\frac{2}{1+2}u_C(t)=4\text{e}^{-\frac{t}{3}}\text{V},\quad t>0$$

例 3-5　图 3-23 所示电路原已处于稳态。$t=0$ 时将开关 S 打开。求 $t>0$ 时电流 i_L 和电压 u_L。

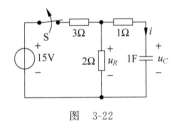

图　3-22

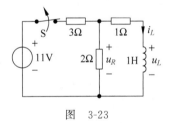

图　3-23

解：换路前原电路已处稳态，电感相当于短路，故有

$$i_L(0_-)=\frac{11}{3+\dfrac{2}{1+2}}\times\frac{2}{1+2}=2\text{A}$$

根据换路定律，得电感电流的初始值 $i_L(0_+)=i_L(0_-)=2\text{A}$。

电路时间常数

$$\tau=\frac{1}{1+2}=\frac{1}{3}\text{s}$$

则换路后，由零输入响应的一般形式及两类约束得

$$i_L(t)=i_L(0_+)\text{e}^{-\frac{t}{\tau}}=2\text{e}^{-3t}\text{A},\quad t>0$$

$$u_L(t) = L\frac{\mathrm{d}i_L}{\mathrm{d}t} = 1 \times 2 \times (-3)\mathrm{e}^{-3t}\,\mathrm{V}, \quad t > 0$$

或

$$u_L(t) = -i_L(t) \times (1+2) = -6\mathrm{e}^{-3t}\,\mathrm{V}, \quad t > 0$$

由以上分析和举例可得到以下重要结论：

（1）一阶电路中任意变量的响应具有相同的时间常数。其公式中的 R 值为电容或电感元件以外电路的戴维南等效电阻。

（2）任何零输入响应均正比于独立初始值，称此为零输入线性。

3.3.2 零状态响应

初始储能为零，换路后仅由外加激励作用产生的响应，称为零状态响应。

当外加激励为直流电源时，响应的特解为常数。由式（3.2-5）可知 $y_p(t) = y_p(0_+) = K$（常数），于是得到零状态响应的一般形式为

$$y(t) = y_p(t) + [y(0_+) - y_p(0_+)]\mathrm{e}^{-\frac{t}{\tau}} = K + [y(0_+) - K]\mathrm{e}^{-\frac{t}{\tau}} \tag{3.3-2}$$

显然，$y(\infty) = K$，即电路达到新的稳定状态时对应的稳态值。

当初始储能为零时，即 $u_C(0_+) = u_C(0_-) = 0$，$i_L(0_+) = i_L(0_-) = 0$，但非状态变量 $y(0_+)$ 不一定为零（它取决于外加激励），故可先考虑计算状态变量的零状态响应（通过状态变量再求其他响应），并得如下通式：

$$\begin{cases} u_C(t) = u_C(\infty)(1 - \mathrm{e}^{-\frac{t}{\tau}}) \\ i_L(t) = i_L(\infty)(1 - \mathrm{e}^{-\frac{t}{\tau}}) \end{cases} \tag{3.3-3}$$

可见，求解零状态响应的关键是确定状态变量稳态值 $y(\infty)$ 及方程中的 τ 值，利用以上通式求得状态变量后可方便地求出其他变量。

以下结合电路方程的建立与求解，说明零状态响应的求解问题。

直流一阶 RC 电路如图 3-24(a) 所示，原已处于稳定。$t = 0$ 时换路，开关 S 由 1 侧闭合于 2 侧。现分析与求解 $t > 0$ 时电容电压 u_C 和电流 i。

换路后的电路如图 3-24(b) 所示，电路中电容无初始储能，所有响应均取决于外加激励作用，因此所求变量 u_C 和 i 均为零状态响应。换路后电路中的电容元件的电压将逐渐增大直至稳定，零状态响应 u_C 的建立过程就是 RC 电路的充电过程。

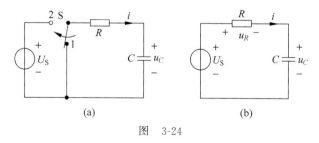

图 3-24

在如图 3-24(b) 中，以 u_C 为变量，建立 $t > 0$ 时的电路方程为

$$RC\frac{\mathrm{d}u_C}{\mathrm{d}t} + u_C = U_\mathrm{S}$$

进一步化为

$$\frac{\mathrm{d}u_C}{\mathrm{d}t} + \frac{1}{RC}u_C = \frac{1}{RC}U_\mathrm{s}$$

显然,时间常数 $\tau = RC$,而响应 u_C 则由微分方程的解确定为

$$u_C(t) = u_C(\infty)(1 - \mathrm{e}^{-\frac{t}{\tau}}) = U_\mathrm{s}(1 - \mathrm{e}^{-\frac{t}{\tau}}), \quad t > 0$$

由电容元件的端口伏安关系,得

$$i(t) = C\frac{\mathrm{d}u_C}{\mathrm{d}t} = \frac{U_\mathrm{s}}{R}\mathrm{e}^{-\frac{t}{\tau}}, \quad t > 0$$

或由 KVL 方程 $Ri + u_C = U_\mathrm{s}$ 求得电流 i 为

$$i(t) = \frac{U_\mathrm{s} - u_C}{R} = \frac{U_\mathrm{s}}{R}\mathrm{e}^{-\frac{t}{\tau}}, \quad t > 0$$

由以上分析和举例,同样可得到重要结论:任何零状态响应均正比于外加激励值,称此为零状态线性。

例 3-6 图 3-25 所示电路原已处于稳态。$t = 0$ 时开关 S 闭合。求 $t > 0$ 时电压 u_R 和电流 i。

解:换路前原电路已处稳态,即换路时电容已无初始储能,故 $u_C(0_+) = u_C(0_-) = 0$,则

$$u_C(\infty) = \frac{6}{3+6} \times 15 = 10\mathrm{V}$$

电路时间常数

$$\tau = 1 \times (1 + 3 /\!/ 6) = 3\mathrm{s}$$

则换路后

$$u_C(t) = u_C(\infty)(1 - \mathrm{e}^{-\frac{t}{\tau}}) = 10(1 - \mathrm{e}^{-\frac{t}{3}})\mathrm{V}, \quad t > 0$$

$$i(t) = C\frac{\mathrm{d}u_C}{\mathrm{d}t} = 1 \times 10 \times \frac{1}{3}\mathrm{e}^{-\frac{t}{3}} = \frac{10}{3}\mathrm{e}^{-\frac{t}{3}}\mathrm{A}, \quad t > 0$$

$$u_R(t) = 1 \times i(t) + u_C(t) = -\frac{10}{3}\mathrm{e}^{-\frac{t}{3}} + 10(1 - \mathrm{e}^{-\frac{t}{3}}) = 10 - \frac{40}{3}\mathrm{e}^{-\frac{t}{3}}\mathrm{V}, \quad t > 0$$

例 3-7 图 3-26 所示电路原已处于稳态。$t = 0$ 时开关 S 闭合。求 $t > 0$ 时电流 i_L 和电压 u_L。

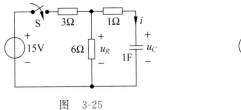

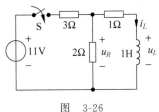

图 3-25 图 3-26

解:换路前原电路已处稳态,即换路时电容已无初始储能,故 $i_L(0_+) = i_L(0_-) = 0$,则

$$i_L(\infty) = \frac{11}{3 + \frac{2}{1+2}} \times \frac{2}{1+2} = 2\mathrm{A}$$

电路时间常数为

$$\tau = \frac{1}{1 + \frac{6}{5}} = \frac{5}{11}\text{s}$$

则换路后

$$i_L(t) = i_L(\infty)(1 - e^{-\frac{t}{\tau}}) = 2(1 - e^{-2.2t})\text{A}, \quad t > 0$$

$$u_L(t) = L\frac{\mathrm{d}i_L}{\mathrm{d}t} = 1 \times 2 \times 2.2e^{-2.2t} = -4.4e^{-2.2t}\text{V}, \quad t > 0$$

另一解题思路,由戴维南定理,$t > 0$ 时的电路可等效为典型的 RC 或 RL 电路,再利用有关结论先求状态变量,再求其他响应。

3.3.3　全响应

电路换路后既有初始储能作用,又有外加激励作用所产生的响应,称为全响应。

在激励为直流电源时,全响应即为微分方程全解,即有

$$y(t) = y_p(t) + y_h(t) = y_p(t) + [y(0_+) - y_p(0_+)]e^{-\frac{t}{\tau}}$$

$$= \underbrace{K}_{\substack{\text{强迫响应}\\ \text{(稳态响应)}}} + \underbrace{[y(0_+) - K]e^{-\frac{t}{\tau}}}_{\substack{\text{固有响应}\\ \text{(暂态响应)}}} \tag{3.3-4}$$

式中第 1 项(即特解)与激励具有相同的函数形式,称为强迫响应;它又是响应中随时间的增长稳定存在的分量,故又称为稳态响应。式中第 2 项(即齐次解)的函数形式仅由电路方程的特征根确定,而与激励的函数形式无关(它的系数与激励有关),称为固有响应;它又是响应中随时间的增长最终衰减为零的分量,故又称为暂态响应。

如果除独立电源外,视动态元件的初始储能为电路的另一种激励,那么根据线性电路的叠加性质,电路响应是两种激励各自作用所产生的响应的叠加。也就是说,根据响应引起原因的不同,可将全响应分解为零输入响应(由初始储能产生)和零状态响应(由独立电源产生)两种分量:全响应＝零输入响应＋零状态响应,即

$$y(t) = \underbrace{y_x(t)}_{\text{零输入响应}} + \underbrace{y_f(t)}_{\text{零状态响应}} \tag{3.3-5}$$

基于以上不同观点,电路全响应的几种分解方式有

$$全响应 = 强迫响应 + 固有响应$$
$$= 稳态响应 + 暂态响应$$
$$= 零输入响应 + 零状态响应$$

以下对 RC 电路问题从列解电路微分方程和零输入响应、零状态响应叠加的观点做一对比讨论。

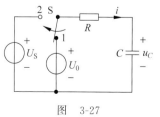

图　3-27

如图 3-27 所示电路原已处于稳定,$t = 0$ 时换路,求换路后电容电压 u_C 和电流 i。

(1) 经典法(列解电路微分方程)求解全响应。

换路前电路稳定,则

$$u_C(0_-) = U_0$$

由换路定律得

$$u_C(0_+) = u_C(0_-) = U_0$$

$t > 0$ 时关于 u_C 电路方程为

$$RC\frac{\mathrm{d}u_C}{\mathrm{d}t} + u_C = U_s$$

其特解 $u_{Cp}(t) = K = u_{Cp}(0_+) = u_C(\infty) = U_s$。

方程特征根为 $p = -\dfrac{1}{\tau}, \tau = RC$，故全响应形式为

$$u_C(t) = U_s + A\mathrm{e}^{-\frac{t}{\tau}}$$

其中，系数 A 由初始值确定

$$u_C(0_+) = U_s + A = U_0$$
$$A = U_0 - U_s$$

最后得全响应

$$u_C(t) = U_s + (U_0 - U_s)\mathrm{e}^{-\frac{t}{\tau}} = \underbrace{U_0\mathrm{e}^{-\frac{t}{\tau}}}_{\text{零输入响应}} + \underbrace{U_s(1 - \mathrm{e}^{-\frac{t}{\tau}})}_{\text{零状态响应}}$$

$$i(t) = \frac{U_s - u_C}{R} = \frac{U_s - U_0}{R}\mathrm{e}^{-\frac{t}{\tau}} = \underbrace{-\frac{U_0}{R}\mathrm{e}^{-\frac{t}{\tau}}}_{\text{零输入响应}} + \underbrace{\frac{U_s}{R}\mathrm{e}^{-\frac{t}{\tau}}}_{\text{零状态响应}}$$

（2）利用叠加原理求全响应。

原电路及对应的分解图如图 3-28 所示。

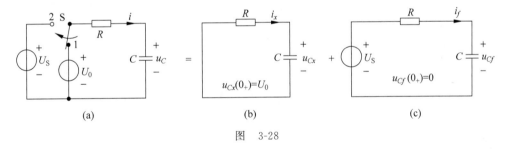

图 3-28

零输入响应为

$$u_{Cx}(t) = U_0\mathrm{e}^{-\frac{t}{\tau}}, \quad i_x(t) = C\frac{\mathrm{d}u_{Cx}}{\mathrm{d}t} = -\frac{U_0}{R}\mathrm{e}^{-\frac{t}{\tau}}$$

零状态响应为

$$u_{Cf}(t) = U_s(1 - \mathrm{e}^{-\frac{t}{\tau}}), \quad i_f(t) = C\frac{\mathrm{d}u_{Cf}}{\mathrm{d}t} = \frac{U_s}{R}\mathrm{e}^{-\frac{t}{\tau}}$$

故全响应为

$$u_C(t) = u_{Cx}(t) + u_{Cf}(t) = U_s + (U_0 - U_s)\mathrm{e}^{-\frac{t}{\tau}}$$
$$i(t) = i_x(t) + i_f(t) = \frac{U_s - U_0}{R}\mathrm{e}^{-\frac{t}{\tau}}$$

可见,两种观点的结论完全一致。

强调:零输入响应正比于状态变量初始值,零状态响应正比于外加激励。

例 3-8　如图 3-29 所示电路原已处于稳定,$t=0$ 时将开关 S 合上,求 $t>0$ 时的 $i(t)$ 和 $u(t)$。

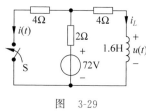

图　3-29

解:换路后电路初始状态不为零,又有外加电源作用,故电路中的所有响应都为完全响应。可先用叠加法求状态变量 $i_L(t)$,再求 $i(t)$ 和 $u(t)$。

换路后 $i_L(t)$ 的初始值为

$$i_L(0_+)=i_L(0_-)=\frac{72}{2+4}=12\text{A}$$

故关于 $i_L(t)$ 的零输入响应为

$$i'_L(t)=12\text{e}^{-\frac{t}{\tau}}\text{A}\quad(\text{用状态变量零输入响应通式})$$

其中,$\tau=\dfrac{L}{R}$,$L=1.6\text{H}$,$R=4+4/\!/2=\dfrac{16}{3}\Omega$,即 $\tau=0.3\text{s}$。

换路后电感支路的稳态电流 $i_L(\infty)$ 为

$$i_L(\infty)=\frac{72}{2+4\,/\!/\,4}\times\frac{1}{2}=9\text{A}$$

故关于 $i_L(t)$ 的零状态响应为

$$i''_L(t)=9(1-\text{e}^{-\frac{t}{\tau}})\text{A}\quad(\text{用状态变量零状态响应通式})$$

应用叠加定理,状态变量 $i_L(t)$ 的完全响应为

$$i_L(t)=i'_L(t)+i''_L(t)=9+3\text{e}^{-\frac{t}{\tau}}=9+3\text{e}^{-\frac{10}{3}t}\text{A},\quad t>0$$

由 $i_L(t)$ 求 $i(t)$ 和 $u(t)$ 的完全响应为

$$u(t)=1.6\frac{\text{d}i_L}{\text{d}t}=1.6\times3\times\left(-\frac{10}{3}\right)\text{e}^{-\frac{10}{3}t}=-16\text{e}^{-\frac{10}{3}t}\text{V},\quad t>0$$

$$i(t)=\frac{4i_L+u(t)}{4}=\frac{4(9+3\text{e}^{-\frac{10}{3}t})-16\text{e}^{-\frac{10}{3}t}}{4}=9-\text{e}^{-\frac{10}{3}t}\text{A},\quad t>0$$

思考和练习

3.3-1　试证明零输入响应 u_C 曲线在 $t=0$ 处的切线交时间轴于 τ,这一结果说明什么?

3.3-2　"电路的全响应为零输入响应和零状态响应的叠加。若电路的初始状态或输入有所变化时,只需对有关的零输入响应分量或零状态响应分量作出相应变更即可。"你认为这种说法正确吗?为什么?

3.3-3　置换定理可用于动态电路分析:首先求出状态变量,然后利用置换定理,将动态电路变为电阻电路,便可求得电路中的任一非状态变量。试举一例说明该分析方法的过程。

3.3-4　常用万用表"$R\times1000$"挡来检查电容器(电容量较大)的质量好坏。如在检查时发现下列现象,试解释之,并说明电容器的好坏:(1)指针满偏转;(2)指针不动;(3)指针很快偏转后又返回原刻度处;(4)指针偏转后不能返回原刻度处;(5)指针偏转后返回速度很慢。

3.3-5　试证明电容元件 C 通过电阻 R 放电,当电容电压降到初始值的一半时所需的时间约为 0.7τ。

3.4　直流一阶电路的三要素法

在前面求解电路响应时,依据两类约束,一般以电容电压、电感电流这两个状态变量建立电路方程进行求解。由于它们均有可直接利用的通式,因此也可避开建立微分方程而先求取状态变量,再求其他响应。

现在要问:在直流激励条件下,如果对电路中的任意变量 $y(t)$(状态和非状态变量)均感兴趣,能否选取该变量 $y(t)$ 来列解方程而得到一个通式呢?回答是肯定的。这就是下面要介绍的三要素法。

仔细观察一下,典型的 RC 电路和 RL 电路的状态变量完全响应表达式为

$$u_C(t)=u_C(0_+)\mathrm{e}^{-\frac{t}{\tau}}+u_C(\infty)(1-\mathrm{e}^{-\frac{t}{\tau}})=u_C(\infty)+[u_C(0_+)-u_C(\infty)]\mathrm{e}^{-\frac{t}{\tau}}$$

$$i_L(t)=i_L(0_+)\mathrm{e}^{-\frac{t}{\tau}}+i_L(\infty)(1-\mathrm{e}^{-\frac{t}{\tau}})=i_L(\infty)+[i_L(0_+)-i_L(\infty)]\mathrm{e}^{-\frac{t}{\tau}}$$

这似乎给出了一个启示:只要确定了初始值、稳态值、时间常数这 3 个要素,即可得出有关变量的表达式,三要素法的名称正是由此而来。

设 $y(t)$ 为直流一阶有耗电路中的任意变量(电流或电压),$t=0$ 时换路,则 $t>0$ 时 $y(t)$ 的表达式为

$$y(t)=y(\infty)+[y(0_+)-y(\infty)]\mathrm{e}^{-\frac{t}{\tau}},\quad t>0 \tag{3.4-1}$$

其中,$y(0_+)$ 为换路后 $y(t)$ 相应的初始值。

$y(\infty)$ 为换路后电路达稳态时 $y(t)$ 相应的稳态值。

τ 为换路后电路的时间常数。对 RC 电路,$\tau=RC$;对 RL 电路,$\tau=\dfrac{L}{R}$。

在任一直流一阶电路中,时间常数对于任意变量均相同。这是因为对任意变量建立的电路微分方程均有相同的特征根。从前面所举例子中也可看出,由状态变量确定其他任意变量时,无非是对指数函数的加减、微积分,其指数规律根本不会发生变化。

三要素法的背景是:一阶电路的响应是按指数规律变化的,都有它的初始值和稳态值(平衡值),其变化过程的快慢由时间常数决定。利用这 3 个要素就可迅速正确地分析有关电路,如作出输出波形曲线等,这也是工程技术分析中的实际需要。

对三要素法公式,可作如下简要的证明。

一阶动态电路 $t>0$ 时方程及其解为

$$\frac{\mathrm{d}y(t)}{\mathrm{d}t}+\frac{1}{\tau}y(t)=bf(t)\quad\text{(一阶动态电路方程)}$$

$$y(t)=y_\mathrm{p}(t)+y_\mathrm{h}(t)=y_\mathrm{p}(t)+[y(0_+)-y_\mathrm{p}(0_+)]\mathrm{e}^{-\frac{t}{\tau}}\quad\text{(完全解)}$$

当外加激励为直流电源时,$y_\mathrm{p}(t)=y_\mathrm{p}(0_+)=K$(常数),于是得到全响应的一般形式为

$$y(t)=y_\mathrm{p}(t)+[y(0_+)-y_\mathrm{p}(0_+)]\mathrm{e}^{-\frac{t}{\tau}}=K+[y(0_+)-K]\mathrm{e}^{-\frac{t}{\tau}}$$

其中,$K=\lim\limits_{t\to\infty}y(t)=y(\infty)$。

于是得三要素法公式为

$$y(t) = y(\infty) + [y(0_+) - y(\infty)]e^{-\frac{t}{\tau}}, \quad t > 0 \tag{3.4-2}$$

若电路换路时刻为 $t = t_0$,则三要素法公式可改写为

$$y(t) = y(\infty) + [y(t_{0+}) - y(\infty)]e^{-\frac{t-t_0}{\tau}}, \quad t > t_0 \tag{3.4-3}$$

根据三要素法公式的含义,用三要素法分析电路的步骤可归纳如下几点:

(1) 确定电压、电流初始值 $y(0_+)$。其中关键是利用 L、C 元件的换路定律,作出 $t = 0_+$ 时的等效电路。

(2) 确定换路后电路达到稳态时的 $y(\infty)$。其中关键是电路达稳态时,电感元件相当于短路,电容元件相当于开路。

(3) 确定时间常数 τ 值。其中关键是求等效电阻 R 值。而 R 的含义是动态元件两端以外令其独立源置零时的等效电阻,具体方法即为戴维南定理和诺顿定理中求内部电阻的方法。

(4) 代入公式得 $y(t) = y(\infty) + [y(0_+) - y(\infty)]e^{-\frac{t}{\tau}}$,$t > 0$。

例 3-9 用三要素法求解例 3-8 题中的相同变量。

解:第 1 步,求初始值。该题求解初始值问题同例 3-3。即有

$$i(0_+) = 8\text{A}, \quad u(0_+) = -16\text{V}$$

第 2 步,求稳态值。作出 $t = \infty$ 时的等效电路如图 3-30 所示(稳态时 L 相当于短路)。显然有 $u(\infty) = 0$,则

$$i(\infty) = \frac{1}{2} \times \frac{72}{2 + 4 /\!/ 4} = 9\text{A}$$

第 3 步,求时间常数 τ 值。令电压源短路,则电感以外的等效电阻可由图 3-31 所示的电路求取。

$$L = 1.6\text{H}, \quad \tau = \frac{L}{R} = 0.3\text{s}$$

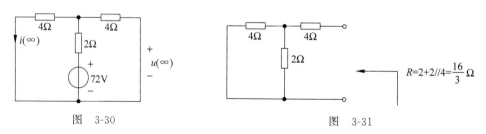

图 3-30   图 3-31

第 4 步,代入公式得

$$i(t) = 9 - (8-9)e^{-\frac{10}{3}t} = 9 - e^{-\frac{10}{3}t}\text{A}, \quad t > 0$$

$$u(t) = 0 + (-16-0)e^{-\frac{10}{3}t} = -16e^{-\frac{10}{3}t}\text{V}, \quad t > 0$$

例 3-10 $t = 0$ 时换路后的电路如图 3-32 所示,已知电容初始储能为零,用三要素法求 $t > 0$ 时的 $i_1(t)$。

解:(1) 求初始值。电容的初始储能为零,即有 $u_C(0_+) = u_C(0_-) = 0$。

作出 $t=0_+$ 时的等效电路如图 3-33 所示。

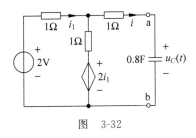

图　3-32

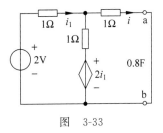

图　3-33

列出左右网孔的 KVL 方程(以 i_1、i 为变量)为

$$1 \times i_1 + 1 \times (i_1 - i) + 2i_1 = 2$$
$$1 \times (i_1 - i) + 2i_1 = 1 \times i$$

联立解得

$$i_1(0_+) = 0.8\mathrm{A}, \quad i(0_+) = 1.2\mathrm{A}$$

注意：$i(0_+)$ 正好是 ab 端的短路电流,在求 ab 端以左二端网络等效电阻时有用。

(2) 求稳态值。稳态时电容 C 相当于开路,列出 KVL 方程为

$$1 \times i_1 + 1 \times i_1 + 2i_1 = 2$$

解得 $i_1(\infty) = 0.5\mathrm{A}$。则 ab 端口开路电压为

$$u_C(\infty) = 1 \times i_1(\infty) + 2 \, i_1(\infty) = 1.5\mathrm{V}$$

(3) 求时间常数。

$$R = \frac{u_C(\infty)}{i(0_+)} = \frac{1.5}{1.2} = 1.25\Omega$$

$$\tau = RC = 1.25 \times 0.8 = 1\mathrm{s}$$

(4) 代入公式得

$$i(t) = 0.5 + (0.8 - 0.5)\mathrm{e}^{-t} = 0.5 + 0.3\mathrm{e}^{-t}\mathrm{A}, \quad t > 0$$

另一解题思路,可先将电容左边二端网络等效为戴维南等效电路,用简化的电路求电容电压 $u_C(t)$,然后回到原电路求 $i_1(t)$。

需要注意的是,三要素法只适用于一阶电路。但一些特殊的二阶电路,当它们可以化解两个一阶电路时,仍然可引用三要素法对相应的一阶电路求解,最后求出有关变量。

例 3-11　如图 3-34 所示电路原已处于稳定,$t=0$ 时 S 合上,求 $t>0$ 时的 $i(t)$。

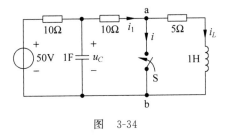

图　3-34

解：开关 S 所在支路电流为二阶电路变量,不能用三要素法。但可按以下思路分析求解。

由 a 节点 KCL 方程 $i(t) = i_1(t) - i_L(t) \rightarrow$ ab 两节点缩成一点,ab 左右为两个一阶电

路→三要素法求两个一阶电路中的 $u_C(t)$（进而求出 $i_1(t)$!）和 $i_L(t)$。

开关 S 闭合前电路稳定,两个状态变量为

$$i_L(0_-) = \frac{50}{10+10+5} = 2\text{A}, \quad u_C(0_-) = (10+5)i_L(0_-) = 30\text{V}$$

由换路定律得

$$i_L(0_+) = i_L(0_-) = 2\text{A}, \quad u_C(0_+) = u_C(0_-) = 30\text{V}$$

当 $t>0$ 时,先求出电路中的 $i_1(t)$ 和 $i_L(t)$。为求这两个变量,原电路可化为两个一阶电路,如图 3-35 和图 3-36 所示。

$$u_C(\infty) = 25\text{V}, \quad \tau_C = (10 /\!/ 10) \times 1 = 5\text{s}$$

$$u_C(t) = 25 + (30-25)\text{e}^{-\frac{t}{5}} = 25 + 5\text{e}^{-\frac{t}{5}}\text{V}$$

$$i_1(t) = \frac{u_C(t)}{10} = 2.5 + 0.5\text{e}^{-\frac{t}{5}}\text{A}$$

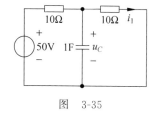

图 3-35

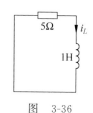

图 3-36

于是,由 a 节点 KCL 方程得

$$i_L(\infty) = 0, \quad \tau_L = (1/5) \times 1 = 0.2\text{s}$$

$$i_L(t) = 0 + (2-0)\text{e}^{-5t} = 2\text{e}^{-5t}\text{A}$$

$$i(t) = i_1(t) - i_L(t) = 2.5 + 0.5\text{e}^{-\frac{t}{5}} - 2\text{e}^{-5t}\text{A}, \quad t>0$$

思考和练习

3.4-1　直流一阶电路的完全响应可以用三要素法求解,那么零输入响应和零状态响应能否用三要素法来求解? 如果能,怎样求?

3.4-2　在三要素法公式中,如按下式拆分为零输入响应和零状态响应分量,对不对?

$$y(t) = \underbrace{y(0_+)\text{e}^{-\frac{t}{\tau}}}_{\text{零输入响应}} + \underbrace{y(\infty)(1-\text{e}^{-\frac{t}{\tau}})}_{\text{零状态响应}}$$

3.5　阶跃函数和阶跃响应

在前面的讨论中,了解到直流一阶电路中的各种开关,可以起到将直流电压源和电流源接入电路或脱离电路的作用,这种作用可以描述为分段恒定信号对电路的激励。随着电路规模的增大和计算工作量的增加,有必要引入阶跃函数来描述这些物理现象,以便更好地建立电路的物理模型和数学模型,有利于用计算机分析和设计电路。

3.5.1 阶跃函数

单位阶跃函数定义为

$$\varepsilon(t) = \begin{cases} 0, & t < 0 \\ 1, & t > 0 \end{cases} \tag{3.5-1}$$

其波形如图 3-37 所示。它在 $(0_-, 0_+)$ 时域内发生单位阶跃,故称单位阶跃函数。

一般阶跃函数 $A\varepsilon(t - t_0)$ 可表示为

$$A\varepsilon(t - t_0) = \begin{cases} 0, & t < t_0 \\ A, & t > t_0 \end{cases} \tag{3.5-2}$$

其中,A 为阶跃幅度或阶跃量;t_0 为任一起始时刻,$\varepsilon(t - t_0)$ 可视为 $\varepsilon(t)$ 在时间轴上向右移动 t_0 的结果,其波形如图 3-38 所示。

图 3-37   图 3-38

阶跃函数可以用来描述动态电路中接通或断开直流电压源或电流源的开关动作。如图 3-39(a)所示电路中,直流电压源在 $t = 0$ 时施加于电路,可以用开关来表示,而引入阶跃函数后,同一问题可用图 3-39(b)来表示。

阶跃函数还可以用来表示时间上分段恒定的电压或电流信号。对图 3-40 所示的幅度为 A 的矩形脉冲波,其表达式可写为

$$f(t) = A[\varepsilon(t) - \varepsilon(t - t_0)]$$

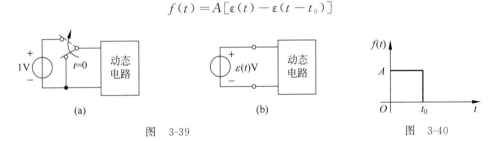

(a)   (b)

图 3-39   图 3-40

对于线性电路来说,这种表示方法的好处在于可以应用叠加定理来计算电路的零状态响应。在此基础上,采用积分的方法还可以求出电路在任意波形激励时的零状态响应。

此外,阶跃函数可用来表示任意函数 $f(t)$ 作用的区间。

$$f(t)\varepsilon(t - t_0) = \begin{cases} 0, & t < t_0 \\ f(t), & t > t_0 \end{cases} \tag{3.5-3}$$

3.5.2 阶跃响应

电路在单位阶跃函数激励下产生的零状态响应称为单位阶跃响应,简称为阶跃响应,一

般用 $g(t)$ 表示。

当电路的激励为阶跃函数 $\varepsilon(t)$V 或 $\varepsilon(t)$A 时相当于单位直流源（1V 或 1A）在 $t=0$ 时接入电路。因此，对于一阶电路的阶跃响应可用三要素法求解。

利用阶跃函数和阶跃响应，可以根据线性电路的线性性质和时不变电路的时延特性，分析任意激励作用下电路的零状态响应。在线性时不变动态电路中，零状态响应与激励之间的关系满足线性和时不变性质。即激励与响应之间有以下基本对应关系：

$$激励 \ \varepsilon(t) \qquad \rightarrow \qquad 响应 \ g(t)$$
$$激励 \ A\varepsilon(t) \qquad \rightarrow \qquad 响应 \ Ag(t)$$
$$激励 \ \varepsilon(t-t_0) \qquad \rightarrow \qquad 响应 \ g(t-t_0)$$

因此，如果分段常量信号作用于动态电路，则可把该信号看成若干个阶跃激励共同作用于电路，则其零状态响应等于各个激励单独作用时产生的零状态响应的叠加。

例 3-12 电路如图 3-41(a) 所示。已知 $R=1\Omega$，$L=1$H，u_S 的波形如图 3-41(b) 所示，求电流 i，并画出 i 随时间变化的曲线。

解法 1：应用阶跃响应和电路性质求解。把 $u_S(t)$ 看作是两个阶跃电压之和，即

$$u_S = 2\varepsilon(t) - 2\varepsilon(t-2)\text{V}$$

在 $\varepsilon(t)$ 作用下的阶跃响应 $g(t)$ 可用三要素法求得

$$g(t) = (1-e^{-t})\varepsilon(t)\text{A}$$

根据电路的线性时不变性质，其零状态响应为

$$i(t) = 2g(t) - 2g(t-2) = 2(1-e^{-t})\varepsilon(t) - 2(1-e^{-(t-2)})\varepsilon(t-2)\text{A}$$

i 随时间变化的曲线如图 3-42 实线所示，电流用一个表达式就能表示了。

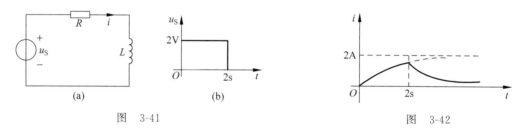

图 3-41 图 3-42

解法 2：三要素法求解。

当 $0<t<2$s 时，电路相当于在 1V 直流电压的作用下，所以零状态响应为

$$i(t) = \frac{2}{R}(1-e^{-t}) = 2(1-e^{-t})\text{A}$$

当 $t=2$s 时，则

$$i(2) = 2(1-e^{-t}) = 2(1-e^{-2}) = 1.73\text{A}$$

当 $t>2$s 时，电压源相当于被短路，电路在初始值为 $i(2)$ 的作用下产生零输入响应，所以

$$i(t) = 1.73e^{-(t-2)}\text{A}$$

故在电压源的作用下，回路电流 i（电感电流）为

$$i(t) = \begin{cases} 2(1-e^{-t})\text{A}, & 0<t<2\text{s} \\ 1.73e^{-(t-2)}\text{A}, & t>2\text{s} \end{cases}$$

据此可画出 i 随时间变化的曲线如图 3-42 实线所示。

思考和练习

3.5-1　画出用阶跃函数表示 1A 电流源在 $t=0$ 时作用于动态网络的电路图。

3.5-2　阶跃响应为何在零状态条件下定义？

3.5-3　练习题 3.5-3(a)图所示电路中，$C=0.01\mu F$，$R_1=2k\Omega$，$R_2=8k\Omega$，电压源 $u_S(t)$ 如练习题 3.5-3(b)图所示，试求 $t>0$ 时变量 $u(t)$。设 $t<0$ 时电路处于稳定状态。

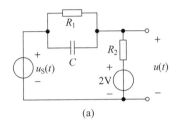 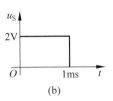

(a) (b)

练习题 3.5-3 图

3.6　二阶电路分析

二阶电路包含两个独立的动态元件，描述二阶电路的方程为二阶微分方程。求解二阶微分方程需要给定两个独立的初始条件，由两个独立的动态元件的初始状态值决定。与一阶电路不同的是，二阶电路的响应可能出现振荡形式。下面以 RLC 串联电路为例，讨论二阶电路的零输入响应和单位阶跃响应。

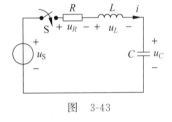

图　3-43

典型的 RLC 串联电路如图 3-43 所示，以 u_C 为变量建立的电路方程为

$$\frac{\mathrm{d}^2 u_C}{\mathrm{d}t^2} + \frac{R}{L}\frac{\mathrm{d}u_C}{\mathrm{d}t} + \frac{1}{LC}u_C = \frac{1}{LC}u_S \tag{3.6-1}$$

令

$$\begin{cases} \alpha = \dfrac{R}{2L} \\ \omega_0 = \dfrac{1}{\sqrt{LC}} \end{cases}$$

其中，α 称为衰减常数，ω_0 为谐振角频率。考虑式(3.6-1)为二阶微分方程，求解需要两个初始条件，可把电路方程(3.6-1)和初始条件表示为

$$\begin{cases} \dfrac{\mathrm{d}^2 u_C}{\mathrm{d}t^2} + 2\alpha\dfrac{\mathrm{d}u_C}{\mathrm{d}t} + \omega_0^2 u_C = \omega_0^2 u_S \\ u_C(0_+), \quad \dfrac{\mathrm{d}u_C}{\mathrm{d}t}\bigg|_{t=0_+} = \dfrac{i(0_+)}{C} \end{cases} \tag{3.6-2}$$

式(3.6-1)中 $u_C(t)$ 的齐次解，取决于特征方程的两个根 S_1 和 S_2，如表 3-2 所示；$u_C(t)$ 的特解可根据 3.2 节表 3-1，选择与激励源相同的函数表达式代入微分方程确定。

表 3-2　二阶电路的通解(齐次解)

特　征　根	齐次解 $u_C(t)$
$S_1 \neq S_2$ 不等实根	$K_1 e^{S_1 t} + K_2 e^{S_2 t}$
$S_1 = S_2 = S$ 相等实根	$(K_1 + K_2 t) e^{St}$
$S_{1,2} = -\alpha \pm j\beta$ 共轭复根	$e^{-\alpha t}(K_1 \cos \beta t + K_2 \sin \beta t)$
$S_{1,2} = \pm j\beta$ 共轭虚根	$K_1 \cos \beta t + K_2 \sin \beta t$

注：表中 K_1, K_2 为待定常数。

3.6.1　零输入响应

由零输入响应定义,令式(3.6-1)中 $u_S = 0$,为简化计算,设 $u_C(0_+) = U_0$, $i(0_+) = 0$,则

$$\begin{cases} \dfrac{d^2 u_C}{dt^2} + 2\alpha \dfrac{du_C}{dt} + \omega_0^2 u_C = 0 \\ u_C(0_+) = U_0, \quad \dfrac{du_C}{dt}\Big|_{t=0_+} = \dfrac{i(0_+)}{C} = 0 \end{cases} \tag{3.6-3}$$

可见,零输入响应即为微分方程的齐次解。式(3.6-3)的特征方程为

$$S^2 + 2\alpha S + \omega_0^2 = 0$$

其特征根为

$$S_{1,2} = -\alpha \pm \sqrt{\alpha^2 - \omega_0^2} \tag{3.6-4}$$

特征根 $S_{1,2}$ 与电路结构和元件参数有关,而与外加激励和电路初始储能无关,一般称为电路的固有频率。当 R、L、C 取不同值时,电路的固有频率和相应的零输入响应存在 4 种不同情况,下面分别讨论。

(1) 当 $\alpha > \omega_0$ 时,即 $R > 2\sqrt{\dfrac{L}{C}}$ 时,为过阻尼情况。

此时,$S_{1,2}$ 为两个不相等的负实数,令

$$\begin{cases} S_1 = -\alpha + \sqrt{\alpha^2 - \omega_0^2} = -\alpha_1 \\ S_2 = -\alpha - \sqrt{\alpha^2 - \omega_0^2} = -\alpha_2 \end{cases}$$

由表 3-2 得式(3.6-3)的解为

$$u_C(t) = K_1 e^{-\alpha_1 t} + K_2 e^{-\alpha_2 t}$$

代入初始条件,得

$$\begin{cases} u_C(0_+) = K_1 + K_2 = U_0 \\ \dfrac{du_C}{dt}\Big|_{t=0_+} = \dfrac{i(0_+)}{C} = -K_1 \alpha_1 - K_2 \alpha_2 = 0 \end{cases}$$

可得

$$K_1 = \frac{\alpha_2}{\alpha_2 - \alpha_1} U_0, \quad K_2 = \frac{\alpha_1}{\alpha_1 - \alpha_2} U_0$$

故

$$u_C(t) = \frac{U_0}{\alpha_2 - \alpha_1}(\alpha_2 e^{-\alpha_1 t} - \alpha_1 e^{-\alpha_2 t}), \quad t \geqslant 0 \tag{3.6-5}$$

回路中电流为

$$i(t) = C\frac{\mathrm{d}u_C}{\mathrm{d}t} = -\frac{C\alpha_1\alpha_2 U_0}{\alpha_2 - \alpha_1}(\mathrm{e}^{-\alpha_1 t} - \mathrm{e}^{-\alpha_2 t}), \quad t > 0 \qquad (3.6\text{-}6)$$

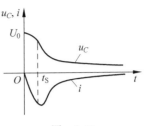

图　3-44

画出 u_C 和 i 的波形如图 3-44 所示。由图可见,电路在初始储能作用下产生的零输入响应 u_C 波形单调下降,表明电容不断释放电场能量,一直处于放电状态。在 $0 < t < t_S$ 期间,u_C 的加速下降使得放电电流逐渐增大,电感储能不断增加,同时,电阻 R 还消耗掉电容所释放的一部分能量。在 $t = t_S$ 时,电感储能达到最大。当 $t > t_S$ 时,u_C 的下降趋缓,回路电流开始减小,电容和电感同时释放所储存的能量,均被电阻 R 所消耗,直到 $t \to \infty$ 时,放电结束,$u_C(\infty) = i(\infty) = 0$。因此,过阻尼情况由于电阻 R 较大,消耗能量大,电路中的电压和电流无法形成振荡,是一种非振荡放电过程。

(2) 当 $\alpha = \omega_0$ 时,即 $R = 2\sqrt{\dfrac{L}{C}}$ 时,为临界阻尼情况。

此时,$S_{1,2}$ 为相等的负实数,即 $S_1 = S_2 = -\alpha$。

由表 3-2 得 u_C 的通解为

$$u_C(t) = (K_1 + K_2 t)\mathrm{e}^{-\alpha t}$$

代入初始条件,得

$$\begin{cases} u_C(0_+) = K_1 = U_0 \\ \dfrac{\mathrm{d}u_C}{\mathrm{d}t}\bigg|_{t=0_+} = \dfrac{i(0_+)}{C} = -K_1\alpha - K_2 = 0 \end{cases}$$

可得

$$K_1 = U_0, \quad K_2 = \alpha U_0$$

故有

$$u_C(t) = U_0(1 + \alpha t)\mathrm{e}^{-\alpha t}, \quad t \geqslant 0 \qquad (3.6\text{-}7)$$

$$i(t) = C\frac{\mathrm{d}u_C}{\mathrm{d}t} = -CU_0\alpha^2 t\,\mathrm{e}^{-\alpha t}, \quad t > 0 \qquad (3.6\text{-}8)$$

可见,零输入响应 u_C 和 i 的物理过程与过阻尼情况类似,也是一种非振荡的放电过程。

(3) 当 $\alpha < \omega_0$ 时,即 $R < 2\sqrt{\dfrac{L}{C}}$ 时,为欠阻尼情况。

此时,$S_{1,2}$ 为一对共轭复数,即 $S_{1,2} = -\alpha \pm \sqrt{\alpha^2 - \omega_0^2} = -\alpha \pm \mathrm{j}\beta$。其中,$\beta = \sqrt{\omega_0^2 - \alpha^2}$。

由表 3-2 得 u_C 的通解为

$$u_C(t) = K\mathrm{e}^{-\alpha t}\cos(\beta t - \varphi)$$

代入初始条件,得

$$\begin{cases} u_C(0_+) = K\cos\varphi = U_0 \\ \dfrac{\mathrm{d}u_C}{\mathrm{d}t}\bigg|_{t=0_+} = \dfrac{i(0_+)}{C} = -\alpha K\cos\varphi + K\beta\sin\varphi = 0 \end{cases}$$

可得

$$K = \frac{\omega_0}{\beta} U_0, \quad \varphi = \arctan \frac{\alpha}{\beta}$$

故有

$$u_C(t) = \frac{\omega_0}{\beta} U_0 e^{-\alpha t} \cos\left(\beta t - \arctan \frac{\alpha}{\beta}\right), \quad t \geqslant 0 \tag{3.6-9}$$

$$i(t) = C \frac{du_C}{dt} = C U_0 \frac{\omega_0^2}{\beta} e^{-\alpha t} \sin\beta t, \quad t > 0 \tag{3.6-10}$$

画出 u_C 和 i 的波形如图 3-45 所示。由图可见,u_C 和 i 的波形为衰减振荡。这是因为

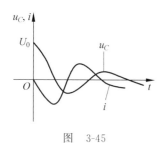

图 3-45

电阻 R 较小,电容放电时,只有一小部分能量被电阻消耗掉,大部分转换为磁场能量储存于电感中。当 u_C 为零时,电容储能为零,但电感处于释放磁场能量过程中,电容被反向充电。当 i 为零时,电感储能为零,但电容又处于放电过程中,电感又开始储存磁场能量。这样,循环往复,使 u_C 和 i 呈现振荡波形,由于每振荡一次,电阻 R 都要消耗一部分能量,致使 u_C 和 i 的振幅越来越小,形成了衰减振荡,振荡角频率为 β。衰减的程度取决于衰减常数 α。

(4) $\alpha = 0$,$\omega_0 \neq 0$,为等幅振荡情况。

此时,电阻 $R = 0$,电路无损耗,$S_{1.2}$ 为共轭虚数,即 $S_{1.2} = \pm j\omega_0$。

由表 3-2 得 u_C 的通解为

$$u_C(t) = K_1 \cos\omega_0 t + K_2 \sin\omega_0 t$$

代入初始条件,得

$$\begin{cases} u_C(0_+) = K_1 = U_0 \\ \left.\dfrac{du_C}{dt}\right|_{t=0_+} = \dfrac{i(0_+)}{C} = \omega_0 K_2 = 0 \end{cases}$$

可得

$$K_1 = U_0, \quad K_2 = 0$$

故

$$u_C(t) = U_0 \cos\omega_0 t, \quad t \geqslant 0 \tag{3.6-11}$$

$$i(t) = C \frac{du_C}{dt} = -U_0 \omega_0 C \sin\omega_0 t, \quad t > 0 \tag{3.6-12}$$

可见,电容和电感之间周期性的能量交换将一直持续下去,电路的响应呈等幅振荡形式,其振荡角频率为 ω_0。

3.6.2 单位阶跃响应

单位阶跃响应为单位阶跃信号 $\varepsilon(t)$ 激励下电路的零状态响应。令式(3.6-1)中 $u_S = \varepsilon(t)$,则有

$$\begin{cases} \dfrac{\mathrm{d}^2 u_C}{\mathrm{d}t^2} + 2\alpha \dfrac{\mathrm{d}u_C}{\mathrm{d}t} + \omega_0^2 u_C = \omega_0^2 \varepsilon(t) \\ u_C(0_+) = 0, \quad \dfrac{\mathrm{d}u_C}{\mathrm{d}t}\Big|_{t=0_+} = \dfrac{i(0_+)}{C} = 0 \end{cases} \tag{3.6-13}$$

上式为非齐次线性常系数微分方程,其阶跃响应的解为

$$g(t) = u_{Ch}(t) + u_{Cp}(t)$$

其中,u_{Ch} 为齐次解,u_{Cp} 为特解。考虑到式(3.6-13)与零输入响应求解方程式(3.6-1)具有相同的特征方程,故齐次解有与零输入响应完全相同的 4 种函数形式。特解 u_{Cp} 为常数,代入式(3.6-13)可得 $u_{Cp}(t) = 1$。

以特征根 $S_{1,2}$ 为两个不相等的负实数为例,同样设 $S_1 = -\alpha_1$,$S_2 = -\alpha_2$,则单位阶跃响应为

$$g(t) = K_1 \mathrm{e}^{-\alpha_1 t} + K_2 \mathrm{e}^{-\alpha_2 t} + 1$$

代入初始条件

$$\begin{cases} g(0_+) = K_1 + K_2 + 1 = 0 \\ \dfrac{\mathrm{d}g}{\mathrm{d}t}\Big|_{t=0_+} = -\alpha_1 K_1 - \alpha_2 K_2 = 0 \end{cases}$$

解得

$$K_1 = \frac{-\alpha_2}{\alpha_2 - \alpha_1}, \quad K_2 = \frac{\alpha_1}{\alpha_2 - \alpha_1}$$

所以

$$g(t) = 1 - \frac{1}{\alpha_2 - \alpha_1}(\alpha_2 \mathrm{e}^{-\alpha_1 t} - \alpha_1 \mathrm{e}^{-\alpha_2 t}), \quad t \geqslant 0 \tag{3.6-14}$$

同样,另外 3 种特征根情况所对应的单位阶跃响应也可以求出来,不再赘述。另外,典型的 GCL 并联电路分析,与 RLC 串联分析方法类同,有兴趣的读者可参阅其他有关书籍。

3.7　正弦激励下一阶电路响应

在实际电路中,除直流电源外,另一类典型的激励是随着时间按正弦(或余弦)规律变化的电源。当这种正弦激励作用于一阶电路时,其响应也为稳态分量和暂态分量之和。对于有损耗的动态电路,一般来说,稳态分量是与正弦激励同频率的正弦量,以 $y_p(t) = Y_{pm}\cos(\omega t + \theta)$ 表示(即为关于 $y(t)$ 方程的特解),可直接代入方程比较系数求得(后面介绍的相量法更容易求得)。若响应的初始值为 $y(0_+)$,则根据式(3.4-1)可得一阶电路在正弦激励下全响应的形式为

$$y(t) = y_p(t) + [y(0_+) - y_p(0_+)]\mathrm{e}^{-\frac{t}{\tau}}$$

$$= Y_{pm}\cos(\omega t + \theta) + [y(0_+) - Y_{pm}\cos\theta]\mathrm{e}^{-\frac{t}{\tau}}, \quad t > 0 \tag{3.7-1}$$

例 3-13　$t = 0$ 时换路的电路如图 3-46 所示,电感电流初始值为 $i_L(0_+) = I_0$,写出 $t > 0$ 时电感电流 i_L 的全响应表达式。其中,$u_S(t) = U_{Sm}\cos(\omega t + \theta_u)$。

解：列出 $t > 0$ 时电路的 KVL 方程为

$$L\frac{\mathrm{d}i_L}{\mathrm{d}t}+Ri_L=u_S=U_{Sm}\cos(\omega t+\theta_u)$$

设电感电流特解为

$$i_{Lp}(t)=I_{Lm}\cos(\omega t+\theta_i)$$

其中,I_{Lm} 和 θ_i 为待定常数,将特解代入上述 KVL 方程,得

$$-\omega L I_{Lm}\sin(\omega t+\theta_i)+RI_{Lm}\cos(\omega t+\theta_i)=U_{Sm}\cos(\omega t+\theta_u)$$

则利用三角公式,上述 KVL 可进一步化为

$$\sqrt{(\omega L I_{Lm})^2+(RI_{Lm})^2}\cos\left(\omega t+\theta_i+\arctan\frac{\omega L}{R}\right)=U_{Sm}\cos(\omega t+\theta_u)$$

通过比较系数即可求得

$$I_{Lm}=\frac{U_{Sm}}{\sqrt{R^2+(\omega L)^2}}$$

$$\theta_i=\theta_u-\arctan\frac{\omega L}{R}$$

故

$$i_{Lp}(0_+)=I_{Lm}\cos\theta_i$$

$$i_L(t)=I_{Lm}\cos(\omega t+\theta)+\left[I_0-I_{Lm}\cos\theta\right]\mathrm{e}^{-\frac{t}{\tau}}$$

其中,$\tau=\dfrac{L}{R}$。据此可画出电感电流 i_L 的波形如图 3-47 所示。

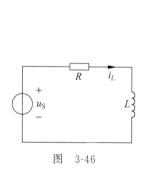

图　3-46

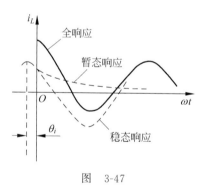

图　3-47

　　工程上,一般认为电路的暂态过程经历($3\sim5$)τ 的时间,有时可能是很短暂的。而许多电子设备工作在正弦稳态的情况下,如正弦振荡器,电力系统的交流发电机、照明电路等,故这些电路更关注的是稳态分量部分(称正弦稳态响应)。同时这种正弦稳态分析也是线性时不变电路频率域分析的基础,因此研究电路的正弦稳态响应具有十分重要的意义。由上述讨论可知,正弦稳态响应是正弦电源激励下电路微分方程的特解,是与激励源具有相同频率的正弦函数,但当电路较复杂时,求解微分方程的特解将变得十分烦琐。因此,有必要寻找一种分析和计算正弦稳态响应的实用方法,这就是第 4 章将要介绍的相量法。

思考和练习

3.7-1　正弦激励下一阶动态电路达到稳态时,稳态响应具有什么特点?

3.7-2 练习题3.7-2图所示电路,已知 $i_S = 2\sqrt{2}\cos 2t\,\text{A}$,求 u_C 的零状态响应。

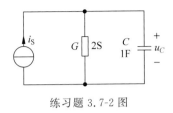

练习题 3.7-2 图

3.8 实用电路介绍

3.8.1 触摸开关电路

电容式接近开关,在电梯、楼道照明等场合应用很广,当人体手指触摸这类开关按钮时,电容量发生变化,从而引起输出电压变化,形成开关作用。

触摸开关按钮图 3-48(a)内部有个凹环,这个凹环是由一个金属环电极和一个圆盘电极构成的,它们之间用绝缘材料隔离,防止直接接触,可以将它模拟为一个电容 C_1,如图 3-48(b)所示,和大多数电容不同,它允许在电极之间插入一个物体,如一个手指触点。由于手指触点比电极周围的绝缘材料更容易传导电荷,电路等效为增加了一个连到地的另一个电极,如图 3-48(c)所示,用电容 C_2 和 C_3 模拟。

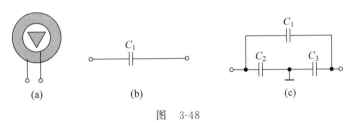

图 3-48

图 3-49(a)为电容式触摸开关电路,C 是一个固定电容。图 3-49(b)和图 3-49(c)中电容的实际值为 $10\sim50\text{pF}$,它取决于开关的精确形状、手指如何触碰、人是否戴手套等。为了分析方便,假设所有电容的值都是 25pF。当手指没有触碰按钮时,其等效电路如图 3-49(b)所示,写出节点电流方程式为

$$C_1\frac{\text{d}(u-u_S)}{\text{d}t} + C\frac{\text{d}u}{\text{d}t} = 0$$

整理上式,得到输出电压 u 的微分方程为

$$\frac{\text{d}u}{\text{d}t} = \frac{C_1}{C_1+C}\frac{\text{d}u_S}{\text{d}t}$$

积分后得到输出电压为

$$u = \frac{C_1}{C_1+C}u_S + u(0)$$

结果表明,这个电路中串联的电容电路与串联电阻电路相同,构成了一个分压电路。考虑 $C_1 = C = 25\text{pF}$,输出电压 $u = 0.5u_S + u(0)$,式中的 $u(0)$ 为电容的初始电压。由于检测输

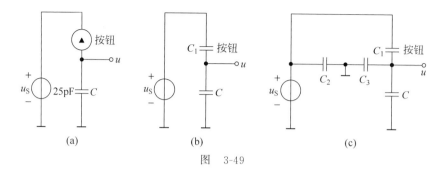

图　3-49

出电压的电路消除了电容的初始电压,所以可以假设 $u(0)=0\mathrm{V}$。因此,检测到的输出电压为

$$u=0.5u_{\mathrm{S}}$$

当手指触碰按钮时,其等效电路如图 3-49(c)所示,写出节点电流方程式为

$$C_1\frac{\mathrm{d}(u-u_{\mathrm{S}})}{\mathrm{d}t}+C_3\frac{\mathrm{d}u}{\mathrm{d}t}+C_2\frac{\mathrm{d}u}{\mathrm{d}t}=0$$

整理得

$$\frac{\mathrm{d}u}{\mathrm{d}t}=\frac{C_1}{C_1+C_2+C_3}\frac{\mathrm{d}u_{\mathrm{S}}}{\mathrm{d}t}$$

解微分方程得

$$u=\frac{C_1}{C_1+C_2+C_3}u_{\mathrm{S}}+u(0)$$

同理,可得输出电压

$$u=0.333u_{\mathrm{S}}$$

比较两个结果,当按钮被按下时,输出电压是电源电压的三分之一;当按钮未按时,输出电压是电源电压的一半。后续检测电路可根据检测到输出电压的大小,判定触摸按钮是否按下,并作相应的操作。

3.8.2　测子弹速度电路

图 3-50 电路为一测子弹速度的设备示意图。子弹到达前开关 S_1 和 S_2 闭合已久,电源对电容充电已达稳态,子弹先将开关 S_1 打开,经过一段路程 l 飞至 S_2-S_3 连锁开关,将 S_2 打开的同时闭合 S_3,使电容器 C 和电荷测定计 G 连上,根据此时电荷测定计 G 的示数,便可推算出子弹的速度。

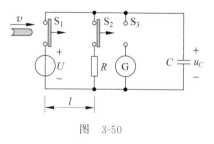

图　3-50

例如,当 $U=100\mathrm{V}$,$R=6\mathrm{k}\Omega$,$C=0.1\mu\mathrm{F}$,$l=3\mathrm{m}$ 时,射击完成后电荷测定计 G 的示数为 $3.45\mu\mathrm{C}$,那么,推算子弹速度过程如下:

子弹打开开关 S_1 之前,电容两端电压为 $u_C(0)=U=100\mathrm{V}$。

子弹打开开关 S_1 之后经过一段路程 l 飞至 S_2-S_3 连锁开关之前,电容通过电阻 R 放电,为零输入响应,直到子弹将 S_2 打开的同时闭合 S_3 之后,电容放电结束,此时电容电压为

$$u_C(t_1)=\frac{Q_1}{C}=\frac{3.45}{0.1}=34.5\mathrm{V}$$

而零输入响应为 $u_C(t_1)=U\mathrm{e}^{-\frac{t_1}{RC}}=100\mathrm{e}^{-\frac{t_1}{6\times10^{-4}}}$。

所以子弹经过路程 l 花费的时间为

$$t_1=-6\times10^{-4}\ln(0.345)=6.385\times10^{-4}\mathrm{s}$$

子弹的速度为

$$v=\frac{l}{t_1}=\frac{3}{6.385\times10^{-4}}=4698.5(\mathrm{m/s})$$

3.8.3 汽车点火电路

电感阻止其电流快速变化的特性可用于电弧或火花发生器中,汽车点火电路就利用了这一特性。

图 3-51(a)所示为汽车点火装置,L 是点火线圈,火花塞是一对间隔一定的空气隙电极。当开关动作时,瞬变电流在点火线圈上产生高压(一般为 $20\sim40\mathrm{kV}$),这一高压在火花塞处产生火花而点燃气缸中的汽油混合物,从而发动汽车。

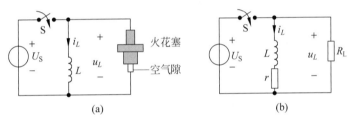

图 3-51

图 3-51(b)所示为汽车点火装置的电路模型,点火线圈 $L=4\mathrm{mH}$,其内阻 $r=6\Omega$,火花塞等效为一个电阻,$R_L=20\mathrm{k}\Omega$。若供电电池电压 $U_S=12\mathrm{V}$,开关 S 在 $t=0$ 时闭合,经 $t_0=1\mathrm{ms}$ 后又打开,下面分析 $t>t_0$ 时,火花塞 R_L 上的电压 $u_L(t)$ 变化规律。

当开关 S 在 $t=0$ 时闭合时,时间常数

$$\tau_0=\frac{L}{r}=\frac{4\times10^{-3}}{6}=\frac{2}{3}\mathrm{ms}$$

当 $t_0=1\mathrm{ms}$ 时,$i_L(t_{0-})=\frac{U_S}{r}(1-\mathrm{e}^{-\frac{t_0}{\tau_0}})=2(1-\mathrm{e}^{-\frac{3}{2}})\approx1.6\mathrm{A}$;当 $t_0=1\mathrm{ms}$ 时开关 S 又打开,此时 $i_L(t_{0+})=i_L(t_{0-})=1.6\mathrm{A}$,则

$$u_L(t_{0+})=-R_Li_L(t_{0+})=-32\mathrm{kV},\quad u_L(\infty)=0$$

$$\tau_1=\frac{L}{r+R_L}=\frac{4\times10^{-3}}{6+20\times10^3}\approx2\times10^{-7}\mathrm{s}$$

由三要素公式,得

$$u_L(t)=-32\mathrm{e}^{-5\times10^6(t-t_0)}\mathrm{kV},\quad t>t_0$$

可见,火花塞上的最高电压可以达到 $32\mathrm{kV}$,该电压足以使火花塞点火。开关的闭合和打开可以采用脉冲宽度为 $1\mathrm{ms}$ 的脉冲电子开关控制。

3.8.4 闪光灯电路

电容阻止其电压快速变化的特性可用于产生瞬间的大电流脉冲。电子闪光灯电路、电子点焊机等就是利用这一特性实现的。

图 3-52 所示是电子闪光灯电路,由一个直流电压源 U_S、一个限流电阻 R 和一个与闪光灯并联的电容 C 等组成,闪光灯可等效为一个电阻 r,其电阻值较小。

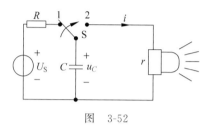

图　3-52

电路工作过程:开关 S 处于位置 1 时,电压源对电容充电,等到电容充满电,电容电压等于电压源电压,此时开关 S 如果由位置 1 打向位置 2,闪光灯便开始工作,由于闪光灯电阻较小,电容在很短时间内放电完毕,放电时间近似为 $5rC$,从而达到闪光的效果。电容放电时会产生短时间的大电流脉冲。

3.8.5 矩形波发生器

矩形波电压常用于数字电路中作为信号源。图 3-53(a)所示是一种矩形波发生器的电路。运算放大器作为电压比较器,利用电容充放电过程实现输出矩形波信号(如图 3-53(b)所示)。

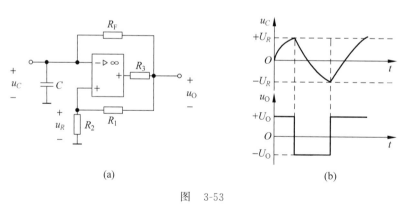

(a)　　　　　　　　　　　　　　(b)

图　3-53

工作过程:假设该电路加电前电容电压为 0,则比较器反相输入端电位为 0,由于 R_1 和 R_2 分压作用,使得比较器输出端立即输出饱和电压 U_O,U_O 一方面通过 R_F 对电容充电,使得电容电压按指数规律增加;另一方面通过电阻 R_1 和 R_2 分压作用在比较器同相输入端保持一个电位为

$$U_R = \frac{R_2}{R_1 + R_2} U_O$$

当电容电压增加到等于 U_R 时,比较器将反转,输出电压为 $-U_O$,此时,$-U_O$ 同样一方

面使得电容通过 R_F 放电；另一方面通过电阻 R_1 和 R_2 分压作用在比较器同相输入端保持一个电位为

$$-U_R = -\frac{R_2}{R_1 + R_2}U_O$$

当电容电压减小到等于 $-U_R$ 时，比较器再次反转，输出电压为 U_O，此时又回到了与初始状态相同的情况。这样反复下去，比较器便输出矩形波信号。

3.8.6 微分电路和积分电路

简单的 RC 电路，选择电路的时间常数和输出端的不同，可以得到输出与输入之间的微分或积分关系，前者称为微分电路，后者称为积分电路。这两种电路在实际工程中有着广泛的应用，尤其在电子技术的脉冲数字电路和自动控制中具有重要地位。电路在输入矩形电压及一定条件下，利用三要素法很快可以确定其输出波形。

微分电路如图 3-54(a) 所示。设定条件：(1) 时间常数 τ 远小于脉冲宽度 t_p；(2) 从电阻两端输出。可以证明，输出电压 u_2 与输入电压 u_1 近似于微分关系，这种输出尖脉冲反映了输入矩形脉冲的跃变部分，是对矩形脉冲微分的结果，故称微分电路其电压随时间变化波形如图 3-54(b)、(c) 所示。电子技术中常把微分电路变换得到的尖脉冲电压用作触发信号。

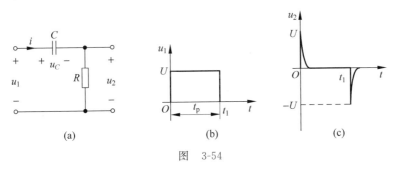

图 3-54

积分电路如图 3-55(a) 所示。设定条件：(1) 时间常数 τ 远大于脉冲宽度 t_p；(2) 从电容器两端输出。

可以证明，输出电压 u_2 与输入电压 u_1 近于成积分关系(如图 3-55(b) 所示)，故称积分电路。时间常数 τ 越大，充放电越缓慢，所得锯齿波电压的线性也就越好。电子技术中常把积分电路变换得到的锯齿波电压用作扫描信号。

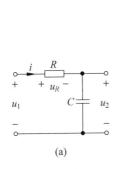
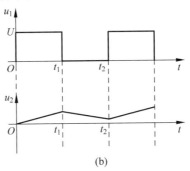

图 3-55

习题 3

3-1 选择合适的答案填入括号内,只需填入 A、B、C 或 D。

(1) 题 3-1(a)图所示电路,$i_L = e^{-2t}$ A,则其端口电压 $u_{ab} = ($)。

  A. $3e^{-2t}$ V   B. $2e^{-2t}$ V   C. e^{-2t} V   D. $-2e^{-2t}$ V

(2) 题 3-1(b)图所示电路原已处于稳定,$u_C(0_-) = 3$V,$t = 0$ 时开关 S 合上,则 $i_C(0_+) = ($)。

  A. 0   B. -0.3A   C. 0.7A   D. 0.5A

(3) 题 3-1(c)图所示电路在 $t = 0$ 时换路,其电容电压 u_C 的零状态响应为(   )。

  A. $1 - e^{-t}$ V   B. $1 - e^{-4t}$ V   C. e^{-t} V   D. 1V

(4) 题 3-1(d)图所示电路原已处于稳定,$t = 0$ 时 S 闭合,则 $t > 0$ 时电流 $i = ($)。

  A. 0   B. e^{-2t} A

  C. $e^{-0.5t}$ A   D. $1.5 - e^{-2t}$ A

(5) 题 3-1(e)图所示电路中,灯 A 和灯 B 规格相同,当开关 S 闭合后,则(   )。

  A. A、B 两灯同时亮   B. A 灯先亮,B 灯后亮

  C. B 灯先亮,A 灯后亮   D. A 灯灭,B 灯亮

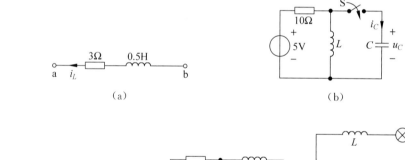

              (a)   (b)

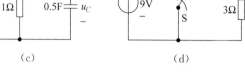
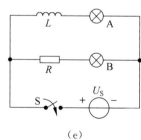

       (c)   (d)   (e)

题 3-1 图

3-2 将合适的答案填入空格内。

(1) 题 3-2(a)图所示电路,电流 i 的阶跃响应为 $i(t) = $ _____。

(2) 题 3-2(b)图所示电路原已处于稳态,$t = 0$ 时开关 S 打开,则 $u_L(0_+) = $ _____,$i_C(0_+) = $ _____。

(3) 题 3-2(c)图所示电路在 $t = 0$ 时换路,其 $u_1(\infty) = $ _____。

(4) 换路后的电路如题 3-2(d)图所示,其时间常数 $\tau = $ _____。

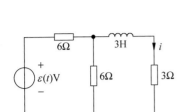
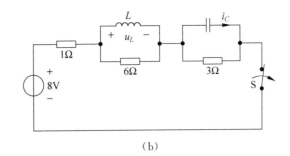

（a）　　　　　　　　　　　　　　　　（b）

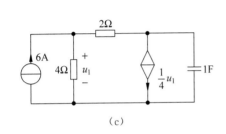
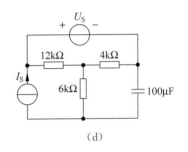

（c）　　　　　　　　　　　　　　　　（d）

题 3-2 图

（5）在 $t=0$ 时换路的一阶 RC 电路中,电容电压为 $u_C(t)=5-10\mathrm{e}^{-4t}\,\mathrm{V}$, $t>0$。则其零输入响应分量为_____,零状态响应分量为_____。

3-3　一电容 $C=0.5\,\mathrm{F}$,其电流、电压为关联参考方向。如其端电压 $u=4(1-\mathrm{e}^{-t})\,\mathrm{V}$, $t\geqslant0$,求 $t\geqslant0$ 时的电流 i,粗略画出其电压和电流的波形。电容的最大储能是多少?

3-4　题 3-4(a)图所示电路,电容电压随时间按三角波方式变化如题 3-4(b)图所示。试画电容电流波形。

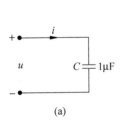
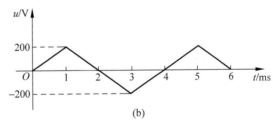

（a）　　　　　　　　　　　　　　　　（b）

题 3-4 图

3-5　一电容 $C=0.2\,\mathrm{F}$,其电流如题 3-5 图(b)所示,若已知在 $t=0$ 时,电容电压 $u(0)=0$,求其端电压 u,并画出波形。

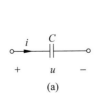
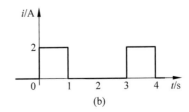

（a）　　　　　　　　（b）

题 3-5 图

3-6 一电感 $L=0.2H$，其电流、电压为关联参考方向。如通过它的电流 $i=5(1-e^{-2t})$ A，$t \geqslant 0$，求 $t \geqslant 0$ 时的端电压，并粗略画出其波形。电感的最大储能是多少？

3-7 一电感 $L=4H$，其端电压的波形如题 3-7 图(b)所示，已知 $i(0)=0$，求其电流，并画出其波形。

3-8 如题 3-8 图所示电路，已知电阻端电压 $u_R=5(1-e^{-10t})V$，$t \geqslant 0$，求 $t \geqslant 0$ 时的电压 u。

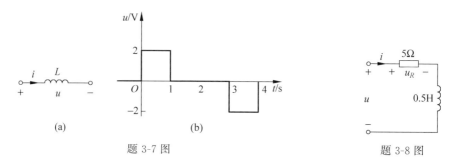

题 3-7 图　　　　　　　　　　　　题 3-8 图

3-9 如题 3-9 图(a)所示电路，已知电阻中的电流 i_R 的波形如(b)图所示，求总电流 i。

3-10 电路如题 3-10 图所示，已知 $u=5+2e^{-2t}V$，$t \geqslant 0$；$i=1+2e^{-2t}A$，$t \geqslant 0$。求电阻 R 和电容 C。

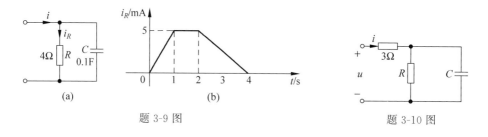

题 3-9 图　　　　　　　　　　　　题 3-10 图

3-11 列写题 3-11 图所示电路 u_C 的微分方程和 i_L 的微分方程。

3-12 如题 3-12 图所示电路，在 $t<0$ 时开关 S 位于"1"，已处于稳态，当 $t=0$ 时开关 S 由"1"闭合到"2"，求初始值 $i_L(0_+)$ 和 $u_L(0_+)$。

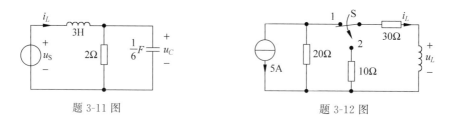

题 3-11 图　　　　　　　　　　　　题 3-12 图

3-13 如题 3-13 图所示电路，开关 S 原是断开的，电路已处于稳态，$t=0$ 时开关闭合，求初始值 $u_C(0_+)$、$i_L(0_+)$、$i_C(0_+)$ 和 $i_R(0_+)$。

3-14 如题 3-14 图所示电路，开关 S 原是闭合的，电路已处于稳态，$t=0$ 时开关断开，求初始值 $u_L(0_+)$、$i(0_+)$ 和 $i_C(0_+)$。

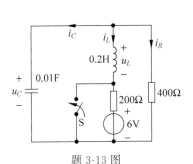

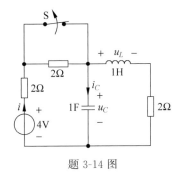

题 3-13 图   题 3-14 图

3-15 如题 3-15 图所示电路,在 $t<0$ 时开关 S 断开时电路已处于稳态,当 $t=0$ 时开关闭合,求初始值 $u_R(0_+)$、$i_C(0_+)$ 和 $u_L(0_+)$。

3-16 如题 3-16 图所示电路,$t=0$ 时开关闭合,闭合前电路处于稳态,求 $t\geq 0$ 时的 $u_C(t)$,并画出其波形。

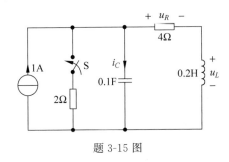

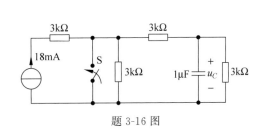

题 3-15 图   题 3-16 图

3-17 如题 3-17 图所示电路,当 $t<0$ 时开关 S 是断开的,电路已处于稳态。当 $t=0$ 时开关闭合,求 $t\geq 0$ 时的电压 u_C、电流 i 的零输入响应和零状态响应,并画出其波形。

3-18 如题 3-18 图所示电路,当 $t=0$ 时开关 S 位于"1",电路已处于稳态。当 $t=0$ 时开关闭合到"2",求 i_L 和 u 的零输入响应和零状态响应,并画出其波形。

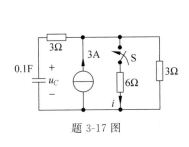

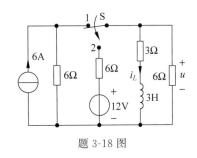

题 3-17 图   题 3-18 图

3-19 如题 3-19 图所示电路,电容初始储能为 0,$t=0$ 时开关 S 闭合,求 $t\geq 0$ 时的电压 u_C。

3-20 如题 3-20 图所示电路,当 $t<0$ 时开关 S 位于"1",电路已处于稳态。当 $t=0$ 时开关由"1"闭合到"2",求 $t\geq 0$ 时的 i_L 和 u。

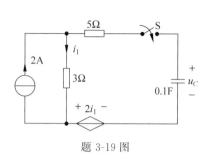

题 3-19 图

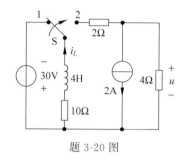

题 3-20 图

3-21　如题 3-21 图所示电路,当 $t<0$ 时电路已处于稳态,当 $t=0$ 时开关 S 闭合,闭合后经过 10s 后,开关又断开,求 $t\geqslant0$ 时的 u_C,并画出其波形。

3-22　如题 3-22 图所示电路,当 $t<0$ 时开关 S 位于"1",电路已处于稳态,当 $t=0$ 时开关由"1"闭合到"2",经过 2s 后,开关又由"2"闭合到"3"。

(1) 求 $t\geqslant0$ 时的电压 u_C,并画出其波形。

(2) 求电压 u_C 恰好等于 3V 的时刻 t 的值。

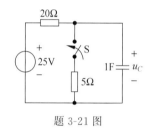

题 3-21 图

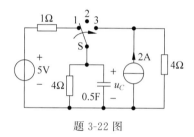

题 3-22 图

3-23　如题 3-23 图所示电路,在 $t<0$ 时开关 S 是断开的,电路已处于稳态,$t=0$ 时开关 S 闭合,求 $t\geqslant0$ 时的电流 i。

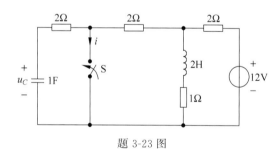

题 3-23 图

3-24　如题 3-24 图所示电路,已知 $u_C(0_-)=0$,$i_L(0_-)=0$,当 $t=0$ 时开关 S 闭合,求 $t\geqslant0$ 时的电流 i 和电压 u。

3-25　如题 3-25 图所示电路,N 中不含储能元件,当 $t=0$ 时开关 S 闭合,输出电压的零状态响应为 $u_0(t)=1+\mathrm{e}^{-\frac{t}{4}}(\mathrm{V})$,$t\geqslant0$。如果将 2F 的电容换为 2H 的电感,求输出电压的零状态响应 $u_0(t)$。

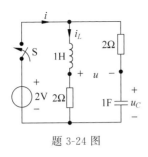

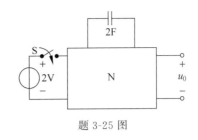

题 3-24 图　　　　　　　　　题 3-25 图

3-26　如题 3-26 图所示电路,如以 i_L 为输出。

(1) 求阶跃响应。

(2) 如输入信号 i_S 的波形如图(b)所示,求 i_L 的零状态响应。

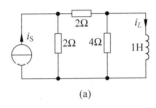

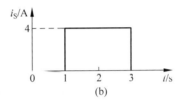

(a)　　　　　　　　　　　(b)

题 3-26 图

3-27　如题 3-27 图所示电路,若输入电压 u_S 如图(b)所示,求 u_C 的零状态响应。

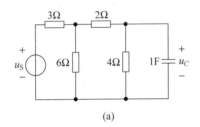

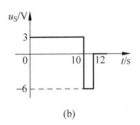

(a)　　　　　　　　　　　(b)

题 3-27 图

3-28　如题 3-28 图所示电路,若以 u_C 为输出,求其阶跃响应。

3-29　在受控热核研究中,需要的强大脉冲磁场是靠强大的脉冲电流产生的。如题 3-29 图所示电路中 $C=2000\mu F$, $L=4nH$, $r=0.4m\Omega$,直流电压 $U_0=15kV$,如在 $t<0$ 时,开关 S 位于"1",电路已处于稳态,当 $t=0$ 时,开关由"1"闭合到"2"。

(1) 求衰减常数 α、谐振角频率 ω_0 和 $t\geqslant 0$ 时的 $i_L(t)$。

(2) 求 i_L 达到极大值的时间,并求出 $i_{L\max}$。

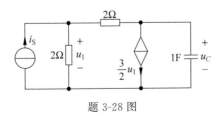

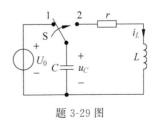

题 3-28 图　　　　　　　　　题 3-29 图

3-30　如题 3-30 图所示电路，N_R 只含电阻，电容的初始状态不详，$\varepsilon(t)$ 为单位阶跃电压，已知当 $u_S(t) = 2\cos t\varepsilon(t)\text{V}$ 时，全响应为

$$u_C(t) = 1 - 3e^{-t} + \sqrt{2}\cos(t - 45°)(\text{V}) \quad t \geqslant 0$$

（1）求在同样初始条件下，$u_S(t) = 0$ 时的 $u_C(t)$。

（2）求在同样初始条件下，若两个电源均为零时的 $u_C(t)$。

3-31　如题 3-31 图所示的 RC 电路是用于报警的，当流过报警器的电流超过 $120\mu\text{A}$ 时就报警。若 $0 \leqslant R \leqslant 6\text{k}\Omega$，求 $t = 0$ 时开关 S 闭合后，电路产生的报警时间延迟范围。

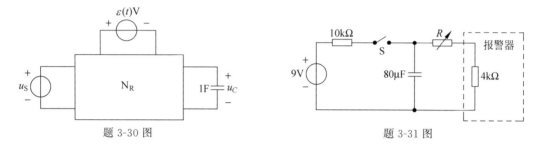

题 3-30 图　　　　　　　　　题 3-31 图

3-32　如题 3-32 图所示的电路用于生物课中让学生观察"青蛙的跳动"。学生注意到，当开关闭合时，青蛙只动一动，而当开关断开时，青蛙很剧烈地跳动了 5s，将青蛙的模型视为一电阻，计算该电阻值。（假设青蛙激烈跳动需要 10mA 的电流。）

3-33　如题 3-33 图的电路是一同相积分器，请推导出输出电压 u_o 与输入电压 u_i 之间的关系。

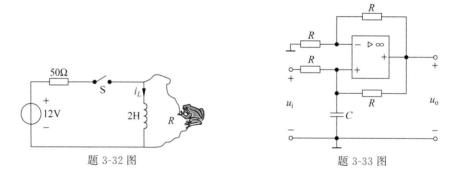

题 3-32 图　　　　　　　　　题 3-33 图

3-34　一个方波发生器产生的电压波形如题 3-34 图（a）所示，设计一个运放电路将此电压波形转换为题 3-34 图（b）所示的三角波电流波形。设电路的初始状态为 0。

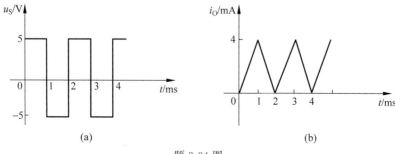

(a)　　　　　　　　　　　(b)

题 3-34 图

第 4 章

正弦稳态分析

本章介绍正弦稳态分析。正弦激励下电路的稳定状态称为正弦稳态。不论在理论分析中还是在实际应用中,正弦稳态分析都是极其重要的。许多电气设备的设计、性能指标就是按正弦稳态来考虑的。例如,在设计高保真音频放大器时,就要求它对输入的正弦信号能够"忠实地"再现并加以放大。又如,在电力系统中,全部电源均为同一频率的交流电源,大多数问题都可以用正弦稳态分析来解决。以后还会知道,如果掌握了线性时不变电路的正弦稳态响应,那么,从理论上来说便掌握了它对任何信号的响应。

第 3 章中用经典法分析正弦函数激励下的一阶电路响应时,用待定系数法求出了响应的特解——稳态解。这种方法虽然直接明了,但过程较烦琐。本章中将介绍一种简便的计算方法——相量法。这标志着转入动态电路的变换分析,当把时间 t 的正弦函数变换为相应的复数(相量)后,解微分方程特解的问题就可以简化为解代数方程的问题,且可以进一步运用电阻电路的分析方法来处理正弦稳态分析问题。

本章将首先介绍正弦量及其相量表示,两类约束的相量形式;然后介绍一般 RLC 电路的分析、正弦稳态电路中的功率计算以及互感元件和理想变压器电路的分析;最后介绍三相电路的概念及其分析。

4.1 正弦量

4.1.1 正弦量的三要素

大小和方向随时间作正弦规律变化的电压、电流等电学量统称正弦交流电或正弦量。正弦规律可以用正弦函数表示,也可以用余弦函数表示。本书统一用余弦函数表示,仍称为正弦量。

正弦量在某时刻的值称为该时刻的瞬时值,用小写字母表示。在指定参考方向的条件下,正弦电流和电压瞬时表达式可表示为

$$i(t) = I_m \cos(\omega t + \theta_i)$$
$$u(t) = U_m \cos(\omega t + \theta_u)$$

(4.1-1)

其对应的波形图如图 4-1 所示。表达式中 $I_m(U_m)$、ω、$\theta_i(\theta_u)$ 分别称为振幅、角频率和初相位。对任何一个正弦交流电来说,由这 3 个物理量确定后,这个交流电也随之确定。因此这

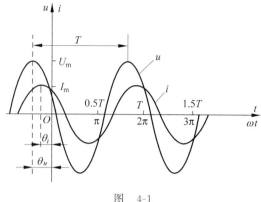

图   4-1

3 个物理量称为正弦量的三要素。

（1）振幅 $I_m(U_m)$ 是正弦量在整个变化过程中所能达到的最大值，通常用带下标 m 的大写字母表示。

（2）角频率 ω 是相位随时间变化的速率，反映了正弦量变化的快慢，单位是弧度/秒（rad/s）。

瞬时表达式中 $(\omega t+\theta)$ 即是正弦量的瞬时相位角，单位为弧度（rad）或度（°）。正弦量变化一周（周期为 T），瞬时相位角变化为 2π 弧度，于是有

$$\begin{cases} [\omega(t+T)+\theta]-(\omega t+\theta)=\omega T=2\pi \\ \omega=\dfrac{2\pi}{T} \end{cases} \tag{4.1-2}$$

上式表明角频率是相位随时间变化的速率，反映了正弦量变化的快慢。由于频率 $f=\dfrac{1}{T}$，因此，ω、T 与 f 三者之间的关系为

$$\omega=\frac{2\pi}{T}=2\pi f \tag{4.1-3}$$

显然，ω、T 与 f 三者都能反映正弦量变化的快慢。频率 f 的单位是 Hz，周期 T 的单位是 s。我国电力系统的正弦交流电频率是 50Hz，周期为 0.02s。

（3）初相位 θ 是正弦量在计时起点 $t=0$ 时刻的相位，决定了正弦量的初始值，简称为初相，通常规定 $|\theta|\leqslant\pi$。θ 的大小与计时起点和正弦量参考方向的选择有关。

为方便起见，作波形图时，通常以 ωt 为横轴坐标，图 4-2(a) 和 (b) 就分别给出了 $\theta>0$ 和 $\theta<0$ 时，正弦电流 $i(t)$ 的波形图。由图可知，θ 就是正弦电流值的各最大值中最靠近坐标原点的正最大值点与坐标原点之间的角度值。

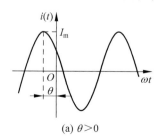

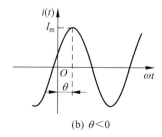

(a) $\theta>0$　　　　　　　　　　　　　(b) $\theta<0$

图   4-2

4.1.2 正弦量的相位差

两个同频率正弦量的相位之差称为相位差,它描述了同频率正弦量之间的相位关系。设同频率的正弦电压和电流分别为

$$u(t) = U_m\cos(\omega t + \theta_u), \quad i(t) = I_m\cos(\omega t + \theta_i)$$

则相位差为

$$\varphi = (\omega t + \theta_u) - (\omega t + \theta_i) = \theta_u - \theta_i \tag{4.1-4}$$

由此可见,同频率的两正弦量的相位差等于它们的初相之差,并且是与时间无关的常数。通常规定 $|\varphi| \leqslant \pi$。

若 $\varphi > 0$,如图 4-3(a)所示,如仅观察各波形的最大值,可以发现 $u(t)$ 比 $i(t)$ 先达到最大值,称 $u(t)$ 超前 $i(t)$ 一个角度 φ;反之,若 $\varphi < 0$,$u(t)$ 比 $i(t)$ 后达到最大值,则称 $u(t)$ 滞后 $i(t)$ 一个角度 φ;

若 $\varphi = 0$,如图 4-3(b)所示,$u(t)$ 和 $i(t)$ 的波形在步调上一致,同时到达正最大值、零值和负最大值,称为 $u(t)$ 和 $i(t)$ 同相;

若 $\varphi = \pm\dfrac{\pi}{2}$,如图 4-3(c)所示,当 $u(t)$ 和 $i(t)$ 中一个达到最大值时,另一个恰好达到零值,称 $u(t)$ 和 $i(t)$ 正交;

若 $\varphi = \pm\pi$,如图 4-3(d)所示,当 $u(t)$ 和 $i(t)$ 中一个达到正最大值时,另一个恰好达到负最大值,称 $u(t)$ 和 $i(t)$ 反相。

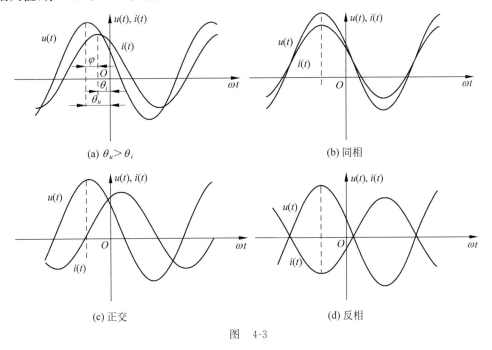

(a) $\theta_u > \theta_i$ (b) 同相

(c) 正交 (d) 反相

图 4-3

例 4-1 已知正弦电压 $u(t) = 30\cos\left(100\pi t + \dfrac{\pi}{2}\right)$ V,正弦电流 $i(t)$ 为如下几种情况:

(1) $i(t) = 50\cos\left(100\pi t + \dfrac{3}{4}\pi\right)$ A。

（2）$i(t)=40\cos\left(100\pi t-\dfrac{3}{4}\pi\right)$A。

（3）$i(t)=30\sin\left(100\pi t+\dfrac{2}{3}\pi\right)$A。

（4）$i(t)=-10\cos\left(100\pi t+\dfrac{\pi}{3}\right)$A。

求 $u(t)$ 和 $i(t)$ 之间的相位差。

解：（1）相位差 $\varphi=\theta_u-\theta_i=\dfrac{\pi}{2}-\dfrac{3}{4}\pi=-\dfrac{\pi}{4}$，即 $u(t)$ 滞后 $i(t)$ 角度 $\dfrac{\pi}{4}$，也可以说 $i(t)$ 超前 $u(t)$ 角度 $\dfrac{\pi}{4}$，还可以说 $u(t)$ 超前 $i(t)$ 角度 $-\dfrac{\pi}{4}$。

（2）相位差 $\varphi=\theta_u-\theta_i=\dfrac{\pi}{2}-\left(-\dfrac{3}{4}\pi\right)=\dfrac{5}{4}\pi>\pi$，超出了 φ 的取值范围。取 $\varphi=\dfrac{5}{4}\pi-2\pi=-\dfrac{3}{4}\pi$，即 $u(t)$ 滞后 $i(t)$ 角度 $\dfrac{3}{4}\pi$，或 $i(t)$ 超前 $u(t)$ 角度 $\dfrac{3}{4}\pi$。

（3）此时两个正弦量函数形式不同，应首先将函数形式一致化，均用余弦函数表示，即对电流 $i(t)$ 有

$$i(t)=30\cos\left(100\pi t+\dfrac{2}{3}\pi-\dfrac{\pi}{2}\right)=30\cos\left(100\pi t+\dfrac{\pi}{6}\right)\text{A}$$

所以，$\varphi=\theta_u-\theta_i=\dfrac{\pi}{2}-\dfrac{\pi}{6}=\dfrac{\pi}{3}$，即 $u(t)$ 超前 $i(t)$ 角度 $\dfrac{\pi}{3}$。

（4）此时两个正弦量的函数形式虽然相同，但 $i(t)$ 不是标准形式，需先变成标准形式后才可以比较相位差。即对电流 $i(t)$ 有

$$i(t)=10\cos\left(100\pi t+\dfrac{\pi}{3}+\pi\right)=10\cos\left(100\pi t+\dfrac{4}{3}\pi\right)\text{A}$$

所以，$\varphi=\theta_u-\theta_i=\dfrac{\pi}{2}-\dfrac{4}{3}\pi=-\dfrac{5}{6}\pi$，即 $u(t)$ 滞后 $i(t)$ 角度 $\dfrac{5}{6}\pi$。

在不引起混淆的情况下，经常也将正弦量表示式中的初相位用度（°）来表示，计算时要注意转换。

4.1.3 正弦量的有效值

周期电压、周期电流的瞬时值是随时间变化的。工程上为了衡量其平均效应，常采用有效值的物理量来表征这种效果。以周期电流 i 为例，它的有效值 I 定义为

$$I=\sqrt{\dfrac{1}{T}\int_0^T i^2\,\mathrm{d}t} \tag{4.1-5}$$

也称为 i 的方均根值。

同样，周期电压的有效值为 $U=\sqrt{\dfrac{1}{T}\int_0^T u^2\,\mathrm{d}t}$。有效值通常用大写字母表示，单位与它的瞬时值的单位相同。

周期电压、电流的有效值是从能量的角度来定义的。如图 4-4（a）、（b）所示，令正弦

电流 i 和直流电流 I 分别通过两个阻值相等的电阻 R，如果在相同的时间 $T(T$ 为正弦信号的周期$)$内电阻 R 消耗的能量相同，则对应的直流电流 I 的值即为正弦电流 $i(t)$ 的有效值。

图 4-4

如图 4-4(a)所示，在一周内消耗的能量为

$$\int_0^T p(t)\,\mathrm{d}t = \int_0^T Ri^2(t)\,\mathrm{d}t = R\int_0^T i^2(t)\,\mathrm{d}t$$

如图 4-4(b)所示，直流电流 I 流过同一电阻时，在时间 T 中消耗的能量为

$$PT = RI^2T$$

令上面两个能量表达式相等，即

$$R\int_0^T i^2(t)\,\mathrm{d}t = RI^2T$$

解得

$$I = \sqrt{\frac{1}{T}\int_0^T i^2\,\mathrm{d}t} \tag{4.1-6}$$

当周期电流为正弦电流时，即若 $i(t) = I_\mathrm{m}\cos(\omega t + \theta_i)$，则有效值

$$I = \sqrt{\frac{1}{T}\int_0^T I_\mathrm{m}^2\cos^2(\omega t + \theta_i)\,\mathrm{d}t} = \sqrt{\frac{I_\mathrm{m}^2}{T}\int_0^T \frac{1 + \cos2(\omega t + \theta_i)}{2}\,\mathrm{d}t}$$

$$= \frac{I_\mathrm{m}}{\sqrt{2}} = 0.707 I_\mathrm{m} \tag{4.1-7}$$

同理可得正弦电压的有效值为

$$U = \frac{U_\mathrm{m}}{\sqrt{2}} = 0.707 U_\mathrm{m}$$

由此可见，正弦量的有效值等于其振幅值的 $\dfrac{1}{\sqrt{2}}$ 倍，与角频率 ω 和初相 θ 无关。

有效值概念在工程中的应用十分广泛。实验室中使用的许多交流测量仪表的读数，交流电机和电器的铭牌上所标注的额定电压或电流，日常生活中使用的交流电的电压 220V，指的均是有效值，其振幅为 311V。一般各种器件和电气设备的耐压值应按振幅考虑。

引入有效值以后，正弦量可以表达为

$$i(t) = \sqrt{2}\,I\cos(\omega t + \theta_i)$$

$$u(t) = \sqrt{2}\,U\cos(\omega t + \theta_u)$$

思考和练习

4.1-1 电压或电流的瞬时值表示式为

(1) $u(t) = 30\cos(314t + 45°)\mathrm{V}$。

(2) $i(t) = 8\cos(6280t - 120°)\mathrm{mA}$。

（3）$u(t) = 15\cos(10\ 000t + 90°)\ \mathrm{V}$。

试分别画出其波形，指出其振幅、频率和初相。

4.1-2　3 个同频率正弦电流 i_1、i_2 和 i_3，若 i_1 的初相为 15°，i_2 较 i_1 滞后 30°，i_3 较 i_2 超前 45°，则 i_1 较 i_3 滞后多少度？

4.2　正弦量的相量表示法

在单频正弦稳态电路中，分析电路时常遇到正弦量的加、减、求导及积分问题，而由于同频率的正弦量之和或差仍为同一频率的正弦量，正弦量对时间的导数或积分也仍为同一频率的正弦量。因此，各支路中的电压电流均为正弦量，频率均和外加激励的频率相同（通常该频率由激励给出，是已知的），故分析单频正弦稳态电路时只需确定正弦量的振幅和初相就能完整地表达它。如果将正弦量的振幅（或有效值）和初相与复数中的模和辐角相对应，那么在频率已知的条件下，就可以用复数来表示正弦量。用来表示正弦量的复数称为相量。借用复数表示正弦量后，可以避开利用三角函数进行正弦量的加、减、求导及积分等运算的麻烦，从而使正弦稳态电路的分析和计算得到简化。这种方法是由美国电机工程师斯泰因梅茨（C. P. Steinmetz，1865—1923）于 1893 年国际电工会议提出的。

4.2.1　复数的表示及运算

由复数的知识可知，任何一个复数 A 可用如下几种数学形式表达。

（1）直角坐标形式或三角形式为
$$A = a + \mathrm{j}b \quad 或 \quad A = |A|(\cos\theta + \mathrm{j}\sin\theta)$$

其中，a 和 b 分别称为复数 A 的实部和虚部，用 Re、Im 分别表示取实部、虚部后又可表示为
$$a = \mathrm{Re}[A], \quad b = \mathrm{Im}[A]$$

（2）指数形式或极坐标形式为
$$A = |A|\mathrm{e}^{\mathrm{j}\theta} \quad 或 \quad A = |A|\angle\theta$$

其中，$|A|$ 称为 A 的模，总是非负值，θ 称为 A 的辐角；$\mathrm{j} = \sqrt{-1}$ 称为虚数单位（虚数单位在数学中是用 i 表示的，但在电路中 i 已用于表示电流，为避免混乱，故用 j 表示）。

上述几种数学表达式，可根据欧拉公式 $\mathrm{e}^{\mathrm{j}\theta} = \cos\theta + \mathrm{j}\sin\theta$ 建立联系，并可得到如下关系相互转换：
$$\begin{cases} |A| = \sqrt{a^2 + b^2} \\ \theta = \tan\dfrac{b}{a} \end{cases}, \qquad \begin{cases} a = |A|\cos\theta \\ b = |A|\sin\theta \end{cases}$$

一个复数还可在复平面内用一有向线段表示，如图 4-5 所示。复数的四则运算如下：
设
$$A_1 = a_1 + \mathrm{j}b_1 = |A_1|\mathrm{e}^{\mathrm{j}\theta_1} = |A_1|\angle\theta_1$$
$$A_2 = a_2 + \mathrm{j}b_2 = |A_2|\mathrm{e}^{\mathrm{j}\theta_2} = |A_2|\angle\theta_2$$

则

$$A_1 \pm A_2 = (a_1 \pm a_2) + \mathrm{j}(b_1 \pm b_2)$$

$$A_1 A_2 = |A_1| \angle\theta_1 \cdot |A_2| \angle\theta_2 = |A_1| \cdot |A_2| \angle(\theta_1 + \theta_2)$$

$$\frac{A_1}{A_2} = \frac{|A_1| \angle\theta_1}{|A_2| \angle\theta_2} = \frac{|A_1|}{|A_2|} \angle(\theta_1 - \theta_2)$$

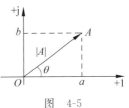

图 4-5

可见,进行加(减)运算时,复数宜采用直角坐标形式,进行乘(除)运算用极坐标形式比较方便。复数的加减运算还可以用复平面上的图形来表示,参见附录 B 中图 B-2 至图 B-5 所示。这种运算在复平面上是符合平行四边形法则的。

4.2.2 正弦量的相量表示

根据欧拉公式,一个自变量在实数域里变化、函数值在复数域里变化的复值函数 $I_m \mathrm{e}^{\mathrm{j}(\omega t + \theta_i)}$,可展开为

$$I_m \mathrm{e}^{\mathrm{j}(\omega t + \theta_i)} = I_m \cos(\omega t + \theta_i) + \mathrm{j} I_m \sin(\omega t + \theta_i) \tag{4.2-1}$$

而其实部即为正弦电流的瞬时表达式,即可看成取自该复值函数的实部,写为

$$i(t) = I_m \cos(\omega t + \theta_i) = \sqrt{2} I \cos(\omega t + \theta_i)$$

$$= \mathrm{Re}[\sqrt{2} I \mathrm{e}^{\mathrm{j}(\omega t + \theta_i)}] = \mathrm{Re}[\sqrt{2} I \mathrm{e}^{\mathrm{j}\theta_i} \mathrm{e}^{\mathrm{j}\omega t}]$$

$$= \mathrm{Re}[\sqrt{2} \dot{I} \mathrm{e}^{\mathrm{j}\omega t}] = \mathrm{Re}[\dot{I}_m \mathrm{e}^{\mathrm{j}\omega t}] \tag{4.2-2}$$

其中,$\dot{I} = I \mathrm{e}^{\mathrm{j}\theta_i} = I \angle\theta_i$ 是以正弦电流 $i(t)$ 的有效值为模、以 $i(t)$ 的初相为辐角的复常数。在频率已知的情况下,它与正弦电流 $i(t)$ 有一一对应关系,称为有效值相量,用大写字母上加一点来表示,说明相量不同于一般的复数,它同时代表了一个正弦量。必须指出,相量与正弦量之间仅仅是对应关系,而不能说相量就等于正弦量。称 $\dot{I}_m = \sqrt{2} I \mathrm{e}^{\mathrm{j}\theta_i} = I_m \angle\theta_i$ 为振幅相量。相量中包含了正弦量的两个要素——有效值(或幅值)和初相。

于是,正弦电流、电压及其相量间存在以下对应关系:

$$i(t) = \sqrt{2} I \cos(\omega t + \theta_i) \leftrightarrow \dot{I} = I \mathrm{e}^{\mathrm{j}\theta_i} = I \angle\theta_i$$

$$u(t) = \sqrt{2} U \cos(\omega t + \theta_u) \leftrightarrow \dot{U} = U \mathrm{e}^{\mathrm{j}\theta_u} = U \angle\theta_u$$

利用以上对应关系可实现正弦量与相量之间的相互表示。这实质上是一种"变换",正弦量的瞬时形式可以变换为与时间无关的相量;相量(再加上已知的电源频率)可以变换为正弦量的瞬时形式。通常将正弦量的瞬时形式称为正弦量的时域表示,将相量称为正弦量的频域表示。

式(4.2-2)中的 $\mathrm{e}^{\mathrm{j}\omega t}$ 是一个特殊的复数函数,它的模等于1,初始辐角为零。随着时间的增加,它以角速度 ω 逆时针旋转。任何一个复数乘以它,在复平面内都会逆时针旋转 ωt 角度,因此它又被称为旋转因子。

引入旋转因子后,称 $\sqrt{2} \dot{I} \mathrm{e}^{\mathrm{j}\omega t}$ 为旋转相量,可用图 4-6 说明正弦量和相量之间的一一对应关系,即一个正弦量在任意时刻的瞬时值,等于对应的旋转相量同一时刻在实轴上的投影。

与复数一样,相量在复平面上可用一条有向线段表示,这种图称相量图,如图 4-7 所示。只有相同频率的相量才能画在同一复平面内。在分析正弦稳态电路时,有时可借助相量图来分析电路。

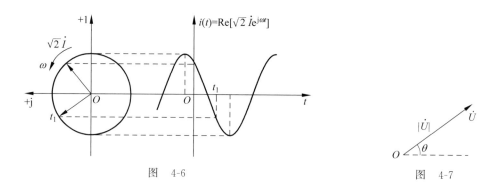

图 4-6   图 4-7

相量运算与复数运算相同。使用相量运算可实现同频率正弦量的运算。下面列出了几种常用的同频率正弦量运算与相应相量运算之间的对应关系。

(1) $i(t)=i_1(t)\pm i_2(t)\rightarrow \dot{I}=\dot{I}_1\pm \dot{I}_2$。

(2) $Ai(t)\rightarrow A\dot{I}$。

(3) $L\dfrac{\mathrm{d}i}{\mathrm{d}t}\rightarrow \mathrm{j}\omega L\dot{I}$。

(4) $\dfrac{1}{C}\displaystyle\int_0^t i\,\mathrm{d}t \rightarrow \dfrac{1}{\mathrm{j}\omega C}\dot{I}$。

例 4-2 已知: $i(t)=10\sqrt{2}\cos(314t+90°)\,\mathrm{A}$, $u(t)=220\sqrt{2}\cos(314t-30°)\,\mathrm{V}$,试写出 i、u 的有效值相量的极坐标形式和直角坐标形式,并画出它们的相量图。

解: i、u 为同频交流电,取它们的有效值和初相即构成相量。它们所对应的有效值相量的极坐标形式和直角坐标形式分别为

$$\dot{I}=10\angle 90°\,\mathrm{A}=\mathrm{j}10\,\mathrm{A}$$

$$\dot{U}=220\angle -30°\,\mathrm{V}=(190.5-\mathrm{j}110)\,\mathrm{V}$$

其相量图如图 4-8 所示。

例 4-3 已知两个同频率变化正弦量的相量形式为 $\dot{U}=10\angle 30°\,\mathrm{V}$, $\dot{I}=5\sqrt{2}\angle -36.9°\,\mathrm{A}$,且 $f=50\,\mathrm{Hz}$,试写出它们对应的瞬时表达式。

解: 先求角频率 $\omega=2\pi f=314\,\mathrm{rad/s}$。再写出电压电流对应的瞬时表达式为

$$u(t)=10\sqrt{2}\cos(314t+30°)\,\mathrm{V}$$

$$i(t)=10\cos(314t-36.9°)\,\mathrm{A}$$

图 4-8

例 4-4 已知两个正弦电流分别为 $i_1=\sqrt{2}\cos(100t+30°)\,\mathrm{A}$, $i_2=2\sqrt{2}\cos(100t-45°)$ A,求 i_1+i_2 和 i_1-i_2。

解：i_1 和 i_2 为同频率的正弦量，它们的和或差仍为一个同频率的正弦量。

设 $i=i_1+i_2$，$i'=i_1-i_2$，利用其对应的相量运算法则（或利用平行四边形法则作出对应的相量图，如图 4-9 所示），有

$$\dot{I}=\dot{I}_1+\dot{I}_2=1\angle 30°+2\angle -45°$$
$$=(0.866+j0.5)+(1.414-j1.414)$$
$$=2.456\angle -21.84°\text{A}$$

$$\dot{I}'=\dot{I}_1-\dot{I}_2=1\angle 30°-2\angle -45°$$
$$=(0.866+j0.5)-(1.414-j1.414)$$
$$=1.991\angle 105.98°\text{A}$$

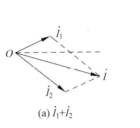
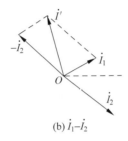

(a) $\dot{I}_1+\dot{I}_2$ 　　　　(b) $\dot{I}_1-\dot{I}_2$

图 4-9

由两个相量及已给定的电源频率，可得

$$i=i_1+i_2=2.456\sqrt{2}\cos(100t-21.84°)\text{A}$$
$$i'=i_1-i_2=1.991\sqrt{2}\cos(100t+105.98°)\text{A}$$

第 3 章中讨论了正弦激励下的一阶电路的响应求解问题，下面举例说明运用正弦量的相量和相应的运算法则来求解正弦交流电路的微分方程特解的过程。

例 4-5 将正弦电压源 $u_S=\sqrt{2}U_S\cos(\omega t+\theta_u)$ 加到电阻和电感的串联电路上，如图 4-10 所示，求回路电流 i 的稳态响应。

解：由两类约束，得描述电路的微分方程为

$$L\frac{\mathrm{d}i}{\mathrm{d}t}+Ri=\sqrt{2}U_S\cos(\omega t+\theta_u)$$

由第 3 章 3.7 节可知，电路 $i(t)$ 的稳态响应是该微分方程的特解。当激励 u_S 为正弦量时，方程的特解是与 u_S 同频率变化的正弦量。

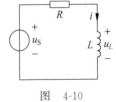

图 4-10

设 $i(t)=\sqrt{2}I\cos(\omega t+\theta_i)$，$u_S(t)$ 和 $i(t)$ 对应的相量分别为 $\dot{U}_S=U_S\angle\theta_u$ 和 $\dot{I}=I\angle\theta_i$。利用前面所列的常用的同频率正弦量运算与相应相量运算之间的对应关系，可以将微分方程变换为对应复数代数方程

$$j\omega L\dot{I}+R\dot{I}=\dot{U}_S$$

这个复数代数方程反映了正弦激励和与其同频率正弦稳态响应之间的相量关系。

求解该方程得

$$\dot{I} = \frac{\dot{U}_S}{j\omega L + R} = \frac{U_S\angle\theta_u}{\sqrt{(\omega L)^2 + R^2}\angle\arctan\dfrac{\omega L}{R}} = I\angle\theta_i$$

其中,

$$I = \frac{U_S}{\sqrt{(\omega L)^2 + R^2}}$$

$$\theta_i = \theta_u - \arctan\frac{\omega L}{R}$$

最后解得

$$i = \frac{\sqrt{2}U_S}{\sqrt{(\omega L)^2 + R^2}}\cos\left(\omega t + \theta_u - \arctan\frac{\omega L}{R}\right)$$

思考和练习

4.2-1 设正弦电流 i_1 和 i_2 同频率,其有效值分别为 I_1 和 I_2,$i_1 + i_2$ 的有效值为 I,问下列关系在什么条件下成立?

(1) $I_1 + I_2 = I$。

(2) $I_1 - I_2 = I$。

(3) $I_2 - I_1 = I$。

(4) $I_1^2 + I_2^2 = I^2$。

(5) $I_1 + I_2 = 0$。

(6) $I_1 - I_2 = 0$。

4.2-2 判断正误。

(1) $u = 100\cos 10t = \dot{U}$。

(2) $\dot{U} = 50e^{j15°} = 50\sqrt{2}\cos(\omega t + 15°)$。

(3) 已知 $i = 10\cos(\omega t + 45°)$A,则 $I = \dfrac{10}{\sqrt{2}}\angle 45°$A,$\dot{I}_m = 10e^{45°}$A。

(4) 已知 $u = 10\sqrt{2}\cos(\omega t - 15°)$V,则 $U = 10$V,$\dot{U} = 10e^{j15°}$V。

(5) 已知 $\dot{I} = 100\angle 50°$A,则 $i = 100\cos(\omega t + 50°)$A。

4.2-3 画出下列各电流的相量图,若已知电源角频率为 ω,写出各瞬时值表达式。

(1) $\dot{I}_{1m} = (30 + j40)$A。

(2) $\dot{I}_{2m} = 50e^{-j60°}$A。

(3) $\dot{I}_{3m} = (25 + j60)$A。

4.2-4 练习题 4.2-4 图所示正弦稳态电路,已知 $u_S(t) = 10\cos 2t$V。试建立关于电容电压 u_C 的电路方程,并用相量及其运算法则求出该方程的特解。

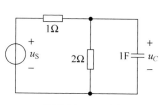

练习题 4.2-4 图

4.3 两类约束的相量形式

两类约束即基尔霍夫定律和电路元件的伏安关系是电路分析的基本依据。引入相量后,正弦稳态响应可以对建立的电路微分方程进行简化计算,但建立高阶的微分方程本身就很困难。要避开建立微分方程而直接从正弦稳态电路列出相量方程问题,则首先必须解决在正弦稳态条件下两类约束的相量形式问题。

4.3.1 基尔霍夫定律的相量形式

由 KCL 可知,在任一时刻,连接在电路任一节点(或闭合面)的各支路电流的代数和为零。设线性时不变电路在单一频率 ω 的正弦激励下(正弦电源可以多个,但频率必须相同)进入稳态后,各处的电压、电流都将为同频率的正弦波。

若某节点连接有 m 条支路,其中流入第 k 条支路的电流为 $i_k(t) = I_{km}\cos(\omega t + \theta_{ik})$,则该节点 KCL 的时域形式为 $\sum\limits_{k=1}^{m} i_k = 0$。利用相量又可将其表示为

$$\sum_{k=1}^{m} i_k = \sum_{k=1}^{m} \mathrm{Re}[\sqrt{2}\,\dot{I}_k \mathrm{e}^{\mathrm{j}\omega t}] = \mathrm{Re}[\sqrt{2}\,\mathrm{e}^{\mathrm{j}\omega t}\sum_{k=1}^{m}\dot{I}_k] = 0$$

其中,$\dot{I}_k = I_k \mathrm{e}^{\mathrm{j}\theta_{ik}} = I_k\angle\theta_{ik}$ 为流入该节点的第 k 条支路正弦电流 i_k 对应的相量。由于此式对任意 t 都成立,且 $\mathrm{e}^{\mathrm{j}\omega t}$ 不恒为零,可推导出 KCL 的相量形式,即

$$\sum_{k=1}^{m} \dot{I}_k = 0 \tag{4.3-1}$$

同理,在正弦稳态电路中,沿任一回路,KVL 可表示为

$$\sum_{k=1}^{m} \dot{U}_k = 0 \tag{4.3-2}$$

其中,$\dot{U}_k$ 为回路中第 k 条支路的电压相量。因此,在正弦稳态电路中,基尔霍夫定律可直接用相量写出。

注意:基尔霍夫定律表达式中是相量的代数和恒等于零,并非是有效值的代数和恒等于零。

例 4-6 图 4-11 所示电路为电路中的一个节点,已知

$$i_1(t) = 10\sqrt{2}\sin(\omega t + 60°)\,\mathrm{A}$$

$$i_2(t) = 5\sqrt{2}\cos\omega t\,\mathrm{A}$$

求 $i_3(t)$ 和 I_3。

图 4-11

解:首先统一 i_1 和 i_2 的瞬时表达式,然后写出它们对应的相量形式。

$$i_1(t) = 10\sqrt{2}\sin(\omega t + 60°) = 10\sqrt{2}\cos(\omega t - 30°)\,\mathrm{A}$$

$$\dot{I}_1 = 10\angle-30°\,\mathrm{A} \quad \dot{I}_2 = 5\angle0°\,\mathrm{A}$$

设未知电流 i_3 对应的相量为 $\dot{I}_3$,则由 KCL 可得

$$\dot{I}_3 = \dot{I}_1 - \dot{I}_2 = 10\angle -30° - 5\angle 0°$$
$$= 8.66 - j5 - 5 = 3.66 - j5$$
$$= 6.2\angle -53.8° \text{A}$$

根据所得的相量 $\dot{I}_3$ 即可写出对应的正弦电流 i_3 为

$$i_3(t) = 6.2\sqrt{2}\cos(\omega t - 53.8°)\text{A}$$

其中

$$I_3 = 6.2\text{A}$$

显然

$$I_3 \neq I_1 - I_2$$

即有效值在形式上不符合 KCL。

4.3.2 基本元件伏安关系的相量形式

设 RLC 元件的电压、电流参考方向关联,如图 4-12 所示。现统一设定它们的正弦电压、电流及对应的相量为

$$i(t) = \sqrt{2}I\cos(\omega t + \theta_i) \quad \leftrightarrow \quad \dot{I} = Ie^{j\theta_i} = I\angle\theta_i$$
$$u(t) = \sqrt{2}U\cos(\omega t + \theta_u) \quad \leftrightarrow \quad \dot{U} = Ue^{j\theta_u} = U\angle\theta_u$$

以下分别从各元件伏安关系的时域形式推导出对应的相量形式。

1. 电阻元件 R

由欧姆定律得

$$u(t) = Ri = \sqrt{2}RI\cos(\omega t + \theta_i)$$

由此式可得电压的相量为

$$\dot{U} = RI\angle\theta_i = R\dot{I} \tag{4.3-3}$$

$\dot{U} = R\dot{I}$ 即为电阻上欧姆定律的相量形式,即电阻元件伏安关系的相量形式。它既反映了电阻上电压电流的大小关系,又反映了电压电流的相位关系,即有

$$\begin{cases} U = RI \\ \theta_u = \theta_i \end{cases} \tag{4.3-4}$$

将瞬时电路中的电压、电流用它们对应的相量表示,可得到图 4-13 所示的电阻元件的相量模型。电阻元件上电压、电流的相量图如图 4-14 所示。

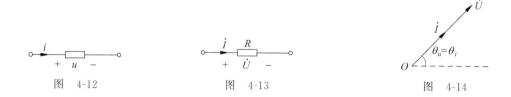

图 4-12　　　　　　图 4-13　　　　　　图 4-14

2. 电感元件 L

由电感上的伏安关系得

$$u(t) = L\frac{\mathrm{d}i}{\mathrm{d}t} = -\sqrt{2}\,\omega LI\sin(\omega t + \theta_i)$$

$$= \sqrt{2}\,\omega LI\cos(\omega t + \theta_i + 90°)$$

由此式可得电压的相量为

$$\dot{U} = \omega LI\angle(\theta_i + 90°) = \omega LI\angle\theta_i \times 1\angle 90° = \mathrm{j}\omega L\dot{I} = \mathrm{j}X_L\dot{I} \qquad (4.3\text{-}5)$$

其中，$X_L = \omega L$ 为电感的电抗，简称感抗，单位为欧姆(Ω)。

$\dot{U} = \mathrm{j}\omega L\dot{I}$ 为电感元件伏安关系的相量形式。它既反映了电感上电压电流的大小关系，又反映了电压电流的相位关系(电压超前于电流 $90°$)。即有

$$\begin{cases} U = \omega LI = X_L I \\ \theta_u = \theta_i + 90° \end{cases} \qquad (4.3\text{-}6)$$

将瞬时电路中的电压、电流用它们对应的相量表示，元件参数以 $\mathrm{j}\omega L$ 表示，可得到图 4-15 所示的电感元件的相量模型。电感元件上电压、电流的相量图如图 4-16 所示。

图　4-15　　　　　　　　　　　图　4-16

3. 电容元件 C

由电容上的伏安关系得

$$i(t) = C\frac{\mathrm{d}u}{\mathrm{d}t} = -\sqrt{2}\,\omega CU\sin(\omega t + \theta_u) = \sqrt{2}\,\omega CU\cos(\omega t + \theta_u + 90°)$$

由此式可得电流相量为

$$\dot{I} = \omega CU\angle(\theta_u + 90°) = \omega CU\angle\theta_u \cdot 1\angle 90° = \mathrm{j}\omega C\dot{U} \qquad (4.3\text{-}7)$$

或写为

$$\dot{U} = \frac{1}{\mathrm{j}\omega C}\dot{I} = -\mathrm{j}X_C\dot{I}$$

其中，$X_C = \dfrac{1}{\omega C}$ 为电容的电抗，简称容抗，其单位也为欧姆(Ω)。

$\dot{U} = \dfrac{1}{\mathrm{j}\omega C}\dot{I} = -\mathrm{j}X_C\dot{I}$ 称为电容元件伏安关系的相量形式。它既反映了电容上电压电流的大小关系，又反映了电压电流的相位关系(电流超前于电压 $90°$)。即有

$$\begin{cases} U = \dfrac{1}{\omega C}I = X_C I \\ \theta_u = \theta_i - 90° \end{cases} \qquad (4.3\text{-}8)$$

将瞬时电路中的电压、电流用它们对应的相量表示，元件参数以 $\dfrac{1}{\mathrm{j}\omega C}$ 表示，即可得到

图 4-17 所示的电容元件的相量模型。电容上电压、电流的相量图如图 4-18 所示。

图 4-17   图 4-18

例 4-7   一个 0.7H 的电感元件，接到工频 220V 的正弦电源上，求电路中电流并写出电流瞬时表达式。

解：感抗为

$$X_L = \omega L = 2\pi f L = 2 \times 3.14 \times 50 \times 0.7 = 220\Omega$$

电感中的电流为

$$I_L = \frac{U_L}{X_L} = \frac{220}{220} = 1A$$

现设 u_L 为参考正弦量，即 $u_L = 220\sqrt{2}\cos 314t \text{ V}$，在 u_L 和 i_L 为关联参考方向时，电压超前于电流 90°，故电流瞬时表达式为 $i_L(t) = \sqrt{2}\cos(314t - 90°)\text{A}$。

由于电感和电容是一对对偶元件，它们的对偶关系如表 4-1 所示。表中电感和电容的电压、电流变量参考方向全部关联，并分别加注下标"L"和"C"。

表 4-1   电感元件与电容元件的对偶关系

关 系	电感 L	电容 C
伏安特性时域形式	$u_L = L\dfrac{\mathrm{d}i_L}{\mathrm{d}t}$	$i_C = C\dfrac{\mathrm{d}u_C}{\mathrm{d}t}$
伏安特性相量形式	$\dot{U}_L = \mathrm{j}\omega L\dot{I}_L$	$\dot{I}_C = \mathrm{j}\omega C\dot{U}_C$
电压电流有效值关系	$U_L = \omega L I_L = X_L I_L$	$I_C = \omega C U_C = \dfrac{U_C}{X_C}$
电压电流相位关系	u_L 超前 i_L 90°	i_C 超前 u_C 90°

思考和练习

4.3-1   设单个元件上电压、电流参考方向关联，试判断下列哪些表达式是正确的。

(1) $i_R = \dfrac{U_R}{R}$；   (2) $I_L = \dfrac{U_L}{L}$；   (3) $i_L = \dfrac{u_L}{\omega L}$；

(4) $i_R = \dfrac{U_{Rm}}{R}$；   (5) $\dot{I}_R = \dfrac{\dot{U}_R}{R}$；   (6) $\dot{I}_R = \dfrac{\dot{U}_R}{\mathrm{j}R}$；

(7) $\dot{I}_L = \mathrm{j}\dfrac{\dot{U}_L}{\omega L}$；   (8) $I_C = \dfrac{U_C}{\omega C}$；   (9) $\dot{I}_C = \dfrac{\dot{U}_C}{\mathrm{j}\dfrac{1}{\omega C}}$；

(10) $i_C = \dfrac{u_C}{\mathrm{j}\dfrac{1}{\omega C}}$

4.4 阻抗和导纳

在电阻电路中,任意一个不含独立源的线性二端网络端口上的电压与电流间成正比关系,可等效为一个电阻或一个电导。在正弦稳态电路中,对任意一个不含独立源的线性二端网络的相量模型,其端口上的电压相量与电流相量间也成正比关系,因此通过引入阻抗与导纳的概念,也可以对其进行等效化简。

4.4.1 阻抗 Z

如图 4-19 所示为无独立源的二端网络相量模型,设其端口电压相量为 $\dot{U}$,电流相量为 $\dot{I}$,电压与电流取关联参考方向,则阻抗的定义为

$$Z = \frac{\dot{U}}{\dot{I}} = \frac{U}{I} \angle (\theta_u - \theta_i) = R + jX = |Z| \angle \varphi \tag{4.4-1}$$

其中,R 为阻抗的电阻分量,X 为阻抗的电抗分量。

阻抗模 $|Z| = \sqrt{R^2 + X^2} = \dfrac{U}{I}$,阻抗角 $\varphi = \arctan \dfrac{X}{R} = \theta_u - \theta_i$。

阻抗的单位为欧姆(Ω)。它是复数,但不是相量,因此不加"·"。

阻抗可借助一直角三角形来辅助记忆,称为阻抗三角形,如图 4-20 所示。

根据式(4.4-1),阻抗可以用一个电阻元件和一个电抗元件的串联电路来等效,如图 4-21 所示。根据串联的电抗元件性质的不同,电路呈现出不同的性质。当 $X > 0$ 时,$\varphi > 0$,端口电压超前电流,电路可等效为电阻元件与电感元件的串联,称电路呈电感性;当 $X < 0$ 时,$\varphi < 0$,端口电压滞后电流,电路可等效为电阻元件与电容元件的串联,称电路呈电容性;当 $X = 0$ 时,$\varphi = 0$,端口电压与电流同相,电路可等效为一个电阻元件,称电路呈电阻性。

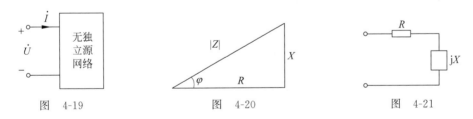

图 4-19 图 4-20 图 4-21

4.4.2 导纳 Y

对图 4-19 所示无独立源的二端网络相量模型,导纳的定义为

$$Y = \frac{\dot{I}}{\dot{U}} = \frac{I}{U} \angle (\theta_i - \theta_u) = G + jB = |Y| \angle \varphi' \tag{4.4-2}$$

其中,G 为导纳的电导分量,B 为导纳的电纳分量。

导纳模为 $|Y| = \sqrt{G^2 + B^2} = \dfrac{I}{U}$,导纳角为 $\varphi' = \arctan \dfrac{B}{G} = \theta_i - \theta_u = -\varphi$。导纳的单位为西门子(S)。与阻抗一样,虽然它是复数,但不是相量,因此也不加"·"。

　　导纳也可借助一直角三角形来辅助记忆,称为导纳三角形,如图 4-22 所示。

　　导纳可以用一个电导元件和一个电抗元件的并联电路来等效,如图 4-23 所示。根据并联的电抗元件性质的不同,电路呈现出不同的性质。当 $B>0$ 时,$\varphi'>0$,端口电流超前电压,电路可等效为电导元件与电容元件的并联,称电路呈电容性;当 $B<0$ 时,$\varphi'<0$,端口电流滞后电压,电路可等效为电导元件与电感元件的并联,称电路呈电感性;当 $B=0$ 时,$\varphi'=0$,端口电压与电流同相,电路可等效为一个电导元件,称电路呈电阻性。

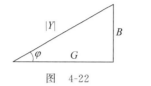

图　4-22

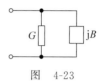

图　4-23

4.4.3　阻抗和导纳的关系

　　由阻抗和导纳的定义可知,对同一电路,阻抗与导纳互为倒数,即 $Z=\dfrac{1}{Y}$。而电阻、电抗分量与电导、电纳分量之间的关系如下:

$$Y=\frac{1}{Z}=\frac{1}{R+\mathrm{j}X}=\frac{R}{R^2+X^2}+\mathrm{j}\frac{-X}{R^2+X^2}=G+\mathrm{j}B$$

即

$$G=\frac{R}{R^2+X^2},\quad B=-\frac{X}{R^2+X^2}$$

同样地

$$Z=\frac{1}{Y}=\frac{1}{G+\mathrm{j}B}=\frac{G}{G^2+B^2}-\mathrm{j}\frac{B}{G^2+B^2}=R+\mathrm{j}X$$

即

$$R=\frac{G}{G^2+B^2},\quad X=\frac{-B}{G^2+B^2}$$

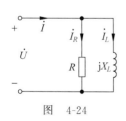

图　4-24

由此可见,一般情况下 $R\neq\dfrac{1}{G}$,$X\neq\dfrac{1}{B}$。

　　例 4-8　电路如图 4-24 所示,已知 $U=100\mathrm{V}$,$I=5\mathrm{A}$,且 $\dot{U}$ 超前于 $\dot{I}$ 相位 $53.1°$,求 R 和 X_L。

　　解法 1:设 $\dot{U}=100\angle0°\mathrm{V}$,则 $\dot{I}=5\angle-53.1°\mathrm{A}$,总导纳为

$$Y=\frac{\dot{I}}{\dot{U}}=\frac{5\angle-53.1°}{100\angle0°}=\frac{1}{20}\angle-53.1°=0.03-\mathrm{j}0.04\mathrm{S}$$

因电路为 R 和 L 并联,故

$$Y=\frac{1}{R}+\frac{1}{\mathrm{j}X_L}=\frac{1}{R}-\mathrm{j}\frac{1}{X_L}$$

所以

$$R = \frac{1}{0.03} = 33.33\Omega, \quad X_L = \frac{1}{0.04} = 25\Omega$$

解法 2：此题还可借助相量图的方法求解。

设端口电压为参考相量，即 $\dot{U} = 100\angle 0° \text{V}$，然后根据各元件上电压电流的相位关系以及 KCL，可画出电流相量图如图 4-25 所示。

由相量图可知

$$I_R = I\cos 53.1° = 3\text{A}$$

$$I_L = I\sin 53.1° = 4\text{A}$$

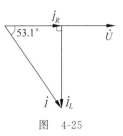

图　4-25

所以

$$R = \frac{U}{I_R} = \frac{100}{3} = 33.33\Omega$$

$$X_L = \frac{U}{I_L} = \frac{100}{4} = 25\Omega$$

思考和练习

4.4-1　如练习题 4.4-1 图所示的二端网络 N 中不含独立源，若其端口电压 u 和电流 i 分别有以下几种情况，求各种情况下的阻抗和导纳。

(1) $u = 200\cos\pi t\,\text{V}, i = 10\cos\pi t\,\text{A}$。

(2) $u = 10\cos(10t + 45°)\,\text{V}, i = 2\cos(10t + 35°)\,\text{A}$。

(3) $u = 200\cos(5t + 60°)\,\text{V}, i = 10\cos(5t - 30°)\,\text{A}$。

(4) $u = 40\cos(2t + 17°)\,\text{V}, i = 8\cos 2t\,\text{A}$。

4.4-2　并联正弦交流电路如练习题 4.4-2 图所示，图中电流表 A_1 读数为 5A，A_2 为 20A，A_3 为 25A。

(1) 图中电流表 A 的读数是多少？

(2) 如果维持第一只表 A_1 读数不变，而把电路的频率提高一倍，再求其他各表读数。

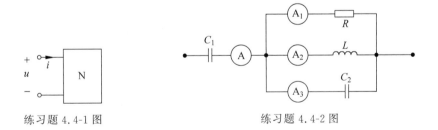

练习题 4.4-1 图　　　　　　练习题 4.4-2 图

4.5　正弦稳态电路的分析与计算

4.5.1　相量模型和相量法

在前面介绍了两类约束的相量形式以及电路元件的相量模型后，可以运用相量和相量模型分析正弦稳态电路了,这种分析方法称为相量法。采用相量法求正弦稳态响应要比时域方法求解方便得多。先分析一个 RLC 串联电路中回路电流 i 的求解问题,如图 4-26 所示。

电路 KVL 方程及其相量形式为

$$u_R + u_L + u_C = u_s \quad \Rightarrow \quad \dot{U}_R + \dot{U}_L + \dot{U}_C = \dot{U}_s$$

将各元件的伏安关系相量形式代入 KVL 的相量形式,得关于 $\dot{I}$ 的方程为

$$R\dot{I} + j\omega L\dot{I} + \frac{1}{j\omega C}\dot{I} = \dot{U}_s$$

解上述方程可得

$$\dot{I} = \frac{\dot{U}_s}{R + j\omega L + \dfrac{1}{j\omega C}} = \frac{U_s\angle\theta_u}{\sqrt{R^2 + \left(\omega L - \dfrac{1}{\omega C}\right)^2}\angle\arctan\left(\dfrac{\omega L - \dfrac{1}{\omega C}}{R}\right)} = I\angle\theta_i$$

其中,$I = \dfrac{U_s}{\sqrt{R^2 + \left(\omega L - \dfrac{1}{\omega C}\right)^2}}$,$\theta_i = \theta_u - \arctan\left(\dfrac{\omega L - \dfrac{1}{\omega C}}{R}\right)$。

由 $\dot{I}$ 相量即可得电流 i 的表达式为

$$i = \sqrt{2}\,I\cos(\omega t + \theta_i)$$

显然,上述关于 $\dot{I}$ 的 KVL 方程与电阻电路建立的代数方程在形式上完全相同。不同的是,这是一个复代数方程,可以看成是原电路模型对应的图 4-27 所示的相量模型直接列出的 KVL 方程,更重要的是其中避开了建立微分方程的复杂过程(也正是相量法分析正弦稳态响应的方便之处)。其中,将时域模型中的正弦量表示为相量,无源元件参数表示为阻抗或导纳,这样得到的模型称为电路的相量模型。

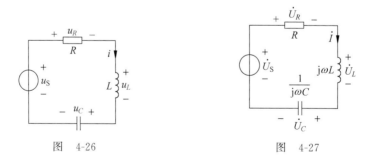

图　4-26　　　　　　　　　　　　　图　4-27

相量模型和时域模型具有相同的拓扑结构。在相量模型中,汇于同一节点或属于同一割集的诸支路电流相量满足 KCL 相量形式,属于同一网孔或回路的诸支路电压相量满足 KVL 相量形式。

两类约束是分析集总参数电路的理论基础。由于它们的相量形式与电阻电路中的形式一致,因此可将电阻电路中适用的各种定理、公式和分析方法推广应用于正弦稳态电路分析。运用相量法分析正弦稳态电路的具体分析步骤如下:

（1）画出电路的相量模型。

（2）选择一种适当的求解方法,根据两类约束的相量形式建立电路的相量方程（组）。

（3）解方程（组）,求得待求的电流或电压相量,然后写出其对应时间函数式。

（4）必要时画出相量图。

可以看出,相量法实质上是一种"变换",它通过相量把时域求微分方程的正弦稳态解的问题,"变换"为在频域里解复数代数方程的问题。

4.5.2　等效分析法

电阻电路中曾介绍常用的化简方法是端口伏安关系法、模型互换法、等效电源定理等,一些简单的等效规律和公式可直接引用。对正弦稳态电路问题都可沿用类似的方法,例如对阻抗的串联和并联电路就有以下的等效规律和公式。

（1）阻抗的串联。如图 4-28 所示,与电阻串联等效一样,当 n 个阻抗互相串联时,整个电路可等效为一个阻抗,且总阻抗 $Z=Z_1+Z_2+\cdots+Z_n$。另外,阻抗串联电路中也有与电阻串联类似的分压公式为

$$\dot{U}_k=\frac{Z_k}{\displaystyle\sum_{k=1}^{n}Z_k}\dot{U} \tag{4.5-1}$$

其中,$\dot{U}_k$ 是第 k 个阻抗的电压相量。

（2）阻抗的并联。如图 4-29 所示,与电导并联等效一样,当 n 个导纳互相并联时,整个电路可等效为一个导纳,且总导纳 $Y=Y_1+Y_2+\cdots+Y_n$。另外,导纳并联电路中也有和电导并联类似的分流公式为

$$\dot{I}_k=\frac{Y_k}{\displaystyle\sum_{k=1}^{n}Y_k}\dot{I} \tag{4.5-2}$$

其中,$\dot{I}_k$ 是第 k 个导纳的电流相量。

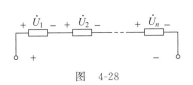

图　4-28

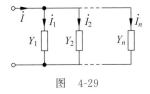

图　4-29

例 4-9　如图 4-30 所示的电路,已知 $u_S(t)=10\sqrt{2}\cos 10t\,\text{V}$,求稳态电流 $i_1(t)$、$i_2(t)$、$i_3(t)$。

解：首先作出原电路对应的相量模型如图 4-31 所示。其中,

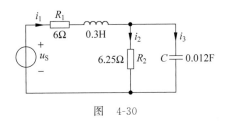

图　4-30

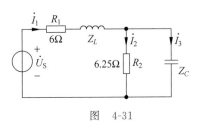

图　4-31

$$\dot{U}_\mathrm{S} = 10\angle 0°\mathrm{V}$$

$$Z_L = \mathrm{j}\omega L = \mathrm{j}10 \times 0.3 = \mathrm{j}3\Omega$$

$$Z_C = \frac{1}{\mathrm{j}\omega C} = \frac{1}{\mathrm{j}10 \times 0.012} = -\mathrm{j}\frac{25}{3}\Omega$$

为求电流 $\dot{I}_1$, 电源以右的等效阻抗为

$$Z = R_1 + Z_L + R_1 \;/\!/\; Z_C = 6 + \mathrm{j}3 + 6.25 \;/\!/\; \left(-\mathrm{j}\frac{25}{3}\right) = 10\angle 0°\Omega$$

由 KVL 得

$$\dot{I}_1 = \frac{\dot{U}_\mathrm{S}}{Z} = \frac{10\angle 0°}{10\angle 0°} = 1\angle 0°\mathrm{A}$$

由分流公式得

$$\dot{I}_2 = \frac{Z_C}{R_2 + Z_C}\dot{I}_1 = 0.8\angle -37°\mathrm{A}$$

$$\dot{I}_3 = \frac{R_2}{R_2 + Z_C}\dot{I}_1 = 0.6\angle 53°\mathrm{A}$$

于是可写出各电流的瞬时表达式为

$$i_1(t) = \sqrt{2}\cos 10t\,\mathrm{A}$$

$$i_2(t) = 0.8\sqrt{2}\cos(10t - 37°)\mathrm{A}$$

$$i_3(t) = 0.6\sqrt{2}\cos(10t + 53°)\mathrm{A}$$

例 4-10 电路如图 4-32(a)所示, 求 ab 端口的最简等效电路。

解: 图 4-32(a)的戴维南等效电路可用图 4-32(b)表示。以下用两种等效方法等效电路中的电压源电压和等效阻抗。

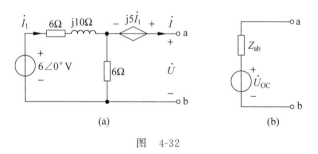

(a)   (b)

图 4-32

(1) 戴维南定理求解。

ab 开路时, 则

$$\dot{I}_1 = \frac{6\angle 0°}{6 + 6 + \mathrm{j}10}$$

$$\dot{U}_\mathrm{OC} = \mathrm{j}5\dot{I}_1 + \frac{6}{6 + 6 + \mathrm{j}10} \times 6\angle 0° = \frac{\mathrm{j}5 \times 6\angle 0°}{6 + 6 + \mathrm{j}10} + \frac{6}{6 + 6 + \mathrm{j}10} \times 6\angle 0°$$

$$= 3\angle 0°\mathrm{V}$$

ab 短路时,有 KVL 方程为

$$(6+\mathrm{j}10)\dot{I}_1-\mathrm{j}5\dot{I}_1=6\angle0°$$

$$\dot{I}_1=\frac{6\angle0°}{6+\mathrm{j}5}\mathrm{A}$$

ab 短路电流为

$$\dot{I}=\dot{I}_{\mathrm{SC}}=\dot{I}_1+\frac{\mathrm{j}5\dot{I}_1}{6}=\left(1+\frac{\mathrm{j}5}{6}\right)\dot{I}_1\times\frac{6\angle0°}{6+\mathrm{j}5}=1\angle0°\mathrm{A}$$

则 ab 端等效内阻抗为

$$Z_{\mathrm{ab}}=\frac{\dot{U}_{\mathrm{OC}}}{\dot{I}_{\mathrm{SC}}}=\frac{3\angle0°}{1\angle0°}=3\angle0°\Omega$$

(2) 端口伏安关系法求解。

$$\dot{U}=\mathrm{j}5\dot{I}_1+6(\dot{I}_1-\dot{I})=(6+\mathrm{j}5)\dot{I}_1-6\dot{I}$$

又

$$(6+\mathrm{j}10)\dot{I}_1+6(\dot{I}_1-\dot{I})=6\angle0°$$

由上述两个方程求得电端口电压 $\dot{U}$ 与电流 $\dot{I}$ 的关系式为

$$\dot{U}=3-3\dot{I}$$

即

$$\dot{U}_{\mathrm{OC}}=3\angle0°\mathrm{V},\quad Z_{\mathrm{ab}}=3\Omega$$

4.5.3　相量图法

分析正弦稳态电路时还有一种辅助方法称为相量图法。该方法通过作电流、电压的相量图求得未知相量。它特别适用于简单的 RLC 串联、并联和混联正弦稳态电路的分析(例 4.8 中的解法 2 即是并联电路的相量图法)。相量图法的分析步骤是:

(1) 画出电路的相量模型。

(2) 选择参考相量,令该相量的初相为零。通常,对于串联电路,选择其电流相量作为参考相量,对于并联电路,选择其电压相量作为参考相量。

(3) 从参考相量出发,利用元件及确定有关电流电压间的相量关系,定性画出相量图。

(4) 利用相量图表示的几何关系,求得所需的电流、电压相量。

例 4-11　电路如图 4-33 所示,已知 $I_1=10\mathrm{A},I_2=10\mathrm{A},U=100\mathrm{V}$,且 $\dot{U}$ 与 $\dot{I}$ 同相,求 R、X_L、X_C 及 I。

解:此题已知电压电流的有效值,求电路元件参数,这类问题可借助电路相量图并辅以几何关系或简单复数计算进行求解。

现假设 $\dot{U}_L$ 为参考相量,根据单个基本元件上电压电流的相位关系以及电路中 KCL 和 KVL 的关系方程,可画得电路相量图如图 4-34 所示。

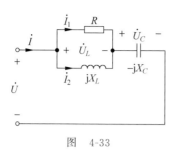

图 4-33

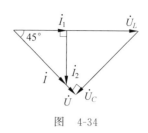

图 4-34

由相量图可知

$$I = \sqrt{I_1^2 + I_2^2} = 10\sqrt{2}\,\text{A}$$

$$U_C = U = 100\,\text{V}$$

$$U_L = \sqrt{U^2 + U_C^2} = 100\sqrt{2}\,\text{V}$$

$$R = \frac{U_L}{I_1} = 10\sqrt{2}\,\Omega$$

$$X_L = \frac{U_L}{I_2} = 10\sqrt{2}\,\Omega$$

$$X_C = \frac{U_C}{I} = \frac{100}{10\sqrt{2}} = 5\sqrt{2}\,\Omega$$

4.5.4 方程法

一些较为复杂的电路,求解响应特别是一组变量时同样可以使用回路法、网孔法、节点法等方程法。

例 4-12 如图 4-35 所示的正弦稳态电路中,已知 $i_S = 2.5\sqrt{2}\cos 10^3 t\,\text{A}$,$u_S = 3\sqrt{2}\cos 10^3 t\,\text{V}$,求图中的电压 u 和电流 i。

解:首先作出原电路对应的相量模型如图 4-36 所示。其中,

$$\dot{I}_S = 2.5\angle 0°\text{V}, \quad \dot{U}_S = 3\angle 0°\text{V}$$

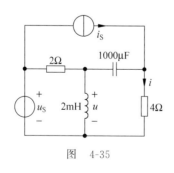

图 4-35

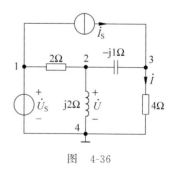

图 4-36

节点法求解。设图 4-36 中节点 4 为参考节点,由于节点 1 的电压即为 $\dot{U}_S$,故只需列出节点 2、节点 3 的方程,利用节点方程的通式,可得

节点 2： $\left(\dfrac{1}{2}+\dfrac{1}{\mathrm{j}2}+\dfrac{1}{-\mathrm{j}1}\right)\dot{U}_2-\dfrac{1}{2}\dot{U}_\mathrm{s}-\dfrac{1}{-\mathrm{j}1}\dot{U}_3=0$

节点 3： $\left(\dfrac{1}{4}+\dfrac{1}{-\mathrm{j}1}\right)\dot{U}_3-\dfrac{1}{-\mathrm{j}1}\dot{U}_2=2.5\angle 0°$

整理得

$$\begin{cases}(1+\mathrm{j}1)\dot{U}_2-\mathrm{j}2\dot{U}_3=3\\ \mathrm{j}4\dot{U}_2-(1+\mathrm{j}4)\dot{U}_3=-10\end{cases}$$

解得

$$\dot{U}_2=\dot{U}=4.53\angle 39.6°\mathrm{V},\quad \dot{U}_3=3.40\angle 20.6°\mathrm{V}$$

而电流 $\dot{I}$ 为

$$\dot{I}=\dfrac{\dot{U}_3}{4}=0.85\angle 20.6°\mathrm{A}$$

由电压电流相量可得到它们的瞬时表达式为

$$u(t)=4.53\sqrt{2}\cos(10^3 t+39.6°)\mathrm{V}$$

$$i(t)=0.85\sqrt{2}\cos(10^3 t+20.6°)\mathrm{A}$$

例 4-13 如图 4-37 所示的正弦稳态电路中，已知 $u_\mathrm{S}=10\sqrt{2}\cos 10^3 t\,\mathrm{V}$，求图中的电流 i_1、i_2 和电压 u_{ab}。

解：作出原电路对应的相量模型如图 4-38 所示。用网孔法和节点法求解。

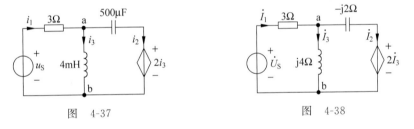

图 4-37　　　　　　　　　　　图 4-38

（1）网孔法求解。网孔电流即为图 4-38 中所标出的支路电流 $\dot{I}_1$、$\dot{I}_2$，列出网孔 KVL 方程为

左网孔： $(3+\mathrm{j}4)\dot{I}_1-\mathrm{j}4\dot{I}_2=10\angle 0°$

右网孔： $(\mathrm{j}4-\mathrm{j}2)\dot{I}_2-\mathrm{j}4\dot{I}_1=-2\dot{I}_3$

由于电路中的受控源电压受电流 $\dot{I}_3$ 控制，应将 $\dot{I}_3$ 用网孔电流表示的辅助方程为

$$\dot{I}_3=\dot{I}_1-\dot{I}_2$$

将该式代入上述右网孔的 KVL 方程，并整理得

$$\begin{cases}(3+\mathrm{j}4)\dot{I}_1-\mathrm{j}4\dot{I}_2=10\angle 0°\\ (2-\mathrm{j}4)\dot{I}_1+(-2+\mathrm{j}2)\dot{I}_2=0\end{cases}$$

解得

$$\dot{I}_1 = 4.47\angle 63.4°\text{A}, \quad \dot{I}_2 = 7.07\angle 45°\text{A}$$

$$\dot{I}_3 = \dot{I}_1 - \dot{I}_2 = 4.47\angle 63.4° - 7.07\angle 45° = (2+j4)-(5+j5)$$

$$= 3.16\angle -161.6°\text{A}$$

$$\dot{U}_{ab} = j4\dot{I}_3 = j4 \times 3.16\angle -161.6°\text{V}$$

$$= 12.64\angle -71.6°\text{V}$$

由电压、电流相量可得到它们的瞬时表达式为

$$i_1 = 4.47\sqrt{2}\cos(10^3 t + 63.4°)\text{A}$$

$$i_2 = 7.07\sqrt{2}\cos(10^3 t + 45°)\text{A}$$

$$u_{ab} = 12.64\sqrt{2}\cos(10^3 t - 71.6°)\text{V}$$

（2）节点法求解。设节点 b 为参考点，则独立节点 a 的 KCL 方程为

$$\left(\frac{1}{3}+\frac{1}{j4}+\frac{1}{-j2}\right)\dot{U}_{ab} = \frac{1}{3}\dot{U}_S - \frac{2\dot{I}_3}{-j2}$$

将 $\dot{I}_3$ 用节点电压表示的辅助方程为

$$\dot{I}_3 = \frac{\dot{U}_{ab}}{j4}$$

联立求解上述 KCL 方程和辅助方程，解得

$$\dot{U}_{ab} = 12.64\angle -71.6°\text{V}$$

其他变量可由节点电压表示，分别为

$$\dot{I}_3 = \frac{\dot{U}_{ab}}{j4} = 3.16\angle -161.6°\text{V}$$

$$\dot{I}_2 = \frac{\dot{U}_{ab}-2\dot{I}_3}{-j2} = \frac{j4\dot{I}_3-2\dot{I}_3}{-j2} = (-2-j)\dot{I}_3 = (-2-j)\times 3.16\angle -161.6°$$

$$= 7.07\angle 45°\text{A}$$

$$\dot{I}_1 = \dot{I}_2 + \dot{I}_3 = (-2-j)\dot{I}_3 + \dot{I}_3 = (-1-j)\times 3.16\angle -161.6°$$

$$= 4.47\angle 63.4°\text{A}$$

由电压、电流相量可得到它们的瞬时表达式为

$$i_1 = 4.47\sqrt{2}\cos(10^3 t + 63.4°)\text{A}$$

$$i_2 = 7.07\sqrt{2}\cos(10^3 t + 45°)\text{A}$$

$$u_{ab} = 12.64\sqrt{2}\cos(10^3 t - 71.6°)\text{V}$$

4.5.5　多频电路的分析

以上主要介绍了单一频率的正弦电源激励下电路的稳态响应分析。如果电路包括多个不同频率的正弦电源，则应对多个不同频率的电源分别用相量法求出相量形式的响应分量，并将它们还原为正弦量，再在时域中叠加得到各电源共同作用时的稳态响应。由于利用相量法求得的响应分量具有不同的频率，故不能用相量形式直接叠加。

例 4-14 如图 4-39 所示电路,已知 $u_S(t)=10+10\cos t\,\mathrm{V}$,$i_S(t)=5+5\cos 2t\,\mathrm{A}$,求 $u(t)$。

解:

$$u_S(t)=10+10\cos t=u_{S1}+u_{S2},\quad u_{S1}=10\mathrm{V},\quad u_{S2}=10\cos t\,\mathrm{V}$$

$$i_S(t)=5+5\cos 2t=i_{S1}+i_{S2},\quad i_{S1}=5\mathrm{A},\quad i_{S2}=5\cos 2t\,\mathrm{A}$$

(1) 当仅由 $u_{S1}=10\mathrm{V}$,$i_{S1}=5\mathrm{A}$ 作用时,电容相当于开路,电感相当于短路。

$$u_1(t)=2\times i_{S1}=10\mathrm{V}$$

(2) 当仅由 $u_{S2}=10\cos t\,\mathrm{V}$ 电压源作用时,画出相量模型如图 4-40(a) 所示。

$$\dot{U}_{2m}=\left(\frac{2}{2-\mathrm{j}2}-\frac{\mathrm{j}}{2+\mathrm{j}}\right)\times\dot{U}_{Sm}=\left(\frac{2}{2-\mathrm{j}2}-\frac{\mathrm{j}}{2+\mathrm{j}}\right)\times 10=3+\mathrm{j}=\sqrt{10}\angle 18.4°\,\mathrm{V}$$

$$u_2(t)=\sqrt{10}\cos(t+18.4°)\,\mathrm{V}$$

(3) 当仅由 $i_{S2}=5\cos 2t\,\mathrm{A}$ 电流源作用时,画出相量模型如图 4-40(b) 所示。

$$\dot{U}_{3m}=[2\,/\!/\,\mathrm{j}2+2\,/\!/\,(-\mathrm{j})]\dot{I}_{Sm}=\left(\frac{\mathrm{j}4}{2+\mathrm{j}2}-\frac{\mathrm{j}2}{2-\mathrm{j}}\right)\times 5=7+\mathrm{j}=\sqrt{50}\angle 8.13°\,\mathrm{V}$$

$$u_3(t)=\sqrt{50}\cos(2t+8.13°)\,\mathrm{V}$$

故在图 4-39 中,当 $u_S(t)$ 和 $i_S(t)$ 共同作用时有

$$u(t)=u_1+u_2+u_3=10+\sqrt{10}\cos(t+18.4°)+\sqrt{50}\cos(2t+8.13°)\,\mathrm{V}$$

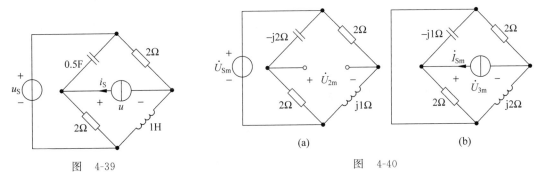

图 4-39 图 4-40

思考和练习

4.5-1 如练习题 4.5-1 图所示电路,设伏特计内阻为无限大,已知伏特计 V_1、V_2、V_3 的读数依次为 15V、80V、100V,求电源电压的有效值。

4.5-2 如练习题 4.5-2 图所示电路,设毫安表内阻为零,已知毫安表 mA_1、mA_2、mA_3 的读数依次为 40mA、80mA、50mA,求总电流 I。

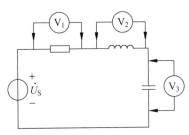

练习题 4.5-1 图

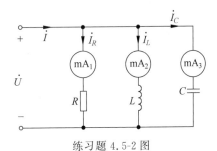

练习题 4.5-2 图

4.5-3　如练习题 4.5-3 图所示电路,已知电流相量 $\dot{I}=4\angle0°$ A,电压相量 $\dot{U}=80+$ j200V, $\omega=10^3$ rad/s,求电容 C。

4.5-4　如练习题 4.5-4 图所示电路,已知电流相量 $\dot{I}_1=20\angle-36.9°$ A, $\dot{I}_2=10\angle45°$ A,电压相量 $\dot{U}=100\angle0°$ V,求元件 R_1、X_L、R_2、X_C 和输入阻抗 Z。

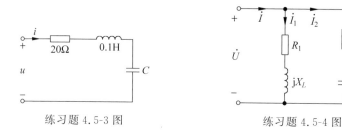

练习题 4.5-3 图　　　　　　　　练习题 4.5-4 图

4.6　正弦稳态电路的功率

在正弦交流电路中,由于电感和电容等储能元件的存在,使功率出现一种在纯电阻电路中没有的现象,即能量的往返现象。因此,一般交流电路功率的分析比纯电阻功率的分析要复杂得多。本节主要研究正弦稳态二端网络的平均功率、无功功率、复功率、视在功率和功率因素等概念及其分析计算,最后讨论最大功率的传输条件等。

4.6.1　二端网络的功率

设图 4-41 所示无源二端网络端口电压、电流采用关联参考方向,它们的瞬时表达式与对应的相量为

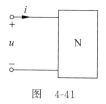

$$i(t)=\sqrt{2}I\cos(\omega t+\theta_i)\leftrightarrow\dot{I}=I\mathrm{e}^{\mathrm{j}\theta_i}=I\angle\theta_i$$

$$u(t)=\sqrt{2}U\cos(\omega t+\theta_u)\leftrightarrow\dot{U}=U\mathrm{e}^{\mathrm{j}\theta_u}=U\angle\theta_u$$

则瞬时功率为

图　4-41

$$
\begin{aligned}
p&=ui\\
&=\sqrt{2}U\cos(\omega t+\theta_u)\sqrt{2}I\cos(\omega t+\theta_i)\\
&=UI\cos(\theta_u-\theta_i)+UI\cos(2\omega t+\theta_u+\theta_i)\\
&=UI\cos\varphi+UI\cos(2\omega t+\theta_u+\theta_i)
\end{aligned}
\tag{4.6-1}
$$

其中,$\varphi=\theta_u-\theta_i$。

可见,瞬时功率有两个分量:一个是恒定分量;另一个是正弦分量,且其频率为电源频率的两倍,如图 4-42 所示。从图中可以看出,瞬时功率 p 有时为正,有时为负,但其平均值不为零,这说明一般情况下无源二端网络既有能量消耗,又有能量交换。

利用三角公式还可将瞬时功率改写为以下形式:

$$
\begin{aligned}
p&=UI\cos\varphi+UI\cos(2\omega t+2\theta_u-\varphi)\\
&=UI\cos\varphi\{1+\cos[2(\omega t+\theta_u)]\}+UI\sin\varphi\sin[2(\omega t+\theta_u)]
\end{aligned}
\tag{4.6-2}
$$

上式也包含两项,第 1 项恒大于等于零,是不可逆部分,反映了网络消耗能量的情况;

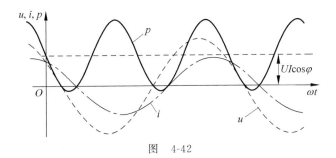

图　4-42

第 2 项是瞬时功率的可逆部分,反映了网络内部、网络与电源之间能量交换的情况。

为了直观地反映正弦稳态电路中能量消耗与交换的情况,在工程上常用下面几种功率。

1. 平均功率 P

由于瞬时功率随时间而变化,故实用意义不大。在电工电子技术中,衡量电路消耗功率的大小,是用瞬时功率在一个周期内的平均值来表示的,此平均值被称为平均功率或有功功率。即

$$
\begin{aligned}
P &= \frac{1}{T}\int_0^T p\,\mathrm{d}t \\
&= \frac{1}{T}\int_0^T UI\big[\cos\varphi + \cos(2\omega t + \theta_u + \theta_i)\big]\mathrm{d}t \\
&= UI\cos\varphi \\
&= S\lambda
\end{aligned}
\tag{4.6-3}
$$

其中,T 为正弦电流或电压的周期,$\lambda = \cos\varphi$ 称为二端网络的功率因数,S 称为视在功率,视在功率的单位是伏安(VA)。可见,平均功率不仅取决于电压和电流的有效值,还与电压和电流的相位差有关。平均功率的单位是瓦(W)。

对于 R、L、C 3 个基本元件,若各元件电压电流有效值分别为 U 和 I,相位差为 φ。可以得到它们的平均功率为

$$
P_R = UI\cos\varphi = UI\cos 0° = UI = I^2R = \frac{U^2}{R} \quad (\text{电阻元件 } R)
$$

$$
P_L = UI\cos\varphi = UI\cos 90° = 0 \quad (\text{电感元件 } L)
$$

$$
P_C = UI\cos\varphi = UI\cos(-90°) = 0 \quad (\text{电容元件 } C)
$$

可见,电感和电容元件的平均功率为零。而对于一个由基本元件组成的无源二端网络,端口总的瞬时功率(吸收)应该是电路中每个元件瞬时功率(吸收)之和,即有

$$
p = \sum p_R + \sum p_L + \sum p_C
$$

对上式在一个周期内作积分,有

$$
P = \int p = \sum \int p_R + \sum \int p_L + \sum \int p_C = \sum P_R + \sum P_L + \sum P_C
$$

由于电感和电容元件平均功率为零,故有

$$
P = \sum P_R
$$

可见,对于由基本元件 R、L、C 组成的无源二端网络,端口总的平均功率是网络内部所有电阻消耗的平均功率之和。

工程实际中,对于电阻性电气产品或设备,由于 $\varphi=0,\lambda=1$,其额定功率常以平均功率的形式给出,例如 60W 灯泡、800W 电吹风等。但对于发电机、变压器等电器设备来说,它们的功率因数大小取决于负载情况,即 $\cos\varphi$ 是由负载决定的,因此额定功率以视在功率给出,表示设备允许输出的最大功率容量。如一台发电机的容量为 75 000kVA,若负载的功率因数 $\cos\varphi=1$,则发电机可输出 75 000kW 平均功率。但若 $\cos\varphi=0.7$,则发电机最多只可能输出 52 500kW 的平均功率。因此,在实际应用中,为了充分利用设备的功率容量,应尽可能地提高功率因数(详见 4.6.2 节)。

2. 无功功率 Q

平均功率衡量了网络消耗功率的大小,而网络中进行交换的能量情况也需要加以衡量。通常用无功功率来衡量网络交换能量的规模,定义瞬时功率可逆部分的最大值(即式(4.6-2)中正弦项 $UI\sin\varphi\sin[2(\omega t+\theta_u)]$ 的最大值)为无功功率,即

$$Q=UI\sin\varphi \tag{4.6-4}$$

无功功率单位为乏(var)。

对于 R、L、C 3 个基本元件,若各元件电压电流有效值分别为 U 和 I,相位差为 φ。可以得到它们的无功功率为

$$Q_R=UI\cos\varphi=UI\sin0°=0 \quad (\text{电阻元件 } R)$$

$$Q_L=UI\sin\varphi=UI\sin90°=UI=I^2X_L=\frac{U^2}{X_L} \quad (\text{电感元件 } L)$$

$$Q_C=UI\sin\varphi=UI\sin(-90°)=-I^2X_C=-\frac{U^2}{X_C} \quad (\text{电容元件 } C)$$

可以证明,对于一个由基本元件 R、L、C 组成的无源二端网络,端口总的无功功率是网络内全部电感、电容元件的无功功率之和,即

$$Q=\sum Q_L+\sum Q_C$$

3. 复功率 $\widetilde{S}$

在工程上,还常常引入复功率来简化功率计算。复功率用 $\widetilde{S}$ 表示,定义为

$$\widetilde{S}=P+jQ \tag{4.6-5}$$

将平均功率和无功功率的公式代入上式,可得

$$\widetilde{S}=UI\cos\varphi+jUI\sin\varphi=\dot{U}\dot{I}^{*}=UIe^{j(\theta_u-\theta_i)}=Ue^{j\theta_u}\cdot Ie^{-j\theta_i}=\dot{U}\dot{I}^{*} \tag{4.6-6}$$

其中,$\dot{I}^{*}$ 是电流相量 $\dot{I}$ 的共轭复数。复功率的单位与视在功率相同,均为伏安(VA)。事实上,复功率的模为

$$|\widetilde{S}|=\sqrt{P^2+Q^2}=UI=S$$

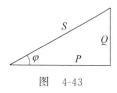

图 4-43

故复功率的模即为视在功率。为便于记忆,常引入一个功率三角形来辅助记忆,它与阻抗三角形为相似三角形,如图 4-43 所示。

引入复功率后,就可以使用计算出的电压相量和电流相量,直接代入式(4.6-6)计算后取其实部、虚部和模即为平均功率、无功功率和

视在功率,使对这些功率的计算更为简便。

注意:复功率本身无任何物理意义,仅为计算方便而引入的,它不代表正弦量,故不能用相量符号表示。

可以证明,电路中平均功率、无功功率和复功率是守恒的。例如,对于一个具有 n 条支路的二端网络,其端口的平均功率、无功功率和复功率是相应支路中的平均功率、无功功率和复功率之和,即

$$P = P_1 + P_2 + \cdots + P_n, \quad Q = Q_1 + Q_2 + \cdots + Q_n, \quad \widetilde{S} = \widetilde{S}_1 + \widetilde{S}_2 + \cdots + \widetilde{S}_n$$

但视在功率不守恒,即 $S \neq S_1 + S_2 + \cdots + S_n$。

例 4-15 电路如图 4-44 所示,已知 $\dot{U}_S = 100\angle 0° \text{V}$,支路 1 中,$Z_1 = R_1 + jX_1 = 10 + j17.3\Omega$,支路 2 中,$Z_2 = R_2 - jX_2 = 17.3 - j10\Omega$,求电路的平均功率 P、无功功率 Q、复功率 $\widetilde{S}$,且验证其功率守恒。

解:在图 4-44 所示电流参考方向下,有

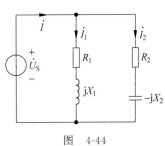

图　4-44

$$\dot{I}_1 = \frac{\dot{U}_S}{R_1 + jX_1} = \frac{100\angle 0°}{10 + j17.3} = \frac{100\angle 0°}{20\angle 60°} = 5\angle -60° \text{A}$$

$$\dot{I}_2 = \frac{\dot{U}_S}{R_2 - jX_2} = \frac{100\angle 0°}{17.3 - j10} = \frac{100\angle 0°}{20\angle -30°} = 5\angle 30° \text{A}$$

$$\dot{I} = \dot{I}_1 + \dot{I}_2 = 7.07\angle -15° \text{A}$$

电路的平均功率

$$P = U_S I \cos 15° = 100 \times 7.07 \cos 15° = 683 \text{W}$$

电路的无功功率

$$Q = U_S I \sin 15° = 100 \times 7.07 \sin 15° = 183 \text{var}$$

复功率

$$\widetilde{S} = \dot{U}_S \dot{I}^* = 100 \times 7.07\angle 15° = 683 + j183 \text{VA} = P + jQ$$

以下验证其功率守恒:

对电源,则

$$\widetilde{S} = -\dot{U}_S \dot{I}^* = -100 \times 7.07\angle -165° = -683 - j183 \text{VA} = -P - jQ$$

支路 1:

$$\widetilde{S}_1 = \dot{U}_S \dot{I}_1^* = 500\angle 60° = 250 + j433 \text{VA} = P_1 + jQ_1$$

支路 2:

$$\widetilde{S}_2 = \dot{U}_S \dot{I}_2^* = 500\angle -30° = 433 - j250 \text{VA} = P_2 + jQ_2$$

显然有

$$\sum P_k = -P + P_1 + P_2 = -683 + 250 + 433 = 0$$

$$\sum Q_k = -Q + Q_1 + Q_2 = -183 + 433 - 250 = 0$$

$$\sum \widetilde{S}_k = \widetilde{S} + \widetilde{S}_1 + \widetilde{S}_2 = -683 - j183 + 250 + j433 + 433 - j250 = 0$$

但

$$\sum S_k = S + S_1 + S_2 = 707 + 500 + 500 = 1707\text{VA} \neq 0$$

注意：平均功率和无功功率还可通过计算复功率后取其实部和虚部求取。其中电路消耗的平均功率还可以用 $P = I_1^2 R_1 + I_2^2 R_2$ 求取。

例 4-16　电路如图 4-45 所示，已知 $I = 0.5\text{A}$，$U = U_1 = 250\text{V}$，$P = 100\text{W}$，求 R_1、X_C 和 $X_L(X_L \neq 0)$。

解：此题可用相量图辅助计算，设 $\dot{U}_1 = 250\angle 0°\text{V}$，则可画得相量图如图 4-46 所示。注意由于 $X_L \neq 0$，可以排除 $\dot{U}$ 与 $\dot{U}_1$ 同相的情况。

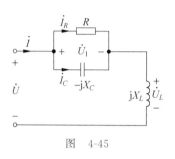

图　4-45

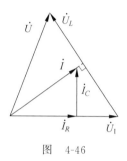

图　4-46

由题意可知

$$R_1 = \frac{U_1^2}{P} = 625\Omega$$

$$I_R = \frac{U_1}{R_1} = 0.4\text{A}$$

由相量图可知 $I_C = \sqrt{I^2 - I_R^2} = \sqrt{0.5^2 - 0.4^2} = 0.3\text{A}$，由此可得

$$X_C = \frac{U_1}{I_C} = \frac{250}{0.3} = \frac{2500}{3} \approx 833.3\Omega$$

$$U_L = 2 \times \frac{I_C}{I} \times U = 6 \times 50 = 300\Omega$$

$$X_L = \frac{U_L}{I} = \frac{300}{0.5} = 600\Omega$$

4.6.2　功率因数的提高

在工农业生产中，广泛使用的异步电动机、感应加热设备等都是感性负载，有的感性负载功率因数很低。由平均功率表达式 $P = UI\cos\varphi$ 可知，$\cos\varphi$ 越小，由电网输送给此负载的电流就越大。这样一方面占用较多的电网容量，使电网不能充分发挥其供电能力，又会在发电机和输电线上引起较大的功率损耗和电压降，因此有必要提高此类感性负载的功率因数。

工程上，一种常用的方法是给负载并联适当的电容来提高整个电路的功率因数，现就这种方法作一简要说明。

现假设有一感性负载，如图 4-47 所示，其额定工作电压为 U，额定功率为 P，功率因数为 $\cos\varphi_1$，工作频率为 f，现欲将其功率因数提高到 $\cos\varphi_2$，问应并多大的电容 C？

为了能清楚地看出端口上并联电容器后的补偿作用和功率因数的提高过程，先定性地画出电路电压、电流相量图,如图 4-48 所示。从相量图可以看出,感性负载上并联了电容器后,并未改变原来负载的工作情况,负载的电流和平均功率均和并联电容前相同,但整个电路功率因数角却从 φ_1 减小到 φ_2,即整个电路功率因数得到了提高,另外线路上的电流也从原来的 I_{RL} 减小到 I,从而在输电线上的功率损耗也将减小。电容 C 的计算过程如下:

并联电容前

$$I = I_{RL}$$

由 $P = U I_{RL} \cos\varphi_1$ 得

$$I_{RL} = \frac{P}{U\cos\varphi_1}$$

并联电容后

$$I = \frac{P}{U\cos\varphi_2}$$

$$I_C = I_{RL}\sin\varphi_1 - I\sin\varphi_2$$

$$= \frac{P}{U\cos\varphi_1}\sin\varphi_1 - \frac{P}{U\cos\varphi_2}\sin\varphi_2$$

$$= \frac{P}{U}(\tan\varphi_1 - \tan\varphi_2)$$

又

$$I_C = \omega C U = 2\pi f C U$$

所以

$$C = \frac{I_C}{2\pi f U} = \frac{P}{2\pi f U^2}(\tan\varphi_1 - \tan\varphi_2)$$

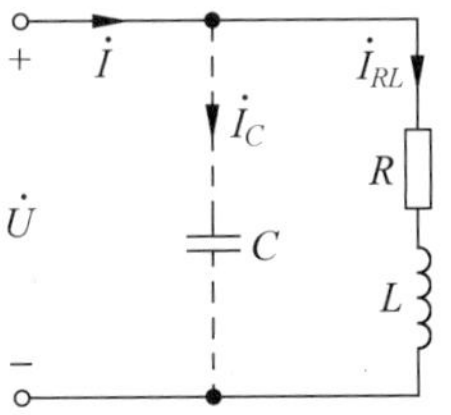

图 4-47 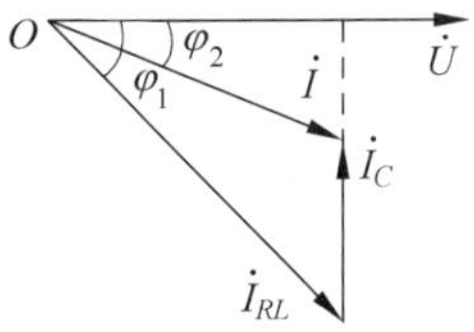　　　　　图 4-48

4.6.3　最大功率传输条件

在工程上,常常会涉及正弦稳态电路功率传输问题。当传输的功率较小(如通信系统),而不必计较传输效率时,常常要研究负载在什么条件下可获得最大平均功率(有功功率)的问题。

如图 4-49(a)所示,可调负载 Z_L 接于二端网络 N,根据戴维南定理可将该图化简为图 4-49(b)所示。假设等效电源电压和内阻抗已知,其中 $Z_0 = R_0 + jX_0$。依据负载可调条件分以下两种情况讨论。

1. 共轭匹配

假设负载的实部和虚部分别可调。由图 4-49(b)可知,电路中的电流为

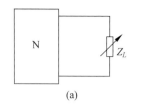
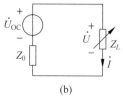

图 4-49

$$\dot{I} = \frac{\dot{U}_{OC}}{(R_0 + R_L) + j(X_0 + X_L)}$$

负载所吸收的平均功率为

$$P_L = R_L I^2 = \frac{R_L U_{OC}^2}{(R_0 + R_L)^2 + (X_0 + X_L)^2}$$

要使负载功率最大,由上式可知,必须首先满足

$$X_L = -X_0$$

当满足上式后,平均功率可进一步得到

$$P_L = \frac{R_L U_{OC}^2}{(R_0 + R_L)^2}$$

参照第 2 章最大功率传输定理的推导,可得出上式取得最大值的条件为

$$R_0 = R_L$$

综合上述两个条件,可得负载获得最大功率的条件为

$$\begin{cases} R_L = R_0 \\ X_L = -X_0 \end{cases} \quad 或 \quad Z_L = Z_0^* \tag{4.6-7}$$

这一条件称为共轭匹配,此时负载获得的最大功率为

$$P_{L\max} = \frac{U_{OC}^2}{4R_0} \tag{4.6-8}$$

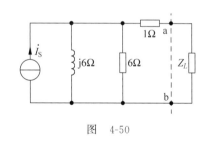

图 4-50

例 4-17 如图 4-50 所示的电路,已知 $\dot{I}_S = 2\angle 0°\mathrm{A}$,求负载 Z_L 获得最大功率时的阻抗值,并求此最大功率。

解:先将负载断开,求 ab 左侧电路的戴维南等效电路。

ab 两端的开路电压 $\dot{U}_{OC}$ 为

$$\dot{U}_{OC} = (6 \mathbin{/\mkern-5mu/} j6)\dot{I}_S = 6 + j6 = 6\sqrt{2}\angle 45°\mathrm{V}$$

ab 以左等效阻抗 Z_{ab} 为

$$Z_{ab} = 1 + 6 \mathbin{/\mkern-5mu/} j6 = (4 + j3)\Omega$$

故当 $Z_L = Z_{ab}^* = (4-j3)\Omega$ 时,负载 Z_L 获得最大功率,此最大功率为

$$P_{L\max} = \frac{(6\sqrt{2})^2}{4 \times 4} = \frac{9}{2}\mathrm{W}$$

2. 模值匹配

假设负载 Z_L 的阻抗角 φ_L 不变而其模 $|Z_L|$ 可调。令负载阻抗为

$$Z_L = |Z_L| \angle \varphi_L = |Z_L| \cos\varphi_L + j|Z_L| \sin\varphi_L$$

由图 4-49(b)可知,电路中的电流为

$$\dot{I} = \frac{\dot{U}_{OC}}{Z_0 + Z_L} = \frac{\dot{U}_{OC}}{(R_0 + |Z_L| \cos\varphi_L) + j(X_0 + |Z_L| \sin\varphi_L)}$$

而负载所吸收的平均功率是其电阻部分消耗的功率,即有

$$P_L = |Z_L| \cos\varphi_L I^2 = \frac{|Z_L| \cos\varphi_L U_{OC}^2}{(R_0 + |Z_L| \cos\varphi_L)^2 + (X_0 + |Z_L| \sin\varphi_L)^2}$$

令

$$\frac{\mathrm{d}P_L}{\mathrm{d}|Z_L|} = U_{OC}^2 \left\{ \frac{\cos\varphi_L}{(R_0 + |Z_L| \cos\varphi_L)^2 + (X_0 + |Z_L| \sin\varphi_L)^2} \right.$$
$$\left. - \frac{|Z_L| \cos\varphi_L [2\cos\varphi_L(R_0 + |Z_L| \cos\varphi_L) + 2\sin\varphi_L(X_0 + |Z_L| \sin\varphi_L)]}{[(R_0 + |Z_L| \cos\varphi_L)^2 + (X_0 + |Z_L| \sin\varphi_L)^2]^2} \right\}$$
$$= 0$$

由此解得负载获得最大功率的条件

$$|Z_L| = |Z_0| \tag{4.6-9}$$

此时负载获得的最大功率为

$$P_{L\max} = \frac{|Z_0| \cos\varphi_L U_{OC}^2}{(R_0 + |Z_0| \cos\varphi_L)^2 + (X_0 + |Z_0| \sin\varphi_L)^2} \tag{4.6-10}$$

例 4-18 电路如图 4-51 所示,求:

(1) 共轭匹配时 Z_L 的值和它获得的最大平均功率。

(2) 模值匹配时 Z_L 的值(已知 $\varphi_L = 0°$)和它获得的最大平均功率。

解: 首先将负载两端左侧的有源二端网络用戴维南等效电路替代(如图 4-52 所示),其中,

$$\dot{U}_{OC} = \frac{j2}{2 + j2} \times 10 = 5\sqrt{2} \angle 45° \text{V}$$

$$Z_0 = \frac{2 \times j2}{2 + j2} = (1 + j)\Omega$$

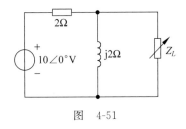 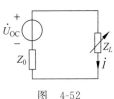

图 4-51 图 4-52

(1) 共轭匹配。

当 $Z_L = Z_0^* = (1-j)\Omega$ 时,则

$$P_L = P_{L\max} = \frac{U_{OC}^2}{4R_0} = \frac{(5\sqrt{2})^2}{4 \times 1} = 12.5\text{W}$$

(2) 模值匹配。

当 $|Z_L| = |Z_0| = \sqrt{2}\ \Omega$ 时(已知 $\varphi_L = 0°$,故 $Z_L = \sqrt{2}\ \Omega$ 为纯电阻),则

$$P_{\text{Lmax}} = \frac{|Z_0| \cos\varphi_L U_{\text{OC}}^2}{(R_0 + |Z_0| \cos\varphi_L)^2 + (X_0 + |Z_0| \sin\varphi_L)^2}$$

$$= \frac{\sqrt{2} \times (5\sqrt{2})^2}{(1 + \sqrt{2})^2 + (1 + 0)^2} = 10.35\text{W}$$

为避免使用上述烦琐的公式,也可这样求取最大功率:先求出等效电路中通过负载的电流,再计算负载实部的平均功率(即为最大功率)。即

$$\dot{I} = \frac{\dot{U}_{\text{OC}}}{Z_0 + Z_L} = \frac{5\sqrt{2} \angle 45°}{1 + \text{j} + \sqrt{2}}\text{A}$$

$$I = \frac{5\sqrt{2}}{\sqrt{(1 + \sqrt{2})^2 + 1^2}} \approx 2.71\text{A}$$

$$P = I^2 \text{Re}[Z_L] = 2.71^2 \times \sqrt{2} = 10.35\text{W}$$

从此例可以看出,通常满足共轭匹配时所获得的最大平均功率要比满足模值匹配时所获得的最大平均功率大。从数学上看,这是因为前者是在无约束条件下获得的全局最大值,而后者是在有约束条件下的局部极大值。

4.6.4 多频电路的有效值和平均功率

设非正弦周期信号作用下的二端网络的端口电压、电流分别为(电压、电流的参考方向对网络关联,如图 4-41 所示)

$$u(t) = U_0 + \sum_{k=1}^{\infty} U_{k\text{m}} \cos(k\omega_1 t + \theta_{ku})$$

$$i(t) = I_0 + \sum_{k=1}^{\infty} I_{k\text{m}} \cos(k\omega_1 t + \theta_{ki})$$

则电流的有效值为

$$I = \sqrt{\frac{1}{T} \int_0^T i^2(t)\,\text{d}t}$$

$$= \sqrt{\frac{1}{T} \int_0^T \left[I_0 + \sum_{k=1}^{\infty} I_{k\text{m}} \cos(k\omega_1 t + \theta_{ki}) \right]^2 \text{d}t}$$

$$= \sqrt{\frac{1}{T} \int_0^T \left[I_0^2 + \sum_{k=1}^{\infty} 2I_0 I_{k\text{m}} \cos(k\omega_1 t + \theta_{ki}) + \sum_{k=1}^{\infty} \sum_{n=1}^{\infty} I_{k\text{m}} I_{n\text{m}} \cos(k\omega_1 t + \theta_{ki}) \cos(n\omega_1 t + \theta_{ni}) \right] \text{d}t}$$

由三角函数的运算可知

$$\int_0^T \cos k\omega_1 t\,\text{d}t = 0 \text{ 和 } \int_0^T \cos k\omega_1 t \cos n\omega_1 t\,\text{d}t = \begin{cases} \dfrac{T}{2}, & n = k \\ 0, & n \neq k \end{cases}$$

可得

$$I = \sqrt{I_0^2 + \frac{1}{2} \sum_{k=1}^{\infty} I_{k\text{m}}^2} = \sqrt{I_0^2 + \sum_{k=1}^{\infty} I_k^2}$$

同理可得

$$U = \sqrt{U_0^2 + \frac{1}{2} \sum_{k=1}^{\infty} U_{k\text{m}}^2} = \sqrt{U_0^2 + \sum_{k=1}^{\infty} U_k^2}$$

即非正弦周期电流或电压的有效值等于它的直流分量和各频率分量有效值的平方和的平方根。而该二端网络吸收的平均功率为

$$P = \frac{1}{T}\int_0^T p(t)\mathrm{d}t = \frac{1}{T}\int_0^T u(t)i(t)\mathrm{d}t$$

$$= \frac{1}{T}\int_0^T \left\{ \left[U_0 + \sum_{k=1}^{\infty} U_{km}\cos(k\omega_1 t + \theta_{ku}) \right]\left[I_0 + \sum_{k=1}^{\infty} I_{km}\cos(k\omega_1 t + \theta_{ki}) \right] \right\}\mathrm{d}t$$

$$= U_0 I_0 + \sum_{k=1}^{\infty} U_k I_k \cos(\theta_{ku} - \theta_{ki})$$

$$= U_0 I_0 + \sum_{k=1}^{\infty} U_k I_k \cos\varphi_k = P_0 + P_1 + P_2 + \cdots$$

可见,非正弦周期信号作用下,二端网络的总平均功率等于每个频率的正弦量形成的平均功率之和。由此可推广得到这样的结论:多个不同频率的正弦量作用下,若各频率之比为有理数,二端网络的总平均功率等于每个频率的正弦量形成的平均功率之和。

例 4-19 如图 4-41 所示电路,已知端口电压、电流为

$$u(t) = 100 + 100\cos\omega t + 30\cos 3\omega t \, \mathrm{V}$$

$$i(t) = 50\cos(\omega t - 45°) + 20\sin(3\omega t - 60°) + 20\cos 5\omega t \, \mathrm{A}$$

求 $u(t)$、$i(t)$ 的有效值以及电路吸收的平均功率 P。

解:根据有效值的定义及计算方法,有

$$U = \sqrt{100^2 + \frac{100^2}{2} + \frac{30^2}{2}} \approx 124.3\mathrm{V}$$

$$I = \sqrt{\frac{50^2}{2} + \frac{20^2}{2} + \frac{20^2}{2}} \approx 40.6\mathrm{A}$$

将电流表达式改写为

$$i = 50\cos(\omega t - 45°) + 20\cos(3\omega t - 150°) + 20\cos 5\omega t \, \mathrm{A}$$

则多频交流电作用下的平均功率为

$$P = \frac{100 \times 50}{2}\cos 45° + \frac{30 \times 20}{2}\cos 150° = 1768 - 260 = 1508\mathrm{W}$$

思考和练习

4.6-1 在 RLC 串联电路中,在电压电流关联的参考方向下,下列各式中正确的是_____。

(1) $U = U_R + U_L + U_C$

(2) $\dot{U} = \dot{U}_R + \mathrm{j}(\dot{U}_L - \dot{U}_C)$

(3) $U = \sqrt{U_R^2 + U_L^2 + U_L^2}$

(4) $U = \sqrt{U_R^2 + (U_L - U_C)^2}$

(5) $Z = R + \mathrm{j}\omega C - \dfrac{1}{\mathrm{j}\omega L}$

(6) $P = \dfrac{U^2}{R}$

(7) $S = I^2(R + \mathrm{j}X)$

(8) $Q = I^2\left(\omega L + \dfrac{1}{\omega C}\right)$

(9) $u = Ri + X_L i - \dfrac{1}{\omega C}i$

(10) $Z = \sqrt{R^2 + \left(\omega L - \dfrac{1}{\omega C}\right)^2}$

4.6-2 如练习题 4.6-2 图所示的电路 N,若其端口电压 $u(t)$ 和电流 $i(t)$ 为下列函数,分别求电路 N 的阻抗,电路 N 吸收的有功功率、无功功率和视在功率。

练习题 4.6-2 图

(1) $u(t)=100\cos(10^3t+20°)\mathrm{V}$, $i(t)=0.1\cos(10^3t-10°)\mathrm{A}$。

(2) $u(t)=50\cos(10^3t-80°)\mathrm{V}$, $i(t)=0.2\cos(10^3t-35°)\mathrm{A}$。

4.6-3 已知电路中一个负载 $P_1=70\mathrm{kW}$, $\cos\varphi_1=0.7(\varphi_1<0)$; 另一个负载 $P_2=90\mathrm{kW}$, $\cos\varphi_2=0.85(\varphi_2>0)$。

求:(1) $\varphi_1<0$, $\varphi_2>0$ 的含义是什么?

(2) 此电路总的功率因数 $\cos\varphi$ 是多少?

4.6-4 如练习题 4.6-4 图所示的电路,已知 $U=100\mathrm{V}$, $I=100\mathrm{mA}$, 电路吸收功率 $P=6\mathrm{W}$; $X_{L1}=1.25\mathrm{k\Omega}$, $X_C=0.75\mathrm{k\Omega}$。电路呈电感性,求 r 和 X_L。

4.6-5 如练习题 4.6-5 图所示的电路,已知 $\dot{I}_S=2\angle0°\mathrm{A}$, 负载 Z_L 为何值时才能获最大功率? 最大功率 $P_{L\max}$ 是多少?

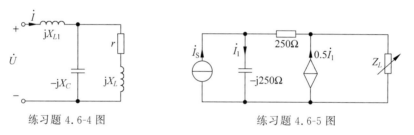

练习题 4.6-4 图　　　　　　　　　练习题 4.6-5 图

4.6-6 电路如练习题 4.6-6 图所示,已知 $\dot{I}_S=2\sqrt{2}\angle45°\mathrm{A}$。

(1) Z_L 为何值时能获得最大功率? 并求此最大功率。

(2) 若 Z_L 为纯电阻 R_L, 问 R_L 为何值时能获得最大功率? 并求此最大功率。

4.6-7 如练习题 4.6-7 图所示电路,已知 $R=10\Omega$, 且已知:

(a) $u_{S1}=10\cos100t\,\mathrm{V}$, $u_{S2}=20\cos(100t+30°)\mathrm{V}$

(b) $u_{S1}=20\cos(t+25°)\mathrm{V}$, $u_{S2}=30\sin(5t-50°)\mathrm{V}$

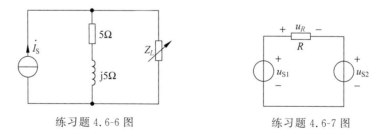

练习题 4.6-6 图　　　　　　　　　练习题 4.6-7 图

求电阻 R 吸收的平均功率 P。

4.7 互感耦合电路

本节介绍一种新的电路元件——耦合电感,由此组成的电路称为互感耦合电路。第 1 章中曾介绍受控源是耦合元件,第 3 章曾介绍了一般电感元件存在自感现象并具有储能性质。耦合电感与这些元件既有联系,又有不同,它涉及磁场的耦合。一对相耦合的电感,若流过其中一个电感的电流随时间变化,则在另一电感两端将出现感应电压,而这两电感间可能并无导线相连。这便是电磁学中所称的互感现象。在实际电路中,如收音机、电视机中使用的中周(线圈)、振荡线圈等属耦合电感。

4.7.1 耦合电感

如果两个线圈的磁场存在相互作用,就称这两个线圈具有磁耦合。具有磁耦合的两个或两个以上的线圈,称为耦合线圈。当其中一个线圈有交变电流通过时,不仅在线圈本身产生磁链和电压,还在其他线圈产生磁链和电压。如果假定各线圈的位置是固定的,并且忽略线圈本身所具有的损耗电阻和匝间分布电容,得到的耦合线圈的理想化模型称为理想耦合电感。以下讨论一般均指这种理想耦合电感。

为便于讨论,规定每个线圈电流的参考方向与电压参考方向相关联,电流与其产生的磁链的参考方向符合右手螺旋法则。图 4-53(a)和(b)画出了一对耦合线圈(均通以电流),设线圈芯子及周围的磁介质为非铁磁性物质,且设线圈密绕而穿过线圈中每匝的磁通均相同。则有以下磁耦合特性:

其中,L_1 和 L_2 称为线圈 1 和线圈 2 的自感。Ψ_{21}、M_{21} 称为线圈 1 中电流对线圈 2 的互感磁链和互感系数,简称线圈 1 对线圈 2 的互磁链和互感。同样,Ψ_{12}、M_{12} 称为线圈 2 对线圈 1 的互感链和互感。对静止介质的磁场,可以证明:$M_{21}=M_{12}$。以下统一记为 M。单位与自感相同,国际单位制中都为亨(H)。

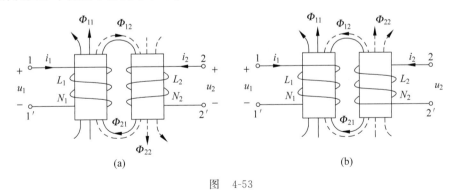

图 4-53

互感的量值反映了一个线圈在另一个线圈产生磁链的能力。

在一般情况下,一个耦合线圈的电流产生的磁通只有部分磁通与另一个线圈相交链。如图 4-53 中,Φ_{21} 只是 Φ_{11} 中的一部分,即 $\Phi_{21} \leqslant \Phi_{11}$;同样 Φ_{12} 只是 Φ_{22} 中的一部分,即 $\Phi_{12} \leqslant$

Φ_{22}。为了描述耦合线圈耦合的紧密程度,通常把两线圈的互磁链与自磁链之比的几何平均值定义为耦合系数。用 k 表示。即

$$k = \sqrt{\frac{\Psi_{21}}{\Psi_{11}} \cdot \frac{\Psi_{12}}{\Psi_{22}}} = \sqrt{\frac{\Phi_{21}}{\Phi_{11}} \cdot \frac{\Phi_{12}}{\Phi_{22}}} = \frac{M}{\sqrt{L_1 L_2}} \tag{4.7-1}$$

显然,$0 \leqslant k \leqslant 1$。若 $k = 0$,则两线圈互不影响、无耦合;若 $k = 1$,$M = \sqrt{L_1 L_2}$,称为全耦合。k 接近 1 称为紧耦合,k 较小时,称为松耦合。

k 值大小与两线圈的结构、相互位置及周围磁介质特性有关。实际应用中,常常通过改变两线圈的相互位置,或者调节线圈内磁心的几何位置达到改变耦合系数的目的。当 L_1 和 L_2 一定时,调节 k 值也就相当于改变了互感 M 的大小。

4.7.2　耦合电感的伏安关系

由图 4-53 可见,每个线圈的总磁链为自磁链和互磁链的合成。取总磁链与自磁链一致的参考方向,则对图 4-53(a)所示的两个线圈,由于自磁通和互磁通方向一致(称为磁通相助)故有

$$\Psi_1 = \Psi_{11} + \Psi_{12} = L_1 i_1 + M i_2$$
$$\Psi_2 = \Psi_{22} + \Psi_{21} = L_2 i_2 + M i_1$$

根据电磁感应定律,得伏安关系式为

$$\begin{cases} u_1 = \dfrac{\mathrm{d}\Psi_1}{\mathrm{d}t} = L_1 \dfrac{\mathrm{d}i_1}{\mathrm{d}t} + M \dfrac{\mathrm{d}i_2}{\mathrm{d}t} \\[2mm] u_2 = \dfrac{\mathrm{d}\Psi_2}{\mathrm{d}t} = L_2 \dfrac{\mathrm{d}i_2}{\mathrm{d}t} + M \dfrac{\mathrm{d}i_1}{\mathrm{d}t} \end{cases} \tag{4.7-2}$$

对图 4-53(b)所示的两个线圈,由于自磁通和互磁通方向相反(称为磁通相消)故有

$$\Psi_1 = \Psi_{11} - \Psi_{12} = L_1 i_1 - M i_2$$
$$\Psi_2 = \Psi_{22} - \Psi_{21} = L_2 i_2 - M i_1$$

根据电磁感应定律,得伏安关系式为

$$\begin{cases} u_1 = \dfrac{\mathrm{d}\Psi_1}{\mathrm{d}t} = L_1 \dfrac{\mathrm{d}i_1}{\mathrm{d}t} - M \dfrac{\mathrm{d}i_2}{\mathrm{d}t} \\[2mm] u_2 = \dfrac{\mathrm{d}\Psi_2}{\mathrm{d}t} = L_2 \dfrac{\mathrm{d}i_2}{\mathrm{d}t} - M \dfrac{\mathrm{d}i_1}{\mathrm{d}t} \end{cases} \tag{4.7-3}$$

上述伏安关系中,$L_1 \dfrac{\mathrm{d}i_1}{\mathrm{d}t}$ 或 $L_2 \dfrac{\mathrm{d}i_2}{\mathrm{d}t}$ 称为自感电压,$M \dfrac{\mathrm{d}i_1}{\mathrm{d}t}$ 或 $M \dfrac{\mathrm{d}i_2}{\mathrm{d}t}$ 称为互感电压。

由此可见,相互耦合的两线圈上的电压等于自感电压和互感电压的代数和。在线圈电压、电流关联参考方向条件下,其中,自感电压项恒取正号;对互感电压项,则磁通相助时取正号,磁通相消时取负号。

一般地,判定磁通相助还是相消,是由线圈上电流的参考方向和两线圈的相对位置和导线绕向来决定的。但在实际中,耦合线圈往往是密封的,看不见线圈相对位置及绕向,况且在电路图中真实地绘出线圈绕向很不方便。为了解决上述问题,电工技术中引入了同名端标志,通过标注同名端并结合各线圈电流的参考方向可方便地判定磁通相助还是相消。

两个线圈的同名端是这样规定的:当电流从两个线圈各自的某端子同时流入(或流出)

时,若两个线圈产生的磁通相助,就称这两个端子为互感线圈的同名端,反之为异名端。

如图 4-53(a)中,1、2 端同时流入电流产生了磁通相助的情况,故为同名端;图 4-53(b)中,1、2′端同时流入电流会产生磁通相助的情况,故为同名端。有了同名端的概念后,该图就可抽象为图 4-54 所示的电路模型来表示。图中 L_1、L_2 分别为线圈 1 和 2 的自感,M 是两线圈之间的互感系数。点"·"表示线圈的同名端(也可用" * ""△"等表示)。

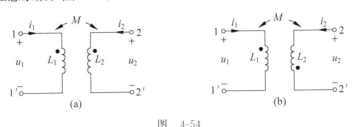

图 4-54

在图 4-54 所示电路中,若令 $i_2 = 0$,则对图(a)有 $u_1 = L_1 \dfrac{\mathrm{d}i_1}{\mathrm{d}t}$,$u_2 = M \dfrac{\mathrm{d}i_1}{\mathrm{d}t}$;对图(b)有 $u_1 = L_1 \dfrac{\mathrm{d}i_1}{\mathrm{d}t}$,$u_2 = -M \dfrac{\mathrm{d}i_1}{\mathrm{d}t}$。其中,线圈 1 只存在自感电压;线圈 2 只存在互感电压,它的大小和方向取决于电流 i_1 和同名端位置。因此,从感应电压的角度,同名端又可定义如下:

如果电流与其产生的磁链、磁链与其产生的感应电压的参考方向符合右手螺旋法则,定义任一线圈电流在各线圈中产生的自感电压或互感电压的同极性端(正极性端或负极性端)为同名端,也即互感电压的正极性端与产生该互感电压的线圈电流的流入端为同名端。

除根据线圈几何绕向判别外,当两个线圈的绕向未知的情况下,可采用以下一种实验电路测定。如图 4-55 所示,在一线圈 ab 端接一直流低电压,另一线圈 cd 端接一直流电压表。在接通电源的瞬间,如果直流电压表正偏,则电压源正极所连的 a 端和电压表正极所连的 c 端为同名端;否则 a、c 为异名端。

耦合电感伏安关系的具体形式与同名端的位置以及两线圈上电压、电流参考方向的选择及同名端的位置有关。具体规则是:若耦合电感的线圈电压、电流采用关联参考方向时,该线圈的自感电压前取正号,否则取负号;若耦合电感线圈电流均从各同名端流入,则各线圈的互感电压项与自感电压项同取正号或负号,否则同自感电压相反。

例 4-20 试写出图 4-56 所示耦合电感的伏安关系。

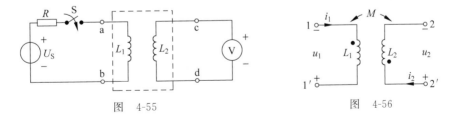

图 4-55   图 4-56

解法 1:利用同名端的第 1 种定义分析。由于两线圈电流均从同名端"·"处流入,故线圈磁通相助,则每个线圈的自感电压和互感电压同取正号或同取负号。

线圈 1:由于其电压和电流为非关联的参考方向,故自感电压和互感电压同取负号。

线圈 2:由于其电压和电流为关联的参考方向,故自感电压和互感电压同取正号。

故得其端口伏安关系为

$$u_1 = -L_1 \frac{\mathrm{d}i_1}{\mathrm{d}t} - M \frac{\mathrm{d}i_2}{\mathrm{d}t}$$

$$u_2 = L_2 \frac{\mathrm{d}i_2}{\mathrm{d}t} + M \frac{\mathrm{d}i_1}{\mathrm{d}t}$$

解法 2：利用同名端的第 2 种定义分析。

线圈 1 上的电压和电流为非关联的参考方向，自感电压 $L_1 \frac{\mathrm{d}i_1}{\mathrm{d}t}$ 前取负号；线圈 2 上的电流 i_2 从同名端"·"处流入，则在线圈 1 中产生的互感电压 $M \frac{\mathrm{d}i_2}{\mathrm{d}t}$ 的正极性端在该线圈的"·"处，即互感电压方向与 u_1 相反，故该互感电压取负号。

线圈 2 上的电压和电流为关联的参考方向，自感电压 $L_1 \frac{\mathrm{d}i_1}{\mathrm{d}t}$ 前取正号；线圈 1 上的电流 i_1 从同名端"·"处流入，则在线圈 2 中产生的互感电压 $M \frac{\mathrm{d}i_1}{\mathrm{d}t}$ 的正极性端在该线圈的"·"处，即互感电压方向与 u_2 一致，故该互感电压取正号。

故得其端口伏安关系为

$$u_1 = -L_1 \frac{\mathrm{d}i_1}{\mathrm{d}t} - M \frac{\mathrm{d}i_2}{\mathrm{d}t}$$

$$u_2 = L_2 \frac{\mathrm{d}i_2}{\mathrm{d}t} + M \frac{\mathrm{d}i_1}{\mathrm{d}t}$$

例 4-21　图 4-57 所示的电路，已知 $i_S(t) = 2\mathrm{e}^{-4t}\mathrm{A}$，$L_1 = 3\mathrm{H}$，$L_2 = 6\mathrm{H}$，$M = 2\mathrm{H}$，试求 $u_{ac}(t)$、$u_{ab}(t)$、$u_{bc}(t)$。

解：由于 bc 开路，所以电感 L_2 中无电流，故

$$u_{ac}(t) = L_1 \frac{\mathrm{d}i_S(t)}{\mathrm{d}t} = -24\mathrm{e}^{-4t}\mathrm{V}$$

$$u_{ab}(t) = M \frac{\mathrm{d}i_S(t)}{\mathrm{d}t} = -16\mathrm{e}^{-4t}\mathrm{V}$$

$$u_{bc}(t) = -u_{ab} + u_{ac} = -8\mathrm{e}^{-4t}\mathrm{V}$$

若用受控源表示互感电压，利用式(4.7-2)和式(4.7-3)，图 4-54(a)、(b)所示的耦合电感可分别用图 4-58(a)、(b)所示的电路模型表示。其中，各线圈的互感电压用 CCVS 表示。

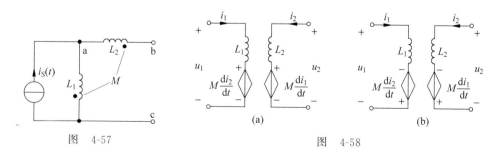

图　4-57　　　　　　　　　　　　　　　　图　4-58

在正弦稳态电路中,式(4.7-2)和式(4.7-3)所述的耦合电感的伏安关系的相量形式为

$$\dot{U}_1 = j\omega L_1 \dot{I}_1 \pm j\omega M \dot{I}_2$$

$$\dot{U}_2 = j\omega L_2 \dot{I}_2 \pm j\omega M \dot{I}_1$$

其中,$j\omega L_1$、$j\omega L_2$ 称为自感阻抗,$j\omega M$ 称为互感阻抗。其相量模型如图 4-59(a)、(b)所示。若用受控源表示互感电压,则可用图 4-60(a)、(b)所示。

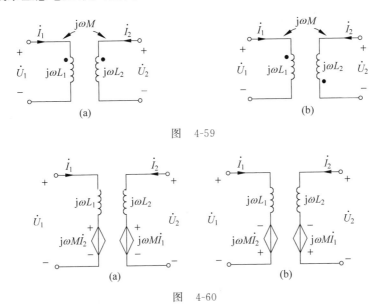

图 4-59

图 4-60

4.7.3 耦合电感的连接及其去耦等效

耦合电感的两个线圈在实际电路中,常以某种方式相互连接,基本的连接方式有串联、并联和三端连接。

1. 耦合电感的串联

耦合电感的串联是指两个耦合线圈本身作串联,分为异名端相连或同名端相连,前者称为顺串,如图 4-61(a)所示。后者称为反串,如图 4-62(a)所示。

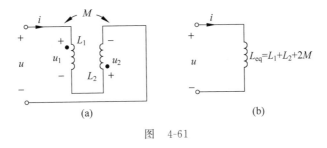

图 4-61

在如图 4-61(a)和图 4-62(a)所示的端口电压、电流参考方向条件下,它们端口的伏安关系可表示为

$$u = u_1 + u_2 = \left(L_1 \frac{\mathrm{d}i}{\mathrm{d}t} \pm M \frac{\mathrm{d}i}{\mathrm{d}t}\right) + \left(L_2 \frac{\mathrm{d}i}{\mathrm{d}t} \pm M \frac{\mathrm{d}i}{\mathrm{d}t}\right) = (L_1 + L_2 \pm 2M)\frac{\mathrm{d}i}{\mathrm{d}t}$$

故耦合线圈串联后可等效为一个独立电感,分别如图 4-61(b)和图 4-62(b)所示。其等效电感为

$$L_{eq} = L_1 + L_2 \pm 2M$$

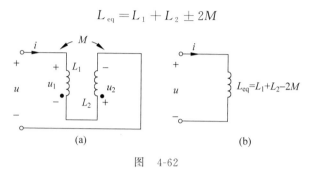

图 4-62

2. 耦合电感的并联

耦合电感的并联是指耦合线圈本身作并联,分为同名端相连或异名端相连,前者称为顺并,如图 4-63(a)所示。后者称为反并,如图 4-64(a)所示。利用端口伏安关系式可分别将它们等效为图 4-63(b)和图 4-64(b)所示的独立电感。

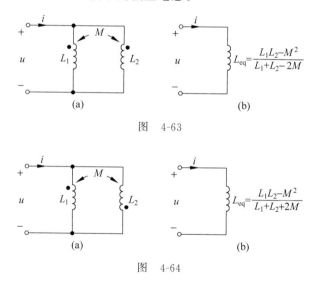

图 4-63

图 4-64

由于耦合电感由无源线圈组成,所以并联后任一时刻的储能都大于或等于 0,这就要求 $L_{eq} \geqslant 0$。由此可知 $L_1 L_2 - M^2 \geqslant 0$,即有

$$M \leqslant \sqrt{L_1 L_2}$$

3. 耦合电感的三端连接

将耦合电感的两个线圈各取一端连接起来构成了耦合电感的三端连接电路。三端连接也有两种接法:一种是将同名端相连,如图 4-65(a)所示;另一种是将异名端相连,如图 4-66(a)所示。

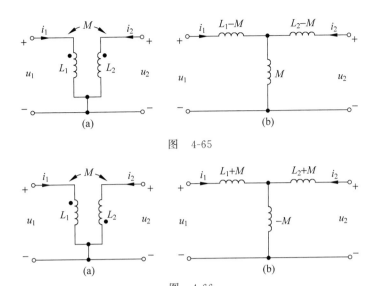

图 4-65

图 4-66

由图 4-65(a)和图 4-66(a)耦合电感的伏安关系可得

$$u_1 = L_1 \frac{\mathrm{d}i_1}{\mathrm{d}t} \pm M \frac{\mathrm{d}i_2}{\mathrm{d}t}$$

$$u_2 = L_2 \frac{\mathrm{d}i_2}{\mathrm{d}t} \pm M \frac{\mathrm{d}i_1}{\mathrm{d}t}$$

经变换可得

$$u_1 = (L_1 \mp M) \frac{\mathrm{d}i_1}{\mathrm{d}t} \pm M \frac{\mathrm{d}(i_1 + i_2)}{\mathrm{d}t}$$

$$u_2 = (L_2 \mp M) \frac{\mathrm{d}i_2}{\mathrm{d}t} \pm M \frac{\mathrm{d}(i_1 + i_2)}{\mathrm{d}t}$$

上式中的 M 前上面的符号对应于同名端相连的三端连接,下面的符号对应于异名端相连的三端连接,则该式可分别用图 4-65(b)和图 4-66(b)所示的去耦等效电路模型表示。

例 4-22 如图 4-67 所示电路,已知 $R_1 = 20\Omega$,$R_2 = 2\Omega$,$\omega L_1 = 10\Omega$,$\omega L_2 = 6\Omega$,$\omega M = 2\Omega$,电压 $U = 80\mathrm{V}$,求当开关 S 打开和闭合时的电流 $\dot{I}$。

解:开关 S 打开时,由于两线圈是顺接串联,所以

$$\dot{I} = \frac{\dot{U}}{R_1 + \mathrm{j}\omega(L_1 + L_2 + 2M)}$$

令 $\dot{U} = 80\angle 0°\mathrm{V}$,则

$$\dot{I} = \frac{80\angle 0°}{20 + \mathrm{j}(10 + 6 + 4)} = 2\sqrt{2}\angle -45°\mathrm{A}$$

开关 S 合上时,由于两线圈作异名端相连的三端连接,其去耦等效电路如图 4-68 所示,有

$$\dot{I} = \frac{\dot{U}}{R_1 + \mathrm{j}\omega(L_1 + M) + \dfrac{\mathrm{j}\omega(L_2 + M)(R_2 - \mathrm{j}\omega M)}{\mathrm{j}\omega(L_2 + M) - \mathrm{j}\omega M + R_2}}$$

$$= \frac{80\angle0°}{20+j12+\dfrac{j8(2-j2)}{j8-j2+2}} = \frac{3200}{928+j416}$$

$$= 3.15\angle-24.15°A$$

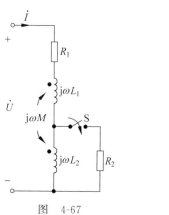

图 4-67

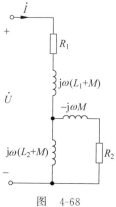

图 4-68

4.7.4 含耦合电感的电路分析

含耦合电感电路大多使用于正弦稳态情况,故常用相量法分析。

由于耦合电感的端电压除包含自感电压外,还包含互感电压,所以含耦合电感电路的分析有一定的特殊性。例如,通常使用的节点电压法,所列的节点方程实质上是节点电流方程,不易考虑互感电压,所以含有耦合电感的电路,如果不作去耦等效,不便直接引用节点电压法。以下分为去耦等效法、方程法、等效分析法进行讨论。

1. 去耦等效法

将耦合电感化为受控源等效电路模型,或根据互感线圈不同的连接方式进行去耦等效,然后按一般正弦稳态电路的相量法进行分析。例 4-22 就是三端连接的耦合电感进行去耦等效后分析的一个例子,这里不再另行举例。

2. 方程法

含互感元件的典型电路是如图 4-69 所示的空芯变压器电路。空芯变压器是利用互感实现能量或信号传输的一种器件,由相互耦合的两个线圈绕在非铁磁材料上构成,耦合系数较小,属于松耦合。其中,与电源相接的线圈称为初级线圈或原边线圈,与负载相接的线圈称为次级线圈或副边线圈。初、次级线圈所在的回路分别称为初、次级回路。

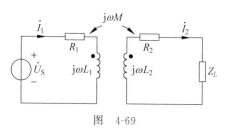

图 4-69

方程法的分析过程为:首先作出原电路的相量模型(不作去耦等效),然后依据两类约束列出电路方程。一般采用回路法(或网孔法)分析。其中,耦合电感视为一个元件。如图 4-69 所示电路中可

列出的网孔方程为

$$R_1\dot{I}_1 + (j\omega L_1\dot{I}_1 - j\omega M\dot{I}_2) = \dot{U}_S$$

$$(R_2 + Z_L)\dot{I}_2 - (-j\omega L_2\dot{I}_2 + j\omega M\dot{I}_1) = 0$$

令

$$Z_{11} = R_1 + j\omega L_1$$

$$Z_{22} = R_2 + j\omega L_2 + Z_L$$

$$Z_M = j\omega M$$

其中,Z_{11} 称初级回路的自阻抗,Z_{22} 称次级回路的自阻抗,Z_M 称初、次级回路间的互阻抗。则对上述方程组整理可得

$$Z_{11}\dot{I}_1 - Z_M\dot{I}_2 = \dot{U}_S$$

$$-Z_M\dot{I}_1 + Z_{22}\dot{I}_2 = 0$$

解得

$$\dot{I}_1 = \frac{\dot{U}_S}{Z_{11} + \dfrac{(\omega M)^2}{Z_{22}}} \tag{4.7-4}$$

$$\dot{I}_2 = \frac{Z_M\dot{I}_1}{Z_{22}} = \frac{\dfrac{Z_M}{Z_{11}}\dot{U}_S}{Z_{22} + \dfrac{(\omega M)^2}{Z_{11}}} \tag{4.7-5}$$

由网孔电流可求出其他响应。由上可见,用方程法分析互感耦合电路,关键是利用两类约束列 KVL 方程求两个回路电流变量。

例 4-23　如图 4-70 所示电路,已知 $\dot{U}_S = 6\angle 0°\text{V}$,电源角频率 $\omega = 2\text{rad/s}$。

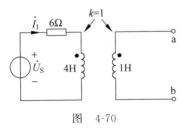

图　4-70

(a) 如 ab 端开路,求 $\dot{I}_1$ 和 $\dot{U}_{ab}$。

(b) 如将 ab 端短路,求 $\dot{I}_1$ 和 $\dot{I}_{ab}$。

解:作出原图对应的相量图如图 4-71(a)所示。其中,$M = k\sqrt{L_1 L_2} = 2\text{H}$,$j\omega M = j4\Omega$。

(a) ab 端开路时,则

$$\dot{I}_1 = \frac{\dot{U}_S}{6 + j8} = \frac{6\angle 0°}{6 + j8} = 0.6\angle -53.1°\text{A}$$

$$\dot{U}_{ab} = j4\dot{I}_1 = 2.4\angle 36.9°\text{V}$$

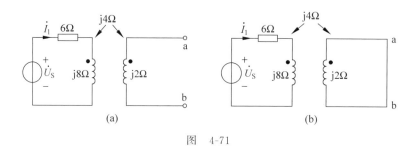

图 4-71

(b) ab 短路时,电路如图 4-63(b)所示。

$$\dot{I}_1 = \frac{\dot{U}_S}{6 + j8 + \dfrac{4^2}{j2}} = 1\angle 0°\,\text{A}$$

$$\dot{I}_{ab} = \frac{j4 \dot{I}_1}{j2} = 2\dot{I}_1 = 2\angle 0°\,\text{A}$$

3. 等效分析法

如图 4-69 所示的空芯变压器电路是一种典型的具有初、次级回路的电路,对于这一类电路,常在方程法分析的基础上分别作出它们的初、次级等效电路进行分析,其中引用了重要的反映阻抗概念。以下介绍这种含互感电路的等效分析法。

在式(4.7-4)中令

$$Z_{fl} = \frac{(\omega M)^2}{Z_{22}}$$

则

$$\dot{I}_1 = \frac{\dot{U}_S}{Z_{11} + \dfrac{(\omega M)^2}{Z_{22}}} = \frac{\dot{U}_S}{Z_{11} + Z_{fl}}$$

此式说明,为求出初级回路的电流 $\dot{I}_1$,可把电压源 $\dot{U}_S$ 以外的电路等效为两部分阻抗 Z_{11} 和 Z_{fl} 的串联,从而构成初级等效电路如图 4-72(a)所示。而 Z_{fl} 取决于互阻抗和次级回路的自阻抗,称为次级回路阻抗通过互感反映到初级的等效阻抗,它反映了次级回路通过磁耦合对初级回路的影响。

另外,由如图 4-72(a)所示的初级等效电路不难得到,从电源端向右的等效阻抗(输入阻抗)为

$$Z_{in} = \frac{\dot{U}_S}{\dot{I}_1} = Z_{11} + Z_{fl} = R_1 + j\omega L_1 + \frac{(\omega M)^2}{R_2 + j\omega L_2 + Z_L} \tag{4.7-6}$$

为求出次级回路的电流 $\dot{I}_2$,由式(4.7-5)可作出次级等效电路如图 4-72(b)所示。该等效电路中,电压源电压是初级回路电流通过互感在次级线圈中产生的互感电压,以受控源表示。实际上这和前面讨论耦合电感的受控源等效电路的内容是一致的,参见图 4-54 所示。

在电子电路中,经常会遇到最大功率传输这样一类问题,显然图 4-72(b)的等效电路不

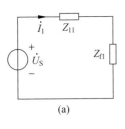 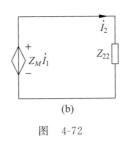 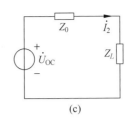

图 4-72

再适用,需要求出负载以外的戴维南等效电路。

首先计算开路电压 $\dot{U}_{\mathrm{OC}}$。断开负载 Z_{L},由图 4-73 所示可得

$$\dot{I}_1 = \frac{\dot{U}_{\mathrm{S}}}{Z_{11}} = \frac{\dot{U}_{\mathrm{S}}}{R_1 + \mathrm{j}\omega L_1}$$

$$\dot{U}_{\mathrm{OC}} = \mathrm{j}\omega M \dot{I}_1 = \frac{\mathrm{j}\omega M \dot{U}_{\mathrm{S}}}{R_1 + \mathrm{j}\omega L_1}$$

其次,计算戴维南等效内阻抗 Z_0。将电压源 $\dot{U}_{\mathrm{S}}$ 置零,而在负载处更换为电压源 $\dot{U}$,得图 4-74 所示电路,参见初级等效电路图 4-72(a)和式(4.7-6),可得

$$Z_0 = R_2 + \mathrm{j}\omega L_2 + \frac{(\omega M)^2}{Z_{11}} = R_2 + \mathrm{j}\omega L_2 + Z_{\mathrm{f2}}$$

其中,$Z_{\mathrm{f2}} = \dfrac{(\omega M)^2}{Z_{11}}$,称初级回路对次级回路的反映阻抗。

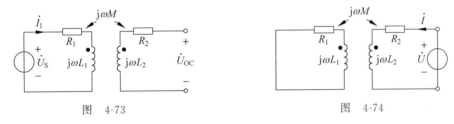

图 4-73   图 4-74

因此,可得对负载而言的戴维南等效电路如图 4-72(c)所示,也可认为是一种次级等效电路。应用初、次级回路等效电路,可以很方便地求出各电压、电流变量及初、次级回路消耗的总功率等。

例 4-24 求图 4-75 所示空芯变压器的电流 $\dot{I}_2$。

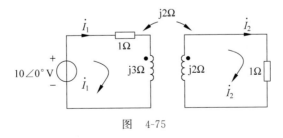

图 4-75

解法 1:方程法求解。设网孔电流如图 4-75 所示。列写网孔的 KVL 方程为

$$\begin{cases} (1+j3)\dot{I}_1 - j2\dot{I}_2 = 10\angle 0° \\ -j2\dot{I}_1 + (1+j2)\dot{I}_2 = 0 \end{cases}$$

解得

$$\dot{I}_2 = \dfrac{\begin{vmatrix} 1+j3 & 10 \\ -j2 & 0 \end{vmatrix}}{\begin{vmatrix} 1+j3 & -j2 \\ -j2 & 1+j2 \end{vmatrix}} = 3.92\angle -11.3°\text{A}$$

解法 2：等效分析法求解。初、次级等效电路分别为图 4-76(a)、(b)所示。

$$\dot{I}_1 = \dfrac{10\angle 0°}{1+j3+\dfrac{4}{1+j2}} = 4.38\angle -38°\text{A}$$

$$\dot{I}_2 = \dfrac{j\omega M\dot{I}_1}{1+j2} = \dfrac{j2 \times 4.38\angle -38°}{1+j2} = 3.92\angle -11.3°\text{A}$$

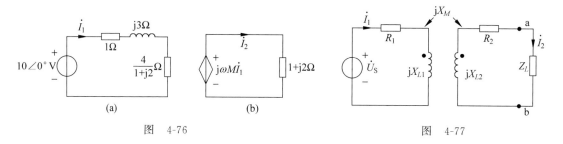

图　4-76　　　　　　　　　　　　　　　图　4-77

例 4-25　如图 4-77 所示电路，已知 $R_1 = 10\Omega$，$R_2 = 2\Omega$，$X_{L1} = 30\Omega$，$X_{L2} = 8\Omega$，$X_M = 10\Omega$，$U_S = 100\text{V}$。

(1) 如果 $Z_L = 2\Omega$，求 $\dot{I}_1$ 和负载 Z_L 吸收的功率 P_L。

(2) 若 Z_L 为纯电阻 R_L，为使其获得最大功率，R_L 应取何值？求这时负载吸收的功率。

(3) 若负载 Z_L 由电阻和电抗组成，即 $Z_L = R_L + jX_L$，为使负载获得功率为最大，Z_L 应取何值？求这时负载吸收的功率。

解：利用反映阻抗、等效概念及最大功率传递条件求解。

(1) $Z_L = 2\Omega$ 时，初、次级电流为

$$\dot{I}_1 = \dfrac{\dot{U}_S}{R_1 + jX_{L1} + \dfrac{X_M^2}{R_2 + Z_L + jX_{L2}}} = \dfrac{100\angle 0°}{10 + j30 + \dfrac{10^2}{2 + 2 + j8}}$$

$$= \dfrac{100\angle 0°}{5(3+j4)} = 4\angle -53.1°\text{A}$$

$$\dot{I}_2 = \dfrac{jX_M\dot{I}_1}{R_2 + Z_L + jX_{L2}} = \dfrac{j10 \times 4\angle -53.1°}{4 + j8} = 4.47\angle -26.6°\text{A}$$

$$P_L = I_2^2 Z_L = 4.47^2 \times 2 = 40\text{W}$$

（2）当 Z_L 两端断开时，$\dot{I}_1 = \dfrac{\dot{U}_S}{R_1 + jX_{L1}}$，求得开路电压和内部阻抗分别为

$$\dot{U}_{OC} = jX_M\dot{I}_1 = j10 \times \frac{100\angle 0^\circ}{10 + j30} = \frac{j1000}{10 + j30} = \frac{j100}{1 + j3} = 31.62\angle 18.4^\circ \text{V}$$

$$Z_{ab} = R_2 + jX_{L2} + \frac{X_M^2}{R_1 + jX_{L1}} = 2 + j8 + \frac{10^2}{10 + j30} = (3 + j5)\,\Omega$$

故当 $Z_L = R_L = |Z_{ab}| = \sqrt{3^2 + 5^2} = \sqrt{34} = 5.83\,\Omega$ 时，有

$$\dot{I}_2 = \frac{\dot{U}_{OC}}{Z_{ab} + R_L} = \frac{31.62\angle 18.4^\circ}{3 + j5 + 5.83} = 3.12\angle -11.12^\circ \text{A}$$

负载 Z_L 获得最大功率

$$P_{L\max} = I_2^2 R_L = 3.12^2 \times 5.83 = 56.75\,\text{W}$$

（3）若 Z_L 的实、虚部可调，则有

当 $Z_L = Z_{ab}^* = (3 - j5)\,\Omega$ 时，负载 Z_L 获得最大功率

$$P_{L\max} - \frac{31.62^2}{4 \times 3} = 83.3\,\text{W}$$

思考和练习

4.7-1　两个具有耦合的电感线圈的同名端与电压和电流参考方向的选择有关吗？试举例说明。

4.7-2　试写出练习题 4.7-2 图中每一耦合电感的伏安关系式。

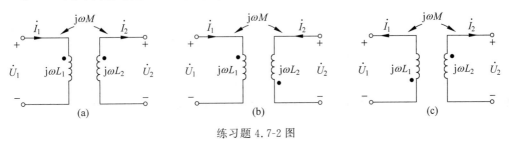

练习题 4.7-2 图

4.7-3　练习题 4.7-3 图所示电路的工作频率 $\omega = 10^4 \text{rad/s}$，端口电压、电流同相。又已知：$L_1 = M = 10\text{mH}$，$L_2 = 20\text{mH}$，则 $C = \underline{\hspace{2cm}} \mu\text{F}$。

4.7-4　有人说："空心变压器次级回路在初级回路的反映阻抗并非真正存在，它只是反映了次级回路对初级回路的影响，它所消耗的功率就是次级回路所消耗的功率。"你认为对吗？

4.7-5　含耦合电感的电路如练习题 4.7-5 图所示。

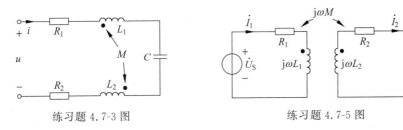

练习题 4.7-3 图　　　　　　　　练习题 4.7-5 图

（1）设次级回路具有电感性自阻抗，试定性画出 $\dot{I}_1$、$j\omega M \dot{I}_1$、$\dot{I}_2$、$j\omega M \dot{I}_2$ 相量图。

（2）依据上述相量图的关系说明：次级回路中的感性阻抗反映到初级回路一定是容性的。

4.7-6 电路如练习题 4.7-6 图所示，已知电压源的角频率 $\omega = \dfrac{1}{\sqrt{MC}}$ rad/s，则 ab 端开路电压的有效值为_____。

4.7-7 如练习题 4.7-7 图所示电路，已知 $X_{L1}=10\Omega$，$X_{L2}=6\Omega$，$X_M=4\Omega$，$X_{L3}=4\Omega$，$R_1=8\Omega$，$R_3=5\Omega$，端电压 $U=100$V。

（1）求 $\dot{I}_1$ 和 $\dot{I}_3$。

（2）求 $\dot{U}_{ab}$。

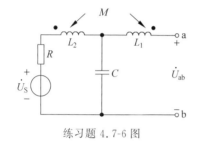

练习题 4.7-6 图

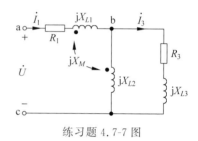

练习题 4.7-7 图

4.8 变压器

变压器是各种电气设备及电子系统中应用广泛的电路器件，利用它来实现从一个电路向另一个电路传输能量或信号。常用的实际变压器有空芯变压器和铁芯变压器等，其中，空芯变压器已在 4.7 节有过介绍，铁芯变压器是由两个绕在铁磁材料制成的芯子上且具有互感的线圈组成的。本节主要讨论的是理想变压器、全耦合变压器，并简要介绍实际变压器的模型。

4.8.1 理想变压器

理想变压器是实际变压器抽象出来的一种理想化模型，其电路模型如图 4-78 所示。它唯一的参数是匝数比 $n = \dfrac{N_1}{N_2}$。其中，N_1、N_2 分别表示变压器初、次级线圈的匝数，点"·"仍表示它的同名端。

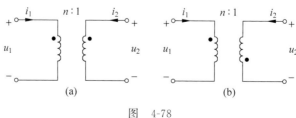

图 4-78

若端口电压、电流采用关联参考方向,则同名端如图 4-78(a)所示的理想变压器的伏安关系为

$$\begin{cases} u_1 = n u_2 \\ i_1 = -\dfrac{1}{n} i_2 \end{cases} \tag{4.8-1}$$

对同名端如图 4-78(b)所示的理想变压器的伏安关系为

$$\begin{cases} u_1 = -n u_2 \\ i_1 = \dfrac{1}{n} i_2 \end{cases} \tag{4.8-2}$$

由上述伏安关系可知,理想变压器的伏安特性其实只是线圈电压与电压、电流与电流的关系,且有这样的规则:端口电压的极性对同名端一致,即若 u_1 在打"·"端是正极性,则 u_2 在另一端口的打"·"端也是正极性;端口电流的方向对同名端是相反的,即若 i_1 从打"·"端流入,则 i_2 从另一端口的打"·"端流出。另外,理想变压器在所有时刻 t 均有

$$p = u_1 i_1 + u_2 i_2 = 0$$

亦即吸收的瞬时功率总和恒为零,从初级线圈输入的功率全部都能从次级线圈输出到负载。理想变压器既不消耗能量也不储存能量,因而是一种无损耗、无记忆元件。

显然,在正弦稳态条件下,上述理想变压器的各伏安特性都可以表示为相对应的相量形式。即有

$$\begin{cases} \dot{U}_1 = n \dot{U}_2 \\ \dot{I}_1 = -\dfrac{1}{n} \dot{I}_2 \end{cases} \quad \text{或} \quad \begin{cases} \dot{U}_1 = -n \dot{U}_2 \\ \dot{I}_1 = \dfrac{1}{n} \dot{I}_2 \end{cases}$$

根据理想变压器的端口伏安关系,它既可以变换电压,又可以变换电流。除此以外,它还具有变换阻抗的性质。如图 4-79 所示电路,在理想变压器的次级接以负载阻抗 Z_L,则初级的输入阻抗为

图　4-79

$$Z_{in} = \frac{\dot{U}_1}{\dot{I}_1} = \frac{n\dot{U}_2}{-\dfrac{1}{n}\dot{I}_2} = n^2 \frac{\dot{U}_2}{-\dot{I}_2} = n^2 Z_L \tag{4.8-3}$$

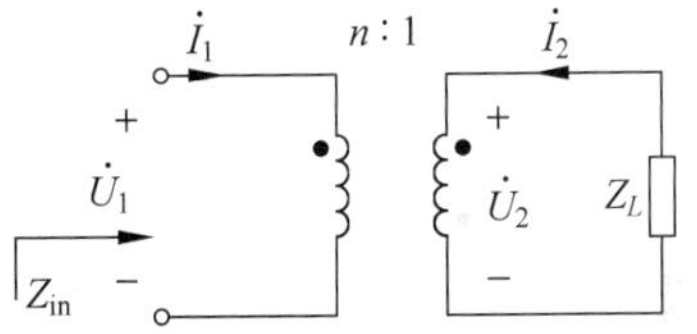

其中,$n^2 Z_L$ 称为副边阻抗对原边的折合值,简称为折合阻抗。折合阻抗的计算与同名端无关。在电工技术中,常利用改变匝数比的办法来改变输入阻抗,使之与电源匹配,从而使负载获得最大功率。

电路模型中,理想变压器虽然与耦合电感的电路符号相似,都用线圈表示,但这符号并不意味着具有电感的作用,表征理想变压器仅有 n 这一个参数,而表征耦合电感要 L_1、L_2、M 共 3 个参数,这也是电路图中这两个元件的区别。

理想变压器可以看成是极限情况下的耦合电感。当耦合电感满足:(1)无损耗;(2)全耦合(即耦合系数 $k=1$);(3)$L_1 \to \infty$,$L_2 \to \infty$,$M \to \infty$,但 $\sqrt{\dfrac{L_1}{L_2}} = \dfrac{N_1}{N_2} = n$ 的条件时,可将它视为理想变压器。即理想变压器可看成是耦合电感的极限情况。现作简要说明。

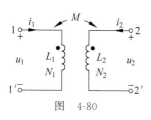

图 4-80

图 4-80 为典型的耦合电感的电路模型(已考虑线圈无损耗),其端口伏安关系为

$$u_1 = L_1 \frac{\mathrm{d}i_1}{\mathrm{d}t} + M \frac{\mathrm{d}i_2}{\mathrm{d}t}$$

$$u_2 = L_2 \frac{\mathrm{d}i_2}{\mathrm{d}t} + M \frac{\mathrm{d}i_1}{\mathrm{d}t}$$

在全耦合(即耦合系数 $k=1$)条件下,有 $M = \sqrt{L_1 L_2}$,则上述伏安关系式可改写为

$$u_1 = L_1 \frac{\mathrm{d}i_1}{\mathrm{d}t} + \sqrt{L_1 L_2} \frac{\mathrm{d}i_2}{\mathrm{d}t} = \sqrt{L_1} \left(\sqrt{L_1} \frac{\mathrm{d}i_1}{\mathrm{d}t} + \sqrt{L_2} \frac{\mathrm{d}i_2}{\mathrm{d}t} \right)$$

$$u_2 = L_2 \frac{\mathrm{d}i_2}{\mathrm{d}t} + \sqrt{L_1 L_2} \frac{\mathrm{d}i_1}{\mathrm{d}t} = \sqrt{L_2} \left(\sqrt{L_1} \frac{\mathrm{d}i_1}{\mathrm{d}t} + \sqrt{L_2} \frac{\mathrm{d}i_2}{\mathrm{d}t} \right)$$

因为 $\sqrt{\dfrac{L_1}{L_2}} = \dfrac{N_1}{N_2} = n$,故有

$$\frac{u_1}{u_2} = \sqrt{\frac{L_1}{L_2}} = \frac{N_1}{N_2} = n, \quad \text{即} \quad u_1 = n u_2$$

又

$$\frac{u_1}{L_1} = \frac{\mathrm{d}i_1}{\mathrm{d}t} + \sqrt{\frac{L_2}{L_1}} \frac{\mathrm{d}i_2}{\mathrm{d}t} = \frac{\mathrm{d}i_1}{\mathrm{d}t} + \frac{1}{n} \frac{\mathrm{d}i_2}{\mathrm{d}t}$$

$$\frac{u_2}{L_2} = \frac{\mathrm{d}i_2}{\mathrm{d}t} + \sqrt{\frac{L_1}{L_2}} \frac{\mathrm{d}i_2}{\mathrm{d}t} = \frac{\mathrm{d}i_2}{\mathrm{d}t} + n \frac{\mathrm{d}i_1}{\mathrm{d}t}$$

在 $L_1 \to \infty$, $L_2 \to \infty$, $M \to \infty$ 条件下,由上列任一式均可得

$$\frac{\mathrm{d}i_1}{\mathrm{d}t} = -\frac{1}{n} \frac{\mathrm{d}i_2}{\mathrm{d}t}$$

积分得

$$i_1 = -\frac{1}{n} i_2$$

由此可见,理想变压器可看成是耦合系数 $k=1$、电感为无限大的耦合电感元件。这就为理想变压器的实现提供了一条途径。但耦合电感与理想变压器是两种性质完全不同的元件,前者是具有记忆作用的储能元件,是动态元件,而后者是不耗能、不储能的无记忆元件,不是动态元件。

在实际工程中,通常采用高导磁率的铁磁材料作为变压器的铁芯,减少变压器的损耗;在结构上尽量使变压器初、次级线圈紧密耦合,减少漏磁;并在保持变比不变的情况下,增加初、次级线圈的匝数以增加 L_1、L_2、M,则可近似用理想变压器作为电路模型。

值得一提的是,就理想变压器的伏安关系而言,它对电压、电流没有限制,直流情况下也是适用的,即其中并无电磁感应的迹象。理想变压器并不是依靠磁场工作的一种元件,利用电磁感应现象来近似实现也并非唯一的方法,况且这一方法并不能解决直流情况下的实现问题。

含理想变压器的电路,常用方程法和利用阻抗变换性质对其进行分析。以下仅以举例说明。

例 4-26 求如图 4-81 所示电路的输入阻抗 Z_{ab}。

解：由 KVL 和理想变压器端口的伏安关系列出所需方程为

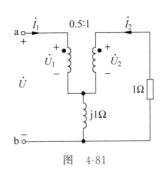

图 4-81

$$\dot{U} = \dot{U}_1 + (\dot{I}_1 + \dot{I}_2) \times j1$$

$$\dot{U} = \dot{U}_1 - \dot{U}_2 - \dot{I}_2 \times 1$$

$$\dot{U}_1 = 0.5\dot{U}_2$$

$$\dot{I}_1 = -\frac{1}{0.5}\dot{I}_2$$

整理得

$$\dot{U} = 0.25(1+j)\dot{I}_1$$

所以

$$Z_{ab} = \frac{\dot{U}}{\dot{I}_1} = 0.25(1+j)\Omega$$

例 4-27 在图 4-82 所示电路中，$\dot{U}_S = 12\angle 0° V$，为使 R_L 能获得最大功率，求匝数比 n 和 R_L 吸收的功率。

解法 1：从图 4-82 中 ab 两端的左右两侧作等效，可得图 4-83（a）所示的电路。由于理想变压器不耗能也不储能，故 R'_L 消耗的功率即为图 4-82 中 R_L 消耗的功率。由理想变压器阻抗变换性质得

$$R'_L = n^2 R_L = 2n^2$$

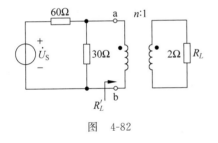

图 4-82

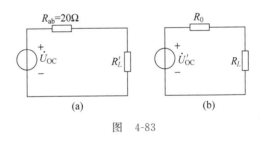

图 4-83

ab 以左的戴维南等效电路参数为

$$R_{ab} = 60 /\!/ 30 = 20\Omega$$

$$\dot{U}_{OC} = \dot{U}_S \times \frac{30}{60+30} = 4\angle 0° V$$

由最大功率传递条件可得

$$R'_L = R_{ab}$$

$$2n^2 = 20$$

$$n = \sqrt{10}$$

此时，R_L 能获得最大功率，且其最大功率为

$$P_{Lmax} = \frac{U_{OC}^2}{4 \times R_{ab}} = \frac{4^2}{4 \times 20} = \frac{1}{5}W$$

解法 2：从图 4-82 中负载 R_L 两端以左作等效，可得图 4-83(b)所示电路，然后按最大功率传输条件分析计算。

负载 R_L 以左的戴维南等效电路参数为

$$R_0 = \frac{1}{n^2}(60 \ /\!/ \ 30) = \frac{20}{n^2}\Omega$$

$$\dot{U}'_{OC} = \frac{1}{n} \times \dot{U}_s \times \frac{30}{60 + 30} = \frac{4}{n} \angle 0° \text{V}$$

由最大功率传递条件可得

$$R_L = R_0$$

$$\frac{20}{n^2} = 2$$

$$n = \sqrt{10}$$

此时，R_L 能获得最大功率，且其最大功率为

$$P_{L\max} = \frac{U_{OC}'^2}{4 \times R_0} = \frac{\left(\dfrac{4}{\sqrt{10}}\right)^2}{4 \times 2} = \frac{1}{5} \text{W}$$

4.8.2 全耦合变压器

当耦合线圈满足：（1）无损耗；（2）全耦合（即耦合系数 $k=1$），但 L_1、L_2 和 M 为有限值时，称它为全耦合变压器。在耦合电感模型中注明 $k=1$ 或 $M=\sqrt{L_1 L_2}$ 即得其电路模型，如图 4-84 所示。利用这个特殊条件，还可将其等效为独立电感和理想变压器的组合，其中，理想变压器的变比为 $n = \sqrt{\dfrac{L_1}{L_2}}$，如图 4-85 所示。

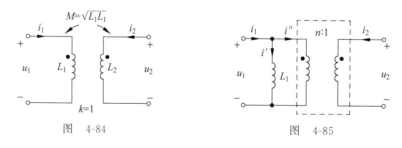

图　4-84　　　　　　　　　　　　　　　图　4-85

以下简要说明全耦合变压器图 4-84 所示的电路和图 4-85 所示电路相互等效的过程。对图 4-84 所示的全耦合变压器的电路，有端口伏安关系为

$$u_1 = L_1 \frac{\mathrm{d}i_1}{\mathrm{d}t} + \sqrt{L_1 L_2} \frac{\mathrm{d}i_2}{\mathrm{d}t} = \sqrt{L_1}\left(\sqrt{L_1} \frac{\mathrm{d}i_1}{\mathrm{d}t} + \sqrt{L_2} \frac{\mathrm{d}i_2}{\mathrm{d}t}\right)$$

$$u_2 = L_2 \frac{\mathrm{d}i_2}{\mathrm{d}t} + \sqrt{L_1 L_2} \frac{\mathrm{d}i_1}{\mathrm{d}t} = \sqrt{L_2}\left(\sqrt{L_1} \frac{\mathrm{d}i_1}{\mathrm{d}t} + \sqrt{L_2} \frac{\mathrm{d}i_2}{\mathrm{d}t}\right)$$

因为 $\sqrt{\dfrac{L_1}{L_2}} = \dfrac{N_1}{N_2} = n$，故有

$$\frac{u_1}{u_2} = \sqrt{\frac{L_1}{L_2}} = \frac{N_1}{N_2} = n, \qquad \text{即 } u_1 = nu_2$$

又

$$\frac{u_1}{L_1} = \frac{\mathrm{d}i_1}{\mathrm{d}t} + \sqrt{\frac{L_2}{L_1}}\,\frac{\mathrm{d}i_2}{\mathrm{d}t} = \frac{\mathrm{d}i_1}{\mathrm{d}t} + \frac{1}{n}\,\frac{\mathrm{d}i_2}{\mathrm{d}t}$$

$$\frac{\mathrm{d}i_1}{\mathrm{d}t} = \frac{u_1}{L_1} - \frac{1}{n}\,\frac{\mathrm{d}i_2}{\mathrm{d}t}$$

对上式作积分,得

$$i_1(t) = \frac{1}{L_1}\int_{-\infty}^{t} u_1(\xi)\mathrm{d}\xi - \frac{1}{n}i_2(t)$$

再观察图 4-85,显然有

$$u_1 = nu_2$$

$$i_1' = \frac{1}{L_1}\int_{-\infty}^{t} u_1(\xi)\mathrm{d}\xi$$

$$i_1'' = -\frac{1}{n}i_2(t)$$

$$i_1(t) = i_1' + i_1'' = \frac{1}{L_1}\int_{-\infty}^{t} u_1(\xi)\mathrm{d}\xi - \frac{1}{n}i_2(t)$$

可见,图 4-84 所示电路和图 4-85 所示电路具有相同的端口伏安关系,相互等效。图 4-85 中的电感 L_1 称为励磁电感,L_1 上的电流 i' 称为励磁电流。

全耦合变压器有图 4-84 所示的电路模型和图 4-85 所示的等效电路模型,其电路分析可参考含互感电路和含理想变压器电路的分析方法。以下结合动态电路时域分析的方法介绍全耦合变压器的应用。

例 4-28　如图 4-86 所示电路原已处于稳定,$t=0$ 时开关 S 闭合,求 $t>0$ 时的 $i_1(t)$ 和 $i_2(t)$。

解:开关 S 闭合前电路处于稳定,即耦合电感无初始储能。由于耦合电感为全耦合,故电路可等效为含独立电感和理想变压器的组合构成的电路,如图 4-87 所示。显然,图 4-87 中独立电感 4H 以右的电路可等效为一个电阻,整个电路属于一阶动态电路,故可用三要素法求解。

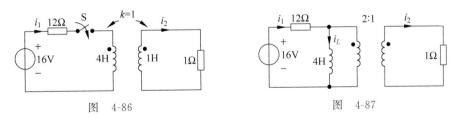

图　4-86　　　　　　　　　　　图　4-87

$t=0_+$ 时,$i_L(0_+) = i_L(0_-) = 0$,独立电感 4H 相当于开路,故有

$$i_1(0_+) = \frac{16}{12 + 2^2 \times 1} = 1\text{A}$$

$$i_2(0_+) = 2i_1(0_+) = 2\text{A}$$

$t=\infty$ 时,独立电感 4H 相当于开路,故有

$$i_1(\infty)=\frac{16}{12}=\frac{4}{3}\text{A}$$

$$i_2(\infty)=0$$

电路时间常数为

$$\tau=\frac{L}{R}=\frac{4}{12//4}=\frac{4}{3}\text{s}$$

其中,R 为电感 4H 以外的戴维南等效电阻。对电感 4H 两端来说,1Ω 电阻可利用理想变压器阻抗变换性质,变换为 4Ω 与 12Ω 电阻并联。

代入三要素公式得

$$i_1(t)=i_1(\infty)+[i_1(0_+)-i_1(\infty)]\text{e}^{-\frac{t}{\tau}}=\frac{4}{3}-\frac{1}{3}\text{e}^{-\frac{3}{4}t}\text{A},\quad t>0$$

$$i_2(t)=i_2(\infty)+[i_2(0_+)-i_2(\infty)]\text{e}^{-\frac{t}{\tau}}=2\text{e}^{-\frac{3}{4}t}\text{A},\quad t>0$$

4.8.3 实际变压器的电路模型

实际变压器尽管使用了导磁率较高的介质做磁芯,但并不能满足耦合系数为 1 以及电感为无穷大的条件,且不可避免地有损耗。

设实际变压器如图 4-88 所示,由于耦合系数 k 不等于 1,变压器中的磁通不是全部都与两个线圈交链,而是可以分为主磁通和漏磁通。主磁通是同时与两个线圈都交链的磁通,也就是前面互感电路部分所介绍的互磁通,如图中的 Φ_{21} 就是由 i_1 产生且与两个线圈都交链的磁通,Φ_{12} 就是由 i_2 产生且与两个线圈都交链的磁通;漏磁通是仅与一个线圈交链的磁通,如图中 Φ_{s1} 就是由 i_1 产生且仅与线圈 L_1 交链的磁通,Φ_{s2} 就是由 i_2 产生且仅与线圈 L_2 交链的磁通。因此两个线圈的磁通分别为

$$\Phi_{11}=\Phi_{21}+\Phi_{s1}$$

$$\Phi_{22}=\Phi_{12}+\Phi_{s2}$$

两个线圈的自感分别为

$$L_1=\frac{\Psi_{11}}{i_1}=\frac{N_1\Phi_{11}}{i_1}=\frac{N_1(\Phi_{21}+\Phi_{s1})}{i_1}=\frac{N_1}{N_2}\frac{N_2\Phi_{21}}{i_1}+\frac{N_1\Phi_{s1}}{i_1}$$

$$L_2=\frac{\Psi_{22}}{i_2}=\frac{N_2\Phi_{22}}{i_2}=\frac{N_2(\Phi_{12}+\Phi_{s2})}{i_2}=\frac{N_2}{N_1}\frac{N_1\Phi_{12}}{i_2}+\frac{N_2\Phi_{s2}}{i_2}$$

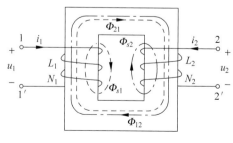

图 4-88

根据互感的定义,有

$$M = \frac{N_2 \Phi_{21}}{i_1} = \frac{N_1 \Phi_{12}}{i_2}$$

所以

$$L_1 = \frac{N_1}{N_2}M + L_{s1}$$

$$L_2 = \frac{N_2}{N_1}M + L_{s2}$$

其中,$L_{s1} = \frac{N_1 \Phi_{s1}}{i_1}$、$L_{s2} = \frac{N_2 \Phi_{s2}}{i_2}$,分别是两个线圈的漏磁通对应的漏电感,简称为漏感。因此,该实际变压器的伏安关系为

$$u_1 = L_1 \frac{\mathrm{d}i_1}{\mathrm{d}t} + M \frac{\mathrm{d}i_2}{\mathrm{d}t} = L_{s1} \frac{\mathrm{d}i_1}{\mathrm{d}t} + \left(\frac{N_1}{N_2}M \frac{\mathrm{d}i_1}{\mathrm{d}t} + M \frac{\mathrm{d}i_2}{\mathrm{d}t} \right)$$

$$u_2 = L_2 \frac{\mathrm{d}i_2}{\mathrm{d}t} + M \frac{\mathrm{d}i_1}{\mathrm{d}t} = L_{s2} \frac{\mathrm{d}i_2}{\mathrm{d}t} + \left(\frac{N_2}{N_1}M \frac{\mathrm{d}i_2}{\mathrm{d}t} + M \frac{\mathrm{d}i_1}{\mathrm{d}t} \right)$$

由此可得该实际变压器的简化电路模型和等效电路如图 4-89(a)、(b)所示。

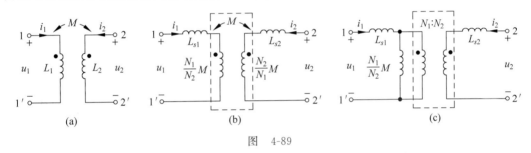

图 4-89

注意到图 4-89(b)中虚线框内的变压器为一全耦合变压器,可以进一步等效为图 4-89(c)所示电路。

如果要考虑实际变压器线圈的导线电阻损耗(一般称为铜损),应在两个端口上分别串联电阻。若进一步考虑到实际变压器磁芯的涡流损耗和磁滞损耗(一般称为铁损),则应在励磁电感上并联铁损电导 G_M,最后可得实际变压器的等效电路如图 4-90 所示。

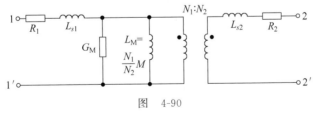

图 4-90

需要注意的是实际变压器大多数都是非线性的,而非线性特性主要表现在励磁电感为非线性电感。

思考和练习

4.8-1 若在图 4-79 中次级的"·"端改在下方,试证明初级端口的等效阻抗仍然不变。

4.8-2 理想变压器在任何情况下,初级电流与次级电流有不变的相位关系吗? 全耦合变压器初级与次级电压的相位关系又如何?

4.8-3 求如练习题 4.8-3 图所示电路的输入阻抗 Z_{ab}。

4.8-4 含理想变压器电路如练习题 4.8-4 图所示,欲使 10Ω 电阻能获得最大功率,求理想变压器的变比 n。

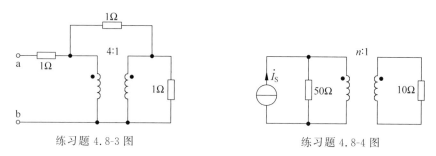

练习题 4.8-3 图　　　　　　　　　　　　练习题 4.8-4 图

4.8-5 电路如练习题 4.8-5 图所示,电压源电压相量 $\dot{U}_S = 10\angle 0° \text{V}$,$Z_1 = (4 - j5)\,\Omega$,$Z_2 = j3\Omega$,负载电阻 $R_L = 2\Omega$;欲使 R 能获得最大功率,确定理想变压器的变比 n 和 Z_C 值,并求此最大功率。

4.8-6 电路如练习题 4.8-6 图所示,求输入电流 $\dot{I}_1$ 和输出电压 $\dot{U}_2$。

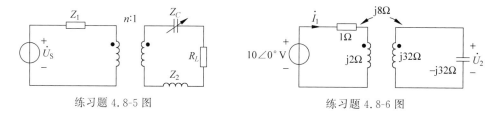

练习题 4.8-5 图　　　　　　　　　　　　练习题 4.8-6 图

4.9　三相电路

目前,世界各国的电力系统普遍采用三相制供电方式。三相电力系统是由三相电源、三相负载和三相输电线路几部分组成。生活中使用的单相交流电源只是三相制中的一相。三相制得到普遍应用是因为它比单相制具有明显的优越性。例如,从发电方面看,同样尺寸的发电机,采用三相电路比单相电路可以增加输出功率;从输电方面看,在相同输电条件下,三相电路可以节约铜线;从配电方面看,三相变压器比单相变压器经济,而且便于接入三相或者单相负载;从用电方面看,常用的三相电动机具有结构简单、运行平稳可靠等优点。

三相交流电技术的创始人是俄国电工科学家多利沃-多布罗沃利斯基(1861—1919),他于 1888 年研制成首台旋转磁场式三相交流发电机。1890 年又设计制成三相变压器,并于 1891 年在法兰克福世界电工技术博览会上,演示了世界上第一条长达 170 千米的三相输电系统。

三相电路可看成是复杂电路的一种特殊类型,因此前述的有关正弦交流电路的基本理论、基本定律和分析方法完全适用于三相正弦交流电路。但是,三相电路又有其自身的特点,本节讨论三相正弦稳态电路,主要介绍三相电源及其连接、对称三相电路分析,简单不对称三相电路分析。

4.9.1 三相电源

三相电源是由三相交流发电机组产生的,由 3 个同频率、等振幅而相位依次相差120°的正弦电压源按一定连接方式组成,又称为对称三相电源,如图 4-91(a)所示。三相交流发电机由 3 个缠绕在定子上的独立线圈构成。每个线圈即为发电机的一相。发电机的转子是一个运动的物体,一般为由水流或空气涡轮机等驱动的匀速转动的电磁铁。电磁铁的转动使每个线圈上产生一个正弦电压,通过设计线圈的位置以使线圈上产生的正弦电压幅值相同、相位角相差120°,电磁铁转动时线圈的位置保持不变,因此,每个线圈上的电压的频率一致。

习惯上,3 个线圈的始端分别标记为 A、B 和 C,末端分别标记为 X、Y 和 Z。3 个线圈上的电压分别为 u_A、u_B 和 u_C,依次称为 A 相、B 相和 C 相的电压。这样一组电压称为对称三相电压,如图 4-91(b)所示。

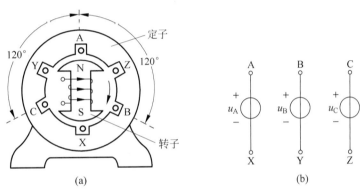

图 4-91

若设 A 相电源初相位为零,则它们的瞬时表达式为

$$\begin{cases} u_A = \sqrt{2}U_p\cos\omega t \\ u_B = \sqrt{2}U_p\cos(\omega t - 120°) \\ u_C = \sqrt{2}U_p\cos(\omega t + 120°) \end{cases} \quad (4.9\text{-}1)$$

其波形图如图 4-92(a)所示。

相量表达式为

$$\dot{U}_A = U_p\angle 0°$$
$$\dot{U}_B = U_p\angle -120°$$
$$\dot{U}_C = U_p\angle 120°$$

其波形图如图 4-92(b)所示。

各相电压依次达到最大值的先后次序称为相序。上述三相电源的相序为 A→B→C,称为正相序。如果次序为 A→C→B,则为负相序。一般以正相序为主讨论三相电路问题。

对称三相电压有一个重要特点:在任一瞬间,对称三相电压之和恒等于 0,即

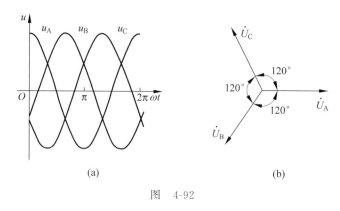

图 4-92

$$u_A(t) + u_B(t) + u_C(t) = 0$$

对应的相量形式有

$$\dot{U}_A + \dot{U}_B + \dot{U}_C = U_p\angle 0° + U_p\angle-120° + U_p\angle 120° = 0$$

表现在相量图上,即有任何两个电压相量的和必与第 3 个电压相量大小相等、方向相反,如图 4-93 所示。

在实际应用中,三相电源的 6 个端钮并不需要都引出去与负载相连,通常它们先在内部作某种方式的连接,再引出较少的端钮与负载相连。一般有星形(Y形)和三角形(△形)两种连接方式。

1. 三相电源的星形(Y形)连接

将三相线圈的末端联在一起,用 N 表示,称为中点或零点,加上三相线圈的始端共引出 4 根导线,这种连接方式称为星形(Y形)连接,如图 4-94 所示。其中,始端引出的 3 根导线称为端线(俗称火线),中点引出的导线称为中线(亦称零线或地线),各端线之间的电压 $\dot{U}_{AB}$、$\dot{U}_{BC}$、$\dot{U}_{CA}$ 称为线电压,各端线与中线间的电压 $\dot{U}_A$、$\dot{U}_B$、$\dot{U}_C$ 称为相电压。

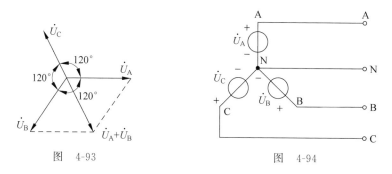

图 4-93   图 4-94

线电压和相电压间的关系为

$$\dot{U}_{AB} = \dot{U}_A - \dot{U}_B = U_p\angle 0° - U_p\angle-120° = \sqrt{3}U_p\angle 30° = U_l\angle 30°$$

$$\dot{U}_{BC} = \dot{U}_B - \dot{U}_C = U_p\angle-120° - U_p\angle 120° = \sqrt{3}U_p\angle-90° = U_l\angle-90°$$

$$\dot{U}_{CA} = \dot{U}_C - \dot{U}_A = U_p\angle 120° - U_p\angle 0° = \sqrt{3}U_p\angle 150° = U_l\angle 150°$$

其中,U_l、U_p 分别为线电压和相电压的有效值。线电压和相电压间的相量图如图 4-95 所示。

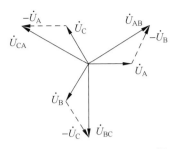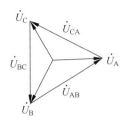

图　4-95

可见,星形连接的对称三相电源中,线电压与相电压一样,也是对称的。且有 $U_l = \sqrt{3}U_p$,线电压超前对应相电压 $30°$。

2. 三相电源的三角形(△形)连接

将三相线圈的始、末端依次相连,再从各连接点引出 3 根端线,这种连接称为三角形(△形)连接,如图 4-96 所示。三角形连接没有中点,线电压等于相电压,且 $\dot{U}_A + \dot{U}_B + \dot{U}_C = 0$,自动满足 KVL 方程。

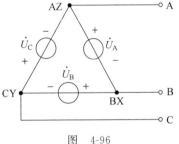

必须注意,如果任何一相定子绕组接法相反,沿回路绕行方向的 3 个电压降之和将不为零,由于发电机绕组的阻抗很小,故在回路中会产生很大的电流,会烧毁发电机绕组,造成严重后果。

图　4-96

4.9.2　对称三相电路的分析

三相电路中,通常由 3 个负载连接成星形(Y形)或三角形(△形),称为三相负载。当 3 个负载的参数相同时,称为对称三相负载。由于电源和负载的不同接法,三相电路可分为以下几种情况:Y-Y(即电源和负载均为Y形连接),Y-△(即电源是Y形连接,负载是△形连接),以此类推,还有△-Y、△-△。三相对称负载与三相对称电源连接后即组成了三相对称电路。

下面主要讨论Y-Y、Y-△型对称三相电路。从电路分析的角度看,稳定工作中的三相电路实质上是一个正弦稳态电路,可按一般正弦稳态电路进行分析。但由于对称三相电路有一些特殊的对称性质,利用这些性质可大大简化计算。在三相电路中,将每相电源或负载上的电压称为电源或负载的相电压(负载相电压,其有效值也常记为 U_p,但含义跟电源相电压不同),流过每相电源或负载的电流称为电源或负载的相电流(负载相电流,其有效值常记为 I_p),端线间的电压称为线电压,端线上的电流称为线电流(其有效值常记为 I_l)。分析研究的几个基本问题是:负载上的相电压、相电流计算;端线上电流计算;负载的功率计算等。

1. Y-Y型电路分析

图 4-97 所示电路为负载星形连接、有中线的情况,此时仅通过 4 根导线传输着三相电压,故称为对称三相四线制系统。

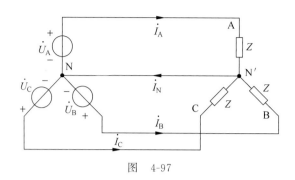

图 4-97

显然,该电路的特点为:负载的电压(相电压)等于电源的相电压,相电流等于线电流。也即有 $I_p = I_l$,$U_p = \dfrac{1}{\sqrt{3}} U_l$。

若设电源电压 $\dot{U}_A = U_p \angle 0°$,负载 $Z = R + jX = |Z| \angle \varphi$,则线(相)电流可分别在 A 相回路(由 A 相电源、A 相负载、A 端线和中线组成)、B 相回路、C 相回路中求得

$$\dot{I}_A = \frac{\dot{U}_A}{Z} = \frac{U_p}{|Z|} \angle -\varphi = I_p \angle -\varphi$$

$$\dot{I}_B = \frac{\dot{U}_B}{Z} = I_p \angle (-120° - \varphi)$$

$$\dot{I}_C = \frac{\dot{U}_C}{Z} = I_p \angle (120° - \varphi)$$

$$\dot{I}_N = \dot{I}_A + \dot{I}_B + \dot{I}_C = \frac{\dot{U}_A}{Z} + \frac{\dot{U}_B}{Z} + \frac{\dot{U}_C}{Z} = \frac{\dot{U}_A + \dot{U}_B + \dot{U}_C}{Z} = 0$$

其中,$I_p = \dfrac{U_p}{|Z|}$。

对每相负载而言,其平均功率为

$$P_A = U_A I_A \cos\varphi = U_p I_p \cos\varphi$$
$$P_B = U_B I_B \cos\varphi = U_p I_p \cos\varphi$$
$$P_C = U_C I_C \cos\varphi = U_p I_p \cos\varphi$$

其中,P_A、P_B、P_C 中的 U_p、I_p 指负载上的相电压、相电流,但数值上又跟电源相电压、相电流相同,故三相负载的总平均功率为

$$P = P_A + P_B + P_C = 3U_p I_p \cos\varphi \qquad (4.9\text{-}2)$$

又 $U_l = \sqrt{3} U_p$,$I_l = I_p$,则

$$P = 3U_p I_p \cos\varphi = \sqrt{3} U_l I_l \cos\varphi \qquad (4.9\text{-}3)$$

根据平均功率的概念及计算方法,总平均功率还可通过每相负载中电阻部分消耗的平均功率之和进行计算。即有

$$P = 3U_p I_p \cos\varphi = \sqrt{3} U_l I_l \cos\varphi = 3I_p^2 R$$

根据无功功率和视在功率概念及计算方法,其表达式为

$$Q = 3U_p I_p \sin\varphi = \sqrt{3} U_l I_l \sin\varphi \quad (\text{无功功率}) \qquad (4.9\text{-}4)$$

$$S = 3U_p I_p = \sqrt{3} U_l I_l \quad （视在功率） \tag{4.9-5}$$

显然,计算对称三相电路电流时,只需计算其中一相,其余两相可根据对称性得出。

若考虑中线存在阻抗 Z_N,如图 4-98 所示。上述分析结果将会如何变化？ 显然,这是具有两个节点的电路,若设 N 为参考点,则 N′、N 之间的电压 $\dot{U}_{N'N}$ 为

$$\dot{U}_{N'N} = \frac{\dfrac{\dot{U}_A}{Z} + \dfrac{\dot{U}_B}{Z} + \dfrac{\dot{U}_C}{Z}}{\dfrac{1}{Z} + \dfrac{1}{Z} + \dfrac{1}{Z} + \dfrac{1}{Z_N}}$$

由于电源对称,即 $\dot{U}_A + \dot{U}_B + \dot{U}_C = 0$,故可解得 $\dot{U}_{N'N} = 0$。

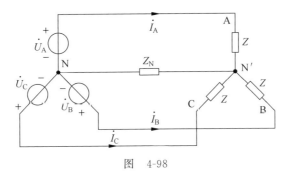

图　4-98

所以,N′、N 为等电位点,即可以用短路线替代存在阻抗 Z_N 的中线,前面分析结果不会发生变化。从以上分析中又可注意到中线电流为零,故在理想情况下有无中线对电路是不会有影响的。因此,可将上述三相四线制改为负载星形连接、无中线的对称三相三线制系统,如图 4-99 所示。但需要说明的是,三相三线制系统中要求负载严格对称,而事实上较难做到这样,故工程实际上更多使用的仍然是三相四线制。

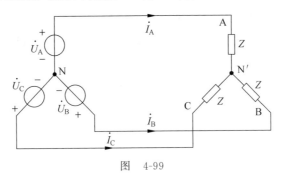

图　4-99

综上所述,对于对称三相四线制系统或三相三线制可以得到如下结论:

(1) 负载上相电压有效值等于电源相电压的有效值,等于线电压有效值的 $1/\sqrt{3}$,线电压在相位上超前对应相电压30°。

(2) 负载上的相电流等于端线上线电流,即有 $I_p = I_l$。

(3) 各端线电流大小、频率相同,相位互差120°,它们在任一瞬时的代数和均等于零,为一组对称电流。

(4) 如有中线,则中线上电流为零。

例 4-29 Y-Y 连接的三相电路,其负载如图 4-100 所示。已知 $Z=(8+\mathrm{j}6)\Omega$,$u_{\mathrm{AB}}=380\sqrt{2}\cos\omega t\,\mathrm{V}$,求各线(相)电流及三相负载的总平均功功率 P。

解:因负载对称,故可先计算一相有关变量。由题知 $\dot{U}_{\mathrm{AB}}=380\angle0°\mathrm{V}$,则 $\dot{U}_{\mathrm{A}}=220\angle-30°\mathrm{V}$。故

$$\dot{I}_{\mathrm{A}}=\frac{\dot{U}_{\mathrm{A}}}{Z}=\frac{220\angle-30°}{8+\mathrm{j}6}=22\angle-66.9°\mathrm{A}$$

根据对称性,得

$$\dot{I}_{\mathrm{B}}=\dot{I}_{\mathrm{A}}\angle-120°=22\angle173.1°\mathrm{A}$$

$$\dot{I}_{\mathrm{C}}=\dot{I}_{\mathrm{A}}\angle120°=22\angle53.1°\mathrm{A}$$

所以

$$P=3I_{\mathrm{p}}^2R=3\times22^2\times8=11\,616\mathrm{W}$$

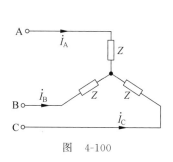

图 4-100

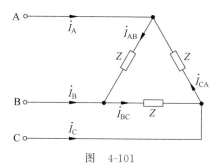

图 4-101

2. Y-△型电路分析

三角形连接的三相对称负载,与星形连接的对称三相电源的三根端线相连,就构成了另一种对称三相三线制的 Y-△型电路,如图 4-101 所示,显然,该电路的特点为:负载上的电压(相电压)等于电源的线电压。

若设电源电压 $\dot{U}_{\mathrm{AB}}=U_l\angle0°$,且负载 $Z=|Z|\angle\varphi$ 已知,则负载上的电流(相电流)分别为

$$\dot{I}_{\mathrm{AB}}=\frac{\dot{U}_{\mathrm{AB}}}{Z}=\frac{U_{\mathrm{AB}}}{|Z|}\angle-\varphi=I_{\mathrm{p}}\angle-\varphi$$

$$\dot{I}_{\mathrm{BC}}=\frac{\dot{U}_{\mathrm{BC}}}{Z}=I_{\mathrm{p}}\angle(-120°-\varphi)$$

$$\dot{I}_{\mathrm{CA}}=\frac{\dot{U}_{\mathrm{CA}}}{Z}=I_{\mathrm{p}}\angle(120°-\varphi)$$

由 KCL 得各端线上的电流(线电流)分别为

$$\dot{I}_{\mathrm{A}}=\dot{I}_{\mathrm{AB}}-\dot{I}_{\mathrm{CA}}=\sqrt{3}I_{\mathrm{p}}\angle(-30°-\varphi)=I_l\angle(-30°-\varphi)=\sqrt{3}\dot{I}_{\mathrm{AB}}\angle-30°$$

$$\dot{I}_{\mathrm{B}}=\dot{I}_{\mathrm{BC}}-\dot{I}_{\mathrm{AB}}=\sqrt{3}I_{\mathrm{p}}\angle(-150°-\varphi)=I_l\angle(-150°-\varphi)=\sqrt{3}\dot{I}_{\mathrm{BC}}\angle-30°$$

$$\dot{I}_{\mathrm{C}} = \dot{I}_{\mathrm{CA}} - \dot{I}_{\mathrm{BC}} = \sqrt{3}\,I_{\mathrm{p}} \angle (90° - \varphi) = I_l \angle (90° - \varphi) = \sqrt{3}\,\dot{I}_{\mathrm{CA}} \angle -30°$$

可见,线电流与相电流之间有

$$I_l = \sqrt{3}\,I_{\mathrm{p}}$$

每相负载的平均功率为

$$P_1 = U_{\mathrm{p}} I_{\mathrm{p}} \cos\varphi = \frac{\sqrt{3}}{3} U_l I_l \cos\varphi = I_{\mathrm{p}}^2 R$$

故三相负载总的平均功率为

$$P = 3U_{\mathrm{p}} I_{\mathrm{p}} \cos\varphi = \sqrt{3}\,U_l I_l \cos\varphi = 3I_{\mathrm{p}}^2 R \qquad (4.9\text{-}6)$$

根据无功功率和视在功率概念及计算方法,其表达式为

$$Q = 3U_{\mathrm{p}} I_{\mathrm{p}} \sin\varphi = \sqrt{3}\,U_l I_l \sin\varphi \quad （无功功率） \qquad (4.9\text{-}7)$$

$$S = 3U_{\mathrm{p}} I_{\mathrm{p}} = \sqrt{3}\,U_l I_l \quad （视在功率） \qquad (4.9\text{-}8)$$

分析负载三角形连接的对称三相电路时,也只需先计算一相,其余两相可根据对称性得出。线电流和相电流的相量图如图 4-102 所示,显然,有 $\dot{I}_{\mathrm{A}} + \dot{I}_{\mathrm{B}} + \dot{I}_{\mathrm{C}} = 0$, $\dot{I}_{\mathrm{AB}} + \dot{I}_{\mathrm{BC}} + \dot{I}_{\mathrm{CA}} = 0$,故线电流和相电流均为对称电流。

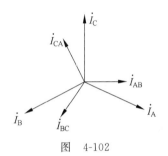

图 4-102

在对称负载三角形连接的三相电路中可得如下结论:

(1) 线电压等于相电压。

(2) 线电流有效值是相电流有效值的 $\sqrt{3}$ 倍,线电流在相位上滞后对应相电流 30°,线电流和相电流均为对称电流。

例 4-30 图 4-101 所示电路中,已知 $Z = 8 + \mathrm{j}6\,\Omega$, $u_{\mathrm{AB}} = 380\sqrt{2}\cos\omega t\,\mathrm{V}$,求各相电流和线电流。

解: 因负载对称,故只需先取其中一相计算。由题知 $\dot{U}_{\mathrm{AB}} = 380\angle 0°\,\mathrm{V}$

故

$$\dot{I}_{\mathrm{AB}} = \frac{\dot{U}_{\mathrm{AB}}}{Z} = \frac{380\angle 0°}{8 + \mathrm{j}6} = 38\angle -36.9°\,\mathrm{A}$$

$$\dot{I}_{\mathrm{A}} = \sqrt{3}\,\dot{I}_{\mathrm{AB}} \angle -30° = 65.8\angle -66.9°\,\mathrm{A}$$

根据对称性,得

$$\dot{I}_{\mathrm{BC}} = \dot{I}_{\mathrm{AB}} \angle -120° = 38\angle -156.9°\,\mathrm{A}$$

$$\dot{I}_{\mathrm{CA}} = \dot{I}_{\mathrm{AB}} \angle 120° = 38\angle 83.1°\,\mathrm{A}$$

$$\dot{I}_{\mathrm{B}} = \dot{I}_{\mathrm{A}} \angle -120° = 65.8\angle 173.1°\,\mathrm{A}$$

$$\dot{I}_{\mathrm{C}} = \dot{I}_{\mathrm{A}} \angle 120° = 65.8\angle 53.1°\,\mathrm{A}$$

例 4-31 已知三相对称电源 $U_l = 380\mathrm{V}$,对称负载 $Z = (3 + \mathrm{j}4)\,\Omega$,求:

(1) 负载为星形连接时的 P、Q、S。

(2) 负载为三角形连接时的 P、Q、S。

解：（1）负载为星形连接时，有

$$I_l = \frac{U_p}{|Z|} = \frac{380/\sqrt{3}}{5} \approx 44A$$

$$P = \sqrt{3}U_l I_l \cos\varphi_z = \sqrt{3} \times 380 \times 44 \times \frac{3}{5} \approx 17.4\text{kW}$$

$$Q = \sqrt{3}U_l I_l \sin\varphi_z = \sqrt{3} \times 380 \times 44 \times \frac{4}{5} \approx 23.2\text{kVar}$$

$$S = \sqrt{3}U_l I_l = \sqrt{3} \times 380 \times 44 \approx 29\text{kVA}$$

（2）负载为三角形连接时，有

$$I_l = \sqrt{3}\frac{U_l}{|Z|} = \sqrt{3} \times \frac{380}{5} \approx 132A$$

$$P = \sqrt{3}U_l I_l \cos\varphi_z = \sqrt{3} \times 380 \times 132 \times \frac{3}{5} \approx 52.5\text{kW}$$

$$Q = \sqrt{3}U_l I_l \sin\varphi_z = \sqrt{3} \times 380 \times 132 \times \frac{4}{5} \approx 70\text{kVar}$$

$$S = \sqrt{3}U_l I_l = \sqrt{3} \times 380 \times 132 \approx 87.5\text{kVA}$$

最后，再说明一下对称三相电路的瞬时功率问题。

三相负载吸收的瞬时功率等于各相负载瞬时功率的和。即有

$$\begin{aligned}
p &= p_A + p_B + p_C = u_A i_A + u_B i_B + u_C i_C\\
&= \sqrt{2}U_A \cos(\omega t + \theta_A)\sqrt{2}I_A\cos(\omega t + \theta_A - \varphi) +\\
&\quad \sqrt{2}U_B\cos(\omega t + \theta_A - 120°)\sqrt{2}I_B\cos(\omega t + \theta_A - 120° - \varphi) +\\
&\quad \sqrt{2}U_C\cos(\omega t + \theta_A + 120°)\sqrt{2}I_C\cos(\omega t + \theta_A + 120° - \varphi)\\
&= 3U_p I_p\cos\\
&= P
\end{aligned}$$

由此可见，对称三相电路的瞬时功率为一常数，其值等于平均功率。这一现象被称为瞬时功率平衡，是对称三相电路的一个优越性能。如果三相负载是电动机，由于三相总瞬时功率是定值，因而电动机的转矩是恒定的。因为，电动机转矩的瞬时值是和总瞬时功率成正比的。这样，虽然每相的电流是随时间变化的，但转矩却并不是时大时小，这是三相电胜于单相电的一个优点。

4.9.3　不对称三相电路的分析

不对称三相电路通常指负载是不对称的，而电源仍是对称的。分析时可把不对称三相电路看作是一种具有 3 个电源的复杂交流电路，使用前面所介绍的正弦稳态电路的各种分析方法进行分析，如用网孔法、节点法、电路定理等。

例 4-32　已知三相电路如图 4-103 所示，求各负载电压。

解：节点法求出 NN′间的电压

$$\dot{U}_{N'N} = \frac{\dot{U}_{AN}/Z_a + \dot{U}_{BN}/Z_b + \dot{U}_{CN}/Z_c}{1/Z_a + 1/Z_b + 1/Z_c + 1/Z_N}$$

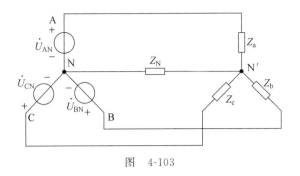

图 4-103

根据 KVL,得各负载电压为

$$\dot{U}_{AN'} = \dot{U}_{AN} - \dot{U}_{N'N}$$

$$\dot{U}_{BN'} = \dot{U}_{BN} - \dot{U}_{N'N}$$

$$\dot{U}_{CN'} = \dot{U}_{CN} - \dot{U}_{N'N}$$

思考和练习

4.9-1 说说三相四线制和三相三线制供电系统中三相电源与三相负载的不同组合连接方式,并画出相应的连接图。

4.9-2 三相电源作三角形连接时,如果连接错误,则三角形内就会产生很大的环路电流,有烧毁电源的危险。试问,有哪种简单的方法可用来判断连接是否正确?请说明理由。

4.9-3 你认为"任何三相电路中线电压相量之和等于零,即 $\dot{U}_{AB} + \dot{U}_{BC} + \dot{U}_{CA} = 0$"与"三相三线制电路中,线电流相量之和等于零,即 $\dot{I}_A + \dot{I}_B + \dot{I}_C = 0$"这两句话对吗?试说明理由。

4.9-4 已知对称三相负载,其功率为 12.2kW,线电压为 220V,功率因数为 0.8(感性),求线电流。如果负载接成Y形,求负载阻抗 Z。

4.10 安全用电

现今社会,电已成为人们生活中不可或缺的部分,人们无时无处不与各类电气设备或电子产品接触,如果一不小心就会触及带电物体或带电部分,有可能会发生触电事故,危及人的生命。因此对现代社会的每个人,掌握基本的安全用电常识是非常有必要的。

4.10.1 电流对人体的影响和伤害

人体是导体,人体触及带电体时,就有电流通过人体。那么是否只要有电流通过人体,就叫触电呢?答案是否定的。通过人体的电流达到一定值时对人体的伤害事故叫触电。这可通过国内外众多研究所得数据看出,如表 4-2 所示。

表 4-2　通过人体的电流对人体的影响

通过人体的电流（单位/mA）	对人体产生的影响
0～0.5	人体感觉不到电流,没有危险
0.5～1	开始有感觉
1	有麻痛的感觉
5～7	手部痉挛
8～10	手部剧痛,勉强能摆脱电源,不致造成事故
20～25	手迅速麻痹,不能摆脱电源,呼吸困难
大于 30	感觉麻痹或剧痛呼吸困难有生命危险
100	极其短时间就能使心跳停止

从表 4-1 可以看出,电流对人体的伤害与通过人体的电流大小有关,通过人体的电流越大,对人体的影响和伤害越大。当通过人体的电流大小超过 30mA 时,人体就有生命危险。

除此之外,在触电事故中,人体的损伤程度还与电流持续时间、安全电压、通过人体的电流途径、通过人体的电流频率等因素有关。

1. 电流持续时间

通电时间长短也与人体触电损伤程度有密切关系。通电时间越短,对人体的影响越小,反之损伤程度越严重。

2. 安全电压

安全电压是指不使人直接致死或致残的电压。从上面分析可知,当通过人体的电流大于 30mA 时,人们将有生命危险。如果人体电阻按照 1200Ω 来计算,电流大于 30mA 有生命危险,通常情况下人体的安全电压应该是 36V。在潮湿、有腐蚀性气体的地方安全电压则为 24V,甚至 12V 以下。因此,安全电压并不是在所有环境和条件下对人体都不会造成致命伤害,而是与个体因素和环境因素有关,在不同的环境下,对安全电压的要求也会不同。我国规定的安全电压等级有 42V、36V、24V、12V、6V 五种。当电器设备采用的电压超过安全电压时,必须按规定采取防止直接接触带电体的保护措施。

3. 通过人体的电流途径

人体不同部位触电,会造成通过人体的电流途径不同,流经的电流强度也不同,因此对人体的伤害程度也会不一样。若电流通过心脏或接近心脏,通过肺和中枢神经系统的电流强度越大,对人体的伤害越严重。

4. 通过人体的电流频率

交流电对人体的损害程度比直流电大,不同频率的交流电对人体的影响也不同,即电流对人体的伤害与通过的电流频率相关。

4.10.2　触电形式

在触电事故中,电流对心脏影响最大。因此,当电流从一只手流到另一只手,或者是从手到脚都是很危险的情况,容易造成触电伤亡事故。

通常,人们日常生活中的触电事故主要是低压触电,按照人体触及带电体的方式,触电一般分为单相触电和双相触电两种方式。

1. 单相触电

站在地上的人接触到一根相线,则电流从人体经大地回到电源中性点,这种触电形式称为单相触电。在触电引发的安全事故中,单相触电发生的情况较多。单相触电根据电网接地情况,又可分为中性点直接接地的单相触电和中性点不接地的单相触电两种情况。

(1) 中性点直接接地的单相触电,如图 4-104(a)所示。人体接触一相带电体,电流从人体经大地到中性点接地装置形成闭合回路,这时电流流过人体形成电击。因为人只接触一根相线,所以这时候人体承受的是 220V 相电压,这种触电情况发生的比较多,危险性较高,后果往往比较严重。

(2) 中性点不接地的单相触电,如图 4-104(b)所示。虽然这时中性点没有人为接地,但是由于绝缘电阻和分布电容的存在,当人触碰到任何一相带电体时,此相电流从人体经另外两相线的对地绝缘电阻和分布电容而形成闭合回路,从而有电流流过人体,也会引发电击。这里需要说明的是,如果对地绝缘电阻值较大,则通过人体的电流较小,通常对人体的伤害也较小。但是如果线路老化、环境潮湿、线路绝缘不良,则通过人体的电流较大,此时也会引发触电事故。

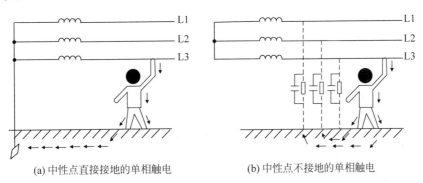

(a) 中性点直接接地的单相触电　　　　　　(b) 中性点不接地的单相触电

图　4-104

2. 双相触电

双相触电是指人体不同的两个部位同时与两根相线接触的触电方式,如图 4-105 所示。此时人处于线电压下,电流由一相线经人体传导流入另一相线,形成回路,触电后果更为严重。

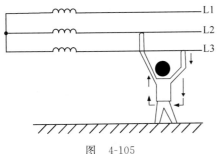

图　4-105

以上单相触电和双相触电都是属于直接接触触电事故,就是指人体直接接触到电器设备正常带电部分引起的触电事故。在触电事故中,除了直接接触触电事故外,还有一种是间接接触触电事故。

间接触电事故是指人体接触到正常情况下不

带电且仅在事故情况下才会带电的部分而发生的触电事故。如接触了由于老化而引起故障的电器设备外漏金属部分,从而造成触电事故的情况。

4.10.3 事故防护

通常家庭电路中的触电事故都是直接或间接与火线接触而造成的。因此日常用电时,应特别警惕的是本来不该带电的物体带了电,本来是绝缘的物体却不绝缘了。所以应注意:

(1) 防止灯座、插头、电线等绝缘部分损坏;

(2) 保持绝缘部分干燥;

(3) 避免电线跟其他金属物接触;

(4) 定期检查及时维修线路及用电设备。

在日常电气设备使用中应严格遵守电气设备的操作规程,经常检查和检测设备的运行情况,并定期对设备进行维修来减少和防备用电安全事故和灾害的发生。

思考和练习

4.10-1 单相触电和双相触电哪个更危险? 请说明理由。

4.10-2 平时如何进行安全事故防护?

4.11 实用电路介绍

4.11.1 日光灯电路

日光灯电路是日常生活中常用的电路,一般由日光灯管、启辉器 S、和镇流器 L 组成,其电气连接图及电路模型如图 4-106 所示。日光灯电路的工作原理是:当开关接通的时候,电源电压立即通过镇流器和灯管灯丝加到启辉器的两极。220V 的电压立即使启辉器的惰性气体电离,产生辉光放电。辉光放电的热量使双金属片受热膨胀,两极接触。电流通过镇流器、启辉器触极和两端灯丝构成通路。灯丝很快被电流加热,发射出大量电子。这时,由于启辉器两极闭合,两极间电压为零,辉光放电消失,管内温度降低,双金属片自动复位,两极断开。在两极断开的瞬间,电路电流突然切断,镇流器产生很大的自感电动势,与电源电压叠加后作用于灯管两端。灯丝受热时发射出来的大量电子,在灯管两端高电压作用下,以极大的速度由低电势端向高电势端运动。在加速运动的过程中,碰撞管内氩气分子,使之迅速电离。氩气电离生热,热量使水银产生蒸气,随之水银蒸气也被电离,并发出强烈的紫外线。在紫外线的激发下,管壁内的荧光粉发出近乎白色的可见光。

图 4-106

日光灯正常发光后,由于交流电不断通过镇流器的线圈,线圈中产生自感电动势,自感电动势阻碍线圈中的电流变化,这时镇流器起降压限流的作用,使电流稳定在灯管的额定电流范围内,灯管两端电压也稳定在额定工作电压范围内。由于这个电压低于启辉器的电离电压,所以并联在两端的启辉器也就不再起作用了。

日光灯电路可以等效为一个 RL 串联电路。镇流器应与灯管配套使用,镇流器上所标的功率指的是配套灯管的功率,此时日光灯电路的功率因数一般为 0.3～0.7。

4.11.2　移相器电路

移相器电路在雷达、导弹姿态控制、加速器、通信、仪器仪表等领域都有着广泛的应用。图 4-107 给出了一种移相器电路。

利用分压公式和 KVL,有

$$\dot{U}_0 = \frac{R_1}{R_1 + \frac{1}{\mathrm{j}\omega C}}\dot{U}_\mathrm{s} - \frac{R}{R+R}\dot{U}_\mathrm{s} = \left(\frac{\mathrm{j}\omega CR_1}{\mathrm{j}\omega CR_1 + 1} - \frac{1}{2}\right)\dot{U}_\mathrm{s}$$

$$= \frac{-1 + \mathrm{j}\omega CR_1}{2(\mathrm{j}\omega CR_1 + 1)}\dot{U}_\mathrm{s} \qquad (4.11\text{-}1)$$

$$\frac{\dot{U}_0}{\dot{U}_\mathrm{s}} = \frac{-1 + \mathrm{j}\omega CR_1}{2(\mathrm{j}\omega CR_1 + 1)}\dot{U}_\mathrm{s} = \frac{1}{2}\angle(180° - 2\arctan\omega CR_1)$$

$$(4.11\text{-}2)$$

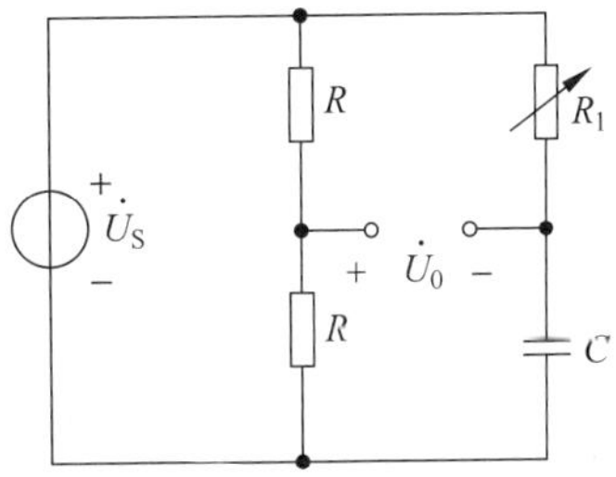

图　4-107

由上式可见,移相器电路的幅频特性为 $\frac{1}{2}$;当 R_1 由 0 变化至∞时,它的相位随之从 180°变化至 0°。该电路是一个超前相移网络。

4.11.3　模拟地、数字地耦合隔离电路

模拟地是模拟电路零电位的公共基准地线。工程应用中,模拟电路一般负责小信号的处理,例如,模拟小信号放大器、模拟有源滤波器等,或者大功率信号的传输和发射,例如,音频功率放大器、射频功率放大器等。因此,模拟电路既有低频部分,又有高频部分,模拟地既容易被噪声干扰,同时也容易产生干扰,在模拟电路设计中需要引起足够的重视。

数字地是数字电路零电位的公共基准地线。数字电路处理信号灵活方便,目前在各领域应用非常广泛,数字电路通常以电脉冲的高电平和低电平来分别表示数字逻辑"1"和"0",传送信息时电脉冲的高、低电平将会频繁交替出现,产生脉冲上升沿和下降沿,而脉冲的上升沿和下降沿均会产生高频毛刺噪声,不加以处理的话,对一起工作的模拟电路通过模拟地将会产生严重的干扰。

实际电路中,通常采用模拟地和数字地相互分开,之间用磁珠进行滤波和隔离的方法,如图 4-108 所示,来达到消除干扰的目的。磁珠一般由导线穿过高磁导率铁氧体材料构成,如图 4-109 所示,其等效电路为电阻和电感串联组合。等效阻抗在形式上是随着频率的升高而增加,但是在不同频率时其机理是完全不同的。在低频段,阻抗由电感的感抗构成,其电阻分量很小,磁芯的磁导率高,因此电感量较大,整个器件是一个低损耗、高 Q 特性的电

感。在高频段,阻抗由电阻成分构成,随着频率升高,磁芯的磁导率降低,导致电感的电感量减小,感抗成分减小,但是,这时磁芯的损耗增加,电阻成分增加,导致总的阻抗增加,当高频信号通过铁氧体时,电磁干扰被吸收并转换成热能的形式耗散掉。

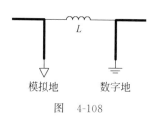

图 4-108

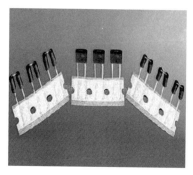

图 4-109

4.11.4 交流电桥电路

图 4-110(a)是交流电桥的组成电路,ab 端口接正弦电源,cd 端口接平衡指示器毫伏表,阻抗 Z_1、Z_2、Z_3 和 Z_x 是电桥的 4 个臂。电桥工作时,调整桥臂阻抗,若毫伏表指示为 0,称电桥平衡。利用平衡条件,可以用来测量阻抗参数。

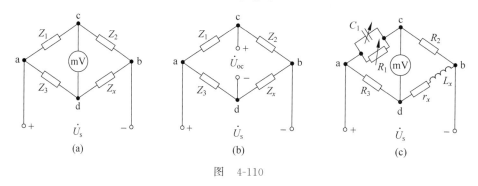

图 4-110

断开毫伏表支路,则其余部分是一个二端电路,如图 4-110(b)所示。在外接电压源的作用下,开路电压为

$$\dot{U}_{OC} = \left(\frac{Z_1}{Z_1 + Z_2} - \frac{Z_x}{Z_3 + Z_x}\right)\dot{U}_s = \left(\frac{(Z_2 Z_3 - Z_1 Z_x)}{(Z_1 + Z_2)(Z_3 + Z_x)}\right)\dot{U}_s \qquad (4.11\text{-}3)$$

根据等效电源定理,若 $\dot{U}_{OC}=0$,则连接毫伏表支路后,毫伏表指示为零,此时电桥平衡。由式(4.11-3)可知,电桥平衡的条件是

$$Z_2 Z_3 = Z_1 Z_x \qquad (4.11\text{-}4)$$

或表示为

$$Z_x = \frac{Z_2 Z_3}{Z_1} \qquad (4.11\text{-}5)$$

式(4.11-4)是一个复数方程,它包含了两个条件,即要求方程两端实部和虚部(或模与

辐角)同时相等。因此实际使用时,至少应调节两个元件参数才能使电桥达到预期平衡。

适当选择桥臂阻抗性质,可得到不同测量用途的电桥。如图 4-110(c)所示的电桥,常用来测量电感元件参数,称为麦克斯韦电桥。其中,r_x 和 L_x 表示待测电感元件的等效电阻和电感量。R_2 和 R_3 为电阻元件,其值已知,R_1 和 C_1 为调节元件。将各元件参数代入式(4.11-5)得

$$r_x + \mathrm{j}\omega L_x = \frac{R_2 R_3}{Z_1} = R_2 R_3 \left(\frac{1}{R_1} + \mathrm{j}\omega C_1 \right)$$

根据复数相等的规则,可得

$$r_x = \frac{R_2 R_3}{R_1}, \quad L_x = R_2 R_3 C_1 \tag{4.11-6}$$

使用时,将待测电感接入 Z_x 支路,反复调整 R_1 和 C_1,使毫伏表指示为零,此时电桥平衡,读出 R_1 和 C_1 值并由式计算出电感元件的电感量和等效电阻。

习题 4

4-1 选择合适的答案填入括号内,只需填入 A、B、C 或 D。

(1) 若 $u = 10\sin(t + 60°)$V,$i = 5\cos(t + 30°)$A,则 u 超前于 i( )。

A. $-120°$ B. 0 C. $-60°$ D. $30°$

(2) 题 4-1(2)图所示的电路图中,已知 $u_1 = -50\sqrt{2}\cos 314t$V,$u_2 = 100\sqrt{2}\cos(314t + 60°)$V。则电压表 V 的读数为( )。

A. 100V B. $50\sqrt{3}$V C. $50\sqrt{2}$V D. 50V

(3) 正弦交流电路如题 4-1(3)图所示,电源电压、频率不变,增大电容量时,电灯 L( )。

A. 变亮 B. 变暗 C. 亮度不变 D. 熄灭

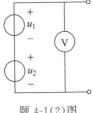

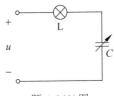

题 4-1(2)图　　　　　　　　　题 4-1(3)图

(4) RL 并联电路中,$R = 2\omega L$,总阻抗角为( )。

A. $26.6°$ B. $0°$ C. $90°$ D. $63.4°$

(5) 已知 RLC 串联的正弦电路中,总电压 $U_S = 10$V,$U_R = 6$V,$U_L = 4$V。则电路( )。

A. 呈阻性 B. 呈容性

C. 呈感性 D. 不能确定何种性质

(6) 阻抗 $Z = (4 + \mathrm{j}3)\Omega$ 所加的电压有效值相量为 $\dot{U} = 10\angle 15°$V,则其平均功率为( )。

A. 8W B. 16W

C. 25W D. 4W

(7) 在电源电压不变的情况下,感性负载并联上一个电容后电路仍为感性,但(　　)。

A. 线路电流减小了　　　　　　　　　　B. 感性负载本身功率因数提高了

C. 增加了无功功率　　　　　　　　　　D. 增加了平均功率

(8) 互感线圈顺向串联时等效电感为 0.3H,反向串联时等效电感为 0.1H。已知 $L_1=L_2$。则互感系数 $M=(　　)$。

A. 0.1H　　　　　B. 0.2H　　　　　C. 0.05H　　　　　D. 0.4H

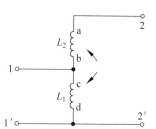
题 4-1(9)图

(9) 含互感元件的电路如题 4-1(9)图所示,若在 11′端接入正弦交流电路,22′端开路,测得 22′端始终为 0,则可以判别(　　)。

A. ab 是同名端　　　　B. cd 是同名端

C. bd 是同名端　　　　D. bc 是同名端

(10) 对称三相电源接于 Y 对称负载,$\dot{U}_{AB}=380\angle 0°V$,$\dot{I}_A=10\angle 0°A$,则每相阻抗为(　　)。

A. $38\angle 0°Ω$　　　　B. $22\angle -30°Ω$　　　　C. $22\angle 30°Ω$　　　　D. $11\angle 0°Ω$

4-2　将合适的答案填入空内。

(1) 同频率的两个正弦量 $\dot{I}_1$ 和 $\dot{I}_2$,已知 $|\dot{I}_1+\dot{I}_2|=|\dot{I}_1-\dot{I}_2|$,则它们的相位关系为_____。

(2) 一 RC 串联电路如题 4-2(2)图所示,电压表 V_1 的读数为 30V,V_2 的读数为 40V,则 V 的读数为_____。

(3) 题 4-2(3)图所示电路中,端口电压、电流的相位差为 $\theta_u-\theta_i=$_____。

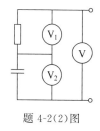
题 4-2(2)图

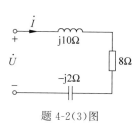
题 4-2(3)图

(4) 已知 RL 并联电路的阻抗角 $\varphi=53.1°$,端口电流 $I=10A$,则 R 和 L 支路电流分别为 $I_R=$_____,$I_L=$_____。

(5) 在 RC 串联电路中,u_C 及总电压 u 均和 i 取关联的参考方向,今测得 u_C 滞后于 u 的相位为 60°,$X_C=100Ω$,则 $R=$_____。

(6) RLC 并联的正弦交流电路中,已知端口电压 $U=100V$,$S=500VA$,$R=50Ω$。则电路的平均功率 $P=$_____,无功功率 $Q=$_____。

(7) 接于 220V,50Hz 正弦电压上的感性负载,消耗的有功功率为 3000W,功率因数为 0.6,若在它两端并联容抗为 48.4Ω 的电容,整个电路的功率因数 $\cos\varphi=$_____。

(8) 电路如题 4-2(8)图所示,$i_S=10\cos(10t-20°)A$,则交流电压表 V_2 的读数为_____。

(9) 电路如题 4-2(9)图所示,若 $I_S=6A$,则 $U=$_____。

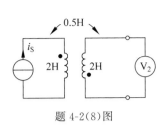

题 4-2(8)图

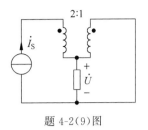

题 4-2(9)图

（10）三相对称负载接成Ｙ形时，线电流 $\dot{I}_A=10\angle0°$A，如将其改成△形且三相电源不变时，则此时线电流 $\dot{I}_A=$ _____。

4-3　正弦电流的振幅 $I_m=10$mA，角频率 $\omega=10^3$rad/s，初相角 $\varphi_i=30°$。写出其瞬时表达式，求电流的有效值 I。

4-4　如题 4-4 图所示电路，已知 $R=200\Omega$，$L=0.1$mH，电阻上电压 $u_R=\sqrt{2}\cos10^6t$(V)，求电源电压 $u_S(t)$，并画出其相量图。

4-5　RC 并联电路如题 4-5 图所示，已知 $R=10$kΩ，$C=0.2\mu$F，$i_C=\sqrt{2}\cos(10^3t+60°)$mA，试求电流 $i(t)$，并画出其相量图。

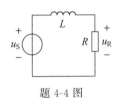

题 4-4 图

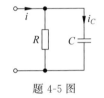

题 4-5 图

4-6　电路如题 4-6 图所示，已知 $u_S=\cos(2t+30°)$V，试求电流 i_2。

4-7　求题 4-7 图所示网络 ab 端口的等效阻抗 Z_{ab}。

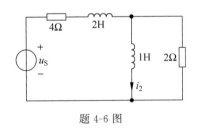

题 4-6 图

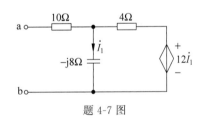

题 4-7 图

4-8　如题 4-8 图所示电路，$U=15$V，$U_1=5$V，$U_2=12$V，角频率 $\omega=100$rad/s，求 R、L 值。

4-9　如题 4-9 图所示电路，已知 $R_1=3.5\Omega$，今测得 $U_S=20$V，$U_1=7$V，$U_2=15$V，电源角频率 $\omega=3$rad/s，求 R 和 L。

4-10　电路的相量模型如题 4-10 图所示，已知 $\dot{U}_S=120\angle0°$(V)，$\dot{I}_S=120\angle0°$(A)，$\dot{U}_C=100\angle-35°$V，$\dot{I}_L=10\angle-70°$A，试求电流 $\dot{I}_1$、$\dot{I}_2$ 和 $\dot{I}_3$。

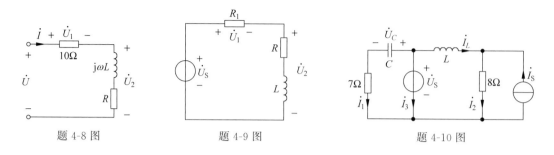

题 4-8 图　　　　　　　　　　题 4-9 图　　　　　　　　　　题 4-10 图

4-11　求如题 4-11 图所示电路中 ab 端的阻抗和导纳。

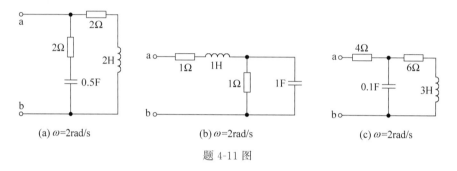

(a) ω=2rad/s　　　　　　(b) ω=2rad/s　　　　　　(c) ω=2rad/s

题 4-11 图

4-12　如题 4-12 图所示电路,已知 $R=50\Omega$, $L=2.5\text{mH}$, $C=5\mu\text{F}$, 电源电压 $U=10\text{V}$, 角频率 $\omega=10^4\text{rad/s}$, 求电流 $\dot{I}_R$、$\dot{I}_L$、$\dot{I}_C$ 和 $\dot{I}$, 并画出其相量图。

4-13　如题 4-13 图所示电路, $I_R=10\text{A}$, $U=200\text{V}$, $\text{j}\omega L=\text{j}20\Omega$, $R=20\Omega$, $\dot{U}$ 与 $\dot{I}_C$ 同相, 求 X_C。

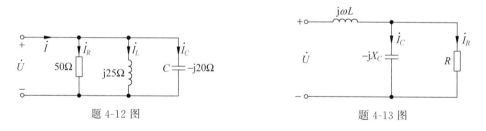

题 4-12 图　　　　　　　　　　　　　　題 4-13 图

4-14　如题 4-14 图所示电路, $R_1=R_2=X_L=X_C$, $\dot{U}=10\angle0°\text{V}$, 求 $\dot{U}_{ab}$。

4-15　如题 4-15 图所示电路, $R=X_L=X_C$, 并已知电流表 A_1 的读数为 3A, 问 A_2 和 A_3 的读数分别为多少?

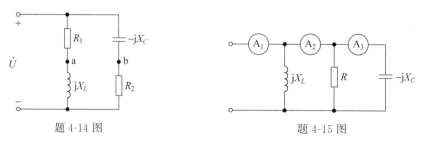

题 4-14 图　　　　　　　　　　题 4-15 图

4-16 如题 4-16 图所示正弦稳态电路,若 $u = 50\sqrt{2}\cos10^6 t\,\mathrm{V}$,$C = 0.1\mu\mathrm{F}$,且已知各支路电流的有效值相同。

(1) 求 i_1、i_2、i_3 的表达式。

(2) 求 R、L 值。

4-17 如题 4-17 图所示,$i_S(t) = 5\sqrt{2}\cos10t\,\mathrm{A}$,求 $i(t)$。

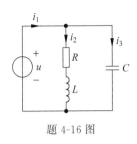

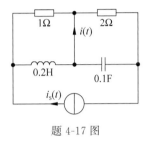

题 4-16 图   题 4-17 图

4-18 如题 4-18 图所示电路,已知 $X_L = 100\Omega$,$X_C = 200\Omega$,$R = 150\Omega$,$U_C = 100\mathrm{V}$,求电压 U 和 I,并画出其相量图。

4-19 如题 4-19 图所示电路,已知 $X_L = 100\Omega$,$X_C = 50\Omega$,$R = 100\Omega$,$I = 2\mathrm{A}$,求 I_R 和 U,并画出其相量图。

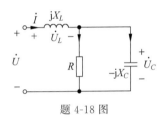

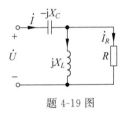

题 4-18 图   题 4-19 图

4-20 如题 4-20 图所示电路,已知 $C_1 = C_2 = 200\mathrm{pF}$,$R = 1\mathrm{k}\Omega$,$L = 6\mathrm{mH}$,$u_L = 30\sqrt{2}\cos(10^6 t + 45°)\mathrm{V}$,求 i_C。

4-21 如题 4-21 图所示电路,已知 $\dot{I} = 10\angle45°(\mathrm{mA})$,$\omega = 10^7\,\mathrm{rad/s}$,$R_S = 0.5\mathrm{k}\Omega$,$R = 1\mathrm{k}\Omega$,$L = 0.1\mathrm{mH}$。

(1) 求电容 C 为何值时,电流 $\dot{I}$ 与 $\dot{U}_S$ 同相?

(2) 求上述情况时的 U_S、U_{ab}、I_R 和 I_L 的值。

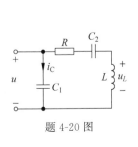

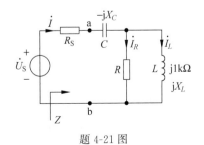

题 4-20 图   题 4-21 图

4-22　如题 4-22 图所示电路,已知 $I_R=10\text{A}$,$X_C=10\Omega$,并且 $U_1=U_2=200\text{V}$,求 X_L。

4-23　如题 4-23 图所示电路,当调节电容 C,使电流 $\dot{I}$ 与电压 $\dot{U}$ 同相时,测得电压有效值 $U=50\text{V}$,$U_C=200\text{V}$,电流有效值 $I=1\text{A}$。已知 $\omega=10^3\,\text{rad/s}$,求元件 R、L、C 的值。

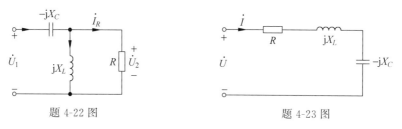

题 4-22 图　　　　　　　　　题 4-23 图

4-24　如题 4-24 图所示电路,已知 $I_1=10\text{A}$,$I_2=20\text{A}$,$R_2=5\Omega$,$U=220\text{V}$,并且总电流 $\dot{I}$ 与总电压 $\dot{U}$ 同相,求电流 I 和 R、X_2、X_C 的值。

4-25　如题 4-25 图所示电路,求电流 $\dot{I}$。

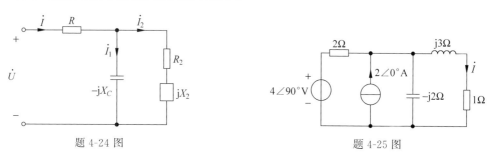

题 4-24 图　　　　　　　　　题 4-25 图

4-26　如题 4-26 图所示电路,求各电路中的电压 $\dot{U}$。

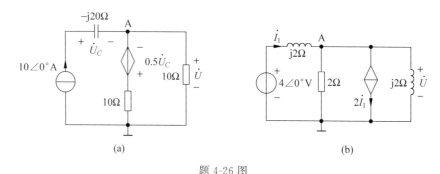

(a)　　　　　　　　　　　　(b)

题 4-26 图

4-27　求题 4-27 图所示二端网络的戴维南等效电路。

4-28　用戴维南定理求题 4-28 图所示电路中的电流 $\dot{I}$ 值。

4-29　用节点法求题 4-29 图所示电路中的电流 $\dot{I}_1$ 和 $\dot{I}_2$,列出需要的方程组(不必求解)。

4-30　如题 4-30 图所示电路,已知 $\dot{U}_S=\text{j}6\text{V}$,$\dot{I}_S=2\angle 0°\text{A}$,求电流相量 $\dot{I}_1$ 和 $\dot{I}_2$。

4-31　如题 4-31 图所示电路,已知 $\dot{U}_{S1}=\dot{U}_{S3}=10\angle 0°\text{V}$,$\dot{U}_{S2}=\text{j}10\text{V}$,求节点 1 和 2 的电压 $\dot{U}_1$ 和 $\dot{U}_2$。

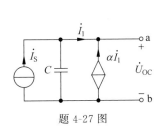

题 4-27 图

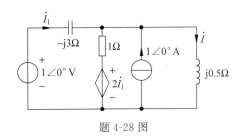

题 4-28 图

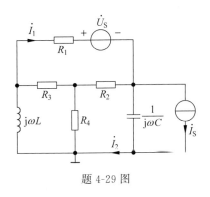

题 4-29 图

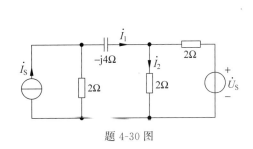

题 4-30 图

4-32 用三表(电压表、电流表、功率表)可测出电感线圈的电阻和电感,电路如题 4-32 图所示。若电源为"220V,50Hz"的工频电源,三表的读数分别为 15V、1A、10W,求 R、L 值。

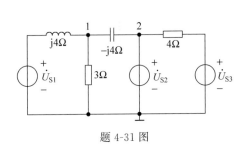

题 4-31 图

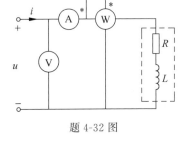

题 4-32 图

4-33 如题 4-33 图所示的电路,已知 $U=20\text{V}$,电容支路消耗功率 $P_1=24\text{W}$,功率因数 $\cos\theta_{Z1}=0.6$;电感支路消耗功率 $P_2=16\text{W}$,功率因数 $\cos\theta_{Z2}=0.8$,求电流 I、电压 U_{ab} 和电路的总复功率。

4-34 如题 4-34 图所示电路,已知 $\dot{U}=20\angle0°\text{V}$,电路消耗的总功率 $P=34.6\text{W}$,功率因数 $\cos\theta_Z=0.866(\theta_Z<0)$,$X_C=10\Omega$,$R_1=25\Omega$,求 R_2 和 X_L。

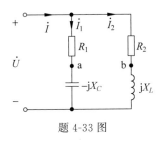

题 4-33 图

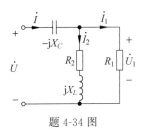

题 4-34 图

4-35 如题 4-35 图所示二端网络,已知 $\dot{I}_1$ 和 $\dot{I}_2$ 的有效值均为 4A,求电阻 R 及该二端网络平均功率 P、无功功率 Q。

4-36 电路的相量模型如题 4-36 图所示,已知 $\dot{U}_C = 10\angle 0°\text{V}, R = 6\Omega, X_C = X_L = 4\Omega$,求电路的平均功率 P、无功率功率 Q、视在功率 S 和功率因数 $\cos\varphi$。

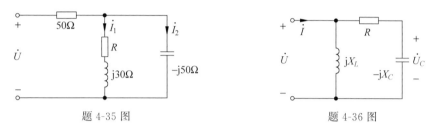

题 4-35 图　　　　　　　　　　　题 4-36 图

4-37 如题 4-37 图所示电路,已知 $i_C = 10\sqrt{2}\cos(10^7 t + 60°)\text{mA}, C = 100\text{pF}, L = 100\mu\text{H}$,电路消耗的平均功率 $P = 100\text{mW}$,求电阻 R 和电压源电压 $u_S(t)$。

4-38 如题 4-38 图所示电路,Z_L 的实部、虚部单独可调,问 Z_L 调整为何值时才能获得最大功率? 其最大功率是多少?

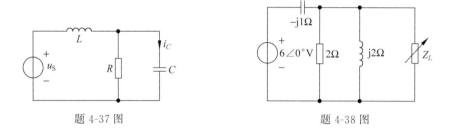

题 4-37 图　　　　　　　　　　　题 4-38 图

4-39 如题 4-39 图所示电路,已知电源 $u_S = 100\sqrt{2}\cos 10^3 t\,\text{V}, C = 250\mu\text{F}$,负载阻抗 Z_L 的实部和虚部均可单独调节,问其调节为何值时才能得到最大功率? 最大功率为多少?

4-40 如题 4-40 图所示的电路,已知 $\dot{I}_S = 2\angle 0°\text{A}$,求负载 Z_L 获得最大功率时的阻抗值及负载吸收功率。

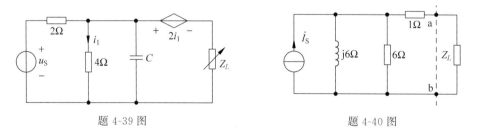

题 4-39 图　　　　　　　　　　　题 4-40 图

4-41 如题 4-41 图所示电路,已知 $u_S = 3\cos t\,\text{V}, i_S = 3\cos t\,\text{A}$,求负载 Z_L 获得最大功率时的阻抗及负载吸收功率。

4-42 如题 4-42 图所示电路,已知 $\dot{I}_S = 2\angle 0°\text{A}$,负载 Z_L 为何值时才能获最大功率? 最大功率 $P_{L\max}$ 是多少?

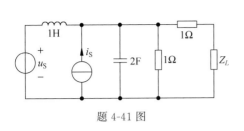

题 4-41 图

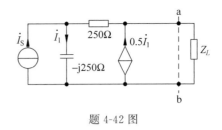

题 4-42 图

4-43 如题 4-43 图所示电路,已知 $\dot{U}_S = 6\angle 0°\text{V}$,负载 Z_L 为何值时它能获得最大功率?最大功率 $P_{L\max}$ 是多少?

4-44 如题 4-44 图所示电路中,已知电压 $u = 100 + 100\cos\omega t + 30\cos 3\omega t\,\text{V}$,电流 $i = 50\cos(\omega t - 45°) + 20\sin(3\omega t - 60°) + 20\cos 5\omega t\,\text{A}$ 求电路吸收的平均功率 P 以及电压 u 和电流 i 的有效值。

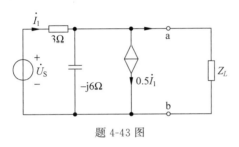

题 4-43 图

题 4-44 图

4-45 如题 4-45 图所示的稳态电路,$i_S(t) = 5\cos 20t\,\text{A}$,$u_S(t) = 5\cos 10t\,\text{V}$,求 $u(t)$。

4-46 如题 4-46 图所示电路,已知 $i_S(t) = 3\cos t\,\text{A}$,$u_S(t) = 3\cos 2t\,\text{V}$,求 $u_C(t)$。

4-47 如题 4-47 图所示电路,日光灯可等效为 RL 串联电路的感性负载,已知 $U = 220\text{V}$,$f = 50\text{Hz}$,R 消耗的功率为 40W,$I_L = 0.4\text{A}$。为使功率因数为 0.8,应并联多大的电容 C?并求 L 的值。

4-48 如题 4-48 图(a)所示电路,已知 $L_1 = 4\text{H}$,$L_2 = 3\text{H}$,$M = 2\text{H}$。

(1) 若 i_S 的波形如图(b)所示,画出 u_{ab}、u_{cd} 和 u_{ac} 的波形。

(2) 如 $i_S = 1 - \text{e}^{-2t}\,\text{A}$,求 u_{ab}、u_{cd} 和 u_{ac}。

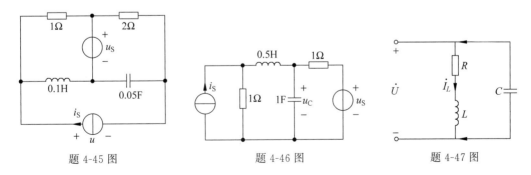

题 4-45 图   题 4-46 图   题 4-47 图

4-49 求题 4-49 图所示电路的等效电感。

4-50 全耦合变压器电路如题 4-50 图所示,$\dot{U}_S = 10\angle 0°\text{V}$,求电流 $\dot{I}_1$ 值。

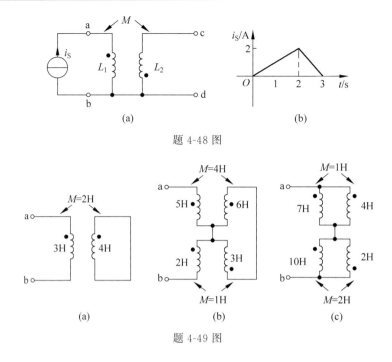

题 4-48 图

题 4-49 图

4-51　正弦交流电路如题 4-51 图所示，$\omega L_1 = \omega L_2 = 10\Omega$，$\omega M = 5\Omega$，$R_1 = R_2 = 6\Omega$，$\dot{U}_S = 10\angle 0°\mathrm{V}$，求 ab 端戴维南等效电路。

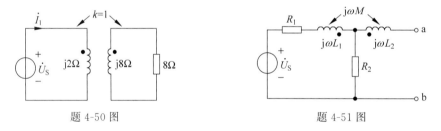

题 4-50 图　　　　　　　　　　　　题 4-51 图

4-52　如题 4-52 图所示电路，已知 $X_{L1} = 10\Omega$，$X_{L2} = 6\Omega$，$X_M = 4\Omega$，$X_{L3} = 4\Omega$，$R_1 = 8\Omega$，$R_3 = 5\Omega$，端电压 $U = 100\mathrm{V}$。

（1）求 $\dot{I}_1$ 和 $\dot{I}_3$。

（2）求 $\dot{U}_{ab}$。

4-53　如题 4-53 图所示电路，已知 $R_1 = 2\Omega$，$L_1 = 1.5\mathrm{H}$，$L_2 = 1\mathrm{H}$，$M = 0.5\mathrm{H}$，$U_S = 12\mathrm{V}$。设电路在 $t = 0$ 时将开关 S 闭合，且为零初始状态。求 $t > 0$ 时的开路电压 $u_2(t)$。

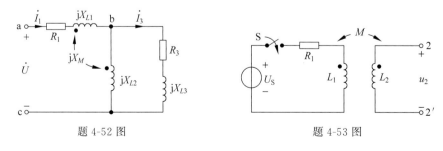

题 4-52 图　　　　　　　　　　　　题 4-53 图

4-54　如题 4-54 图所示正弦稳态电路,已知 $X_{L_1}=X_{L_2}=1\Omega$,耦合系数 $k=1$, $X_C=1\Omega$, $R_1=R_2=1\Omega$, $\dot{I}_S=1\angle 0°(A)$,求 $\dot{U}_2$。

4-55　正弦稳态电路如题 4-55 图所示,试求 I_0 与耦合系数 k 的关系式,并求出 I_0 为最大时的 k 值。其中, $\dot{U}_S=\sqrt{2}\angle 0°V$。

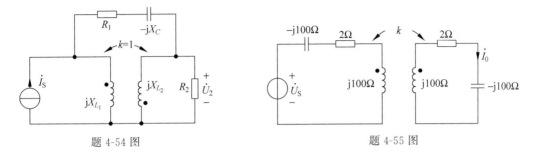

題 4-54 图　　　　　　　　題 4-55 图

4-56　如题 4-56 图所示电路,已知电源电压 $U=500V$,求电流 I。

4-57　如题 4-57 图所示电路,已知 $\dot{U}_S=16\angle 0°V$,求 $\dot{I}_1$、 $\dot{U}_2$ 和 R_L 吸收的功率。

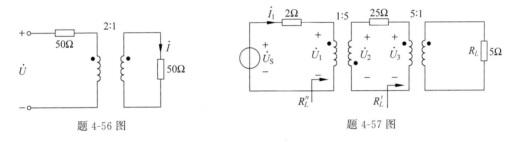

題 4-56 图　　　　　　　　題 4-57 图

4-58　如题 4-58 图所示电路。已知 $\dot{U}_S=6\angle 0°V$。

(1) 求电流 I_1、输入阻抗 Z_{in}、 R_L 吸收的功率。

(2) 若图中 ab 短路,再求 I_1、 Z_{in} 和 R_L 吸收的功率。

4-59　如题 4-59 图所示电路,求电源端电压 $\dot{U}$、输入阻抗 Z_{in} 和电压 $\dot{U}_2$。

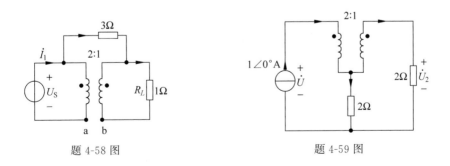

題 4-58 图　　　　　　　　題 4-59 图

4-60　已知对称三相电路的线电压 $U_1=380V$。

(1) 若负载为 $\curlyvee$ 形连接,如图 4-60(a) 所示, $Z=(10+j15)\Omega$,求负载的相电压和吸收功率。

（2）若负载为△形连接，如图 4-60(b)所示，$Z=(15+j20)\Omega$，求线路电流和负载的吸收功率。

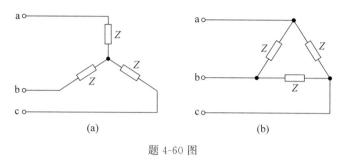

题 4-60 图

4-61　如题 4-61 图所示运放电路，试求：

（1）输入阻抗 Z_{in} 的表达式。

（2）若 $R_1=R_2=10\text{k}\Omega$，求为使该电路等效一个 1H 的电感，元件 Z 应选取的元件类型，以及其参数值。

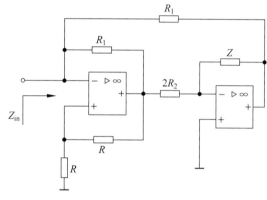

题 4-61 图

4-62　如题 4-62 图所示是一阶移相电路，求其相移范围。

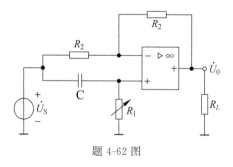

题 4-62 图

4-63　某放大器内阻为 2Ω，扬声器电阻为 8Ω。

（1）为使扬声器获得最大功率，在放大器与扬声器之间需要插入匝比为多大的理想变压器？若此时扬声器获得的最大功率为 10W，则放大器输出正弦波的振幅为多少？

（2）如果将扬声器直接与放大器相连，放大器输出正弦波的振幅为多少时扬声器可获得 10W 的功率？

第 5 章

CHAPTER 5

电路的频率响应和谐振现象

在第 4 章中主要讨论了单一频率正弦激励下电路的稳态响应问题。当正弦激励的频率不同时,同一电路的响应也会有所不同。频率的量变可以引起电路的质变,这是动态电路本身特性的反映。含有电感电容的正弦稳态电路,其阻抗是频率的函数,致使电路响应随频率变化。电阻电路无此特点,电阻电路响应与激励的关系不会因激励频率的不同而有所不同。正因如此,动态电路可以完成许多电阻电路所不能完成的任务,如滤波、选频、移相等。

在通信与无线电技术中,需要传输或处理的信号都不是单一频率的正弦信号,而是由许多不同频率的正弦信号所组成,即实际信号占有一定的频带宽度。为了实现对信号满意的传输、加工和处理,有必要研究电路在不同频率信号作用下响应的变化规律和特点,即研究电路的频率响应。

以座机电话电路为例,语音信号伴有 50 Hz 的工频干扰,在电路设计中就得考虑去除这种干扰。再有,按键式电话有两种拨号方式:脉冲拨号和双音频拨号。脉冲拨号中按键 1 产生一个脉冲,按键 2 产生两个脉冲,按键 0 产生 10 个脉冲,这种拨号的缺点是速度较慢。双音频拨号方式则能克服这个缺点,因而被普遍采用。每按任意键的同时形成低频和高频两个频率的正弦信号,如图 5-1 所示,按键 1 按下时就同时形成 697 Hz 和 1209 Hz 的正弦信号,在交换机中则通过提取信号频率以识别所拨打的电话号码,交换机中即有滤波、选频电路作用。

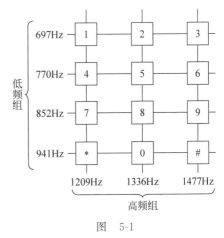

图 5-1

本章将讨论 RC 电路和 RLC 串、并联电路的频率响应,介绍它们的选频和滤波作用;并介绍电路的谐振现象和谐振电路的一些实用形式,着重介绍 RLC 串、并联谐振电路的工作特点。

5.1 网络函数与频率响应

正弦稳态电路中动态元件的容抗和感抗都是频率的函数,当不同频率的正弦信号作用于电路时,响应的振幅和相位都将随频率而变化。电路响应随激励信号的频率而变化的特性称为电路的频率响应或频率特性。

5.1.1 网络函数

通常用正弦稳态电路的网络函数 $H(j\omega)$ 来描述电路的频率响应,当电路中仅有一个激励源时,将其定义为响应(电流或电压)相量与激励(电流或电压)相量之比。即

$$H(j\omega) \stackrel{\text{def}}{=} \frac{\text{响应相量}}{\text{激励相量}} \tag{5.1-1}$$

响应相量和激励相量均可以是电流相量或电压相量。据此,网络函数可以分为两大类:若响应相量与激励相量为同一对端钮上的相量,所定义的网络函数称为策动点函数;否则称为转移函数。

策动点函数又可分为策动点阻抗函数和导纳函数;转移函数又可分为转移电压比、转移电流比、转移阻抗、转移导纳函数。

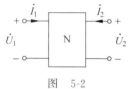

图 5-2

如图 5-2 所示电路,N 为无源网络的相量模型,若以 $\dot{U}_1$ 或 $\dot{I}_1$ 作为激励,$\dot{U}_2$ 或 $\dot{I}_2$ 作为响应,则根据网络函数的定义,可得到策动点函数和转移函数分别如下:

策动点函数

$$H_Z(j\omega) = \frac{\dot{U}_1}{\dot{I}_1} \tag{5.1-2}$$

$$H_Y(j\omega) = \frac{\dot{I}_1}{\dot{U}_1} \tag{5.1-3}$$

转移函数

$$H_1(j\omega) = \frac{\dot{U}_2}{\dot{U}_1} \tag{5.1-4}$$

$$H_2(j\omega) = \frac{\dot{I}_2}{\dot{I}_1} \tag{5.1-5}$$

$$H_3(j\omega) = \frac{\dot{U}_2}{\dot{I}_1} \tag{5.1-6}$$

$$H_4(j\omega) = \frac{\dot{I}_2}{\dot{U}_1} \tag{5.1-7}$$

应用网络函数的优点如下:

(1) 理论上描述了电路在不同频率下正弦稳态响应与激励间的关系。通过相应特性曲线,可以直观地反映出电源频率变化时电路特性(如输入阻抗、电压比等)的变化情况。

(2) 简化分析计算。一旦确定网络函数,就能方便地利用公式求出任一给定频率的激励作用下电路的响应。而当采用相量法分析时,由于阻抗或导纳是频率的函数,故在工作频率改变时需要重新分析计算。

例 5-1　如图 5-3 所示，若 $u_1(t) = 10 + 10\sqrt{2}\cos\omega t + 10\sqrt{2}\cos2\omega t + 10\sqrt{2}\cos3\omega t\,\mathrm{V}$，其中，$\omega = 10^3\,\mathrm{rad/s}$。$R = 1\mathrm{k}\Omega,C = 1\mu\mathrm{F}$。求输出电压 u_2。

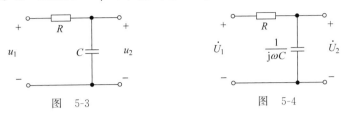

图　5-3　　　　　　　　　　　图　5-4

解：在单一频率时，作出相量模型如图 5-4 所示。设 $\dot{U}_1$ 为激励，响应为 $\dot{U}_2$，则网络函数为

$$H(\mathrm{j}\omega) = \frac{\dot{U}_2}{\dot{U}_1} = \frac{\dfrac{1}{\mathrm{j}\omega C}}{R + \dfrac{1}{\mathrm{j}\omega C}} = \frac{1}{1 + \mathrm{j}\omega RC}$$

其中，$RC = 1000 \times 10^{-6} = 10^{-3}\,\mathrm{rad/s}$。对于不同频率，$H(\mathrm{j}\omega)$ 的值分别为

$$H(0) = 1$$

$$H(\mathrm{j}\omega) = \frac{1}{1 + \mathrm{j}\omega RC} = \frac{1}{1 + \mathrm{j}} = 0.707\angle -45°$$

$$H(\mathrm{j}2\omega) = \frac{1}{1 + \mathrm{j}2\omega RC} = \frac{1}{1 + \mathrm{j}2} = 0.447\angle -63.4°$$

$$H(\mathrm{j}3\omega) = \frac{1}{1 + \mathrm{j}3\omega RC} = \frac{1}{1 + \mathrm{j}3} = 0.316\angle -71.6°$$

$$\dot{U}_2(0) = H(0)\dot{U}_1(0) = 10\angle 0°\,\mathrm{V}$$

$$\dot{U}_2(\mathrm{j}\omega) = H(0)\dot{U}_1(\mathrm{j}\omega) = 7.07\angle -45°\,\mathrm{V}$$

$$\dot{U}_2(\mathrm{j}2\omega) = H(\mathrm{j}2\omega)\dot{U}_1(\mathrm{j}2\omega) = 4.47\angle -63.4°\,\mathrm{V}$$

$$\dot{U}_2(\mathrm{j}3\omega) = H(\mathrm{j}3\omega)\dot{U}_1(\mathrm{j}3\omega) = 3.16\angle -71.6°\,\mathrm{V}$$

分别写出上述相量对应的瞬时表达式，并由叠加定理得响应为

$$u_1(t) = 10 + 10\cos(\omega t - 45°) + 4.47\sqrt{2}\cos(2\omega t - 63.4°)$$
$$+ 3.16\sqrt{2}\cos(3\omega t - 71.6°)\,\mathrm{V}$$

5.1.2　频率特性

一般地，含有动态元件的网络函数是频率的复函数，可写为指数表示形式

$$H(\mathrm{j}\omega) = |H(\mathrm{j}\omega)|\,\mathrm{e}^{\mathrm{j}\varphi(\omega)} \tag{5.1-8}$$

其中，网络函数的模 $|H(\mathrm{j}\omega)|$ 与 ω 的关系称为幅频特性，可用实平面 $|H(\mathrm{j}\omega)|\sim\omega$ 上的曲线表示，称幅频特性曲线；$\varphi(\omega)$ 称为网络函数的辐角，它与 ω 的关系称为相频特性，可用实平面 $\varphi(\omega)\sim\omega$ 上的曲线表示，称相频特性曲线。

频率特性包括幅频特性和相频特性两个方面。

根据网络的幅频特性，可将网络分成低通、高通、带通、带阻、全通网络，相应地又称为低通、高通、带通、带阻、全通滤波器。各种理想滤波器的幅频特性如图 5-5(a)～(e)所示。滤波器是具有频率选择作用的网络,这种作用是指在某一频率范围内,对所传输的信号衰减很小,使其顺利通过,这个频率范围称为滤波器的通带。在通带以外,网络对信号衰减很大,这个区域的激励信号被网络阻止,不能顺利到达输出端,称为滤波器的阻带。

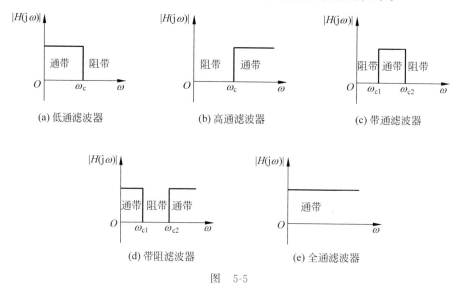

图　5-5

以常用的带通滤波器为例,图 5-5(c)中通带与阻带的分界点称为截止角频率(分别为 ω_{c1} 和 ω_{c2}),其意为角频率低于 ω_{c1} 的输入信号和高于 ω_{c2} 的输入信号被截止,不产生输出信号;角频率在 $\omega_{c1}\sim\omega_{c2}$ 的输入信号能够顺利通过网络到达输出端。上述幅频特性也可以用频率 f 为横坐标作出相应的特性曲线,则通带与阻带的分界点以频率 f_{c1} 和 f_{c2} 表示。为方便起见,以下内容涉及通带与阻带的分界点一般统称为截止频率,只是单位不同。

根据网络的相频特性,可将网络分成超前网络和滞后网络。如某个频率范围的 $\varphi(\omega)>0$,即响应相量超前于激励相量,则称为超前网络;否则称其为滞后网络。

5.1.3　一阶电路和二阶电路的网络函数

一阶电路和二阶电路是常用的两类重要电路。它们通常是构成高阶电路的基本单元模块。

（1）一阶电路。通常有 RC 电路和有源 RC 电路等,其网络函数的典型形式为

低通函数

$$H(\mathrm{j}\omega) = H_0 \frac{\omega_c}{\mathrm{j}\omega + \omega_c} \tag{5.1-9}$$

高通函数

$$H(\mathrm{j}\omega) = H_\infty \frac{\mathrm{j}\omega}{\mathrm{j}\omega + \omega_c} \tag{5.1-10}$$

全通函数

$$H(\mathrm{j}\omega) = H_0 \frac{\mathrm{j}\omega - \omega_c}{\mathrm{j}\omega + \omega_c} \tag{5.1-11}$$

（2）二阶电路。通常有 RLC 电路、RC 电路和有源 RC 电路等，其网络函数的典型形式为

低通函数

$$H(j\omega) = H_0 \frac{\omega_0^2}{(j\omega)^2 + \frac{\omega_0}{Q}(j\omega) + \omega_0^2} \tag{5.1-12}$$

高通函数

$$H(j\omega) = H_\infty \frac{(j\omega)^2}{(j\omega)^2 + \frac{\omega_0}{Q}(j\omega) + \omega_0^2} \tag{5.1-13}$$

带通函数

$$H(j\omega) = H_0 \frac{\frac{\omega_0}{Q}(j\omega)}{(j\omega)^2 + \frac{\omega_0}{Q}(j\omega) + \omega_0^2} \tag{5.1-14}$$

带阻函数

$$H(j\omega) = H_\infty \frac{(j\omega)^2 + \omega_0^2}{(j\omega)^2 + \frac{\omega_0}{Q}(j\omega) + \omega_0^2} \tag{5.1-15}$$

全通函数

$$H(j\omega) = H_0 \frac{(j\omega)^2 - \frac{\omega_0}{Q}(j\omega) + \omega_0^2}{(j\omega)^2 + \frac{\omega_0}{Q}(j\omega) + \omega_0^2} \tag{5.1-16}$$

思考和练习

5.1-1　为什么要引入网络函数来研究电路的频率特性？

5.1-2　简述滤波网络的作用，并举例说明。

5.2　RC 电路的频率响应

由 RC 元件按各种方式组成的电路能起到滤波或选频作用。以下各电路图中均选 $\dot{U}_1$ 为激励相量，$\dot{U}_2$ 为响应相量，网络函数用 $H(j\omega)$ 表示。

5.2.1　RC 低通网络

RC 低通网络如图 5-6 所示，其网络函数为

$$H(j\omega) = \frac{\dot{U}_2}{\dot{U}_1} = \frac{\frac{1}{j\omega C}}{R + \frac{1}{j\omega C}} = \frac{1}{1 + j\omega C} \tag{5.2-1}$$

其中，

$$|H(j\omega)| = \frac{1}{\sqrt{1+\omega^2 R^2 C^2}} \tag{5.2-2}$$

$$\varphi(\omega) = -\arctan(\omega RC) \tag{5.2-3}$$

幅频特性和相频特性曲线如图 5-7 所示。

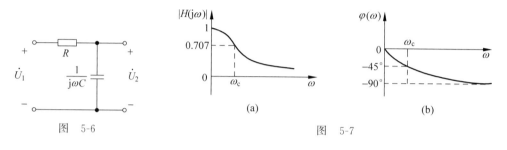

图 5-6   图 5-7

其中，

$$\omega_c = \frac{1}{RC} \tag{5.2-4}$$

由图 5-7(a)幅频特性可知,低频的正弦信号要比高频的正弦信号更易通过这一电路,故称为低通网络。由图 5-7(b)相频特性可知,输出电压总是滞后于输入电压的,滞后的角度介于 $0° \sim -90°$,故又称为滞后网络。

当 $\omega < \omega_c$ 时,输出电压的幅值不小于最大输出信号幅值的 70.7%,工程上认为这部分信号能顺利通过该网络,故把 $0 \sim \omega_c$ 频率范围称为通频带。其余频率范围称为阻带。事实上,当 $\omega > \omega_c$ 时,输出电压的幅值小于最大输出信号幅值的 70.7%,则认为这部分信号不能顺利通过该网络。ω_c 是通带和阻带的分界点,为截止频率。即有

$$|H(j\omega_c)| = \frac{1}{\sqrt{2}}|H(j\omega)|_{max} \tag{5.2-5}$$

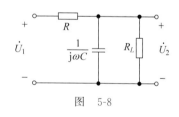

图 5-8

如果电路输出端接一负载,当 $|H(j\omega)|$ 下降到 0.707 时,因为功率正比于电压的平方,这时负载功率只是其最大功率的一半,因此截止频率又称为半功率频率点。

图 5-6 所示电路加上负载后如图 5-8 所示,现以图 5-8 的网络函数讨论。输出功率指负载 R_L 上的平均功率(或对应直流状态下的功率)。

$$H(j\omega) = \frac{\dot{U}_2}{\dot{U}_1} = \frac{R_L \mathbin{//} \frac{1}{j\omega C}}{R + R_L \mathbin{//} \frac{1}{j\omega C}} = \frac{R_L}{R+R_L} \times \frac{1}{1+j\omega R_0 C}$$

其中,$R_0 = \frac{RR_L}{R+R_L}$,显然 $\omega_c = \frac{1}{R_0 C}$。

$$|H(j\omega)| = \frac{U_2}{U_1} = \frac{R_L}{R+R_L} \times \frac{1}{\sqrt{1+(\omega R_0 C)^2}}$$

当 $\omega = 0$ 时,$U_2 = \dfrac{R_L}{R + R_L} U_1$,负载得到最大功率为

$$P_{2\mathrm{m}} = \frac{U_2^2}{R_L} = \left(\frac{R_L U_1}{R + R_L} \right)^2 \frac{1}{R_L}$$

当 $\omega = \omega_c$ 时,$U_{2c} = \dfrac{1}{\sqrt{2}} \times \dfrac{R_L U_1}{R + R_L}$,负载得到平均功率为

$$P_{2c} = \frac{U_{2c}^2}{R_L} = \left(\frac{1}{\sqrt{2}} \times \frac{R_L U_1}{R + R_L} \right)^2 \frac{1}{R_L}$$

显然 $\dfrac{P_{2c}}{P_{2\mathrm{m}}} = \dfrac{1}{2}$,因此 ω_c 可称为半功率频率点。

值得注意的是,其中的截止频率已不再为 $\dfrac{1}{RC}$,而是 $\omega_c = \dfrac{1}{R_0 C}$。其原因是存在负载效应。为排除这种负载效应,可接上起隔离作用的运算放大器(即引入有源滤波器),如图 5-9 所示,因为运算放大器连接成电压跟随器,故输出端不论所接的负载为何值,输出端电压均与电容两端电压相等,截止频率亦同无源 RC 电路的截止频率,由此即可排除负载效应。

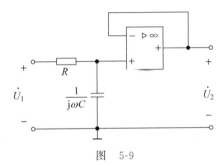

图 5-9

如果用分贝为单位表示网络的频率特性,其定义为

$$|H(\mathrm{j}\omega)| = 20\lg |H(\mathrm{j}\omega)| \ \mathrm{dB} \tag{5.2-6}$$

则有

$$20\lg |H(\mathrm{j}\omega_c)| = 20\lg |H(\mathrm{j}\omega_c)|_{\max} - 3\mathrm{dB} \tag{5.2-7}$$

故截止频率又称为 3dB 频率。在这一角频率上,输出电压与它的最大值相比正好下降了 3dB。在电子电路中约定,当输出电压下降到它的最大值 3dB 以下时,就认为该频率成分对输出的贡献较小。

截止频率只是人为定义出来的相对标准。按上述关系来定义截止频率的原因是,早期,无线电技术应用于广播与通信,人的耳朵对声音的响应关系呈对数关系,也就是说,人耳对高于截止频率以上的频率及低于截止频率的频率分量,能感觉到它们的显著差异。

RC 低通网络被广泛应用于电子设备的整流电路中,以滤除整流后的电源电压中的交流分量;或用于检波电路中滤除检波后的高频分量。

5.2.2 RC 高通网络

RC 高通网络如图 5-10 所示,其网络函数为

$$H(\mathrm{j}\omega) = \frac{\dot{U}_2}{\dot{U}_1} = \frac{R}{R + \dfrac{1}{\mathrm{j}\omega C}} = \frac{1}{1 - \mathrm{j}\dfrac{1}{\omega RC}} \tag{5.2-8}$$

其中,

$$|H(j\omega)| = \frac{1}{\sqrt{1 + \frac{1}{\omega^2 R^2 C^2}}} \qquad (5.2\text{-}9)$$

$$\varphi(\omega) = \arctan\left(\frac{1}{\omega RC}\right) \qquad (5.2\text{-}10)$$

幅频特性和相频特性曲线如图 5-11 所示。

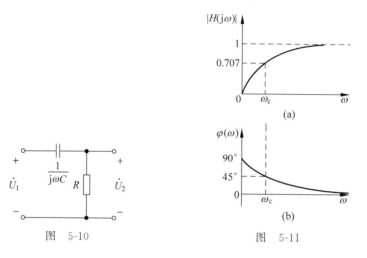

图 5-10

图 5-11

其中,

$$\omega_c = \frac{1}{RC} \qquad (5.2\text{-}11)$$

由幅频特性可知,网络的幅频特性恰好与低通网络的幅频特性相反,它起抑制低频分量、易使高频分量通过的作用,故称为 RC 高通网络。其中,$\omega_c \sim \infty$ 为通带,$0 \sim \omega_c$ 为阻带。由相频特性可知,输出电压总是超前于输入电压的,超前的角度介于 0° 与 90° 之间,故又称为超前网络。这一电路常用作电子电路放大器级间的 RC 耦合电路。

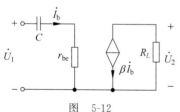

图 5-12

例 5-2 如图 5-12 所示为某晶体管的低频等效电路。已知 $r_{be} = 1\text{k}\Omega$,$\beta = 40$,$R_L = 2\text{k}\Omega$,C 为输入端耦合电容,试求该放大器的电压放大倍数 A_u 的表达式($A_u = \dot{U}_2/\dot{U}_1$)和其最大数值。若要求放大器截止频率 $f_c = 50\text{Hz}$,则电容 C 应为多大?

解:根据题意,该放大器的电压放大倍数 A_u 即为电路的转移电压比,其表达式为

$$A_u = \frac{\dot{U}_2}{\dot{U}_1} = \frac{-\beta \dot{I}_b R_L}{\left(r_{be} + \frac{1}{j\omega C}\right)\dot{I}_b} = \frac{-\beta R_L}{r_{be} + \frac{1}{j\omega C}} = \frac{-\beta R_L}{r_{be}} \times \frac{1}{1 - \frac{\omega_C}{j\omega}}$$

显然,电路具有高通性质。其最大数值为 $\omega = \infty$ 时对应的电压放大倍数,即

$$A_{u\max} = \frac{\dot{U}_2}{\dot{U}_1} = \frac{-\beta R_L}{r_{be}} = -\frac{40 \times 2 \times 10^3}{10^3} = -80$$

转移电压比表达式中，$\omega_c = \dfrac{1}{r_{be}C}$ 是截止角频率。若要求放大器截止频率 $f_c = 50\,\text{Hz}$，则有

$$\omega_c = 2\pi f_c = \frac{1}{r_{be}C}$$

$$C = \frac{1}{2\pi f_c r_{be}} = \frac{1}{2 \times 3.14 \times 50 \times 10^3} = 3.18\,\mu\text{F}$$

5.2.3　RC 带通网络

RC 带通网络如图 5-13 所示，其网络函数为

$$H(j\omega) = \frac{\dot{U}_2}{\dot{U}_1} = \frac{\dfrac{R \times \dfrac{1}{j\omega C}}{R + \dfrac{1}{j\omega C}}}{R + \dfrac{1}{j\omega C} + \dfrac{R \times \dfrac{1}{j\omega C}}{R + \dfrac{1}{j\omega C}}} = \frac{\dfrac{1}{1 + j\omega RC}}{1 + \dfrac{1}{j\omega C} + \dfrac{R}{1 + j\omega RC}}$$

$$= \frac{1}{3 + j\left(\omega RC - \dfrac{1}{\omega RC}\right)} \tag{5.2-12}$$

其中，

$$|H(j\omega)| = \frac{1}{\sqrt{9 + \left(\omega RC - \dfrac{1}{\omega RC}\right)^2}} \tag{5.2-13}$$

$$\varphi(\omega) = -\arctan\left(\omega RC - \frac{1}{\omega RC}\right) \tag{5.2-14}$$

幅频特性和相频特性曲线如图 5-14 所示。其中，当 $\omega RC - \dfrac{1}{\omega RC} = 0$ 时，$\omega = \omega_0 = \dfrac{1}{RC}$ 称为中心角频率。

$$|H(j\omega_0)| = \frac{1}{3}, \quad \varphi(\omega_0) = 0$$

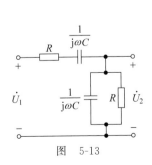

图　5-13

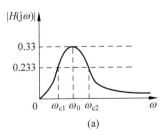

(a)

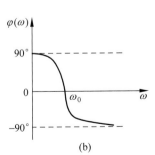

(b)

图　5-14

由幅频特性公式及曲线可知,网络对频率 $\omega = \omega_0$ 附近的信号有较大的输出,因而具有带通滤波的作用,称为带通网络。由截止频率的定义可知,它具有上、下两个截止频率,可分别求得 $\omega_{c1} = 0.3\dfrac{1}{RC}$(下截止频率)和 $\omega_{c2} = 3.3\dfrac{1}{RC}$(上截止频率)。$\omega_{c1} \sim \omega_{c2}$ 为通带。阻带为 $0 \sim \omega_{c1}$,$\omega_{c2} \sim \infty$。该电路常用作 RC 低频振荡器中的选频电路,以产生不同频率的正弦信号。

5.2.4 RC 带阻网络

RC 带阻网络如图 5-15 所示,其网络函数为

$$H(\mathrm{j}\omega) = \frac{\dot{U}_2}{\dot{U}_1} = \cfrac{1}{1 + \cfrac{4}{\mathrm{j}\left(\omega RC - \cfrac{1}{\omega RC}\right)}} \tag{5.2-15}$$

其中,

$$|H(\mathrm{j}\omega)| = \cfrac{1}{\sqrt{1 + \cfrac{16}{\left(\omega RC - \cfrac{1}{\omega RC}\right)^2}}} \tag{5.2-16}$$

$$\varphi(\omega) = \arctan\cfrac{4}{\omega RC - \cfrac{1}{\omega RC}} \tag{5.2-17}$$

幅频特性和相频特性曲线如图 5-16 所示,电路在频率 $\omega = \omega_0$ 附近的信号有较大的衰减,因而具有带阻滤波的作用,称为带阻网络。

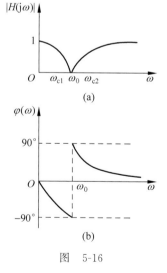

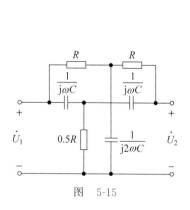

图 5-15

图 5-16

5.2.5 RC 全通网络

RC 元件还可构成全通网络,如图 5-17 所示。可求得网络函数为

$$H(j\omega) = \frac{\dot{U}_2}{\dot{U}_1} = \frac{\dfrac{1}{j\omega C}}{R + \dfrac{1}{j\omega C}} - \frac{R}{R + \dfrac{1}{j\omega C}}$$

$$= \frac{1 - j\omega C}{1 + j\omega C} \tag{5.2-18}$$

其中,

$$|H(j\omega)| = 1 \tag{5.2-19}$$

$$\varphi(\omega) = -2\arctan(\omega RC) \tag{5.2-20}$$

其幅频特性说明网络输入、输出电压相等,不随频率变化,相频特性说明相移随频率为 $-180°\sim0$,如图 5-18 所示。

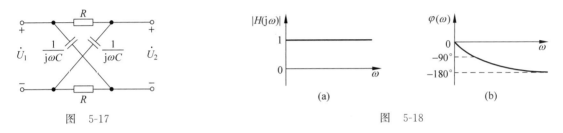

图 5-17

图 5-18

思考和练习

5.2-1 试用相量图来说明图 5-6 及图 5-10 所示电路分别为滞后网络及超前网络。

5.2-2 在电子仪器中,经过放大后的电压若在相位上比原来的电压超前而引起误差时,可以设法加以补偿。其办法是加一个滞后网络,使相位落后一些。练习题 5.2-2 图所示是一种滞后网络,求当 $f = 50\text{Hz}$ 时,输出对输入的相移是多少。

5.2-3 求练习题 5.2-3 图所示电路的转移电压比 $H(j\omega) = \dot{U}_2/\dot{U}_1$,并定性画出幅频和相频特性曲线。

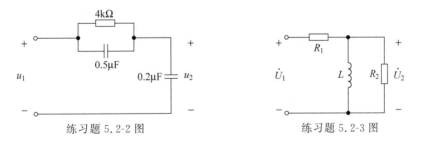

练习题 5.2-2 图

练习题 5.2-3 图

5.3 串联谐振电路

RC 滤波网络的频率特性曲线变化较平缓,通带与阻带界限不分明,且由于 R 是耗能元件,对信号的衰减较大,限制了其在频率选择性要求较高场合中的应用,尤其是在工作频率较高时的应用。由 LC 回路组成的选频滤波网络,利用 LC 回路的谐振特性,可形成具有锐峰的频率响应特性,能够设计出通频带极窄、选择性非常强的选频网络,特别适合对高频窄带信号的选择。

5.3.1 LC 振荡回路

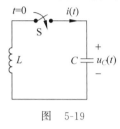

图 5-19

LC 振荡回路是由电感和电容两种不同储能元件构成的闭合回路,回路中的储能会在磁场和电场之间往返转换,使得回路中的电流和电压不断改变大小和极性,形成周而复始的振荡,振荡的频率取决于 LC 回路中 L 的电感量和 C 的电容量的大小。

图 5-19 所示为由理想电感线圈和理想电容器构成的振荡回路。设电容的初始电压 $u_C(0)=0$,依据两类约束,建立换路后的电路方程为

$$LC\frac{\mathrm{d}^2 u_C(t)}{\mathrm{d}t^2}+u_C(t)=0$$

由初始条件 $u_C(0)=0, u'_C(0)=\frac{1}{C}i_L(0)=0$,可求得

$$u_C(t)=U_{Cm}\cos\frac{1}{\sqrt{LC}}t=U_{Cm}\cos\omega_0 t$$

$$i_L(t)=-C\frac{\mathrm{d}u_C(t)}{\mathrm{d}t}=U_{Cm}\sqrt{\frac{C}{L}}\sin\frac{1}{\sqrt{LC}}t=\frac{U_{Cm}}{\rho}\sin\frac{1}{\sqrt{LC}}t=I_{Lm}\sin\omega_0 t$$

其中

$$\omega_0=\frac{1}{\sqrt{LC}} \tag{5.3-1}$$

$$\rho=\sqrt{\frac{L}{C}}=\omega_0 L=\frac{1}{\omega_0 C} \tag{5.3-2}$$

其中,ω_0 称为 LC 回路自由振荡角频率,也称回路的固有频率,ρ 称为 LC 回路的特性阻抗。

可见,若电感和电容是理想的,则振荡将一直维持下去,其振荡波形是等幅正弦波,振荡角频率为 $\omega_0=\frac{1}{\sqrt{LC}}$,且回路电流与电容电压相位相差 90°。另一个重要特点是,振荡过程中回路的储能 $w(t)$ 将始终维持初始储能不变(这与动态元件不耗能的特点相一致),回路中的储能只在磁场和电场之间往返转换。其储能 $w(t)$ 为

$$w(t)=\frac{1}{2}Cu_C^2(t)+\frac{1}{2}Li_L^2(t)$$

$$=\frac{1}{2}CU_{Cm}^2\cos^2\omega_0 t+\frac{1}{2}L\left(U_{Cm}\sqrt{\frac{C}{L}}\right)^2\sin^2\omega_0 t$$

$$=\frac{1}{2}CU_{Cm}^2 \tag{5.3-3}$$

实际组成 LC 回路的电感线圈 L 和电容 C 总是非理想的,有能量的损耗,并且对外还有一定的能量辐射,称为有耗 LC 回路。其振荡波形不再是等幅正弦波,而是衰减的正弦振

荡,如图 5-20 所示。

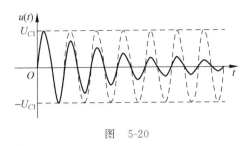

图　5-20

LC 回路振荡的损耗可由回路等效损耗电阻来表示,建立由理想 RLC 元件组成的有耗 LC 回路的电路模型如图 5-21(a) 和图 5-21(b) 所示,回路的损耗等效为在理想 LC 回路上串联电阻 R 或并联电阻 r。很显然,串联电路中的 R 越小或并联电路中的 r 越大,回路的损耗就越小,LC 回路越趋于理想。

那么,如何维持有耗 LC 回路的正弦振荡呢? 特别是以 LC 回路的固有频率 ω_0 维持正弦振荡呢? 显然是在电路中必须加入正弦交流电源,以串联电阻模型为例,如图 5-22 所示。

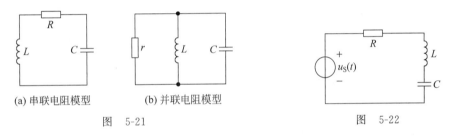

(a) 串联电阻模型　　　(b) 并联电阻模型

图　5-21　　　　　　　　　　　　　　　图　5-22

一个含有电容元件和电感元件的正弦交流电路,也会发生电场能量与磁场能量的相互转换,电路中也有频率相同的电压和电流。但这时的振荡电流,是在正弦交流电源的作用下产生的,其频率由电源频率决定,这种电路称为强迫振荡电路。

在强迫振荡电路中,电源频率一旦改变,电路中的容抗、感抗都会随之改变,电容元件和电感元件间的能量交换情况也会随之改变。当电感元件储存的磁场能量大于电容元件储存的电场能量时,电感除与电容交换能量外,剩余的部分与电源交换,此时电路呈感性;当电容元件储存的电场能量大于电感元件储存的磁场能量时,电容除与电感交换能量外,剩余的部分与电源交换,此时电路呈容性;当电源的某一频率使得电感储存的磁场能量等于电容储存的电场能量时,电感与电容发生完全的能量交换,电源只补充电阻消耗的电能,此时电路呈阻性。强迫振荡电路出现电阻性的状态,称为谐振状态,这时电路中的能量交换只是在电感和电容之间往返转换。

谐振是在特定条件(外加电源频率与电路固有频率相同)下出现在电路中的一种现象。在无线电通信工程中,人们广泛利用这种现象及相关特性来实现某些技术要求,但在电力系统中却往往尽量设法限制它的出现,以免造成设备损坏和人员伤害。因此,掌握谐振的原理和特性,有利于人们对这一现象加以利用或加以防范。

一个含有多个 LC 元件的正弦电路,不论串联、并联或混联,只要当电源在某一频率时,电感与电容发生完全的能量交换,或者说电路与电源之间无能量交换,即电路的总电压与总电流同相(电路呈阻性),则此电路就发生谐振。以下重点讨论 RLC 串联谐振电路的工作特点,并介绍它们的频率特性。

5.3.2 串联谐振电路

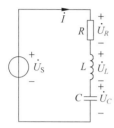

图 5-23

一个含有动态元件的正弦稳态电路,其两端电压和通过的电流一般不是同相位的。但在一定条件下,如果选择合适的电源频率或电路元件参数,就会使电路的等效阻抗或等效导纳为零,此时,电压与电流同相,电路呈电阻性,电路中只有电阻的耗能,电路与外部不存在能量交换。将信号源串入 LC 振荡回路称为串联谐振电路,如图 5-22 所示。

1. 谐振条件

在 RLC 串联的相量电路模型中,如图 5-23 所示,由 KVL 得

$$\dot{U}_S = \dot{U}_R + \dot{U}_L + \dot{U}_C = \left[R + j \left(\omega L - \frac{1}{\omega C} \right) \right] \dot{I} = Z \dot{I}$$

电路端口等效阻抗为

$$Z = \frac{\dot{U}_S}{\dot{I}} = R + j \left(\omega L - \frac{1}{\omega C} \right)$$

从电路呈阻性来看,谐振的条件是网络的等效阻抗虚部为零,即有 $\omega L = \dfrac{1}{\omega C}$,解得

$$\omega = \frac{1}{\sqrt{LC}} = \omega_0 \quad \text{或} \quad f = \frac{1}{2\pi\sqrt{LC}} = f_0 \tag{5.3-4}$$

可见,电路的谐振频率仅由回路元件参数 L 或 C 决定,而与激励无关,仅当激励源的频率等于电路的谐振频率时,电路才发生谐振现象。因此电路实现谐振的两种情况如下:

(1) 当激励的频率一定时,改变 L、C 使电路的固有频率与激励频率相同而达到谐振。

(2) 当回路元件参数 L 或 C 一定时,改变激励频率以实现 $f = f_0$,此时电路达到谐振。

式(5.3-4)说明,在 RLC 串联电路中,当容抗与感抗相等时,电路发生谐振。此时,电源角频率就等于电路的固有角频率。

在 ω、L、C 这 3 个参数中,改变其中一个,就可以改变电路的谐振状态,这种改变 ω、L 或 C,使电路出现谐振的过程,称为调谐。通信设备中,经常利用调谐原理来选择信号的频率。一般收音机的输入电路,就是电台频率与输入电路的电感量固定不变,改变电容量 C 以改变电路的固有频率使电路达到谐振状态,因此电容器也称为调谐电容。

2. 串联谐振电路的特点

研究谐振时的电路特性,主要从阻抗、电流、电压、功率与能量几个方面讨论。为强调谐振特性,有关变量附加“0”下标。

1) 电路的等效阻抗

一般情况下,电路的等效阻抗为

$$Z = R + j \left(\omega L - \frac{1}{\omega C} \right) \tag{5.3-5}$$

电路达到谐振时,等效阻抗的虚部为零,即有

$$\omega_0 L = \frac{1}{\omega_0 C} = \sqrt{\frac{L}{C}} = \rho \qquad (5.3\text{-}6)$$

此式表明串联谐振时感抗等于容抗,且数值上仅由元件参数 L、C 决定,ρ 称为串联谐振电路的特性阻抗。若谐振时等效阻抗用 Z_0 表示,故有

$$Z_0 = R \qquad (5.3\text{-}7)$$

显然,一般情况下的等效阻抗比谐振时阻抗要大,或者说谐振时等效阻抗最小。同时式(5.3-7)说明,出现串联谐振时,LC 串联部分的总阻抗为零,LC 串联部分对外电路而言可视为短路,电路呈阻性。

2)电路中的电流

电路发生谐振时,等效阻抗最小,则电路中电流一定最大;电路呈阻性,则电路中的电流一定与电源电压同相。谐振时的电流用 $\dot{I}_0$ 表示,则

$$\dot{I}_0 = \frac{\dot{U}_s}{Z_0} = \frac{\dot{U}_s}{R} \qquad (5.3\text{-}8)$$

3)各元件的电压

谐振时,LC 串联部分的总阻抗为零,LC 串联部分对外电路而言可视为短路,故电源电压全部加在等效电阻上。即电阻电压为

$$\dot{U}_{R0} = R\dot{I}_0 = \dot{U}_s \qquad (5.3\text{-}9)$$

谐振时,因 $\omega_0 L = \dfrac{1}{\omega_0 C} = \rho$,则电感电压和电容电压为

$$\dot{U}_{L0} = j\omega_0 L\dot{I}_0 = j\omega_0 L\frac{\dot{U}_s}{R} = j\frac{\omega_0 L}{R}\dot{U}_s = j\frac{\rho}{R}\dot{U}_s = jQ\dot{U}_s \qquad (5.3\text{-}10)$$

$$\dot{U}_{C0} = \frac{1}{j\omega_0 C}\dot{I}_0 = -j\frac{1}{\omega_0 C}\frac{\dot{U}_s}{R} = -j\frac{\rho}{R}\dot{U}_s = -jQ\dot{U}_s \qquad (5.3\text{-}11)$$

可见,图 5-23 所示的电路中,电感电压和电容电压大小相等,方向相反。因此,串联谐振又可称电压谐振。在工程上,通常用电路的特性阻抗与电路的电阻值之比来表征谐振电路的一个重要性质,此值定义为回路的品质因数,记为 Q,即

$$Q = \frac{\rho}{R} = \frac{\omega_0 L}{R} = \frac{1}{\omega_0 CR} = \frac{1}{R}\sqrt{\frac{L}{C}} \qquad (5.3\text{-}12)$$

而由电感电压和电容电压表达式可知

$$\frac{U_{L0}}{U_s} = \frac{U_{C0}}{U_s} = \frac{\omega_0 L}{R} = \frac{1}{\omega_0 CR} = Q \qquad (5.3\text{-}13)$$

LC 回路的品质因数反映了实际 LC 回路接近理想 LC 回路的程度,回路 Q 值越高说明回路的损耗越小,回路越趋于理想。实际中 LC 回路的 Q 值较容易测量得到,且在一定的频率范围内 Q 值近似不变。

在工程应用中,串联谐振电路中有 $\rho \gg R$,品质因数 Q 有几十、几百的数值,这就意味着,谐振时电容或电感上电压可以比输入电压大几十、几百倍。通信系统中,谐振电路中的电源一般不作为提供电能的器件,而是作为需要传输或处理的信号源,由于传输的信号比较

微弱,利用串联谐振电路的电压谐振特性,就可以使需要选择的信号获得较高的电压,起到选频的作用,因此应用十分广泛。而在电力工程中一般应避免发生串联谐振。

4) 功率与能量的关系

谐振时,电路呈阻性,$\cos\varphi=1$,总无功功率为零。故电路消耗的平均功率等于损耗电阻上的功率,即有

$$P = S = UI_0 = I_0^2 R \tag{5.3-14}$$

此时,尽管总无功功率为零,但电感的无功功率与电容的无功功率依然存在,且数值上相等,即有

$$Q_{L0} = |Q_{C0}| = \omega_0 L I_0^2 = \frac{1}{\omega_0 C} I_0^2$$

此时,Q 值可以定义为

$$Q = \frac{Q_{L0}}{P} = \frac{|Q_{C0}|}{P} \tag{5.3-15}$$

即谐振电路的 Q 值描述了谐振电感的无功功率或电容的无功功率与平均功率之比。因为

$$Q = \frac{Q_{L0}}{P} = \frac{|Q_{C0}|}{P} = \frac{\omega_0 L I_0^2}{R I_0^2} = \frac{\omega_0 L}{R}$$

可见,上述结论与前述 Q 值定义一致。

下面讨论谐振时电路能量的特点。设 $u_S(t) = \sqrt{2} U_S \cos\omega_0 t$,则谐振时电路中的电流为

$$i_0 = \frac{u_S(t)}{R} = \frac{\sqrt{2} U_S \cos\omega_0 t}{R} = \sqrt{2} I_0 \cos\omega_0 t$$

电感的瞬时储能为

$$w_L = \frac{1}{2} L i_0^2 = L I_0^2 \cos^2\omega_0 t$$

谐振时电容电压为

$$u_{C0} = \frac{\sqrt{2} I_0}{\omega_0 C} \cos(\omega_0 t - 90°) = \frac{\sqrt{2} I_0}{\omega_0 C} \sin\omega_0 t$$

电容的瞬时储能为

$$w_C = \frac{1}{2} C u_{C0}^2 = C \left(\frac{I_0}{\omega_0 C}\right)^2 \sin^2\omega_0 t = L I_0^2 \sin^2\omega_0 t$$

电路的总储能为

$$w = w_L + w_C = \frac{1}{2} L I_0^2 + \frac{1}{2} C u_{C0}^2 = L I_0^2 \tag{5.3-16}$$

可见,谐振电路中在任意时刻的电磁能量恒为常数,说明电路谐振时与激励源之间确实无能量交换,只是电容与电感之间存在电磁能量的相互交换。

此时,Q 值又可以定义为

$$Q = 2\pi \frac{\text{回路总储能}}{\text{每周期内耗能}} \tag{5.3-17}$$

即谐振电路的 Q 值描述了谐振电路的储能和耗能之比。因为

$$Q = 2\pi \frac{\text{回路总储能}}{\text{每周期内耗能}} = 2\pi \frac{L I_0^2}{T R I_0^2} = \frac{\omega_0 L}{R}$$

可见,上述结论与前述 Q 值定义一致。必须指出,谐振电路的 Q 值仅在谐振时才有意义,在失谐(电路不发生谐振时)的情况下,上式不再适用,即计算电路 Q 值时应该用谐振角频率。

3. 频率特性

前面讨论了串联谐振电路谐振时的工作特点,以下研究串联谐振电路的频率特性。选择策动点导纳函数为

$$H(\mathrm{j}\omega) = \frac{\dot{I}}{\dot{U}_s} = \frac{1}{R + \mathrm{j}\left(\omega L - \dfrac{1}{\omega C}\right)}$$

$$= \frac{\dfrac{1}{R}}{1 + \mathrm{j}\dfrac{\omega_0 L}{R}\left(\dfrac{\omega}{\omega_0} - \dfrac{\omega_0}{\omega}\right)} = \frac{Y_0}{1 + \mathrm{j}Q\left(\dfrac{\omega}{\omega_0} - \dfrac{\omega_0}{\omega}\right)} \tag{5.3-18}$$

其中,$Y_0 = H(\mathrm{j}\omega_0) = H_0 = \dfrac{1}{R}$。为了分析问题的方便,一般对网络函数采用归一化处理,例如,可定义谐振函数

$$N(\mathrm{j}\omega) = \frac{H_Y(\mathrm{j}\omega)}{Y_0} = \frac{1}{1 + \mathrm{j}Q\left(\dfrac{\omega}{\omega_0} - \dfrac{\omega_0}{\omega}\right)} \tag{5.3-19}$$

对应幅频特性和相频特性为

$$|N(\mathrm{j}\omega)| = \frac{1}{\sqrt{1 + Q^2\left(\dfrac{\omega}{\omega_0} - \dfrac{\omega_0}{\omega}\right)^2}} \tag{5.3-20}$$

$$\varphi(\omega) = -\arctan\left(\frac{\omega}{\omega_0} - \frac{\omega_0}{\omega}\right)Q \tag{5.3-21}$$

频率特性曲线如图 5-24 所示。

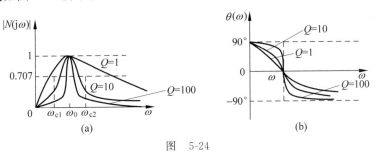

图 5-24

由截止频率的定义,当 $|H(\mathrm{j}\omega)| = \dfrac{1}{\sqrt{2}}|H(\mathrm{j}\omega)|_{\max}$ 或 $|N(\mathrm{j}\omega)| = \dfrac{1}{\sqrt{2}}|N(\mathrm{j}\omega)|_{\max}$ 时可确定上、下截止频率 ω_{c1} 和 ω_{c2} 为

$$\omega_{c1} = -\frac{R}{2L} + \sqrt{\left(\frac{R}{2L}\right)^2 + \frac{1}{LC}} = \left(\sqrt{1 + \frac{1}{4Q^2}} - \frac{1}{2Q}\right)\omega_0 \tag{5.3-22}$$

$$\omega_{c2} = \frac{R}{2L} + \sqrt{\left(\frac{R}{2L}\right)^2 + \frac{1}{LC}} = \left(\sqrt{1 + \frac{1}{4Q^2}} + \frac{1}{2Q}\right)\omega_0 \tag{5.3-23}$$

通频带宽为

$$B_\omega = \omega_{c2} - \omega_{c1} = \frac{R}{L} = \frac{\omega_0}{\omega_0 \dfrac{L}{R}} = \frac{\omega_0}{Q} \tag{5.3-24}$$

或

$$B_f = \frac{f_0}{Q} = \frac{1}{2\pi}\frac{R}{L} \tag{5.3-25}$$

由幅频特性可知,串联谐振电路具有带通滤波器的特性。电路的 Q 值越高,谐振曲线越尖锐,电路对偏离谐振频率的信号的抑制能力越强,更适合对高频窄带信号的选择。谐振电路具有选出所需信号而同时抑制不需要信号的能力称为电路的选择性。显然,Q 值越高电路的选择性越好;反之则选择性越差。因此,串联谐振电路适用于内阻小的电源条件下工作。

实际信号都占有一定的频带宽度,如果 Q 值过高,电路的带宽则过窄,这样会过多地削弱所需信号中的主要频率分量,从而引起严重失真。例如广播电台的信号占有一定的频带,选择某个电台的信号的谐振回路应同时具备两个功能:一方面,从减小失真的观点出发,要求回路的特性曲线尽可能平坦一些,以便信号通过回路后各频率分量的幅度相对值变化不大,为此希望 Q 值低一些较好;另一方面,从抑制邻近电台信号的观点出发,要求回路对阻止的信号频率成分都有足够大的衰减,为此希望回路的 Q 值越高越好。因此,针对这两方面的矛盾,工程上须折中考虑。

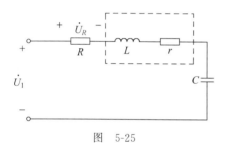

图 5-25

例 5-3 图 5-25 是应用串联谐振原理测量线圈电阻 r 和电感 L 的电路。已知 $R = 10\Omega$,$C = 0.1\mu\text{F}$,保持外加电压有效值 $U = 1\text{V}$ 不变,而改变频率 f,同时用电压表测量电阻 R 的电压 U_R,当 $f = 800\text{Hz}$ 时,U_R 获得最大值为 0.8V,试求电阻 r 和电感 L。

解:根据题意,当 $f = 800\text{Hz}$ 时,U_R 获得最大值为 0.8V,电路达谐振,即 $f_0 = 800\text{Hz}$。

$$f_0 = 800\text{Hz} = \frac{1}{2\pi\sqrt{LC}} = \frac{1}{2\pi\sqrt{0.1\times10^{-6}\times L}}$$

$$L = 0.396\text{H}$$

回路电流为

$$I_0 = \frac{U}{R+r} = \frac{1}{10+r} = \frac{U_R}{R} = \frac{0.8}{10}$$

解得 $r = 2.5\Omega$。

例 5-4 RLC 串联谐振电路的谐振频率为 1000Hz,其通带为 $950\sim1050\text{Hz}$。已知 $L = 200\text{mH}$,求 r、C 和 Q 的值。

解:根据 RLC 串联谐振电路的谐振条件和工作特点,有

$$f_0 = 1000\text{Hz}$$

$$B = 1050 - 950 = 100\text{Hz}$$

$$f_0 = \frac{1}{2\pi\sqrt{LC}} = \frac{1}{2\pi\sqrt{0.2 \times C}} = 1000\,\mathrm{Hz}$$

$$C = 0.126 \times 10^{-6}\,\mathrm{F} = 0.126\,\mu\mathrm{F}$$

$$B = \frac{f_0}{Q}$$

$$Q = \frac{1000}{100} = 10$$

$$B = \frac{r}{L} \times \frac{1}{2\pi}$$

$$r = BL \times 2\pi = 100 \times 0.2 \times 2\pi = 125.6\,\Omega$$

思考和练习

若 RLC 串联电路的输出电压取自电容,则该电路具有带通、高通、低通 3 种性质中的哪种?

5.4 并联谐振电路

串联谐振电路适用于信号源内阻较小的情况。当信号源内阻很大时,串联谐振电路的品质因数很低,电路的谐振特性变坏。由 5.3.1 节可知,当回路的损耗等效为在理想 LC 回路上并联电阻 r,则并联电路中的 r 越大,回路的损耗就越小,LC 回路越趋于理想,此时若将信号源(电流源)并入 LC 振荡回路,则要求与电流源并联的内阻较大,才能使电路具有良好的谐振特性。

以下首先讨论并联谐振电路的典型电路——并联谐振电路。它与 RLC 串联谐振电路相对偶,根据对偶特性,容易得到电路的谐振特性和频率特性。

并联谐振电路如图 5-26 所示。

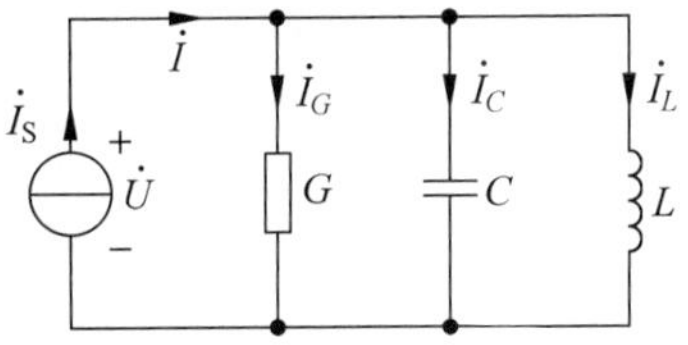

图 5-26

电路的总导纳为

$$Y = G + \mathrm{j}\left(\omega C - \frac{1}{\omega L}\right) = G + \mathrm{j}B \qquad (5.4\text{-}1)$$

令 $B = 0$,即 $\omega_0 C - \dfrac{1}{\omega_0 L} = 0$ 时,端口电压电流同相,称为并联谐振。谐振角频率为

$$\omega_0 = \frac{1}{\sqrt{LC}} \quad \text{或} \quad f_0 = \frac{1}{2\pi\sqrt{LC}} \qquad (5.4\text{-}2)$$

并联谐振时电路的主要特点如下:

(1) 电路的导纳

$$Y_0 = G + \mathrm{j}B = G = |Y|_{\min} \qquad (5.4\text{-}3)$$

(2) 电导电流

$$\dot{I}_{G0} = \dot{I}_{\mathrm{s}} \qquad (5.4\text{-}4)$$

(3) 并联端口电压

$$\dot{U} = \frac{\dot{I}_{\mathrm{s}}}{G} = \dot{U}_0 \qquad (5.4\text{-}5)$$

此时端口电压有效值最大,相位和端口电流 $\dot{I}_\mathrm{S}$ 相同。

(4) 电感电流和电容电流

$$\dot{I}_{C0} = \mathrm{j}\omega C \dot{U}_0 = \mathrm{j}\omega_0 C \frac{\dot{I}_\mathrm{S}}{G} = \mathrm{j}Q\dot{I}_\mathrm{S} \tag{5.4-6}$$

$$\dot{I}_{L0} = \frac{\dot{U}_0}{\mathrm{j}\omega L} = -\mathrm{j}\frac{\dot{I}_\mathrm{S}}{G\omega_0 L} = -\mathrm{j}Q\dot{I}_\mathrm{S} \tag{5.4-7}$$

电感电流和电容电流大小相等,方向相反。其中,Q 为电路的品质因数,即有

$$Q = \frac{\omega_0 C}{G} = \frac{1}{\omega_0 GL} = \frac{\sqrt{\dfrac{C}{L}}}{G} \tag{5.4-8}$$

可以发现,电感或电容电流是电源电流的 Q 倍(均指有效值),因此并联谐振也称电流谐振。又有 $\dot{I}_{C0} + \dot{I}_{L0} = 0$,这表明并联谐振时电源只供电导电流,电容电流与电感电流大小相等、相位相反而互相抵消,意味着 LC 支路构成的并联部分相当于开路,但在 LC 回路内形成一个较大的环流,因此常称 LC 并联的回路为槽路,此时的电感或电容电流称为槽路电流,槽路两端电压称为槽路电压。

以下简要介绍电路频率特性。电路的策动点阻抗函数及归一化谐振函数为

$$H_Z(\mathrm{j}\omega) = \frac{\dot{U}}{\dot{I}} = \frac{1}{G + \mathrm{j}\left(\omega C - \dfrac{1}{\omega L}\right)}$$

$$= \frac{\dfrac{1}{G}}{1 + \mathrm{j}\dfrac{\omega_0 C}{G}\left(\dfrac{\omega}{\omega_0} - \dfrac{\omega_0}{\omega}\right)} = \frac{Z_0}{1 + \mathrm{j}Q\left(\dfrac{\omega}{\omega_0} - \dfrac{\omega_0}{\omega}\right)} \tag{5.4-9}$$

$$N(\mathrm{j}\omega) = \frac{H_Z(\mathrm{j}\omega)}{Z_0} = \frac{1}{1 + \mathrm{j}Q\left(\dfrac{\omega}{\omega_0} - \dfrac{\omega_0}{\omega}\right)} \tag{5.4-10}$$

对应幅频特性和相频特性为

$$|N(\mathrm{j}\omega)| = \frac{1}{\sqrt{1 + Q^2\left(\dfrac{\omega}{\omega_0} - \dfrac{\omega_0}{\omega}\right)^2}} \tag{5.4-11}$$

$$\theta(\omega) = -\arctan\left(\frac{\omega}{\omega_0} - \frac{\omega_0}{\omega}\right) \tag{5.4-12}$$

上、下截止频率为

$$\omega_{c1} = \left(\sqrt{1 + \frac{1}{4Q^2}} - \frac{1}{2Q}\right)\omega_0 \tag{5.4-13}$$

$$\omega_{c2} = \left(\sqrt{1 + \frac{1}{4Q^2}} + \frac{1}{2Q}\right)\omega_0 \tag{5.4-14}$$

通频带宽为

$$B_\omega = \omega_{c2} - \omega_{c1} = \frac{\omega_0}{Q} = \frac{G}{C} \tag{5.4-15}$$

或

$$B_f = \frac{f_0}{Q} = \frac{1}{2\pi} \frac{G}{C} \tag{5.4-16}$$

可见,GCL 并联谐振电路同样有带通特性,频率特性曲线类似图 5-23 所示。

例 5-5 图 5-27 所示的 RLC 并联电路。

(1) 已知 $L=10\text{mH}$,$C=0.01\mu\text{F}$,$R=10\text{k}\Omega$,求 ω_0、Q 和通带宽度 B。

(2) 如需设计一谐振频率 $f_0=1\text{MHz}$,带宽 $B=20\text{kHz}$ 的谐振电路,已知 $R=10\text{k}\Omega$,求 L 和 C。

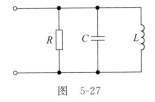

图 5-27

解:(1) 根据 RLC 并联谐振电路的谐振条件和工作特点,有

$$\omega_0 = \frac{1}{\sqrt{LC}} = \frac{1}{\sqrt{0.01 \times 0.01 \times 10^{-6}}} = 10^5 \text{rad/s}$$

$$Q = \frac{R}{\omega_0 L} = \frac{10 \times 10^3}{10^5 \times 0.01} = 10$$

$$B = \frac{1}{2\pi} \times \frac{\omega_0}{Q} = \frac{1}{2\pi} \times \frac{10^5}{10} = 1592\text{Hz}$$

(2) 根据谐振频率及通频带计算公式可知

$$f_0 = 1\text{MHz}, \quad B = 20\text{kHz}, \quad R = 10\text{k}\Omega$$

$$B = \frac{1}{2\pi} \times \frac{\dfrac{1}{R}}{C}$$

$$C = \frac{1}{2\pi BR} = \frac{1}{2\pi \times 20 \times 10^3 \times 10 \times 10^3} = 796 \times 10^{-12}\text{F} = 796\text{pF}$$

$$f_0 = \frac{1}{2\pi\sqrt{LC}}$$

$$L = \frac{1}{4\pi^2 f_0^2 C} = 31.8 \times 10^{-6}\text{H} = 31.8\mu\text{H}$$

思考和练习

RLC 并联电路的谐振频率为 $1000/2\pi\text{Hz}$。谐振时阻抗为 $10^5\Omega$,通频带为 $100/2\pi\text{Hz}$。求 R、L、C。

5.5 实用的简单并联谐振电路

由实际的电感线圈与电容器相并联组成的电路,称为实用的简单并联谐振电路。收音机中的中频放大器的负载就是使用的这种并联谐振电路,如图 5-28 所示。图中,电流源 $\dot{I}_s$

可能是晶体管放大器的等效电流源,电阻 r 是实际线圈本身损耗的
等效电阻,实际电容器的损耗很小,可以忽略不计。

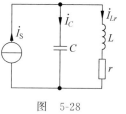

图　5-28

5.5.1　谐振条件

电路的策动点阻抗函数为

$$Z(\mathrm{j}\omega) = \frac{(r+\mathrm{j}\omega L)\dfrac{1}{\mathrm{j}\omega C}}{r+\mathrm{j}\omega L+\dfrac{1}{\mathrm{j}\omega C}} = \frac{(r+\mathrm{j}\omega L)\dfrac{1}{\mathrm{j}\omega C}}{r+\mathrm{j}\left(\omega L-\dfrac{1}{\omega C}\right)} \tag{5.5-1}$$

在通信和无线电技术中,线圈损耗电阻 r 一般非常小,谐振频率及电路 Q 值较高,并且
工作于谐振频率附近。这时总有 $\omega L \gg r$,因此,分子中的 r 可忽略,但分母中 $\omega L-\dfrac{1}{\omega C}$ 的取
值可能很小,甚至为零,故分母中的 r 仍应保留。于是有

$$Z(\mathrm{j}\omega) = \frac{\dfrac{L}{C}}{r+\mathrm{j}\left(\omega L-\dfrac{1}{\omega C}\right)} \tag{5.5-2}$$

因此,电路的策动点导纳为

$$Y(\mathrm{j}\omega) = \frac{Cr}{L}+\mathrm{j}\left(\omega C-\frac{1}{\omega L}\right) = G_0+\mathrm{j}B \tag{5.5-3}$$

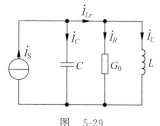

图　5-29

据此可得到图 5-29 所示的等效电路,其中,$G_0=\dfrac{Cr}{L}$。由于谐
振条件是网络的等效阻抗虚部为零,即令 $B=0$ 时,电路发生
并联谐振,谐振频率为

$$\omega_0 = \frac{1}{\sqrt{LC}} \quad \text{或} \quad f_0 = \frac{1}{2\pi\sqrt{LC}} \tag{5.5-4}$$

从形式上看,在满足高频、高 Q 条件下,这种实用的简单
并联谐振电路谐振频率的计算公式同串联谐振电路一样。

5.5.2　谐振时电路的特点

电路发生谐振时,即激励源的角频率等于电路谐振角频率时,电路具有以下特点。

1. 端口等效导纳或等效阻抗

等效导纳为

$$Y_0 = G_0 = \frac{Cr}{L} \tag{5.5-5}$$

等效阻抗为

$$Z_0 = \frac{1}{Y_0} = \frac{L}{Cr} = R_0 \tag{5.5-6}$$

顺便指出,在分析计算实际并联谐振电路的问题时,经常要计算等效阻抗 R_0。除用

式(5.5-6)计算 R_0 外,联系回路 Q 值、特性阻抗 ρ,还可推导出其他形式的 R_0 计算公式。因图 5-28 和图 5-29 所示电路互相等效,则有电路品质因数为

$$Q = \frac{\omega_0 C}{G} = \frac{1}{\omega_0 GL} = \frac{\sqrt{\frac{C}{L}}}{G_0} = \frac{\sqrt{\frac{C}{L}}}{\frac{rC}{L}} = \frac{\sqrt{\frac{L}{C}}}{r} = \frac{\rho}{r} \tag{5.5-7}$$

故有

$$R_0 = \frac{L}{Cr} = \sqrt{\frac{L}{C}} \times \frac{\sqrt{\frac{L}{C}}}{r} = Q\sqrt{\frac{L}{C}} = \frac{\frac{L}{C}}{r^2} \times r = Q^2 r \tag{5.5-8}$$

2. 回路端电压

$$\dot{U}_0 = \frac{\dot{I}_s}{G_0} = R_0 \dot{I}_s \tag{5.5-9}$$

其数值为最大值,且与激励同相位。实验观察并联谐振电路的谐振状态时,常用电压表并接到回路两端,以电压表指示作为回路处于谐振状态的标志。

3. 各支路电流

并联回路谐振时电容支路的电流为

$$\dot{I}_{C0} = j\omega C \dot{U}_0 = j\omega_0 C \frac{\dot{I}_s}{G_0} = jQ\dot{I}_s \tag{5.5-10}$$

谐振时电感支路的电流为

$$\dot{I}_{Lr0} = \dot{I}_s - \dot{I}_{C0} = (1 - jQ)\dot{I}_s \approx -jQ\dot{I}_s \tag{5.5-11}$$

其中,品质因数为

$$Q = \frac{\omega_0 C}{G_0} = \frac{\omega_0 C}{\frac{Cr}{L}} = \frac{\omega_0 L}{r} \tag{5.5-12}$$

若定义电感线圈在谐振频率 ω_0 时的品质因数为 $Q_L = \dfrac{\omega_0 L}{r}$,则实际并联谐振电路的品质因数 $Q = Q_L$。

可见,实际并联谐振电路电容支路电流与电感支路电流几乎大小相等,相位相反。两者的大小都近似等于电源电流的 Q 倍。同 GCL 并联电路一样,因为谐振时相并联的两支路的电流近似相等、相位相反,所以同样会在 LC 回路内形成一个较大的环流。

5.5.3　频率特性

如图 5-28 所示电路,电路的策动点阻抗函数为

$$H_Z(j\omega) = \frac{\dot{U}}{\dot{I}_s} = \frac{(r + j\omega L)\frac{1}{j\omega C}}{r + j\omega L + \frac{1}{j\omega C}} = \frac{(r + j\omega L)\frac{1}{j\omega C}}{r + j\left(\omega L - \frac{1}{\omega C}\right)} \tag{5.5-13}$$

在高 Q 条件及工作频率在谐振频率 ω_0 附近时,有 $\omega L \approx \omega_0 L \gg r$,故上式可近似为

$$H_Z(\mathrm{j}\omega) \approx \cfrac{\dfrac{L}{C}}{r + \mathrm{j}\left(\omega L - \dfrac{1}{\omega C}\right)} = \cfrac{\dfrac{L}{Cr}}{1 + \mathrm{j}\,\dfrac{\omega_0 L}{r}\left(\dfrac{\omega}{\omega_0} - \dfrac{\omega_0}{\omega}\right)} = \cfrac{R_0}{1 + \mathrm{j}Q\left(\dfrac{\omega}{\omega_0} - \dfrac{\omega_0}{\omega}\right)}$$

$$(5.5\text{-}14)$$

$$|\,H_Z(\mathrm{j}\omega)\,| = \cfrac{R_0}{\sqrt{1 + Q^2\left(\dfrac{\omega}{\omega_0} - \dfrac{\omega_0}{\omega}\right)^2}} \qquad (5.5\text{-}15)$$

$$\varphi(\omega) = -\arctan\left(\dfrac{\omega}{\omega_0} - \dfrac{\omega_0}{\omega}\right) \qquad (5.5\text{-}16)$$

若对电路的策动点阻抗函数进行归一化处理,则可得谐振函数为

$$|\,N(\mathrm{j}\omega)\,| = \cfrac{|\,H_Z(\mathrm{j}\omega)\,|}{R_0} = \cfrac{1}{\sqrt{1 + Q^2\left(\dfrac{\omega}{\omega_0} - \dfrac{\omega_0}{\omega}\right)^2}} \qquad (5.5\text{-}17)$$

$$\varphi(\omega) = -\arctan\left(\dfrac{\omega}{\omega_0} - \dfrac{\omega_0}{\omega}\right) \qquad (5.5\text{-}18)$$

可见,该网络函数同样具有带通特性,其特性曲线可参见 RLC 串联谐振电路。这类并

图 5-30

联谐振回路在通信电路中通常用作高频、中频放大器的负载。

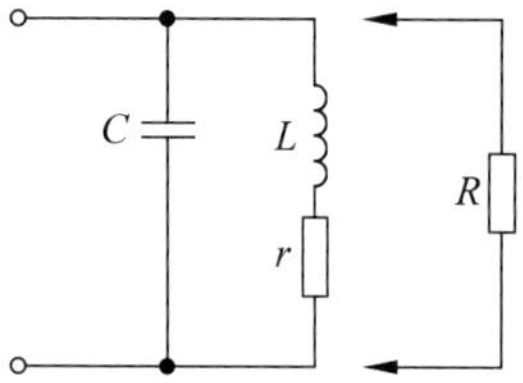

例 5-6 并联谐振电路如图 5-30 所示。

(1) 已知 $L = 200\mu\mathrm{H}$,$C = 200\mathrm{pF}$,$r = 10\Omega$,求谐振频率 f_0、谐振阻抗 Z_0、品质因数 Q 和带宽 B。

(2) 若要求谐振频率 $f_0 = 1\mathrm{MHz}$,已知线圈的电感 $L = 200\mu\mathrm{H}$,$Q = 50$,求电容 C 和带宽 B。

(3) 为使(2)中的带宽扩展为 $B = 50\mathrm{kHz}$,需要在回路两端并联一电阻 R,求此时的电阻 R 值。

解: 图 5-30 为实际并联谐振电路,可用近似计算公式计算谐振频率,再利用有关结论计算其余电路参数值。

(1) $L = 200\mu\mathrm{H}$,$C = 200\mathrm{pF}$,$r = 10\Omega$

$$f_0 = \frac{1}{2\pi\sqrt{LC}} = \frac{1}{2\pi\sqrt{200 \times 10^{-6} \times 200 \times 10^{-12}}} = 7.96 \times 10^5 \mathrm{Hz} = 796\mathrm{kHz}$$

$$Z_0 = \frac{L}{Cr} = \frac{200 \times 10^{-6}}{200 \times 10^{-12} \times 10} = 10^5\,\Omega = 100\mathrm{k}\Omega$$

$$Q = \frac{\omega_0 L}{r} = \frac{2\pi \times 7.96 \times 10^5 \times 200 \times 10^{-6}}{10} = 100$$

$$B = \frac{f_0}{Q} = \frac{796}{100} = 7.96\mathrm{kHz}$$

(2) $f_0 = 1\mathrm{MHz}$, $L = 200\mu\mathrm{H}$, $Q = 50$

$$f_0 = \frac{1}{2\pi\sqrt{LC}} = \frac{1}{2\pi\sqrt{200 \times 10^{-6}C}} = 10^6 \Rightarrow C = 126.8 \times 10^{-12}\mathrm{F} = 126.8\mathrm{pF}$$

$$B = \frac{f_0}{Q} = \frac{10^6}{50} = 2 \times 10^4 \, \mathrm{Hz} = 20 \mathrm{kHz}$$

（3）在（2）条件下将图 5-30 近似等效为图 5-31 所示。
其中，

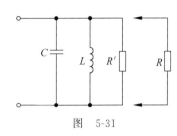

$$R' = \frac{L}{rC} = Q\omega_0 L = 50 \times 2\pi \times 10^6 \times 200 \times 10^{-6}$$

$$= 62\,800\,\Omega = 62.8 \mathrm{k}\Omega$$

图　5-31

若使 $B = 50 \mathrm{kHz}$，则并联 R 后的电路品质因数为

$$Q = \frac{f_0}{B} = \frac{10^6}{50 \times 10^3} = 20$$

须并联的 R 值由下式计算

$$(R' /\!/ R) = Q\omega_0 L = 20 \times 2\pi \times 10^6 \times 200 \times 10^{-6} = 25\,120\,\Omega = 25.12 \mathrm{k}\Omega$$

$$\frac{62.8R}{62.8 + R} = 25.12 \Rightarrow R = 41.9 \mathrm{k}\Omega$$

解得 $R = 41.9 \mathrm{k}\Omega$。

作为上述串、并联谐振电路的推广，当有多个电抗元件组成谐振电路时，一般来说，策动点阻抗虚部为零时，电路发生串联谐振；策动点导纳虚部为零时，电路发生并联谐振。相应的频率分别称为串联谐振频率和并联谐振频率。其中的特殊情况是当电路中全部电抗元件组成纯电抗局部电路（支路），且局部电路的阻抗为零时，该局部电路发生串联谐振；局部电路的导纳为零时，该局部电路发生并联谐振。

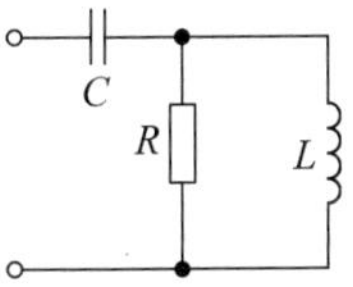

图　5-32

例 5-7　求如图 5-32 所示二端网络的谐振角频率和谐振时的等效阻抗与 R、L、C 的关系。

解：设电源频率为 ω，先写出其端口等效阻抗，令其虚部为零，则可得电路的谐振角频率，并求出谐振时的等效阻抗。

$$Z = -\mathrm{j}\frac{1}{\omega C} + R /\!/ \mathrm{j}\omega L = \frac{\mathrm{j}\omega LR}{R + \mathrm{j}\omega L} - \mathrm{j}\frac{1}{\omega C} = \frac{\mathrm{j}\omega LR}{R^2 + (\omega L)^2}(R - \mathrm{j}\omega L) - \mathrm{j}\frac{1}{\omega C}$$

$$= \frac{(\omega L)^2 R}{R^2 + (\omega L)^2} + \mathrm{j}\left[\frac{\omega LR^2}{R^2 + (\omega L)^2} - \frac{1}{\omega C}\right]$$

令其虚部为 0，即有

$$\frac{\omega LR^2}{R^2 + (\omega L)^2} - \frac{1}{\omega C} = 0$$

$$\omega = \omega_0 = \frac{R}{\sqrt{R^2 - \dfrac{L}{C}}} \cdot \frac{1}{\sqrt{LC}}$$

$$Z_0 = \frac{L}{RC}$$

例 5-8　如图 5-33 所示电路，已知 $u_S(t) = 10\cos 100\pi t + 2\cos 300\pi t$ V，$u_O(t) = 2\cos 300\pi t$ V，$C = 9.4 \mu\mathrm{F}$，求 L_1 和 L_2 的值。

解：设 $u_{S1}(t) = 10\cos 100\pi t$ V，$u_{S2}(t) = 2\cos 300\pi t$ V

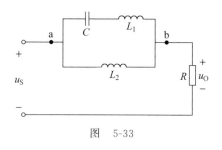

图　5-33

$$u_S(t) = u_{S1}(t) + u_{S2}(t)$$

电源的两个工作频率为

$$\omega_{02} = 100\pi\,\text{rad/s}$$

$$\omega_{01} = 300\pi\,\text{rad/s}$$

通过 $u_S(t)$ 和 $u_O(t)$ 比较可知 L_1C 支路发生串联谐振时,才有 $u_O(t) = u_{S2}(t) = 2\cos300\pi t\,\text{V}$。ab 两点之间电路发生并联谐振时,输出电压才会失去频率成分 ω_{02}。

根据 RLC 串并联谐振电路中谐振频率的计算方法,有

$$\omega_{01} = \frac{1}{\sqrt{L_1C}} = 300\pi$$

$$L_1 = \frac{1}{300^2\pi^2C} = \frac{1}{300^2\pi^2 \times 9.4 \times 10^{-6}} = 0.12\,\text{H}$$

$$\omega_{02} = \frac{1}{\sqrt{(L_1 + L_2)C}} = 100\pi$$

$$L_1 + L_2 = \frac{1}{100^2\pi^2C} = \frac{1}{100^2\pi^2 \times 9.4 \times 10^{-16}} = 1.079\,\text{H}$$

$$L_2 = 0.96\,\text{H}$$

思考和练习

练习题图所示电路的输入 $u_S(t)$ 为非正弦波,其中含有 $\omega = 3\,\text{rad/s}$ 及 $\omega = 7\,\text{rad/s}$ 的谐波分量。如果要求在输出电压 $u(t)$ 中不含这两个谐波分量,问 L 和 C 应为多少。

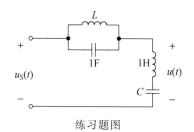

练习题图

5.6　实用电路介绍

5.6.1　高低音分离电路

滤波器的一种典型应用是信号分离,图 5-34(a)为一简单的高低音分离电路。

音频信号是指 20Hz～20kHz 频率范围的信号。一般高于 2kHz 的信号称为高音信号,低于 2kHz 的信号称为中低音信号。图 5-34(a)的高低音分离电路由一个 RC 高通滤波器和一个 RL 低通滤波器组成。它将从立体声放大器一个通道中出来的高于 2kHz 的信号送到高音扬声器,而低于 2kHz 的信号送到低音扬声器。将放大器用一个电压源等效,扬声器

用电阻作为电路模型,图 5-34(a)所示的电路可等效为图 5-34(b),其传输函数为

$$H_1(j\omega) = \frac{\dot{U}_1}{\dot{U}_s} = \frac{R_1}{R_1 + \dfrac{1}{j\omega C}} = \frac{j\omega CR_1}{1 + j\omega CR_1}$$

$$H_2(j\omega) = \frac{\dot{U}_2}{\dot{U}_s} = \frac{R_2}{R_2 + j\omega L}$$

幅频特性为

$$|H_1(j\omega)| = \frac{\omega CR_1}{\sqrt{1 + (\omega CR_1)^2}}$$

$$|H_2(j\omega)| = \frac{R_2}{\sqrt{R_2 + (\omega L)^2}}$$

幅频特性曲线如图 5-34(c)所示,这里选择 R_1、R_2、C、L 的值使两个滤波器具有相同的截止频率。

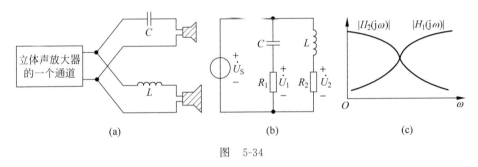

图　5-34

5.6.2　无线电接收机的调谐电路

串联和并联谐振电路都普遍应用于收音机和军用电台的选台技术中。无线电信号由发射机通过电磁波发射出来,然后在大气中传播,当电磁波通过接收机天线时,将感应出极小的电压。接收机必须从接收的宽阔的电磁频率范围内,仅选出特定频率点的电台信号。

如图 5-35(a)所示的是一个无线电接收机的输入电路。主要组成部分是天线线圈 L_1 和电感线圈 L 与可变电容 C 组成的串联谐振电路。天线所收到的各种频率不同的信号都

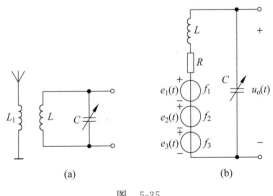

图　5-35

会在 LC 谐振电路中感应出相应的电动势 $e_1, e_2, e_3, \cdots$，如图 5-35(b)所示，图中的 R 是线圈 L 的等效电阻。改变 C，对所需信号频率调到串联谐振，那么这时 LC 回路中该频率的电流最大，在可变电容器两端的这种频率的电压就很高。其他各种不同频率的信号虽然也在接收机里出现，但由于它们没有达到谐振，在回路中引起的电流很小。

习题 5

5-1 选择合适的答案填入括号内，只需填入 A、B、C 或 D。

（1）题 5-1(a)图所示电路若端口 ab 端所加为正弦交流电流源，且已知 $\omega = 1\text{rad/s}$，则该端口（   ）。

 A. 呈感性   B. 呈容性

 C. 呈阻性   D. 不能确定为何种性质

（2）正弦交流电路如题 5-1(b)图所示，交流电源电压为 220V，频率为 50Hz，且电路已处于谐振状态。现将电源频率增加，电压有效值不变，这时，灯 A 的亮度（   ）。

 A. 比原来亮   B. 比原来暗   C. 和原来一样亮   D. 先暗后亮

（3）RLC 串联电路处于谐振状态，已知 $X_L = X_C = 200\Omega$，$R = 2\Omega$，端口总电压为 20mV，则电容上的电压为（   ）。

 A. 0V   B. 2V   C. $2\sqrt{2}$ V   D. $4\sqrt{2}$ V

（4）一串联谐振电路如题 5-1(c)图所示，电源角频率 $\omega = 10^6\text{rad/s}$，谐振时，$I_0 = 100\text{mA}$，$U_{L0} = 100\text{V}$，电感量 $L =$（   ）。

 A. 5mH   B. 1mH   C. 3mH   D. 2mH

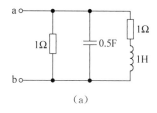   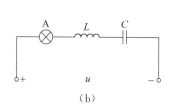 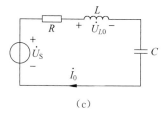

(a)   (b)   (c)

题 5-1 图

（5）在 RLC 并联谐振电路中电阻 R 增大，其影响是（   ）。

 A. 谐振频率升高   B. 谐振频率降低

 C. 品质因数减小   D. 品质因数增大

5-2 将合适的答案填入空内。

（1）RLC 串联电路 $R = 100\Omega$，$C = 400\text{pF}$，$L = 10\text{mH}$，则此电路的品质因数 $Q = $ _____，通频带 $B_w = $ _____。

（2）RLC 串联电路在 $\omega = 1000\text{rad/s}$ 时，$U_L = 4U_C$，则此电路的谐振频率 $\omega_0 = $ _____。

（3）若如题 5-2(a)图交流电路发生谐振，则谐振频率 $\omega_0 = $ _____。

（4）接于某正弦交流电路的 ab 端网络如题 5-2(b)图所示，若使端口总电流为 0，则要求电源频率为 _____。

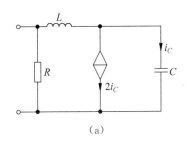

（a）

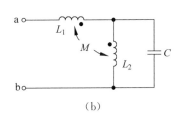

（b）

题 5-2 图

5-3　求题 5-3 图所示电路的转移电压比 $H(\mathrm{j}\omega)=\dot{U}_2/\dot{U}_1$，并定性画出幅频和相频特性曲线。

5-4　求题 5-4 图所示各电路的转移电流比 $H(\mathrm{j}\omega)=\dot{I}_2/\dot{I}_1$，以及截止频率和通频带。

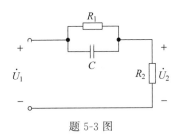

题 5-3 图

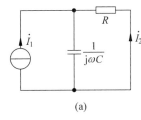

（a）

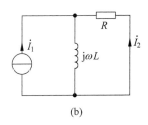

（b）

题 5-4 图

5-5　如题 5-5 图所示电路，它有一个输入 $\dot{U}_\mathrm{S}$ 和两个输出 $\dot{U}_{01}$ 和 $\dot{U}_{02}$。

（1）为使输入阻抗 $Z_{\mathrm{in}}(\mathrm{j}\omega)=\dot{U}_\mathrm{S}/\dot{I}$ 与 ω 无关，应满足什么条件？求这时的输入阻抗。

（2）在满足（1）的条件下，求电压比 $\dot{U}_{01}/\dot{U}_\mathrm{S}$ 和 $\dot{U}_{02}/\dot{U}_\mathrm{S}$ 以及截止频率。

（3）如 $R_\mathrm{S}=R=1\mathrm{k}\Omega$，$L=0.1\mathrm{H}$，$C=0.1\mu\mathrm{F}$，$u_\mathrm{S}(t)=10\cos 2\times 10^3 t+10\cos 50\times 10^3 t\ \mathrm{V}$，求输出电压的瞬时值 $u_{01}(t)$ 和 $u_{02}(t)$。

5-6　一 RLC 串联谐振电路，电源电压 $U_\mathrm{S}=1\mathrm{V}$，且保持不变。当调节电源频率使电路达到谐振时，$f_0=100\mathrm{kHz}$，这时回路电流 $I_0=100\mathrm{mA}$；当电源频率改变为 $f=99\mathrm{kHz}$ 时，回路电流 $I=70.7\mathrm{mA}$。求回路的品质因数 Q 和电路参数 r、L、C 的值。

5-7　RLC 串联谐振电路的谐振频率为 $1000\mathrm{Hz}$，其通带为 $950\sim 1050\mathrm{Hz}$。已知 $L=200\mathrm{mH}$，求 r、C 和 Q 的值。

5-8　正弦交流电路如题 5-8 图所示，$L_1=1\mathrm{H}$，$L_2=2\mathrm{H}$，$M=0.5\mathrm{H}$，$\omega=1000\mathrm{rad/s}$。问 C 为何值时，此电路发生谐振？

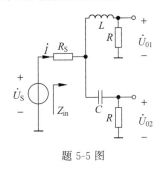

题 5-5 图

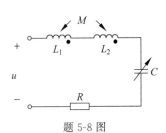

题 5-8 图

5-9　如题 5-9 图所示 RLC 串联的正弦电路当 $\omega=5000\text{rad/s}$ 时发生谐振,已知 $R=5\Omega,L=100\text{mH}$,端口总电压有效值 $U=10\text{mV}$,求 Q 和通带宽度 B_w 值及电路所标变量的有效值。

5-10　如题 5-10 图所示电路,$R=10\Omega,L=0.01\text{H},u_S=20\sqrt{2}\cos10^5 t\text{V}$,问电容 C 为何值时电流 i_1 的有效值最大?并求此时电路中的电压 $u_2(t)$。

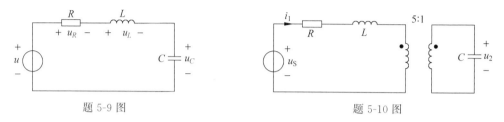

题 5-9 图　　　　　　　　　　　　题 5-10 图

5-11　设题 5-11 图所示电路处于谐振状态,其中,$I_S=1\text{A},U_1=50\text{V},R_1=X_C=100\Omega$,求电压 U_L 和电阻 R_2。

5-12　一 RLC 串联谐振电路,已知 $r=10\Omega,L=64\mu\text{H},C=100\text{pF}$,外加电源电压 $U_s=1\text{V}$,求电路谐振频率 f_0、品质因数 Q、带宽 B、谐振时的回路电流 I_0 和电抗元件上的电压 U_L 和 U_C。

5-13　一个电感线圈的电阻为 10Ω,品质因数 $Q=100$,与电容器接成并联谐振电路,如再并联一只 $100\text{k}\Omega$ 的电阻,电路的品质因数降低到多少?

5-14　题 5-14 图是由一线圈和一电容器组成的串联谐振电路(见图(a))和并联谐振电路(见图(b))。若在谐振角频率 ω_0 处,线圈的品质因数为 $Q_L(Q_L=\omega_0 L/r)$。电容器的品质因数为 $Q_C(Q_C=\omega_0 C/G=\omega_0 CR)$。设电路的总品质因数为 Q,试证:$\dfrac{1}{Q}=\dfrac{1}{Q_L}+\dfrac{1}{Q_C}$。

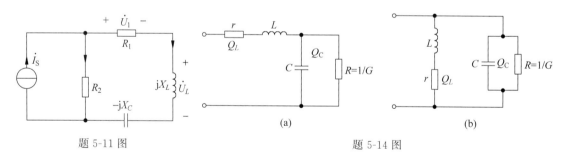

题 5-11 图　　　　　　　　　　　　题 5-14 图

5-15　如题 5-15 图所示交流电路已发生谐振,已知 i_2 和 i_3 对应的有效值分别为 10A 和 8A。

求:(1)谐振频率表达式及端口等效电阻。

(2)i_1 对应的有效值。

(3)若 $\omega L \gg R$,则电路的品质因数为多少?

5-16　如题 5-16 图所示交流电路当 $\omega=1000\text{rad/s}$ 时发生谐振,已知端口总电压有效值 $U=180\text{V}$,求电容 C 的值及端口电流有效值 I。

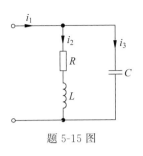

题 5-15 图

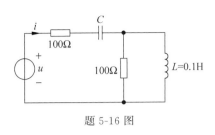

题 5-16 图

5-17　如题 5-17 图所示电路,试问 C_1 和 C_2 为何值才能使电源频率为 100kHz 时电流不能通过负载 R_L,而在频率为 50kHz 时,流过 R_L 的电流为最大。

5-18　一个串联调谐无线收音电路由一个可变电容(40~360pF)和一个 240μH 的天线线圈组成,线圈的电阻为 12Ω。

(1) 求收音机可调谐的无线电信号的频率范围。

(2) 确定频率范围每一端的 Q 值。

5-19　设计一个如题 5-19 图所示的 ·阶有源高通滤波器,要求截止频率 $f_c = 8$kHz,通带放大系数 $|H(j\infty)| = 14$dB,电容 $C = 3.9$nF。

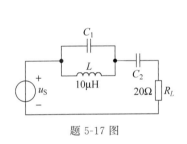

题 5-17 图

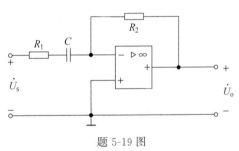

题 5-19 图

5-20　试求题 5-20 图所示电路的网络函数 $H(j\omega) = \dfrac{\dot{U}_o}{\dot{U}_s}$,并设计一个电压通带增益为 100,截止频率 $\omega_c = 100$rad/s 的有源低通滤波器。

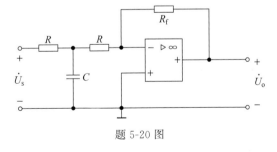

题 5-20 图

5-21　设计一个 RLC 串联电路,使其谐振频率 $\omega_0 = 1000$rad/s,品质因数为 80,且谐振时的阻抗为 10Ω,并求其带宽 B。

5-22　设计一个 RLC 并联电路,使其谐振频率 $\omega_0 = 1000$rad/s,且谐振时的阻抗为 1000Ω,带宽 $B = 100$rad/s,并求其品质因数。

第 6 章
CHAPTER 6

二端口网络

前面各章讨论的电路问题大多是在电路结构、元件参数与输入给定的条件下,分析和计算各支路电流和电压,利用等效法分析时涉及的网络大多是二端网络。在实际应用中还常遇到这样的问题:网络有多个引出端子与外电路相连,但网络内部结构不详(俗称"黑盒子"),工程上通常却只需研究这类网络端钮间的伏安特性,这种分析思想和方法对于分析和测试如集成电路之类的电路问题有着重要的实际意义。而当只需要研究网络的输出与输入之间的关系时,可以将网络看作是一个具有一个输入端口与一个输出端口的二端口网络,如图 6-2 所示。

本章主要讨论多端网络中常见的二端口网络,研究二端口网络的基本概念、参数和方程、等效电路以及网络函数等。

6.1 二端口网络的概念

电路中的一对端钮,如流入一个端子的电流等于流出另一个端子的电流,则这对端钮就形成一个端口。

在工程实际中,常遇到具有两个端口的网络,或是有些电工电子器件本身就可以看成一个二端口网络,如图 6-1(a)~(c)所示变压器、晶体管和滤波器等。

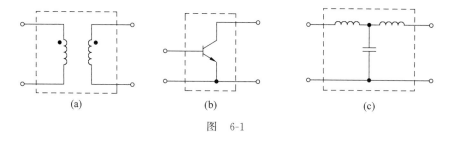

| (a) | (b) | (c) |

图   6-1

如果只研究其两个端口的电压、电流之间的关系,那么,无论网络内部如何复杂都可以用一个方框把两个端口之间的网络框起来,如图 6-2 所示。设在任何瞬间,每个端口两个电流量值相等,并且电流从一个端钮流入而从另一个端钮流出,符合这个端口条件的四端网络称为二端口网络。

需要注意的是,二端口网络是四端网络,但四端网络不一定是二端口网络。一般四端网

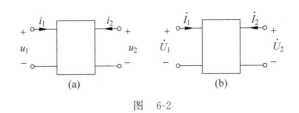

图　6-2

络的 4 个端钮电流不一定成对相等,即不一定满足端口条件,因而也不一定能作为二端口网络。

　　本章主要讨论线性无源二端口网络,它可能包含电阻、电容、电感、受控源等元件,但一般不包含独立源,也没有与外界耦合的元件。分析中主要按正弦电路的稳定状态考虑,应用相量法,即主要采用图 6-2(b)所示的相量模型进行分析,且一般设端口电压、电流参考方向关联。为讨论方便,通常称二端口网络左端口为输入端口(或入口),右端口为输出端口(或出口)。

思考和练习

　　6.1-1　端口与端钮有何不同? 图 6-1 中各电路图有几个端口? 几个端钮?

　　6.1-2　什么是端口条件? 四端网络与二端口网络有何区别?

6.2　二端口网络的方程和参数

　　在第 1 章介绍电路元件和等效概念、方法时,通常用端口伏安关系来表征元件的性质和网络的外特性。其中对无源二端网络有一个重要结论,即:一般来说,无源二端网络可等效为一个电阻,其伏安关系即为欧姆定律形式。同样,分析二端口网络及电路时,通常也仅对端口处电流、电压之间的关系感兴趣,这种关系可以用一些参数来表示,而这些参数只与构成二端口本身的元件及它们的连接方式有关。一旦表征二端口网络的参数确定后,那么当一个端口的电压、电流发生变化时,再求出另一个端口的电压、电流也就容易了。同时,还可以利用这些参数来比较不同的二端口网络在传递电能和信号方面的性能,从而评价它们的质量。

　　对于线性无源二端口网络,端口变量共有 4 个:$\dot{U}_1$、$\dot{U}_2$、$\dot{I}_1$ 和 $\dot{I}_2$。因其只有两个端口,故只需两个约束关系即可描述二端口网络的伏安特性。若任取两个作为自变量(激励),剩余两个作为因变量(响应),最多可写出 6 组描述端口变量间关系的方程,方程的系数即为网络参数。

6.2.1　阻抗方程和 Z 参数

　　如果以端口电流 $\dot{I}_1$ 和 $\dot{I}_2$ 为自变量(可认为是两个置换后的电流源作为激励),电压 $\dot{U}_1$ 和 $\dot{U}_2$ 作为因变量(响应),如图 6-3 所示,则根据线性电路的叠加性可得电路的阻抗方程为

$$\dot{U}_1 = z_{11}\dot{I}_1 + z_{12}\dot{I}_2$$

$$\dot{U}_2 = z_{21}\dot{I}_1 + z_{22}\dot{I}_2$$

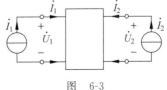

图　6-3

式中,z_{11}、z_{12}、z_{21}、z_{22} 称为 **Z** 参数(均具有阻抗单位)。**Z** 参数可由阻抗方程分别令 $\dot{I}_2 = 0$ 和 $\dot{I}_1 = 0$ 的条件下求得,并由此可得相应的物理意义为

$$z_{11} = \left.\frac{\dot{U}_1}{\dot{I}_1}\right|_{\dot{I}_2=0} \qquad (出口开路时的输入阻抗) \qquad (6.2\text{-}1)$$

$$z_{21} = \left.\frac{\dot{U}_2}{\dot{I}_1}\right|_{\dot{I}_2=0} \qquad (出口开路时的正向转移阻抗) \qquad (6.2\text{-}2)$$

$$z_{12} = \left.\frac{\dot{U}_1}{\dot{I}_2}\right|_{\dot{I}_1=0} \qquad (入口开路时的反向转移阻抗) \qquad (6.2\text{-}3)$$

$$z_{22} = \left.\frac{\dot{U}_2}{\dot{I}_2}\right|_{\dot{I}_1=0} \qquad (入口开路时的输出阻抗) \qquad (6.2\text{-}4)$$

由上述各式可见,**Z** 参数都是在出口或入口开路条件下定义的,故 **Z** 参数又称为开路参数。

若将阻抗方程写为矩阵形式,有

$$\begin{bmatrix} \dot{U}_1 \\ \dot{U}_2 \end{bmatrix} = \begin{bmatrix} z_{11} & z_{12} \\ z_{21} & z_{22} \end{bmatrix} \begin{bmatrix} \dot{I}_1 \\ \dot{I}_2 \end{bmatrix} = \boldsymbol{Z} \begin{bmatrix} \dot{I}_1 \\ \dot{I}_2 \end{bmatrix}$$

其中,**Z** 称为开路阻抗或 **Z** 矩阵,即

$$\boldsymbol{Z} = \begin{bmatrix} z_{11} & z_{12} \\ z_{21} & z_{22} \end{bmatrix}$$

可以证明,不含受控源的线性二端口网络遵守互易特性,即满足

$$\left.\frac{\dot{U}_1}{\dot{I}_2}\right|_{\dot{I}_1=0} = \left.\frac{\dot{U}_2}{\dot{I}_1}\right|_{\dot{I}_2=0}$$

比较式(6.2-2)和式(6.2-3),可知

$$z_{12} = z_{21}$$

可见,对于互易网络,**Z** 参数中只有 3 个参数是相互独立的。

一个互易网络若其连接方式、元件性质及参数大小均具对称性,则称其为对称二端口互易网络。如果将其入口和出口位置对调,其端口电流、电压均不改变。即有

$$z_{12} = z_{21}$$

$$z_{11} = z_{22}$$

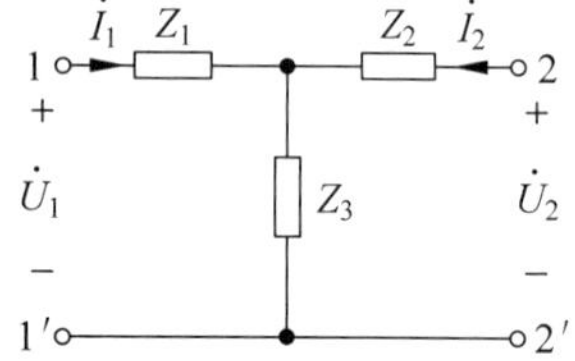

可见,对于对称互易二端口网络,**Z** 参数中只有两个是独立参数。

例 6-1　设图 6-4 所示电路中 Z_1、Z_2、Z_3 已知,求该 T 形二端口网络的 **Z** 参数。

解法 1:利用 **Z** 参数物理意义求解。

令 22′ 端口开路,即 $\dot{I}_2 = 0$,得

图　6-4

$$z_{11} = \frac{\dot{U}_1}{\dot{I}_1}\bigg|_{\dot{I}_2=0} = Z_1 + Z_3$$

$$z_{21} = \frac{\dot{U}_2}{\dot{I}_1}\bigg|_{\dot{I}_2=0} = Z_3$$

令 $11'$ 端口开路，即 $\dot{I}_1 = 0$，得

$$z_{12} = \frac{\dot{U}_1}{\dot{I}_2}\bigg|_{\dot{I}_1=0} = Z_3$$

$$z_{22} = \frac{\dot{U}_2}{\dot{I}_2}\bigg|_{\dot{I}_1=0} = Z_2 + Z_3$$

即

$$\mathbf{Z} = \begin{bmatrix} Z_1 + Z_3 & Z_3 \\ Z_3 & Z_2 + Z_3 \end{bmatrix}$$

解法 2：利用二端口网络端口方程求解。首先列写二端口网络端口电压方程为

$$\dot{U}_1 = Z_1 \dot{I}_1 + Z_3(\dot{I}_1 + \dot{I}_2)$$

$$\dot{U}_2 = Z_2 \dot{I}_2 + Z_3(\dot{I}_1 + \dot{I}_2)$$

整理得

$$\dot{U}_1 = (Z_1 + Z_3)\dot{I}_1 + Z_3 \dot{I}_2$$

$$\dot{U}_2 = Z_3 \dot{I}_1 + (Z_2 + Z_3)\dot{I}_2$$

所以有

$$\mathbf{Z} = \begin{bmatrix} Z_1 + Z_3 & Z_3 \\ Z_3 & Z_2 + Z_3 \end{bmatrix}$$

提示：若 $Z_1 = Z_2$，则该二端口网络即为对称互易二端口网络。

例 6-2　求图 6-5 所示二端口网络的 $\mathbf{Z}$ 参数。

解：此例同样可用上述两种方法求解，下面利用二端口网络端口方程求解。

首先列写二端口网络端口电压方程

$$\dot{U}_1 = 1 \times \dot{I}_1 + 3(\dot{I}_1 + \dot{I}_2) + 4\dot{I}_1$$

$$\dot{U}_2 = 2\dot{I}_2 + 3(\dot{I}_1 + \dot{I}_2) + 4\dot{I}_1$$

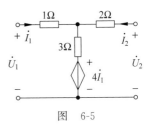

图　6-5

整理得

$$\dot{U}_1 = 8\dot{I}_1 + 3\dot{I}_2$$

$$\dot{U}_2 = 7\dot{I}_1 + 5\dot{I}_2$$

所以

$$\mathbf{Z} = \begin{bmatrix} 8 & 3 \\ 7 & 5 \end{bmatrix} \Omega$$

6.2.2　导纳方程和 Y 参数

如果以端口电压 $\dot{U}_1$ 和 $\dot{U}_2$ 作为自变量(可认为是两个置换后的电压源作为激励),电流

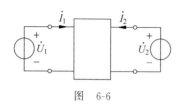

图　6-6

$\dot{I}_1$ 和 $\dot{I}_2$ 作为因变量(响应),如图 6-6 所示,则根据线性电路的叠加性可得电路的导纳方程为

$$\dot{I}_1 = y_{11}\dot{U}_1 + y_{12}\dot{U}_2$$
$$\dot{I}_2 = y_{21}\dot{U}_1 + y_{22}\dot{U}_2$$

其中,y_{11}、y_{12}、y_{21}、y_{22} 称为 **Y** 参数(均具有导纳单位)。**Y**

参数可由导纳方程分别令 $\dot{U}_2=0$ 和 $\dot{U}_1=0$ 的条件下求得,并由此可得相应的物理意义为

$$y_{11} = \left.\frac{\dot{I}_1}{\dot{U}_1}\right|_{\dot{U}_2=0} \quad \text{(出口短路时的输入导纳)} \tag{6.2-5}$$

$$y_{21} = \left.\frac{\dot{I}_2}{\dot{U}_1}\right|_{\dot{U}_2=0} \quad \text{(出口短路时的正向转移导纳)} \tag{6.2-6}$$

$$y_{12} = \left.\frac{\dot{I}_1}{\dot{U}_2}\right|_{\dot{U}_1=0} \quad \text{(入口短路时的反向转移导纳)} \tag{6.2-7}$$

$$y_{22} = \left.\frac{\dot{I}_2}{\dot{U}_2}\right|_{\dot{U}_1=0} \quad \text{(入口短路时的输出导纳)} \tag{6.2-8}$$

由上述各式可见,**Y** 参数都是在出口或入口短路条件下定义的,故 **Y** 参数又称为短路参数。

若将导纳方程写为矩阵形式,有

$$\begin{bmatrix} \dot{I}_1 \\ \dot{I}_2 \end{bmatrix} = \begin{bmatrix} y_{11} & y_{12} \\ y_{21} & y_{22} \end{bmatrix} \begin{bmatrix} \dot{U}_1 \\ \dot{U}_2 \end{bmatrix} = \mathbf{Y} \begin{bmatrix} \dot{U}_1 \\ \dot{U}_2 \end{bmatrix}$$

其中,**Y** 称为短路导纳或 **Y** 矩阵。即

$$\mathbf{Y} = \begin{bmatrix} y_{11} & y_{12} \\ y_{21} & y_{22} \end{bmatrix}$$

同样,互易网络满足

$$\left.\frac{\dot{I}_1}{\dot{U}_2}\right|_{\dot{U}_1=0} = \left.\frac{\dot{I}_2}{\dot{U}_1}\right|_{\dot{U}_2=0}$$

比较式(6.2-6)和式(6.2-7),可知

$$y_{12} = y_{21}$$

可见,互易网络只有 3 个 **Y** 参数是相互独立的。同样,对于对称互易二端口网络,**Y** 参数中只有两个是独立参数。即有

$$y_{12} = y_{21}$$
$$y_{11} = y_{22}$$

例 6-3　求例 6-1 中图 6-4 所示电路的 Y 参数。

解：令 22′端口短路，即 $\dot{U}_2=0$，得

$$y_{11} = \left.\frac{\dot{I}_1}{\dot{U}_1}\right|_{\dot{U}_2=0} = \frac{Z_2+Z_3}{Z_1Z_2+Z_2Z_3+Z_1Z_3}$$

$$y_{21} = \left.\frac{\dot{I}_2}{\dot{U}_1}\right|_{\dot{U}_2=0} = \frac{-Z_3}{Z_1Z_2+Z_2Z_3+Z_1Z_3}$$

令 11′端口短路，即 $\dot{U}_1=0$，得

$$y_{12} = \left.\frac{\dot{I}_1}{\dot{U}_2}\right|_{\dot{U}_1=0} = \frac{-Z_3}{Z_1Z_2+Z_2Z_3+Z_1Z_3}$$

$$y_{22} = \left.\frac{\dot{I}_2}{\dot{U}_2}\right|_{\dot{U}_1=0} = \frac{Z_1+Z_3}{Z_1Z_2+Z_2Z_3+Z_1Z_3}$$

所以

$$Y = \begin{bmatrix} \dfrac{Z_2+Z_3}{Z_1Z_2+Z_2Z_3+Z_1Z_3} & \dfrac{-Z_3}{Z_1Z_2+Z_2Z_3+Z_1Z_3} \\[2ex] \dfrac{-Z_3}{Z_1Z_2+Z_2Z_3+Z_1Z_3} & \dfrac{Z_1+Z_3}{Z_1Z_2+Z_2Z_3+Z_1Z_3} \end{bmatrix}$$

当然，Y 参数也可直接利用二端口网络中电压、电流间的伏安关系来求，或者利用 $Y=Z^{-1}$ 关系来求。

注意：有的网络只有 Z 参数，有的网络只有 Y 参数。

6.2.3　混合方程和 H、G 参数

如果以端口电压 $\dot{I}_1$ 和 $\dot{U}_2$ 作为自变量(可认为是两个置换后的电流源和电压源作为激励)，电压、电流 $\dot{U}_1$ 和 $\dot{I}_2$ 作为因变量(响应)，如图 6-7 所示，则根据线性电路的叠加性可得电路的一组混合方程为

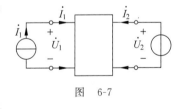

图　6-7

$$\dot{U}_1 = h_{11}\dot{I}_1 + h_{12}\dot{U}_2$$

$$\dot{I}_2 = h_{21}\dot{I}_1 + h_{22}\dot{U}_2$$

其中，h_{11}、h_{12}、h_{21}、h_{22} 称为 H 参数。H 参数可由混合方程

分别令 $\dot{U}_2=0$ 和 $\dot{I}_1=0$ 的条件下求得

$$h_{11} = \left.\frac{\dot{U}_1}{\dot{I}_1}\right|_{\dot{U}_2=0} \qquad \text{(出口短路时的输入阻抗)} \qquad (6.2\text{-}9)$$

$$h_{21} = \left.\frac{\dot{I}_2}{\dot{I}_1}\right|_{\dot{U}_2=0} \qquad \text{(出口短路时的正向电流比)} \qquad (6.2\text{-}10)$$

$$h_{12} = \frac{\dot{U}_1}{\dot{U}_2}\bigg|_{\dot{i}_1=0} \qquad \text{(入口开路时的反向转移电压比)} \qquad (6.2\text{-}11)$$

$$h_{22} = \frac{\dot{I}_2}{\dot{U}_2}\bigg|_{\dot{i}_1=0} \qquad \text{(入口开路时的输出导纳)} \qquad (6.2\text{-}12)$$

从式(6.2-9)~式(6.2-12)可以看出,参数 h_{11} 的国际单位应是 Ω,h_{22} 的单位应是 S。而 h_{21} 和 h_{12} 是无单位的比例常数。

若将混合方程写为矩阵形式,有

$$\begin{bmatrix} \dot{U}_1 \\ \dot{I}_2 \end{bmatrix} = \begin{bmatrix} h_{11} & h_{12} \\ h_{21} & h_{22} \end{bmatrix} \begin{bmatrix} \dot{I}_1 \\ \dot{U}_2 \end{bmatrix} = \boldsymbol{H} \begin{bmatrix} \dot{I}_1 \\ \dot{U}_2 \end{bmatrix}$$

其中,$\boldsymbol{H}$ 称为 $\boldsymbol{H}$ 参数矩阵。即

$$\boldsymbol{H} = \begin{bmatrix} h_{11} & h_{12} \\ h_{21} & h_{22} \end{bmatrix}$$

可以证明,对互易网络,有

$$h_{12} = -h_{21}$$

可见,$\boldsymbol{H}$ 参数中有 3 个独立参数。同样,对于对称互易二端口网络的 $\boldsymbol{H}$ 参数中有两个独立参数,有

$$h_{12} = -h_{21}, \quad \Delta_{\boldsymbol{H}} = 1$$

若以 $\dot{U}_1$、$\dot{I}_2$ 为自变量,以 $\dot{I}_1$、$\dot{U}_2$ 为因变量,可以得到另一组混合方程为

$$\dot{I}_1 = g_{11}\dot{U}_1 + g_{12}\dot{I}_2$$

$$\dot{U}_2 = g_{21}\dot{U}_1 + g_{22}\dot{I}_2$$

其中,g_{11}、g_{12}、g_{21}、g_{22} 称为 $\boldsymbol{G}$ 参数。

同样,$\boldsymbol{H}$、$\boldsymbol{G}$ 参数可以通过物理意义求取,也可通过端口的伏安关系得到。

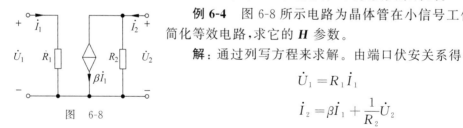

图 6-8

例 6-4 图 6-8 所示电路为晶体管在小信号工作条件下的简化等效电路,求它的 $\boldsymbol{H}$ 参数。

解:通过列写方程来求解。由端口伏安关系得

$$\dot{U}_1 = R_1 \dot{I}_1$$

$$\dot{I}_2 = \beta \dot{I}_1 + \frac{1}{R_2}\dot{U}_2$$

所以

$$\boldsymbol{H} = \begin{bmatrix} R_1 & 0 \\ \beta & \dfrac{1}{R_2} \end{bmatrix}$$

6.2.4 传输方程和 A、B 参数

在信号传输中,常需要考虑输出负载或输出变量对输入变量的影响情况,这时以 $\dot{U}_2$、$\dot{I}_2$ 为自变量,$\dot{U}_1$、$\dot{I}_1$ 为因变量较为方便。此时,可得电路的一种传输方程为

$$\dot{U}_1 = a_{11}\dot{U}_2 + a_{12}(-\dot{I}_2)$$

$$\dot{I}_1 = a_{21}\dot{U}_2 + a_{22}(-\dot{I}_2)$$

式中，a_{11}、a_{12}、a_{21}、a_{22} 称为 $\boldsymbol{A}$ 参数，也称为传输参数。传输方程中 $\dot{I}_2$ 前面的负号是考虑到出口如接以负载则其电流一般以 $(-\dot{I}_2)$ 方向流动，但为了不改前面的约定，这里仍采用关联参考方向。$\boldsymbol{A}$ 参数可由传输方程分别令 $\dot{U}_2 = 0$ 和 $\dot{I}_2 = 0$ 的条件下求得

$$a_{11} = \left.\frac{\dot{U}_1}{\dot{U}_2}\right|_{\dot{I}_2=0} \qquad \text{（出口开路时的电压比）} \qquad (6.2\text{-}13)$$

$$a_{21} = \left.\frac{\dot{I}_1}{\dot{U}_2}\right|_{\dot{I}_2=0} \qquad \text{（出口开路时的转移导纳）} \qquad (6.2\text{-}14)$$

$$a_{12} = \left.\frac{\dot{U}_1}{-\dot{I}_2}\right|_{\dot{U}_2=0} \qquad \text{（出口短路时的转移阻抗）} \qquad (6.2\text{-}15)$$

$$a_{22} = \left.\frac{\dot{I}_1}{-\dot{I}_2}\right|_{\dot{U}_2=0} \qquad \text{（出口短路时的电流比）} \qquad (6.2\text{-}16)$$

从式(6.2-14)和式(6.2-15)可以看出，参数 a_{21} 的国际单位应是 S，a_{12} 的单位应是 Ω。而 a_{11} 和 a_{22} 是无单位的比例常数。

若将传输方程写为矩阵形式，有

$$\begin{bmatrix} \dot{U}_1 \\ \dot{I}_1 \end{bmatrix} = \begin{bmatrix} a_{11} & a_{12} \\ a_{21} & a_{22} \end{bmatrix} \begin{bmatrix} \dot{U}_2 \\ -\dot{I}_2 \end{bmatrix} = \boldsymbol{A} \begin{bmatrix} \dot{U}_2 \\ -\dot{I}_2 \end{bmatrix}$$

其中，$\boldsymbol{A}$ 称为 $\boldsymbol{A}$ 参数矩阵。即

$$\boldsymbol{A} = \begin{bmatrix} a_{11} & a_{12} \\ a_{21} & a_{22} \end{bmatrix}$$

可以证明，对互易网络，有

$$\Delta \boldsymbol{A} = a_{11}a_{22} - a_{12}a_{21} = 1$$

可见，$\boldsymbol{A}$ 参数中有 3 个独立参数。同样，当网络对称时 $\boldsymbol{A}$ 参数中有两个独立参数，有

$$\Delta \boldsymbol{A} = 1, \quad a_{11} = a_{22}$$

若以 $\dot{U}_1$、$\dot{I}_1$ 为自变量，以 $\dot{U}_2$、$\dot{I}_2$ 为因变量，可以得到另一组传输参数 $\boldsymbol{B}$ 方程为

$$\dot{U}_2 = b_{11}\dot{U}_1 + b_{12}(-\dot{I}_1)$$

$$\dot{I}_2 = b_{21}\dot{U}_1 + b_{22}(-\dot{I}_1)$$

其中，b_{11}、b_{12}、b_{21}、b_{22} 称为 $\boldsymbol{B}$ 参数。

同样，$\boldsymbol{A}$、$\boldsymbol{B}$ 参数除了可通过物理意义求取外，也可通过端口的伏安关系得到。

例 6-5 求图 6-9 所示理想变压器的 $\boldsymbol{A}$ 参数。

解： 由端口伏安关系得

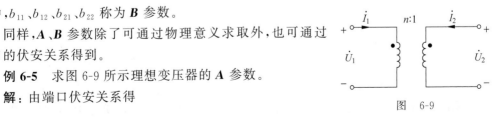

图　6-9

$$\dot{U}_1 = n\dot{U}_2$$

$$\dot{I}_1 = -\frac{1}{n}\dot{I}_2 = \frac{1}{n}(-\dot{I}_2)$$

所以

$$A = \begin{bmatrix} n & 0 \\ 0 & \dfrac{1}{n} \end{bmatrix}$$

以上主要介绍了描述二端口网络的 4 类方程和 6 种参数，就是说，同一个二端口网络可以用 4 种不同的方程和参数来描述。因此，这 4 种方程和参数之间存在着确定的关系。当知道了二端口网络的某种参数后，就可以通过对方程的变换运算求得该电路的任何一种参数。只需把已知参数的网络方程表示成所要转换的方程形式，观察转换后的方程中自变量的系数，即可得到不同参数间的转换关系。

需要指出，并非每个二端口网络都存在 6 种参数，有些电路只存在某几种参数，而另几种参数不存在。

选用二端口网络的何种参数要看实际需要，选择的原则为便于分析及实际测量等。如分析晶体管的小信号等效电路常用 **H** 参数，高频电路中常用 **Y** 参数，分析电力系统传输网络则常用 **A** 参数。

思考和练习

6.2-1 "不论二端口网络内部是否含有独立源和受控源，它都可以用 **Z** 参数和 **Y** 参数表示。"这句话是否正确？

6.2-2 求练习题 6.2-2 图所示二端口网络的阻抗参数。其中，$R_1 = 10\Omega$，$R_2 = 30\Omega$，$R_3 = 20\Omega$。

6.2-3 求练习题 6.2-3 图所示二端口网络的 **A**、**H** 参数。

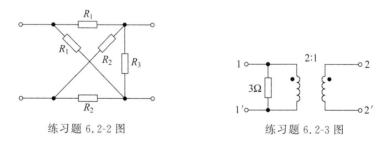

练习题 6.2-2 图　　　　　　练习题 6.2-3 图

6.3 二端口网络的等效

任何一个线性无独立源二端网络，不管内部如何复杂，从外部的电性能来看，总可以用一个阻抗（或导纳）来等效替代。同理，对于一个线性无独立源二端口网络，也可寻找一个简单的线性无源二端口网络来等效替代而不改变外部的电性能。由于每个二端口网络可能有多种不同的参数，也就可能建立多种等效电路。这里仅给出常用的 **Z** 参数、**Y** 参数和 **H** 参数等效电路建立的方法。

6.3.1 二端口网络的 Z 参数等效电路

二端口网络用 **Z** 参数表征时，其阻抗方程为

$$\dot{U}_1 = z_{11}\dot{I}_1 + z_{12}\dot{I}_2$$

$$\dot{U}_2 = z_{21}\dot{I}_1 + z_{22}\dot{I}_2$$

上述阻抗方程实质上是一组 KVL 方程，由此可画出含有双受控源的 **Z** 参数等效电路，如图 6-10 所示。

若将阻抗方程进行适当变换，可得

$$\dot{U}_1 = (z_{11} - z_{12})\dot{I}_1 + z_{12}(\dot{I}_1 + \dot{I}_2)$$

$$\dot{U}_2 = (z_{22} - z_{12})\dot{I}_2 + z_{12}(\dot{I}_1 + \dot{I}_2) + (z_{21} - z_{12})\dot{I}_1$$

由上式可得图 6-11 所示的含单受控源的 **Z** 参数等效电路。

如果二端口网络是互易网络，则 $z_{12} = z_{21}$，那么图中受控电压源电压为零，即可视为短路，图 6-11 将变为图 6-12 所示的简单 T 形等效电路。

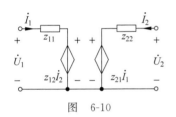

图 6-10

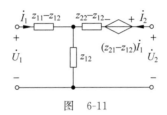

图 6-11

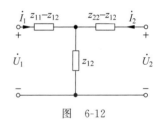

图 6-12

6.3.2 二端口网络的 Y 参数等效电路

二端口网络用 **Y** 参数表征时，其导纳方程为

$$\dot{I}_1 = y_{11}\dot{U}_1 + y_{12}\dot{U}_2$$

$$\dot{I}_2 = y_{21}\dot{U}_1 + y_{22}\dot{U}_2$$

上述导纳方程实质上是一组 KCL 方程，由此可画出含有双受控源的 **Y** 参数等效电路，如图 6-13 所示。

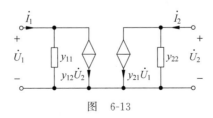

图 6-13

若将导纳方程进行适当变换，即有

$$\dot{I}_1 = (y_{11} + y_{12})\dot{U}_1 - y_{12}(\dot{U}_1 - \dot{U}_2)$$

$$\dot{I}_2 = (y_{22} + y_{12})\dot{U}_2 - y_{12}(\dot{U}_2 - \dot{U}_1) + (y_{21} - y_{12})\dot{U}_1$$

由上式可建立图 6-14 所示的含单受控源 **Y** 参数等效电路。

如果二端口网络是互易网络,则 $y_{12} = y_{21}$,那么图中受控电流源电流为零,即可视为开路,图 6-14 可变为如图 6-15 所示的简单 π 形等效电路。

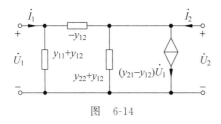

图 6-14

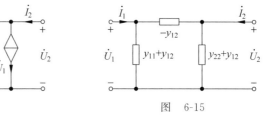

图 6-15

例 6-6 已知某二端口网络的 **A** 参数矩阵为 $\boldsymbol{A} = \begin{bmatrix} 4 & 3 \\ 9 & 7 \end{bmatrix}$,试分别求它的 T 形等效电路和 π 形等效电路。

解:由已知条件可知该二端网络可能为纯电阻网络,其传输方程可表示为

$$\dot{U}_1 = 4\dot{U}_2 - 3\dot{I}_2$$

$$\dot{I}_1 = 9\dot{U}_2 - 7\dot{I}_2$$

经整理可得此网络的 **Z** 方程为

$$\dot{U}_1 = 4\left(\frac{1}{9}\dot{I}_1 + \frac{7}{9}\dot{I}_2\right) - 3\dot{I}_2 = \frac{4}{9}\dot{I}_1 + \frac{1}{9}\dot{I}_2$$

$$\dot{U}_2 = \frac{1}{9}\dot{I}_1 + \frac{7}{9}\dot{I}_2$$

所以,该网络的 **Z**、**Y** 参数分别为 $\boldsymbol{Z} = \begin{bmatrix} \dfrac{4}{9} & \dfrac{1}{9} \\ \dfrac{1}{9} & \dfrac{7}{9} \end{bmatrix} \Omega$、$\boldsymbol{Y} = \boldsymbol{Z}^{-1} = \begin{bmatrix} \dfrac{7}{3} & -\dfrac{1}{3} \\ -\dfrac{1}{3} & \dfrac{4}{3} \end{bmatrix} S$,这样可得网络的 T 形等效电路和 π 形等效电路分别如图 6-16 和图 6-17 所示。

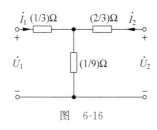

图 6-16

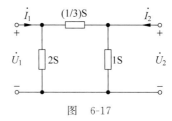

图 6-17

6.3.3 二端口网络的 **H** 参数等效电路

二端口网络用 **H** 参数表示时,其混合方程为

$$\dot{U}_1 = h_{11}\dot{I}_1 + h_{12}\dot{U}_2$$

$$\dot{I}_2 = h_{21}\dot{I}_1 + h_{22}\dot{U}_2$$

上述方程第 1 个方程为 KVL 方程,第 2 个方程为 KCL 方程。由此可画出二端口网络的 **H** 参数等效电路如图 6-18 所示。

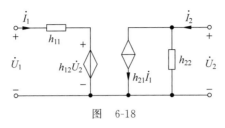

图　6-18

思考和练习

6.3-1　如二端口网络内含独立源,则其 **Z** 参数和 **Y** 参数等效电路形式如何?

6.3-2　试用二端口网络的参数方程来证明电阻 Y-△ 的连接与转换中的各电阻的表达式。

6.3-3　求练习题 6.3-3 图所示二端口网络的 **Z** 参数和 **Y** 参数,画 T 形和 π 形等效电路。

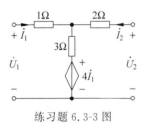

练习题 6.3-3 图

6.4　二端口网络的连接

一个复杂的二端口网络可以看成是由若干个简单的二端口网络按某种连接方式连接而成,利用这些简单的二端口网络求解结果可较为方便地求得原来网络的解。其中简单的二端口网络称为子网络,而将划分前的复杂二端口网络一般称作复合二端口网络。

二端口网络的连接方式有:级联、串联与并联等多种形式。以下仅讨论级联、串联与并联 3 种。在讨论之前,应明确二端口网络连接的有效性问题,即:如果将复合二端口网络看成是由子二端口网络连接构成的,各个子网络必须同时满足端口条件,称这样的连接是有效的。以下讨论都是在认定有效性连接条件下进行的。

6.4.1　级联

如果前一个子二端口网络的出口与后一个子二端口网络的入口相连,则这两个子网络呈级联状态,如图 6-19 所示。

观察图 6-19 可知,当左子网络的传输矩阵为 $\boldsymbol{A}_a$,右子网络的传输矩阵为 $\boldsymbol{A}_b$ 时,有

$$\begin{bmatrix}\dot{U}_1 \\ \dot{I}_1\end{bmatrix} = \boldsymbol{A}_a\begin{bmatrix}\dot{U}_{2a} \\ -\dot{I}_{2a}\end{bmatrix} = \boldsymbol{A}_a\begin{bmatrix}\dot{U}_{1b} \\ \dot{I}_{1b}\end{bmatrix} = \boldsymbol{A}_a\boldsymbol{A}_b\begin{bmatrix}\dot{U}_2 \\ -\dot{I}_2\end{bmatrix}$$

故级联后复合二端口网络的 **A** 参数矩阵满足

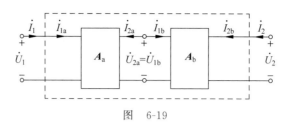

图 6-19

$$A = A_a A_b \tag{6.4-1}$$

6.4.2 串联

如果两个子二端口网络的输入端口串联,输出端口也串联,则称两个子二端口网络串联,如图 6-20 所示。

观察图 6-20 可知,当上子网络的阻抗矩阵为 Z_a,下子网络的阻抗矩阵为 Z_b 时,有

$$\begin{bmatrix} \dot{U}_1 \\ \dot{U}_2 \end{bmatrix} = \begin{bmatrix} \dot{U}_{1a} \\ \dot{U}_{2a} \end{bmatrix} + \begin{bmatrix} \dot{U}_{1b} \\ \dot{U}_{2b} \end{bmatrix} = Z_a \begin{bmatrix} \dot{I}_{1a} \\ \dot{I}_{2a} \end{bmatrix} + Z_b \begin{bmatrix} \dot{I}_{1b} \\ \dot{I}_{2b} \end{bmatrix} = Z_a \begin{bmatrix} \dot{I}_1 \\ \dot{I}_2 \end{bmatrix} + Z_b \begin{bmatrix} \dot{I}_1 \\ \dot{I}_2 \end{bmatrix}$$

$$= Z_a \begin{bmatrix} \dot{I}_1 \\ \dot{I}_2 \end{bmatrix} + Z_b \begin{bmatrix} \dot{I}_1 \\ \dot{I}_2 \end{bmatrix} = (Z_a + Z_b) \begin{bmatrix} \dot{I}_1 \\ \dot{I}_2 \end{bmatrix}$$

故串联网络的 Z 参数矩阵满足

$$Z = Z_a + Z_b \tag{6.4-2}$$

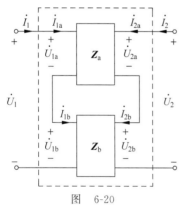

图 6-20

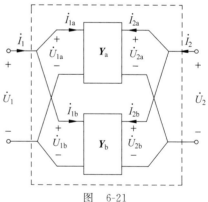

图 6-21

6.4.3 并联

如果两个子二端口网络的输入端口并联,输出端口也并联,则称两个子二端口网络并联,如图 6-21 所示。

观察图 6-21 可知,当上子网络的导纳矩阵为 Y_a,下子网络的导纳矩阵为 Y_b 时有

$$\begin{bmatrix} \dot{I}_1 \\ \dot{I}_2 \end{bmatrix} = \begin{bmatrix} \dot{I}_{1a} \\ \dot{I}_{2a} \end{bmatrix} + \begin{bmatrix} \dot{I}_{1b} \\ \dot{I}_{2b} \end{bmatrix} = Y_a \begin{bmatrix} \dot{U}_{1a} \\ \dot{U}_{2a} \end{bmatrix} + Y_b \begin{bmatrix} \dot{U}_{1b} \\ \dot{U}_{2b} \end{bmatrix} = Y_a \begin{bmatrix} \dot{U}_1 \\ \dot{U}_2 \end{bmatrix} + Y_b \begin{bmatrix} \dot{U}_1 \\ \dot{U}_2 \end{bmatrix}$$

$$= (\boldsymbol{Y}_{a} + \boldsymbol{Y}_{b}) \begin{bmatrix} \dot{U}_{1} \\ \dot{U}_{2} \end{bmatrix}$$

故并联网络的 $\boldsymbol{Y}$ 参数矩阵满足

$$\boldsymbol{Y} = \boldsymbol{Y}_{a} + \boldsymbol{Y}_{b} \tag{6.4-3}$$

例 6-7 如图 6-22 所示电路，可看作由 3 个简单二端口网络级联组成，求该电路的 $\boldsymbol{A}$ 矩阵，并将其转换成 $\boldsymbol{Z}$ 矩阵和 $\boldsymbol{Y}$ 矩阵。

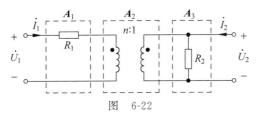

图 6-22

解：根据题意，可先求出图 6-22 中虚框内 3 个简单二端口网络的 $\boldsymbol{A}_{1}$、$\boldsymbol{A}_{2}$、$\boldsymbol{A}_{3}$ 矩阵为

$$\boldsymbol{A}_{1} = \begin{bmatrix} 1 & R_{1} \\ 0 & 1 \end{bmatrix}, \quad \boldsymbol{A}_{2} = \begin{bmatrix} n & 0 \\ 0 & \dfrac{1}{n} \end{bmatrix}, \quad \boldsymbol{A}_{3} = \begin{bmatrix} 1 & 0 \\ \dfrac{1}{R_{2}} & 1 \end{bmatrix}$$

然后求级联的复合电路的 $\boldsymbol{A}$ 参数，得

$$\boldsymbol{A} = \boldsymbol{A}_{1}\boldsymbol{A}_{2}\boldsymbol{A}_{3} = \begin{bmatrix} 1 & R_{1} \\ 0 & -1 \end{bmatrix} \begin{bmatrix} n & 0 \\ 0 & \dfrac{1}{n} \end{bmatrix} \begin{bmatrix} 1 & 0 \\ \dfrac{1}{R_{2}} & 1 \end{bmatrix} = \begin{bmatrix} n + \dfrac{R_{1}}{nR_{2}} & \dfrac{R_{1}}{n} \\ \dfrac{1}{nR_{2}} & \dfrac{1}{n} \end{bmatrix}$$

利用 $\boldsymbol{A}$ 参数与 $\boldsymbol{Z}$、$\boldsymbol{Y}$ 参数的关系，可求得 $\boldsymbol{Z}$ 矩阵和 $\boldsymbol{Y}$ 矩阵分别为

$$\boldsymbol{Z} = \begin{bmatrix} R_{1} + n^{2}R_{2} & nR_{2} \\ nR_{2} & R_{2} \end{bmatrix}$$

$$\boldsymbol{Y} = \boldsymbol{Z}^{-1} = \begin{bmatrix} \dfrac{1}{R_{1}} & -\dfrac{n}{R_{1}} \\ -\dfrac{n}{R_{1}} & \dfrac{n^{2}}{R_{1}} + \dfrac{1}{R_{2}} \end{bmatrix}$$

思考和练习

6.4-1 为了保证各子网络连接后满足端口条件，应如何进行有效性检验？

6.4-2 用级联的相关结论求练习题 6.4-2 图所示二端口网络的 $\boldsymbol{A}$ 参数。

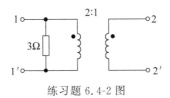

练习题 6.4-2 图

6.5 具有端接的二端口网络分析

二端口网络的各种参数表征了二端口网络本身的性质。当二端口网络输入端口接信号源,输出端口接负载,便形成典型的具有端接的二端口网络,如图 6-23 所示。工程上,这些二端口网络起着对信号进行处理(放大、滤波等)的作用。

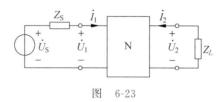

图 6-23

对具有端接的二端口网络分析,除了求解端口的电压、电流、功率外,作为一个信号处理电路,往往还包括以下几项内容:策动点函数,含输入阻抗、输出阻抗等;转移函数,含转移电压比、转移电流比、转移阻抗、转移导纳等;特性阻抗等。分析方法仍然是利用两类约束,列出电路方程求解,而不必死记公式。

6.5.1 策动点函数

策动点函数分输入阻抗(导纳)和输出阻抗(导纳)两类。在如图 6-23 所示电路中入口向右的等效阻抗即为输入阻抗,出口的戴维南等效阻抗(应令 $\dot{U}_S = 0$)即为输出阻抗。

设如图 6-23 中二端口网络的 $\boldsymbol{A}$ 参数为已知,则可列出电路方程为

$$\dot{U}_1 = a_{11}\dot{U}_2 + a_{12}(-\dot{I}_2)$$

$$\dot{I}_1 = a_{21}\dot{U}_2 + a_{22}(-\dot{I}_2)$$

$$\dot{U}_1 = \dot{U}_S - Z_S\dot{I}_1$$

$$\dot{U}_2 = -Z_L\dot{I}_2$$

则有输入阻抗为

$$Z_{in} = \frac{\dot{U}_1}{\dot{I}_1} = \frac{a_{11}\dot{U}_2 + a_{12}(-\dot{I}_2)}{a_{21}\dot{U}_2 + a_{22}(-\dot{I}_2)} = \frac{a_{11}\dfrac{\dot{U}_2}{(-\dot{I}_2)} + a_{12}}{a_{21}\dfrac{\dot{U}_2}{(-\dot{I}_2)} + a_{22}} = \frac{a_{11}Z_L + a_{12}}{a_{21}Z_L + a_{22}} \tag{6.5-1}$$

引入输入阻抗后,若欲求输入端口的电压、电流等响应,则可将图 6-23 所示电路等效为图 6-24 所示的电路进行分析计算了。

当负载开路($Z_L = \infty$)时,其输入阻抗称为开路输入阻抗,用 $Z_{in\infty}$ 表示;当负载短路($Z_L = 0$)时,其输入阻抗称为短路输入阻抗,用 Z_{in0} 表示。由上述输入阻抗表示式(6.5-1)可知

$$Z_{in\infty} = \frac{a_{11}}{a_{21}} \tag{6.5-2}$$

$$Z_{\text{in0}} = \frac{a_{12}}{a_{22}} \tag{6.5-3}$$

在求输出阻抗时,应令 $\dot{U}_{\text{s}} = 0$(如图 6-25 所示),则输出阻抗为

$$Z_{\text{out}} = \frac{\dot{U}_2}{\dot{I}_2}$$

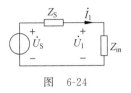

图 6-24

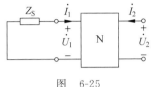

图 6-25

而

$$\frac{\dot{U}_1}{\dot{I}_1} = \frac{a_{11}\dot{U}_2 + a_{12}(-\dot{I}_2)}{a_{21}\dot{U}_2 + a_{22}(-\dot{I}_2)} = \frac{a_{11}Z_{\text{out}}\dot{I}_2 + a_{12}(-\dot{I}_2)}{a_{21}Z_{\text{out}}\dot{I}_2 + a_{22}(-\dot{I}_2)} = \frac{a_{11}Z_{\text{out}} - a_{12}}{a_{21}Z_{\text{out}} - a_{22}} = -Z_{\text{s}}$$

解得

$$Z_{\text{out}} = \frac{a_{22}Z_{\text{s}} + a_{12}}{a_{21}Z_{\text{s}} + a_{11}} \tag{6.5-4}$$

当电源内阻 $Z_{\text{s}} = \infty$ 和 $Z_{\text{s}} = 0$ 时,其输出阻抗称为开路输出阻抗和短路输出阻抗,分别用 $Z_{\text{out}\infty}$ 和 Z_{out0} 表示。由上述输出阻抗表示式(6.5-4)可知

$$Z_{\text{out}\infty} = \frac{a_{22}}{a_{21}} \tag{6.5-5}$$

$$Z_{\text{out0}} = \frac{a_{12}}{a_{11}} \tag{6.5-6}$$

输入阻抗的倒数即为输入导纳,输出阻抗的倒数即为输出导纳。

实际应用中,常常要用到对负载而言的戴维南等效电路。例如,如图 6-23 所示电路中若负载 Z_{L} 可调,问其调整为何值时,才能取得最大功率,最大功率为多少? 这时就需要先求负载以外的戴维南等效电路。

对负载而言的戴维南电路,需要求出出口处的开路电压 $\dot{U}_{\text{OC}}$ 和输出阻抗 Z_{O}。由于其戴维南等效阻抗已由(6.5-4)式确定,只需求出出口处的开路电压 $\dot{U}_{\text{OC}}$。

当负载断开时,即在图 6-26 所示电路中,有电路方程为

$$\dot{U}_{\text{OC}} = \frac{1}{a_{21}}\dot{I}_1$$

$$\dot{I}_1 = \frac{\dot{U}_{\text{S}}}{Z_{\text{s}} + Z_{\text{in}\infty}}$$

$$\dot{U}_{\text{OC}} = \frac{1}{a_{21}}\dot{I}_1 = \frac{1}{a_{21}} \frac{\dot{U}_{\text{S}}}{Z_{\text{s}} + \dfrac{a_{11}}{a_{21}}} = \frac{\dot{U}_{\text{S}}}{a_{21}Z_{\text{s}} + a_{11}} \tag{6.5-7}$$

此式表明二端口网络的输出阻抗与二端口网络的参数和实际电压源的内阻抗有关。于是,

在求得上述对负载而言的戴维南电路的参数后,如图 6-23 所示的电路可化简为图 6-27 所示电路,回答最大功率传输问题和求输出端口响应等问题将非常方便。

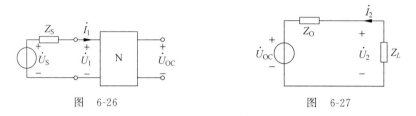

图　6-26　　　　　　　　　　图　6-27

6.5.2　转移函数

转移函数即为不同端口的响应相量与激励相量的比值函数,可分为转移电压比、转移电流比、转移阻抗、转移导纳函数。因考虑入口即为激励加入端以及有关结论的普遍意义,通常以入口变量 $\dot{U}_1$ 或 $\dot{I}_1$ 作为激励,$\dot{U}_2$ 或 $\dot{I}_2$ 作为响应。即采用如图 6-28 所示电路进行讨论。

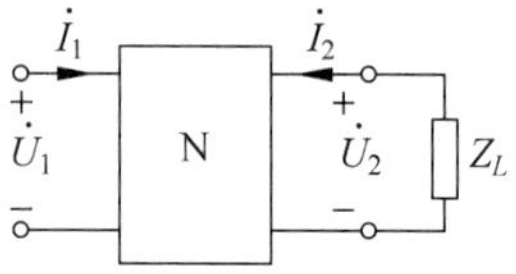

图　6-28

转移函数有以下几种定义。

1. 转移电压比

$$A_u = \frac{\dot{U}_2}{\dot{U}_1} \tag{6.5-8}$$

2. 转移电流比

$$A_i = \frac{\dot{I}_2}{\dot{I}_1} \tag{6.5-9}$$

3. 转移阻抗

$$Z_T = \frac{\dot{U}_2}{\dot{I}_1} \tag{6.5-10}$$

4. 转移导纳

$$Y_T = \frac{\dot{I}_2}{\dot{U}_1} \tag{6.5-11}$$

利用二端口的传输方程和负载端口伏安关系可得

$$A_u = \frac{\dot{U}_2}{\dot{U}_1} = \frac{\dot{U}_2}{a_{11}\dot{U}_2 + a_{12}(-\dot{I}_2)} = \frac{Z_L}{a_{11}Z_L + a_{12}} \tag{6.5-12}$$

$$A_i = \frac{\dot{I}_2}{\dot{I}_1} = \frac{\dot{I}_2}{a_{21}\dot{U}_2 + a_{22}(-\dot{I}_2)} = \frac{-1}{a_{21}Z_L + a_{22}} \tag{6.5-13}$$

$$Z_T = \frac{\dot{U}_2}{\dot{I}_1} = \frac{\dot{U}_2}{a_{21}\dot{U}_2 + a_{22}(-\dot{I}_2)} = \frac{Z_L}{a_{21}Z_L + a_{22}} \tag{6.5-14}$$

$$Y_T = \frac{\dot{I}_2}{\dot{U}_1} = \frac{\dot{I}_2}{a_{11}\dot{U}_2 + a_{12}(-\dot{I}_2)} = \frac{-1}{a_{11}Z_L + a_{12}} \tag{6.5-15}$$

至此,已经介绍了二端口网络函数的定义,以及用 **A** 参数表示的网络函数表达式。若遇其他参数表示的网络函数则可参照上述分析过程进行。

例 6-8   如图 6-29 所示的电路,已知对于角频率为 ω 的信号源,电路 N 的 **Z** 矩阵为

$$\mathbf{Z} = \begin{bmatrix} -\mathrm{j}16 & -\mathrm{j}10 \\ -\mathrm{j}10 & -\mathrm{j}4 \end{bmatrix} \Omega$$

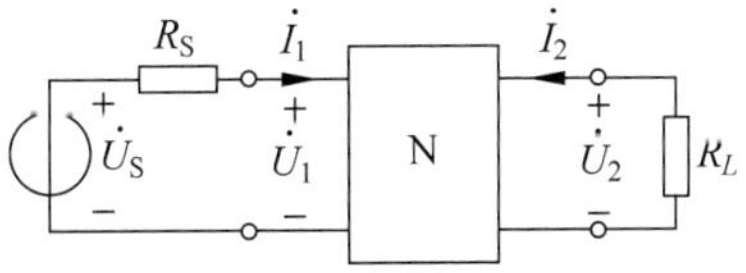

图   6-29

负载电阻 $R_L = 3\Omega$,电源内阻 $R_S = 12\Omega$,$\dot{U}_S = 12\mathrm{V}$。

(1) 求电压 $\dot{U}_1$ 和 $\dot{U}_2$。

(2) 求策动点函数 Z_{in} 和 Z_{out};转移函数 A_u、A_i、Z_T 和 Y_T。

解法 1:(1) 由 N 的 **Z** 参数及 N 外接电路的伏安关系,可得方程组为

$$\begin{cases} \dot{U}_1 = -\mathrm{j}16\dot{I}_1 - \mathrm{j}10\dot{I}_2 \\ \dot{U}_2 = -\mathrm{j}10\dot{I}_1 - \mathrm{j}4\dot{I}_2 \\ \dot{U}_1 = \dot{U}_S - R_S\dot{I}_1 = 12 - 12\dot{I}_1 \\ \dot{U}_2 = -R_L\dot{I}_2 = -3\dot{I}_2 \end{cases}$$

联立方程求解得

$$\dot{U}_1 = 6\mathrm{V}, \quad \dot{U}_2 = 3\angle-36.9°\mathrm{V}$$

$$\dot{I}_1 = 0.5\mathrm{A}, \quad \dot{I}_2 = 1\angle143.1°\mathrm{A}$$

(2) 由各参数定义可得

$$Z_{\mathrm{in}} = \frac{\dot{U}_1}{\dot{I}_1} = \frac{6}{0.5} = 12\Omega$$

$$A_u = \frac{\dot{U}_2}{\dot{U}_1} = \frac{3\angle-36.9°}{6} = 0.5\angle-36.9°$$

$$A_i = \frac{\dot{I}_2}{\dot{I}_1} = \frac{1\angle143.1°}{0.5} = 2\angle143.1°$$

$$Z_T = \frac{\dot{U}_2}{\dot{I}_1} = \frac{3\angle -36.9°}{0.5} = 6\angle -36.9° \Omega$$

$$Y_T = \frac{\dot{I}_2}{\dot{U}_1} = \frac{1\angle 143.1°}{6} = 0.167\angle 143.1° S$$

输出阻抗 Z_{out} 即负载以左网络(不含负载!)的戴维南等效阻抗。现令 $\dot{U}_S = 0$,并在负载端口加电源 $\dot{U}_2$,电路如图 6-30 所示,则输出阻抗即为端口电压电流之比。

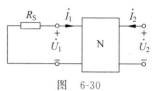

图 6-30

由(1)中所列方程得

$$\dot{U}_1 = -R_S \dot{I}_1 = -12\dot{I}_1 = -j16\dot{I}_1 - j10\dot{I}_2$$

$$\dot{I}_1 = \frac{j10\dot{I}_2}{12 - j16}$$

最后解得

$$Z_{out} = \frac{\dot{U}_2}{\dot{I}_2} = \frac{-j10 \times j10}{12 - j16} - j4 = 3\Omega$$

解法 2:参照式(6.5-1)~式(6.5-15)的推导过程求解。由 N 的 **Z** 参数及 N 的外接电路伏安关系,可得方程组为

$$\begin{cases} \dot{U}_1 = -j16\dot{I}_1 - j10\dot{I}_2 & ① \\ \dot{U}_2 = -j10\dot{I}_1 - j4\dot{I}_2 & ② \\ \dot{U}_1 = \dot{U}_S - R_S\dot{I}_1 = 12 - 12\dot{I}_1 & ③ \\ \dot{U}_2 = -R_L\dot{I}_2 = -3\dot{I}_2 & ④ \end{cases}$$

(1) 将式④代入式②,得

$$\dot{U}_2 = -j10\dot{I}_1 - j4\dot{I}_2 = -3\dot{I}_2$$

$$A_i = \frac{\dot{I}_2}{\dot{I}_1} = \frac{j10}{3 - j4} = 2\angle 143.1°$$

又有

$$\dot{U}_2 = -j10\dot{I}_1 - j4\frac{\dot{U}_2}{-3}$$

$$Z_T = \frac{\dot{U}_2}{\dot{I}_1} = \frac{-j10}{3 - j4} = 6\angle -36.9° \Omega$$

将式②÷式①得

$$A_u = \frac{\dot{U}_2}{\dot{U}_1} = \frac{-j10 - j4A_i}{-j16 - j10A_i} = \frac{-j10 - j4 \times 2\angle 143.1°}{-j16 - j10\angle 143.1°} = 0.5\angle -36.9°$$

由式①及 A_i 得

$$Z_{in} = \frac{\dot{U}_1}{\dot{I}_1} = -j16 - j10\frac{\dot{I}_2}{\dot{I}_1} = -j16 - j10A_i = 12\Omega$$

$$\frac{1}{Y_T} = \frac{\dot{U}_1}{\dot{I}_2} = -j16\frac{\dot{I}_1}{\dot{I}_2} - j10 = -j16\frac{1}{A_i} - j10 = 6\angle -143.1°\Omega$$

$$Y_T = 0.167\angle 143.1°S$$

令 $\dot{U}_S = 0$,则由式③代入式①得

$$\dot{U}_1 = -R_S\dot{I}_1 = -12\dot{I}_1 = -j16\dot{I}_1 - j10\dot{I}_2$$

$$\dot{I}_1 = \frac{j10\dot{I}_2}{12-j16}$$

将 $\dot{I}_1$ 代入式②得

$$Z_{out} = \frac{\dot{U}_2}{\dot{I}_2} = \frac{-j10 \times j10}{12-j16} - j4 = 3\Omega$$

（2）为求电压 $\dot{U}_1$,可将图 6-30 等效为如图 6-31 所示电路。
由分压公式得

$$\dot{U}_1 = \frac{Z_{in}\dot{U}_S}{R_S + Z_{in}} = 6V$$

由转移函数 A_u 可得

$$\dot{U}_2 = A_u\dot{U}_1 = 3\angle -36.9°V$$

6.5.3 特性阻抗

为了研究线性二端口网络的匹配问题,这里介绍特性阻抗的概念。

如图 6-32 所示电路中,设端口输入阻抗和输出阻抗分别为 Z_{in} 和 Z_{out},则在负载或电源内阻抗分别为 0 和 ∞ 时（即端口分别为短路和开路时）,定义特性阻抗为

$$Z_{C1} = \sqrt{Z_{in0}Z_{in\infty}}$$

$$Z_{C2} = \sqrt{Z_{out0}Z_{out\infty}}$$

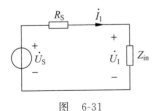

图 6-31

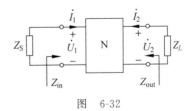

图 6-32

其中,

$$Z_{in0} = Z_{in}\big|_{Z_L=0}, \quad Z_{in\infty} = Z_{in}\big|_{Z_L=\infty}$$

$$Z_{out0} = Z_{out}\big|_{Z_S=0}, \quad Z_{out\infty} = Z_{out}\big|_{Z_L=\infty}$$

设网络的 $\boldsymbol{A}$ 参数已知,则有

$$Z_{\text{in}} = \frac{a_{11}Z_L + a_{12}}{a_{21}Z_L + a_{22}}$$

$$Z_{\text{out}} = \frac{a_{22}Z_S + a_{12}}{a_{21}Z_S + a_{11}}$$

$$Z_{\text{in0}} = \frac{a_{12}}{a_{22}}, \quad Z_{\text{in}\infty} = \frac{a_{11}}{a_{21}}$$

$$Z_{\text{out0}} = \frac{a_{12}}{a_{11}}, \quad Z_{\text{out}\infty} = \frac{a_{22}}{a_{21}}$$

故有

$$Z_{C1} = \sqrt{Z_{\text{in0}} Z_{\text{in}\infty}} = \sqrt{\frac{a_{11} a_{12}}{a_{21} a_{22}}}$$

$$Z_{C2} = \sqrt{Z_{\text{out0}} Z_{\text{out}\infty}} = \sqrt{\frac{a_{22} a_{12}}{a_{21} a_{11}}}$$

若满足 $Z_L = Z_{C2}$,则称输出端口匹配,且有

$$Z_{\text{in}} = \frac{a_{11}Z_L + a_{12}}{a_{21}Z_L + a_{22}} = \frac{a_{11}Z_{C2} + a_{12}}{a_{21}Z_{C2} + a_{22}} = \frac{a_{11}\sqrt{\dfrac{a_{22}a_{12}}{a_{21}a_{11}}} + a_{12}}{a_{21}\sqrt{\dfrac{a_{22}a_{12}}{a_{21}a_{11}}} + a_{22}} = \sqrt{\frac{a_{11}a_{12}}{a_{21}a_{22}}} = Z_{C1}$$

同理,若满足 $Z_S = Z_{C1}$,则称输入端口匹配,且有

$$Z_{\text{out}} = \frac{a_{22}Z_S + a_{12}}{a_{21}Z_S + a_{11}} = \frac{a_{22}Z_{C1} + a_{12}}{a_{21}Z_{C1} + a_{11}} = Z_{C2}$$

若同时满足 $Z_S = Z_{C1}$ 和 $Z_L = Z_{C2}$,则称二端口网络全匹配。

应该指出,这里定义的双口网络匹配与正弦稳态电路的共轭匹配并非完全一致。如果负载和电源内阻抗都是纯电阻,且双口网络是纯电抗网络时,共轭匹配与这里讲的匹配概念是一致的,都能使负载获得最大功率。但通常情况下,负载与内阻抗是复阻抗,那么这里定义的匹配并不是最大功率匹配,因为一般双口网络都是有损耗的。这里定义的匹配,希望信号经网络传输时无反射波,波形失真小,同时降低传输损耗,负载上能获得大的功率。

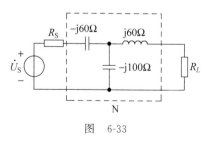

图 6-33

例 6-9 图 6-33 所示电路中,已知电压源电压 $U_S = 240\text{V}$,$R_S = 120\Omega$,负载 $R_L = 30\Omega$。试求:

(1)二端口网络的特性阻抗。

(2)负载电阻吸收的功率。

解:(1)当输出端短路和开路时,有

$$Z_{\text{in0}} = -\text{j}60 + \text{j}60 \; /\!/ \; (-100) = \text{j}90\Omega$$

$$Z_{\text{in}\infty} = -\text{j}60 - \text{j}100 = -\text{j}160\Omega$$

故输入端特性阻抗为

$$Z_{C1} = \sqrt{Z_{\text{in0}} Z_{\text{in}\infty}} = \sqrt{\text{j}90 \times (-\text{j}160)} = 120\Omega$$

当输入端短路和开路时,有

$$Z_{\text{out0}} = \text{j}60 + (-\text{j}60) \ /\!/ \ (-\text{j}100) = \text{j}\frac{90}{4}\Omega$$

$$Z_{\text{out}\infty} = \text{j}60 - \text{j}100 = -\text{j}40\Omega$$

故输出端特性阻抗为

$$Z_{C2} = \sqrt{Z_{\text{out0}} Z_{\text{out}\infty}} = \sqrt{\text{j}\frac{90}{4} \times (-\text{j}40)} = 30\Omega$$

（2）由于 $R_{\text{S}} = Z_{C1}, R_L = Z_{C2}$，电路工作在全匹配状态，因二端口网络 N 为纯电抗网络，故负载吸收的平均功率即为图 6-34 所示输入端口等效电路中 Z_{C1} 吸收的平均功率，即有

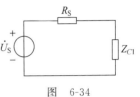

图 6-34

$$P_L = \frac{U_{\text{S}}^2}{4R_{\text{S}}} = \frac{240^2}{4 \times 120} = 120\text{W}$$

思考和练习

6.5-1 若已知具有端接的二端口网络的 $\boldsymbol{Z}$（或 $\boldsymbol{Y}$、$\boldsymbol{H}$）参数,则如何求:

(1) 策动点输入阻抗。

(2) 对负载而言的戴维南电路。

(3) 转移电压比。

(4) 转移电流比。

(5) 转移阻抗。

6.5-2 已知练习题 6.5-2 图所示无源二端口网络 N 的传输参数 $a_{11} = 2.5, a_{12} = 6\Omega,$ $a_{21} = 0.5\text{S}, a_{22} = 1.6$。

(1) 当 R 为何值时吸收最大功率?

(2) 若 $U_{\text{S}} = 9\text{V}$,求 R 所吸收的最大功率 $P_{\max}$ 及此时 U_{S} 输出功率 P_{S}。

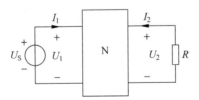

练习题 6.5-2 图

6.6 实用电路介绍

6.6.1 双极型晶体管的等效电路

在电子线路中,在小信号条件下共发射极连接的晶体三极管（如图 6-35 所示）常用 $\boldsymbol{H}$ 参数来描述其端口特性,如图 6-36 所示。此时 h_{11} 为三极管的输入电阻,h_{22} 为它的输出电导,h_{12} 为电压反馈系数,h_{21} 为其电流放大系数（习惯上用 β 表示）。对一般三极管,h_{12} 很小（10^{-4} 左右）,h_{22} 也很小（10^{-5}S 左右）,所以在其等效电路中常令 $h_{12} \approx h_{21} \approx 0$,使其简化。

因此,考虑 $h_{12} \approx h_{21} \approx 0$ 后,实际分析中一种常用的共发射极小信号交流等效电路如图 6-37 所示。

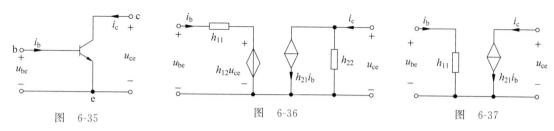

图 6-35   图 6-36   图 6-37

6.6.2　阻抗匹配电路设计

在设计无线电传输系统时,常会遇到负载阻抗与信号源电路所需的负载不相等的情形,如果将它们直接连在一起,则由于在连接端口间不匹配,使整个系统得不到最大功率输出,而且会引起其他各种问题。为此就需要设计一个二端口电路,接在负载与信号源之间,把实际负载阻抗转换成信号源电路所需要的负载阻抗,从而获得阻抗匹配。这种阻抗变换电路常称为阻抗匹配电路。

为了不消耗信号的功率,阻抗匹配电路通常由电抗元件构成。

例 6-10　如有一角频率为 $\omega = 5 \times 10^7 \text{rad/s}$,等效内阻为 60Ω 的信号源,供给一电阻为 600Ω 的负载,为使信号源与负载完全匹配,并使负载获得最大功率,需要一电抗电路(如图 6-38 所示的 LC 电路结构)接于信号源与负载之间,试设计这个阻抗匹配电路。

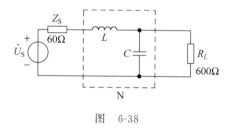

图　6-38

解:为使 LC 电路两个端口完全匹配,则必须有

$$Z_S = Z_{C1} = \sqrt{Z_{\text{in}0} Z_{\text{in}\infty}} = \sqrt{\mathrm{j}\omega L \left(\mathrm{j}\omega L + \frac{1}{\mathrm{j}\omega C} \right)} = 60\Omega$$

$$Z_L = Z_{C2} = \sqrt{Z_{\text{out}0} Z_{\text{out}\infty}} = \sqrt{\frac{1}{\mathrm{j}\omega C} \times \frac{\mathrm{j}\omega L \times \dfrac{1}{\mathrm{j}\omega C}}{\mathrm{j}\omega L + \dfrac{1}{\mathrm{j}\omega C}}} = 600\Omega$$

解得

$$L = 3.6\mu\text{H}, \quad C = 100\text{pF}$$

由于阻抗匹配电路由纯电抗元件构成,本身不消耗功率,因而这个电路不仅使得电路处于完全匹配状态,而且也使得负载电阻从信号源获得最大功率。

习题 6

6-1 选择合适的答案填入括号内,只需填入 A、B、C 或 D。

(1) 题 6-1(a)图所示二端口网络其阻抗参数中的 z_{11} 和 z_{22} 分别为( )。

A. $j2\Omega$、$j2\Omega$ 　　　　　　　　B. $(3+j2)\Omega$、$j2\Omega$

C. $j3\Omega$、$j3\Omega$ 　　　　　　　　D. $(3+j3)\Omega$、$j3\Omega$

(2) 若题 6-1(b)图所示电路中无源二端口网络的 **Z** 参数为 $z_{11}=5\Omega$、$z_{12}=4\Omega$、$z_{21}=4\Omega$、$z_{22}=6\Omega$、$I_s=2A$,则输出端开路电压 $U_2=($)。

A. 8V 　　　　B. 6V 　　　　C. 3V 　　　　D. 2V

(3) 若题 6-1(c)图所示电路中无源二端口网络的 **A** 参数为 $a_{11}=3$、$a_{12}=5\Omega$、$a_{21}=1S$、$a_{22}=2$、$I_s=10A$,则输出端短路电流 $I_2=($)。

A. 20A 　　　　B. 5A 　　　　C. 10A 　　　　D. 2A

(4) 如题 6-1(d)图所示二端口网络 N 的 **Y** 参数为 $Y=\begin{pmatrix} 0.5 & -0.3 \\ -0.3 & 0.7 \end{pmatrix}S$,则 $U_2=($)。

A. 2V 　　　　B. 3V 　　　　C. 4V 　　　　D. 5V

(5) 如题 6-1(e)图所示二端口网络 N 的 **Y** 参数为 $Y=\begin{pmatrix} 0.6 & -0.2 \\ -0.2 & 0.4 \end{pmatrix}S$,若 $I_s=3A$,则输出端开路时 $U_1=($)。

A. 5V 　　　　　　　　　　B. 6V

C. 7V 　　　　　　　　　　D. 8V

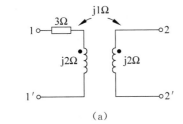

(a)

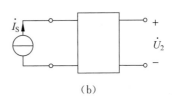

(b)

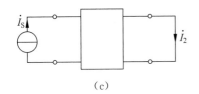

(c)

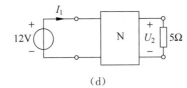

(d)

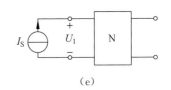

(e)

题 6-1 图

6-2 将合适的答案填入空内。

(1) 如题 6-2(a)图所示二端口网络,其 **Z** 参数中的 $z_{11}=$ _____ , $z_{12}=$ _____ 。

(2) 理想变压器的电路模型如题 6-2(b)图所示,若其作为二端口网络,则其 **A** 参数为

$a_{11} =$ _____,$a_{12} =$ _____,

$a_{21} =$ _____,$a_{22} =$ _____。

（3）若题 6-2（c）图所示电路中二端口网络的 **A** 参数已知，则 11′ 端口的输入电阻 $Z_{in} =$ _____。

（4）已知题 6-2(d)图中二端口网络 N 的 **Y** 参数，则转移导纳 $Y_T = \dfrac{\dot{I}_2}{\dot{U}_1} =$ _____。

（5）已知题 6-2(e)图中二端口网络 N 的 **A** 参数，电压传输函数 $K_u = \dfrac{\dot{U}_2}{\dot{U}_1} =$ _____。

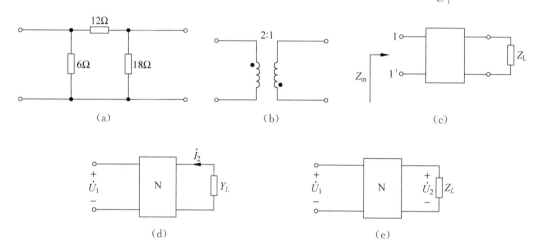

题 6-2 图

6-3 求题 6-3 图所示二端口电路的 **Z** 参数。

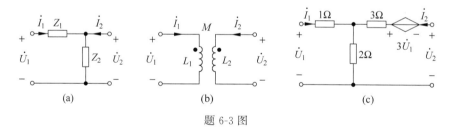

题 6-3 图

6-4 求题 6-4 图所示二端口电路的 **Y** 参数。

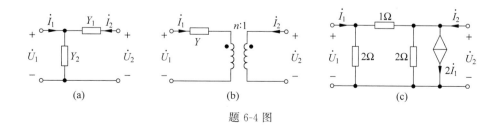

题 6-4 图

6-5 求题 6-5 图所示二端口电路的 **A** 参数。

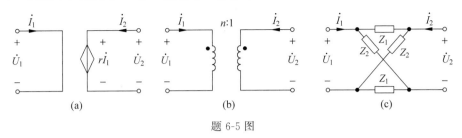

题 6-5 图

6-6 求题 6-6 图所示二端口电路的 **H** 参数。

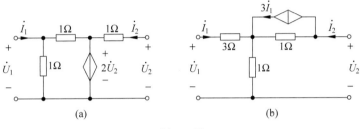

题 6-6 图

6-7 求题 6-7 图所示电路的 **A** 参数。

6-8 求题 6-8 图所示电路的 **H** 参数。

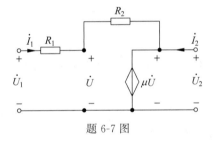

题 6-7 图

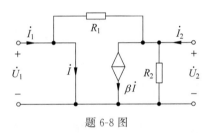

题 6-8 图

6-9 已知题 6-9 图所示电路的矩阵为 $\boldsymbol{Z}=\begin{bmatrix}10 & 8 \\ 5 & 10\end{bmatrix}\Omega$，求 R_1、R_2、R_3 和 r。

6-10 含独立源的二端口电路如题 6-10 图所示，求其 **Z** 参数和开路电压 $\dot{U}_{OC1}$ 和 $\dot{U}_{OC2}$，并画出其 **Z** 参数的等效电路。

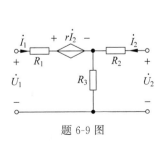

题 6-9 图

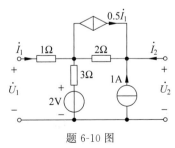

题 6-10 图

6-11　求题 6-11 图所示电路的 **Z** 参数,并画出其 T 形等效电路。

6-12　求题 6-12 图所示电路的 **Z** 参数和 **Y** 参数,画出 T 形和 π 形等效电路。

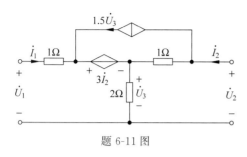 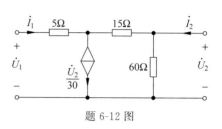

题 6-11 图　　　　　　　　　　　题 6-12 图

6-13　如题 6-13 图所示电路可看作是 Γ 形电路与理想变压器相级联,求复合电路的 **A** 参数。

6-14　T 形电路可看作是由题 6-14 图所示的两个二端口电路串联组成,用求复合参数的方法求其 **Z** 参数。

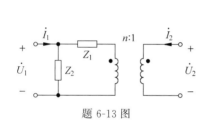 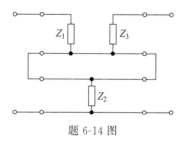

题 6-13 图　　　　　　　　　　　题 6-14 图

6-15　π 形电路可看作是由题 6-15 图所示的两个二端口电路并联组成,用求复合参数的方法求其 **Y** 参数。

6-16　如题 6-16 图所示电路中二端口电路的 **Y** 参数为 $y_{11}=0.4$S,$y_{12}=-0.1$S,$y_{21}=-0.2$S,$y_{22}=0.3$S,端接负载阻抗 $Z=(2+j6)\Omega$,$\dot{I}_S=6\angle0°$A,求 $\dot{I}$ 值。

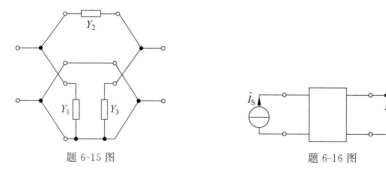

题 6-15 图　　　　　　　　　　　题 6-16 图

6-17　如题 6-17 图所示电路,端口 11′电压 $\dot{U}_1$ 及该二端口网络的阻抗参数 z_{11}、z_{12}、z_{21}、z_{22} 均已知,试求从 22′端口向左看进去的等效电流源参数 $\dot{I}_S$ 和 Z_o。

6-18　如题 6-18 图所示二端口网络的 **A** 参数为 $a_{11}=1$,$a_{12}=j1\Omega$,$a_{21}=1$S,$a_{22}=2$,求负载 R_L 的电流 $\dot{I}_L$。

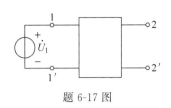

题 6-17 图

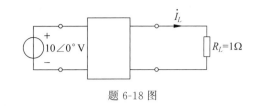

题 6-18 图

6-19 如题 6-19 图所示电路,已知电路中 N 的 $\boldsymbol{A}$ 矩阵为

$$A = \begin{bmatrix} 0.5 & \mathrm{j}25\Omega \\ \mathrm{j}0.02\mathrm{S} & 1 \end{bmatrix}$$

正弦电流源 $\dot{I}_\mathrm{s} = 1\angle0°\mathrm{A}$,问负载 Z_L 为何值时,它将获得最大功率?并求此最大功率。

6-20 如题 6-20 图所示电路,已知电路中 N 的 $\boldsymbol{Z}$ 矩阵为

$$\boldsymbol{Z} = \begin{bmatrix} 2 & 1 \\ 1 & 2 \end{bmatrix} \Omega$$

电源 $\dot{U}_\mathrm{s} - 6\mathrm{V}, \dot{I}_\mathrm{s} = 4\mathrm{A}$,求电路 N 吸收的功率。

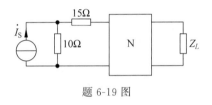

题 6-19 图

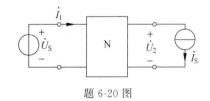

题 6-20 图

6-21 如题 6-21 图所示电路,直流电源 $U_\mathrm{S} = 10\mathrm{V}$,网络 N 的传输参数矩阵为 $\boldsymbol{A} = \begin{bmatrix} 2 & 10\Omega \\ 0.1\mathrm{S} & 1 \end{bmatrix}$,$t < 0$ 时电路处于稳态,$t = 0$ 时开关 S 由 a 打向 b,求 $t > 0$ 时的响应 $u(t)$。

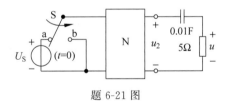

题 6-21 图

6-22 如题 6-22 图所示的二端口网络由两个相同的子网络级联组成。

(1) 求级联电路的 $\boldsymbol{A}$ 参数。

(2) 若 $R_1 = 1\mathrm{k}\Omega$,求 Z_in、A_u 和 A_i。

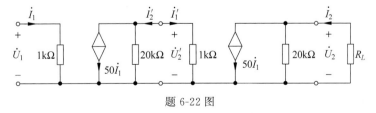

题 6-22 图

6-23 将流控电流源 N_a 与另一反向的压控电压源 N_b 相串并联,如题 6-23 图所示。试证当控制系数 $\alpha = \mu$ 时,该复合电路可等效为 $n:1$ 的理想变压器,并求出其变比 n 与控制系数的关系。

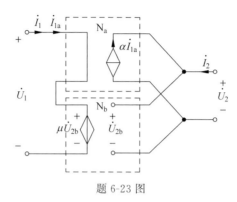

题 6-23 图

6-24 设计一个二端口网络实现下述参数

$$Z = \begin{bmatrix} 25 & 20 \\ 5 & 10 \end{bmatrix} \Omega$$

6-25 如题 6-25 图所示 LC 电路是为满足入口和出口完全匹配插入的,这可使负载获得最大功率,试求 L 和 C(设 $\omega = 10^6 \,\mathrm{rad/s}$)。

6-26 求题 6-26 图所示含运放的二端口网络的 Z 参数,并画出其 T 形等效电路。

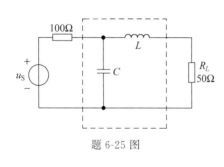

题 6-25 图

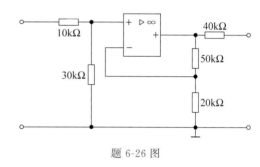

题 6-26 图

第 7 章
CHAPTER 7

非线性电路

前面各章讨论的主要是线性电路,组成线性电路的元件是线性元件,线性元件的参数(如 R、L、C 等)都是不随其电流、电压(或电荷、磁链)改变而改变的常量。

严格说来,实际电路都是非线性的,所不同的是,有些电路的非线性程度弱一些,有些电路的非线性程度强一些。对于那些非线性程度较弱的电路,在一定的条件下,常将它们当作线性电路近似分析,分析结果和实际结果误差不会很大;但对于那些非线性程度较强的电路,如果仍将它们当作线性电路近似分析,则得出的结果将无法解释电路中发生的一些物理现象,也无法建立数学模型进行理论分析。

非线性元件主要指非线性电阻、非线性电容、非线性电感等,含有非线性元件的电路即为非线性电路,本章将主要介绍非线性元件及简单非线性电阻电路分析。

7.1 非线性元件

7.1.1 非线性电阻

电阻元件的特性可用 u-i 平面上的伏安特性曲线描述,线性电阻的伏安特性是 u-i 平面上的一条直线。当电阻元件在 u-i 平面上的伏安特性曲线不为一条直线时,如图 7-1 所示,就称为非线性电阻,电路模型如图 7-2 所示。

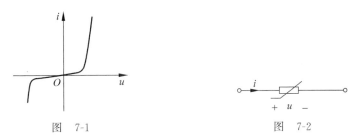

图　7-1　　　　　　　　　　图　7-2

非线性电阻一般可分为 3 类:电流控制型、电压控制型、单调型非线性电阻。

电流控制型非线性电阻:电压是电流的单值函数,即对每一个电流值,有且仅有一个电压值与之对应,反之,对于同一个电压值,电流可能是多值的。其伏安关系可表示为 $u = f(i)$。例如充气二极管就具有这样的特性,如图 7-3 所示。

电压控制型非线性电阻：电流是电压的单值函数，即对每一个电压值，有且仅有一个电流值与之对应，反之，对于同一个电流值，电压可能是多值的。其伏安关系可表示为 $i=g(u)$。例如隧道二极管就具有这样的特性，如图 7-4 所示。

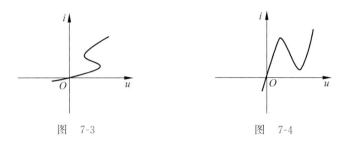

图　7-3　　　　　　　　　　图　7-4

单调型非线性电阻：伏安特性是单调增或单调减，既可以看成是电压控制型非线性电阻，也可以看成是电流控制型非线性电阻。其伏安关系可表示为 $u=f(i)$ 或 $i=g(u)$。例如晶体二极管 D 就具有这样的特性，如图 7-1 所示。晶体二极管的伏安特性，有时还可用以下数学表达式近似表示为

$$i=I_{\mathrm{S}}(\mathrm{e}^{\lambda u}-1) \quad \text{或} \quad u=\frac{1}{\lambda}\ln\left(\frac{i}{I_{\mathrm{S}}}+1\right)$$

其中，I_{S} 称为反向饱和电流，λ 是与温度有关的常数，在室温下 $\lambda \approx 40\mathrm{V}^{-1}$。上述数学表达式说明，电流是电压的单值函数，电压也是电流的单值函数，此即为任何单调型非线性电阻电压、电流关系的显著特征。

电阻元件在 u-i 平面上的伏安特性曲线对称于原点时，称其为双向性电阻。所有线性电阻显然是双向性电阻，部分非线性电阻也具有双向性。伏安特性曲线不对称于原点的电阻则称为单向性电阻，如实际晶体二极管 D 都是单向性非线性电阻，如图 7-5 所示。

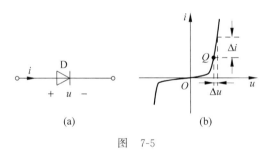

(a) 　　　　　　　　(b)

图　7-5

由于非线性电阻的伏安特性曲线不是过坐标原点的直线，所以不能像线性电阻那样用常数表示其电阻值及应用欧姆定律分析问题。通常，引入静态电阻 R_{Q} 和动态电阻 R_{d} 的概念。如图 7-5 所示晶体二极管，其电压 u 与电流 i 参考方向关联。非线性电阻上所加电压一般为

$$u=U_{\mathrm{Q}}+\Delta u \tag{7.1-1}$$

相应的电流为

$$i=I_{\mathrm{Q}}+\Delta i \tag{7.1-2}$$

其中，U_{Q} 和 I_{Q} 是二极管处于直流工作状态下的稳定值，即为图 7-5(b) 所示电路中 Q 点对应的电压电流值(不考虑电流增量和电压增量)，称为静态工作点。静态电阻 R_{Q} 定义为 U_{Q}

和 I_Q 之比,即

$$R_Q = \frac{U_Q}{I_Q} \qquad (7.1\text{-}3)$$

而在 Q 点处的动态电阻 R_d 定义为该点的电压增量 Δu 和电流增量 Δi 之比的极限,即电压对电流的导数,有

$$R_d = \lim_{\Delta i \to 0} \frac{\Delta u}{\Delta i} = \frac{\mathrm{d}u}{\mathrm{d}i} \qquad (7.1\text{-}4)$$

显然,静态电阻 R_Q 和动态电阻 R_d 都与静态工作点有关,它们一般是电压或电流的函数。对于无源元件,在电压、电流参考方向关联的情况下,静态电阻为正值,而动态电阻则可能为负值,这从图 7-3 的充气二极管和图 7-4 的隧道二极管的伏安特性曲线上就可以看出,在曲线上升部分,动态电阻为正,而在曲线下降部分,动态电阻为负。

动态电阻又称增量电阻。类似地,有动态电导或增量电导 G_d 为

$$G_d = \frac{\mathrm{d}i}{\mathrm{d}u} = \frac{1}{R_d} \qquad (7.1\text{-}5)$$

例 7-1 设有一个非线性电阻的伏安特性为 $u = f(i) = 50i + i^3$。求:

(1) $i_1 = 10\mathrm{mA}$、$i_2 = 2\mathrm{A}$ 和 $i_3 = 10\mathrm{A}$ 时所对应的电压 u_1、u_2 和 u_3。

(2) $i = 2\cos 314t$ A 时的电压 u。

解:(1)当 $i_1 = 10\mathrm{mA}$ 时,则

$$u_1 = 50 \times 10 \times 10^{-3} + (10 \times 10^{-3})^3 = 0.5(1 + 2 \times 10^{-6})\mathrm{V}$$

当 $i_2 = 2\mathrm{A}$ 时,则

$$u_2 = 50 \times 2 + 2^3 = 108\mathrm{V}$$

当 $i_3 = 10\mathrm{A}$ 时,则

$$u_3 = 50 \times 10 + 10^3 = 1500\mathrm{V}$$

从上述结果可以看出,如果把这个电阻作为 50Ω 的线性电阻,则电流不同时引起的误差也不同。当电流比较小时,引起的误差也比较小。这时,实际上可以看成线性电阻。

(2)当 $i = 2\cos 314t$ A 时,则

$$u = 50 \times 2\cos 314t + 8\cos^3 314t \ \mathrm{V}$$

利用三角恒等式 $\cos 3\theta = 4\cos^3 \theta - 3\cos \theta$ 得

$$u = 100\cos 314t + 6\cos 314t + 2\cos 942t = 106\cos 314t + 2\cos 942t \ \mathrm{V}$$

显然,从上述结果可以看出,当电流为正弦量时,电压中除含有与电流频率一致的分量外,还含有 3 倍于电流频率的分量,也即非线性电阻可以产生频率不同于输入频率的输出,这种作用称为倍频作用或频率变换作用。

需要指出的是,在工程应用实际中,常可用一些直线段来近似表示非线性电阻的伏安特性。例如,一个 PN 结二极管在一定范围且计算精度较低的情况下,可将其看成是理想二极管,它的图形符号和伏安特性如图 7-6 所示,在 $u < 0$ 时,即当二极管反向加电时,它截止,这时二极管相当于开路;相反,当二极管正向加电时有 $i > 0$,即二极管导通,相当于短路。即此时理想二极管伏安特性解析式为

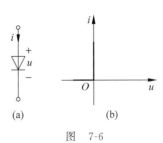

图 7-6

$$\begin{cases} i = 0, & u < 0 \\ u = 0, & i > 0 \end{cases}$$

7.1.2 非线性电容

电容元件的特性可用 q-u 平面上的库伏特性描述,线性电容的库伏特性是 q-u 平面上

图 7-7

的一条直线。当电容元件在 q-u 平面上的库伏特性曲线不为一条直线时,就称为非线性电容,电路模型如图 7-7 所示。

如果电容的电荷是电压的单值函数,则称其为电压控制型电容,其库伏特性可表示为 $q = f(u)$。

如果电容端电压是电荷的单值函数,则称其为电荷控制型电容,其库伏特性可表示为 $u = h(q)$。

如果 q-u 特性曲线是单调上升或单调下降的,称其为单调型电容,其库伏特性表示为 $q = f(u)$ 或 $u = h(q)$。

在电压、电流参考方向一致的条件下,电容电流

$$i = \frac{\mathrm{d}q}{\mathrm{d}t} = \frac{\mathrm{d}q}{\mathrm{d}u}\frac{\mathrm{d}u}{\mathrm{d}t} = C_\mathrm{d}\frac{\mathrm{d}u}{\mathrm{d}t} \tag{7.1-6}$$

其中,

$$C_\mathrm{d} = \frac{\mathrm{d}q}{\mathrm{d}u} \tag{7.1-7}$$

称为非线性电容元件的动态电容或增量电容。与非线性电阻类似,动态电容 C_d 的值是电容端电压 u(工作点处)的函数,它是库伏特性曲线上工作点处的斜率。而在工作点处的静态电容 C 定义为该点的电荷值 q 与电压值 u 之比,即

$$C = \frac{q}{u} \tag{7.1-8}$$

以铁电物质为介质的电容器属于非线性电容。图 7-8 和图 7-9 给出了非线性平板电容的库伏特性和动态电容 C_d 的电路 i 随电压 u 变化的关系。

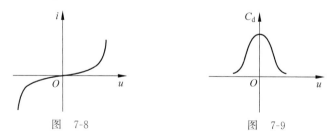

图 7-8 图 7-9

7.1.3 非线性电感

电感元件的特性可用 ψ-i 平面上的韦安特性描述,线性电感的韦安特性是 ψ-i 平面上的一条直线。当电感元件在 ψ-i 平面上的韦安特性曲线不为一条直线时,称为非线性电感,电路模型如图 7-10 所示。

如果电感的磁链 ψ 是电流 i 的单值函数,则称其为电流控制型电感,其韦安特性可表示为 $\psi = f(i)$。

如果电感电流 i 是磁链 ψ 的单值函数,则称其为磁链控制型电感,其韦安特性可表示为 $i = h(\psi)$。

如果 ψ-i 特性曲线是单调上升或单调下降的,称其为单调型电感,其韦安特性可表示为 $\psi = f(i)$ 或 $i = h(\psi)$。

在电压、电流参考方向一致的条件下,电感端电压为

$$u = \frac{\mathrm{d}\Psi}{\mathrm{d}t} = \frac{\mathrm{d}\Psi}{\mathrm{d}i}\frac{\mathrm{d}i}{\mathrm{d}t} = L_{\mathrm{d}}\frac{\mathrm{d}i}{\mathrm{d}t} \tag{7.1-9}$$

其中,

$$L_{\mathrm{d}} = \frac{\mathrm{d}\Psi}{\mathrm{d}i} \tag{7.1-10}$$

称为非线性电感元件的动态电感或增量电感。和非线性电阻类似,动态电感 L_{d} 的值是电感端电流 i(工作点处)的函数,它是韦安特性曲线上工作点处的斜率。而在工作点处的静态电感 L 定义为该点的磁链值 Ψ 与电压值 i 之比,即

$$L = \frac{\Psi}{i} \tag{7.1-11}$$

在电子技术中使用铁芯或磁芯的电感元件,其特性曲线是磁滞回线,如图 7-11 所示。这种电感既非电流控制的,又非磁链控制的。

图 7-10   图 7-11

思考和练习

7.1-1　说明非线性电阻有哪些特性?它有哪几种类型?

7.1-2　非线性元件和线性元件的主要区别是什么?何谓静态参数?何谓动态参数?

7.1-3　非线性电阻两端电压为正弦波时,其电流是否也为正弦波?

7.2　非线性电阻的串联和并联

7.2.1　非线性电阻的串联

图 7-12 所示为两个非线性电阻的串联电路,根据 KCL 和 KVL,有

$$\begin{cases} i = i_1 = i_2 \\ u = u_1 + u_2 \end{cases}$$

设两个电阻为电流控制型或单调增长型电阻,其伏安特性为可表示为

$$\begin{cases} u_1 = f_1(i_1) \\ u_2 = f_2(i_2) \end{cases}$$

根据 KVL,两个电阻串联后应满足

$$u = u_1 + u_2 = f_1(i_1) + f_2(i_2) = f_1(i) + f_2(i)$$

由电路等效条件,图 7-12 所示的非线性电阻串联端口可等效为一个非线性电阻,如图 7-13 所示,且该等效电阻亦为电流控制型或单调增长型电阻。

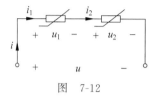

图 7-12   图 7-13

用图解法可更直观地得到电阻串联的端口伏安特性,如图 7-14 所示。先画出两个非线性电阻的伏安特性,逐一取点,将同一电流值下的 u_1 和 u_2 相加可得到该电流值下的总电压 u,然后描图即可画出等效伏安特性。

例 7-2   试画出图 7-15 所示线性电阻 R、直流电压源 U_s 和理想二极管 D 串联后的伏安特性曲线。

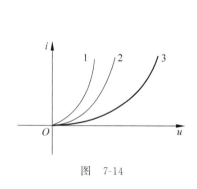

图 7-14

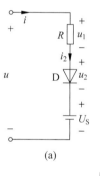

(a)

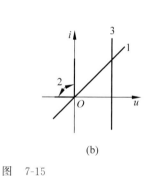

(b)

图 7-15

解:如图 7-15(b)所示曲线 1、2、3 分别表示线性电阻 R、理想二极管 D 和直流电压源 U_s 的伏安特性。

当二极管导通时,有

$$u_2 = 0, \quad i_2 > 0$$
$$i = i_2 > 0$$
$$u = u_1 + u_2 + U_s = Ri + U_s$$

此时可得二极管导通时的伏安特性曲线,即图 7-16(a)中的 $\overline{BA}$ 直线段,其斜率为 $G = 1/R$。

当二极管截止时,有

$$u_2 < 0, \quad i_2 = 0$$
$$i = i_2 = 0$$
$$u = Ri + u_2 + U_s = u_2 + U_s < U_s$$

此时可得二极管截止时的伏安特性曲线,即图 7-16(a)中 B 点以左的 u 轴。实际上,也可用图解法把在同一电流 i 下的 3 个电压相加得到 u 来获得这个串联电路的伏安特性。显然,总的伏安特性形状为凹形,故此串联后的非线性电阻称为凹电阻,图形符号如图 7-16(b)所示。

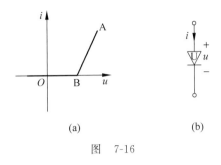

图　7-16

7.2.2　非线性电阻的并联

图 7-17 所示为两个非线性电阻的并联电路,根据 KCL 和 KVL,有

$$\begin{cases} i = i_1 + i_2 \\ u = u_1 = u_2 \end{cases}$$

设两个电阻为电流控制型或单调增长型电阻,其伏安特性可表示为

$$\begin{cases} i_1 = f_1(u_1) \\ i_2 = f_2(u_2) \end{cases}$$

根据 KCL,两个电阻串联后应满足

$$i = i_1 + i_2 = f_1(u_1) + f_2(u_2) = f_1(u) + f_2(u)$$

由电路等效条件,图 7-17 所示的非线性电阻并联端口可等效为一个非线性电阻,如图 7-18 所示,且该等效电阻亦为电压控制型或单调增长型电阻。

同样,用图解法可更直观地得到电阻并联的端口伏安特性,如图 7-19 所示。先画出两个非线性电阻的伏安特性,逐一取点,将同一电压值下的 i_1 和 i_2 相加可得到该电压值下的总电流 i,然后描图即可画出等效伏安特性。

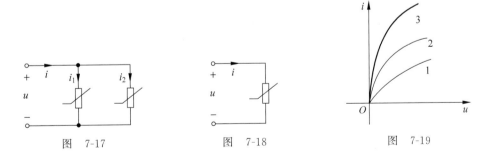

图　7-17　　　　图　7-18　　　　图　7-19

思考和练习

7.2-1　两个非线性电阻并联,它们各自的伏安特性曲线已知。

（1）已知并联端口电压，如何求总电流？

（2）已知端口总电流，如何求电压？

7.2-2　试画出练习题 7.2-2 图所示线性电阻 R、直流电流源 I_S 和理想二极管 D 并联后的伏安特性曲线。

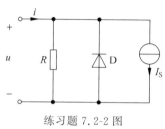

练习题 7.2-2 图

7.3　非线性电阻电路的分析

分析非线性电路要比线性电路复杂得多，求得的解也不一定是唯一的。以下主要讨论简单非线性电阻电路的分析，为学习电子电路及进一步学习非线性电路理论提供基础。分析非线性电阻电路的基本依据仍然是两类约束，即基尔霍夫定律和元件的伏安关系。但是，线性电路分析中的叠加定理、互易定理等方法均不成立，必须采用其他方法，常见的方法有解析法、图解法、分段线性化法与小信号分析法。在通常情况下，用解析法等求解是比较困难的。

7.3.1　解析法

解析法即分析计算法。当电路中的非线性电阻元件的伏安关系由一个数学关系式给定时，可用解析法。

基尔霍夫定律确定了电路中支路电流间与支路电压间的约束关系，而与元件本身的特性无关，因此，无论电路是线性的或非线性的，按 KCL 和 KVL 所列的方程是线性代数方程，而元件约束对于线性元件而言是线性方程，对于非线性电阻元件而言是非线性方程。

例 7-3　电路如图 7-20 所示，已知 $U_S=3\text{V}$，$R_S=1\Omega$，非线性元件的伏安关系为

$$u=\begin{cases}0, & i\leqslant 0 \\ i^2+1, & i>0\end{cases}$$

求该电路的静态工作点。

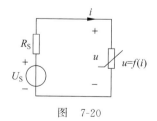

图　7-20

解：线性电路侧端口的伏安关系为

$$u+i=3$$

非线性元件的伏安关系：

$$u=\begin{cases}0, & i\leqslant 0 \\ i^2+1, & i>0\end{cases}$$

可解得

$$\begin{cases} i_1 = 1\text{A} \\ u_1 = 2\text{V} \end{cases}, \qquad \begin{cases} i_2 = -2\text{A} \\ u_2 = 5\text{V} \end{cases} (舍去), \qquad \begin{cases} i_3 = 3\text{A} \\ u_3 = 0 \end{cases} (舍去)$$

所以,该电路的静态工作点为

$$\begin{cases} i_1 = 1\text{A} \\ u_1 = 2\text{V} \end{cases}$$

对含一个非线性电阻的电路,可根据戴维南定理,将电路的线性部分化简等效为戴维南等效电路,从而把含一个非线性电阻的电路等效成一个单回路电路,如图 7-21 所示。在这个单回路中,较易求得电路的工作点。

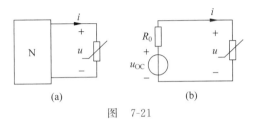

图　7-21

7.3.2　图解法

有时非线性电阻的伏安特性是以曲线形式给出的,而由伏安特性曲线寻求其解析表达式往往并不容易。这时,可以通过作图的方式来得到非线性电阻电路的解,这种方法称为图解法。

在图 7-21 所示的非线性电路中,设非线性电阻的伏安关系为

$$i = f(u) \tag{7.3-1}$$

其伏安特性曲线是过原点的曲线,如图 7-22 所示。而线性电路部分的伏安关系为

$$u = u_{OC} - R_0 i \tag{7.3-2}$$

其伏安特性是一条直线,在图 7-22 中可作出该直线(电子电路中通常称作直流负载线),则两曲线的交点 Q 对应的电压和电流(U_Q 和 I_Q)即为所求的解。Q 点即为静态工作点。

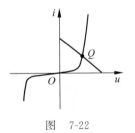

图　7-22

7.3.3　分段线性化法

分段线性化法(又称为折线法)是将非线性电阻的伏安特性曲线近似地用若干条直线段来表示。这样就把非线性电路的求解过程分成几个线性区域,对每个线性区域来说,都可以用线性电路的计算方法来求解。分段的数目,可以根据非线性电阻的伏安特性和计算精度的要求来确定,所以分段线性化法是研究非线性电路的一种非常有用和有效的方法。

图 7-23 所示的隧道二极管特性曲线(实线),可将其分为 3 段。用 3 条直线段(虚线)近似地表示。这些直线段都可以写出线性代数方程,对应地可以画出它们的线性电路模型。

如在 I 区间($0 < u < u_1$),对应该段直线方程为

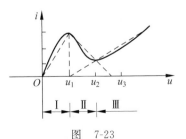

图　7-23

$$u = R_1 i \tag{7.3-3}$$

如在Ⅱ区间($u_1 < u < u_2$),对应该段直线方程为

$$u = U_{S2} + R_2 i, \quad R_2 < 0 \tag{7.3-4}$$

如在Ⅲ区间($u_2 < u < u_3$),对应该段直线方程为

$$u = U_{S3} + R_3 i \tag{7.3-5}$$

对应的等效电路分别如图 7-24(a)、(b)、(c)所示。

即图 7-23 所示 3 个区段的隧道二极管的戴维南电路模型(通过电源互换等效,亦可得到相应各区段的诺顿电路模型)。当其接入有源线性二端网络后,可化为以下单回路电路(如图 7-25 所示)进行求解,从而把一个非线性电路的问题转化为几个线性电路进行求解,大大简化了分析计算。

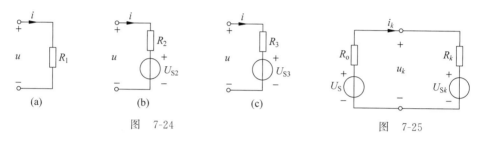

图 7-24   图 7-25

例 7-4 含隧道二极管的等效电路如图 7-26(a)所示,$U_S = 8\text{V}$,$R_o = 2\Omega$。隧道二极管的伏安特性经分段线性化法分成 3 段直线,分别位于 3 个区域,如图 7-26(b)所示。试求工作点 $Q(U_Q, I_Q)$ 值。

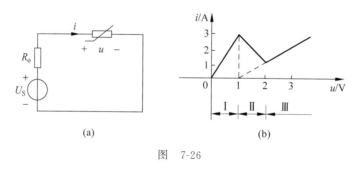

图 7-26

解:由图 7-26(b)可知,每个区域均可用线性电阻 R_k 与理想电压源 U_{Sk} 串联的戴维南等效电路来等效。对于本例,3 个线性区域的等效参数分别为 $R_1 = 1/3\Omega$,$U_{s1} = 0$;$R_2 = -0.5\Omega$,$U_{S2} = 2.5\text{V}$;$R_3 = 1\Omega$,$U_{s3} = 1\text{V}$。于是可对图 7-26(a)的线性等效电路进行 3 次计算。

$$k = 1, \quad R_1 = 1/3\Omega, \quad U_{S1} = 0 \text{ 时}, \quad i_1 = 3.43\text{A}, \quad u_1 = 1.14\text{V}$$

$$k = 2, \quad R_2 = -0.5\Omega, \quad U_{S2} = 2.5\text{V} \text{ 时}, \quad i_2 = 3.67\text{A}, \quad u_2 = 0.67\text{V}$$

$$k = 3, \quad R_3 = 1\Omega, \quad U_{s3} = 1\text{V} \text{ 时}, \quad i_3 = 2.33\text{A}, \quad u_3 = 3.33\text{V}$$

求得这 3 组解答后,还需进行校验,根据图 7-26(b)可知区域Ⅰ、Ⅱ、Ⅲ的定义域分别为 $\binom{0-1\text{V}}{0-3\text{A}}$、$\binom{1-2\text{V}}{1-3\text{A}}$ 和 $\binom{2-\infty\text{V}}{1-\infty\text{A}}$。由此可见上面前两组解均在对应的定义域之外,只有第 3 组解落在该区域的定义域中,此解才是真实解。故 $I_Q = 2.33\text{A}$,$U_Q = 3.33\text{V}$。

不难看出本例只有一个非线性电阻元件,用前面介绍过的作负载线利用图解法也很容易得到此解。但本例用等效线性电路计算的方法可推广应用于含有多个非线性电阻元件的计算。

7.3.4　小信号分析法

小信号分析法是电子线路中常用的一种分析法。一些实际的电子元器件诸如晶体管、二极管、三极管、场效应管等都属于非线性器件,含这些电子元器件的非线性电路,需要有作为偏置电压的直流电压源 U_S 作用,而且还有变化的信号源 $u_S(t)$ 作用。如果任一时刻均有 $|u_S(t)| \ll U_S$,故工程上把 $u_S(t)$ 称为小信号电压,分析这类电路可采用小信号分析法。

这里以非线性电阻电路为例介绍小信号分析法的基本思想与过程。如图 7-27(a)所示,小信号电压和直流电压源满足 $|u_S(t)| \ll U_S$。

在图 7-27(a)所示电路中,设电压 u、电流 i 参考方向如图中所标,根据 KVL 列写回路方程为

$$Ri(t) + u(t) = U_S + u_S(t) \tag{7.3-6}$$

而非线性电阻的伏安特性为

$$i(t) = g[u(t)]$$

令小信号 $u_S(t)$ 等于零,可在图 7-27(b)中作出直流负载线并得到静态工作点 Q,即有

$$RI_Q + U_Q = U_S \tag{7.3-7}$$

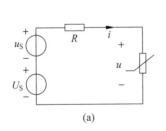

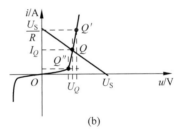

图　7-27

当小信号不为零时,在任意时刻,可在图中作出平行于直流负载线的直线,这些直线与非线性电阻伏安特性曲线的交点(如 Q' 和 Q'')就是不同时刻方程组的解。若小信号的变化范围使得方程组的解在 Q' 和 Q'' 之间,则称 $Q' \sim Q''$ 为动态范围。因 $|u_S(t)| \ll U_S$,所以方程组的解必定位于静态工作点附近,即 Q' 和 Q'' 均靠近 Q 点。这时若把解电压 u、电流 i 写为直流分量与增量之和形式,即有

$$u(t) = U_Q + \Delta u(t) \tag{7.3-8}$$

$$i(t) = I_Q + \Delta i(t) \tag{7.3-9}$$

其中,U_Q、I_Q 分别是静态工作点 Q 对应的电压和电流,即直流分量;$\Delta u(t)$,$\Delta i(t)$ 是小信号作用下引起的电压增量和电流增量。将式(7.3-8)代入式(7.3-9)得

$$i(t) = I_Q + \Delta i(t) = g[U_Q + \Delta u(t)] \tag{7.3-10}$$

由于 $\Delta u(t)$ 也足够小,故可将上式右端用泰勒级数展开,取其前两项作为近似表示,得

$$I_Q + \Delta i(t) \approx g(U_Q) + \left.\frac{dg}{du}\right|_{U_Q} \times \Delta u(t) \tag{7.3-11}$$

其中,$\left.\dfrac{\mathrm{d}g}{\mathrm{d}u}\right|_{U_Q}$ 是非线性电阻伏安特性曲线在静态工作点 Q 处的斜率。由此可见,在小信号条件下,可以用工作点处的特性曲线的切线(直线)近似地代表该点附近的曲线,这就是小信号分析法最主要的基本思想。

因为 $i(t)=g[u(t)]$,则有

$$\left.\frac{\mathrm{d}g}{\mathrm{d}u}\right|_{U_Q}=\left.\frac{\mathrm{d}i}{\mathrm{d}u}\right|_{U_Q}=G_{\mathrm{d}}=\frac{1}{R_{\mathrm{d}}} \tag{7.3-12}$$

G_{d} 即为非线性电阻在工作点 Q 处的动态电导(或动态电阻 R_{d} 的倒数)。于是式中的电流增量为

$$\Delta i(t)=G_{\mathrm{d}}\times\Delta u(t)\quad\text{或}\quad\Delta u(t)=R_{\mathrm{d}}\times\Delta i(t) \tag{7.3-13}$$

将上式代入以下 KVL

$$R[I_Q+\Delta i(t)]+U_Q+\Delta u(t)=U_{\mathrm{S}}+u_{\mathrm{S}}(t)$$

其中,

$$RI_Q+U_Q=U_{\mathrm{S}}$$

整理得

$$R\Delta i(t)+R_{\mathrm{d}}\Delta i(t)=u_{\mathrm{S}}(t) \tag{7.3-14}$$

上式是一个线性代数方程,据此可以作出非线性电阻在静态工作点 Q 处的小信号等效电路如图 7-28 所示,于是求得

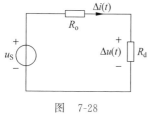

图　7-28

$$\Delta i(t)=\frac{u_{\mathrm{S}}(t)}{R+R_{\mathrm{d}}} \tag{7.3-15}$$

综上所述,小信号分析法可归纳为以下几个步骤:首先,令小信号等于零,求出非线性电阻电路的静态工作点;其次,求非线性电阻在该工作点下的动态电阻(或动态电导);再次,画出小信号等效电路;最后,求出待求量。

值得注意的是,小信号等效电路与原来的非线性电路具有相同的拓扑结构,原来的非线性电阻元件可用静态工作点处的动态电阻替代。显然,仅仅改变偏置电源即可能改变静态工作点,也就可得到不同的小信号等效电路。

例 7-5 在图 7-29(a)所示电路中,已知直流电流源 $I_{\mathrm{S}}=10\mathrm{A}$,时变电流源的电流 $i_{\mathrm{S}}(t)=\cos\omega t\mathrm{A}$,$R_{\mathrm{o}}=1/3\Omega$,非线性电阻为电压控制型,其伏安特性的解析式为

$$i=f(u)=\begin{cases}u^2,&u>0\\0,&u\leqslant0\end{cases}$$

试用小信号分析法求 $i(t)$、$u(t)$。

解:首先,求工作点。图 7-29(a)所示电路为 I_{S} 和 $i_{\mathrm{S}}(t)$ 共同作用,先考虑直流电流源单独作用,令 $i_{\mathrm{S}}(t)=0$,如图 7-29(b)所示,有

$$I_{\mathrm{S}}-I_R-I_Q=0$$

其中,$I_R=U_Q/R_{\mathrm{o}}$ 和 $I_Q=U_Q^2$(当 $U_Q>0$),即

$$10-3U_Q-U_Q^2=0$$

解得

$$U_Q=2\mathrm{V},I_Q=4\mathrm{A}(另一解为 U_Q=-5\mathrm{V},I_Q=25\mathrm{A}\ 不符合\ u>0\ 的条件,故舍去)。$$

其次，求非线性电阻在工作点处的动态电导。当 $U_Q = 2\text{V}$ 时，动态电导为

$$G_d = \frac{\mathrm{d}i}{\mathrm{d}u}\Big|_{u=U_Q} = \frac{\mathrm{d}}{\mathrm{d}u}(u^2)\Big|_{u=U_Q} = 2u\,\big|_{u=U_Q=2\text{V}} = 4\text{S}$$

再次，求小信号电压和电流。先画出小信号等效电路，如图 7-29(c) 所示，于是小信号电压和电流分别为

$$u_1 = \frac{1}{7}\cos\omega t = 0.143\cos\omega t\,\text{V}$$

$$i_1 = \frac{4}{7}\cos\omega t = 0.571\cos\omega t\,\text{A}$$

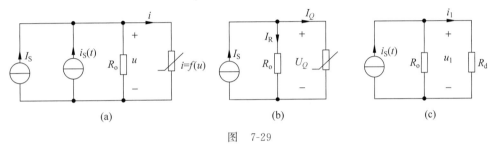

图　7-29

最后，写出非线性电阻的电压、电流的解为

$$u(t) = U_Q + u_1(t) = 2 + 0.143\cos\omega t\,\text{V}$$

$$i(t) = I_Q + i_1(t) = 4 + 0.571\cos\omega t\,\text{A}$$

思考和练习

7.3-1　如练习题 7.3-1 图所示电路中，非线性电阻的伏安特性为

$$i = \begin{cases} 0, & u < 0 \\ u^2, & u \geqslant 0 \end{cases}$$

求电路的工作点。

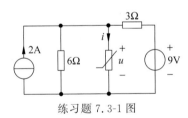

练习题 7.3-1 图

7.3-2　求练习题 7.3-2 图所示各电路中理想二极管 D 中的电流 I。

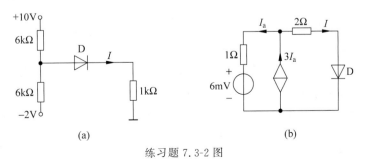

练习题 7.3-2 图

7.4 实用电路介绍

二极管是一个典型的非线性电阻元件,其种类和应用非常丰富,如整流、限幅等。一些特殊的二极管可实现特定的功能,如稳压二极管利用反向区实现稳压功能;变容二极管利用其寄生电容随端电压变化的特性实现频率调制;光电二极管利用其电流与光照强度成正比的特性实现光电池或光照明;隧道二极管和充气二极管利用其负动态电阻产生自激振荡实现信号发生器等。下面仅给出二极管的两种典型应用。

7.4.1 稳压二极管和稳压电路

稳压二极管有着与普通二极管相类似的伏安特性,如图 7-30 所示,其正向特性可近似为指数曲线。但当其外加反向电压数值达到一定程度时则击穿,击穿区的曲线很陡峭,几乎平行于纵轴。此时,电流虽然在很大范围内变化,但稳压二极管两端的电压变化很小。与一般二极管不同的是,它的反向击穿是可逆的,当去掉反向电压后,稳压二极管仍是正常的。但是,如果反向电流超过允许范围,稳压二极管将会发生热击穿而损坏。利用这一特性,稳压二极管在电路中能起稳压作用,如图 7-31 所示。稳压二极管工作在反向击穿区,为确保其不发生击穿,必须接入限流电阻 R_S,而只要稳压二极管的反向电流在一定范围内,其反向电压始终保持在稳定值 $U_L = U_Z$。U_Z 的值一般为 $3.3 \sim 200\text{V}$。

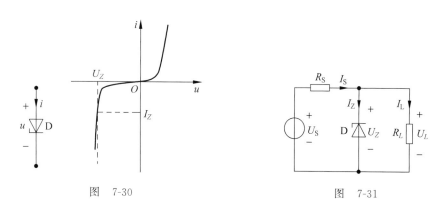

图 7-30   图 7-31

7.4.2 限幅电路

限幅是工程实际中常用到的一种技术,其目的是将信号的幅值限制在一定范围内,图 7-32 就是一种由半导体二极管构成的限幅电路。

假设输入信号是图 7-33(a)所示的方波电压,且 $U_m > U$,半导体二极管是理想的,则根据二极管的单向导电性,当 $u_i > U$ 时,二极管截止,$u_o = U$。当 $u_i < U$ 时,二极管导通,$u_o = u_i$。因此输出端电压如图 7-33(b)所示。改变电压源电压值,可以改变输出电压的范围。

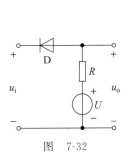

图 7-32

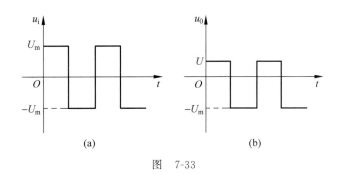

图 7-33

习题 7

7-1 选择合适的答案填入括号内,只需填入 A、B、C 或 D。

(1) 已知某非线性电阻的 VCR 为 $u = 2i + \frac{1}{3}i^3$。则该非线性电阻在 $i = 1A$ 时的动态电阻为( )。

A. 2.33Ω B. 3Ω C. 2Ω D. 11Ω

(2) 设题 7-1(a)图中二极管 D 正向压降不计,则电路中电流 $I = ($)。

A. $5A$ B. $0.5A$ C. $0A$ D. $0.05A$

(3) 题 7-1(b)图所示电路中非线性电阻的伏安特性为 $u = i^2 (i > 0)$,则静态工作点处非线性电阻的静态电阻 $R = ($)。

A. 2Ω B. 3Ω

C. 4Ω D. 5Ω

(4) 题 7-1(c)图所示电路中理想二极管 D 中的 $I = ($)。

A. 0 B. $10mA$

C. $15mA$ D. $5mA$

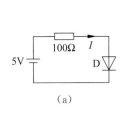

(a)

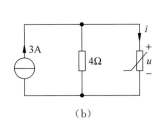

(b)

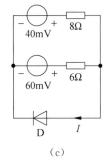

(c)

题 7-1 图

(5) 题 7-2 图(a)电路中非线性电阻的伏安特性如(b)图所示,则 2Ω 电阻的端电压 $u_1 = ($)。

A. $1V$ B. $2V$ C. $3V$ D. $4V$

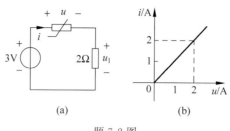

题 7-2 图

7-2　将合适答案填入空内。

（1）非线性电感器的韦安特性为 $\psi = 10^{-2}(i - i^3)$，则当 $i = 0.5A$ 时的静态电感为_____，动态电感为_____。

（2）某非线性电阻在压流关联的情况下的伏安特性曲线如题 7-3 图所示，其 OP 段等效电路为_____，动态电阻为_____Ω；PQ 段等效电路为_____，动态电阻为_____Ω；QS 段等效电路为_____，动态电阻为_____Ω。

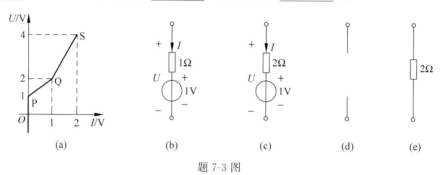

题 7-3 图

（3）题 7-4 图所示电路中理想二极管 D 中的 $I =$_____。

（4）题 7-5 图（a）所示电路中器件 A 的特性曲线如图（b）所示，其中，10Ω 电阻电压 U_1 =_____。

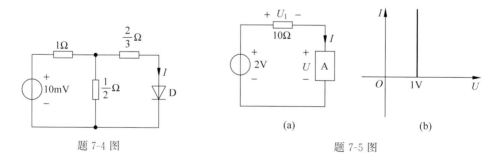

题 7-4 图　　　　　　　　　　题 7-5 图

（5）理想二极管 D_1、D_2 构成的电路如题 7-6 图所示，则 $I =$_____。

7-3　某非线性电阻的 u-i 特性为 $u = i^3$，如果通过非线性电阻的电流为 $i = \cos\omega t\, A$，则该电阻端电压中将含有哪些频率分量？

7-4　一个非线性电容的库伏特性为 $u = 1 + 2q + 3q^2$，如果电容从 $q(t_0) = 0$ 充电至 $q(t) = 1C$，求此电容储存的能量。

7-5 非线性电感的韦安特性为 $\psi = i^2$，当有 3A 电流通过该电感时，求此时的静态电感和动态电感。

7-6 用图解法求题 7-7 图所示各电路的端口伏安特性曲线。图中二极管均为理想二极管。

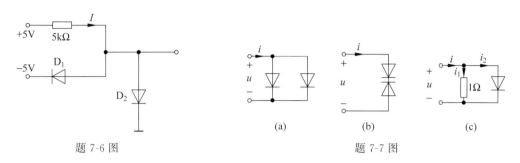

题 7-6 图　　　　　　　　　　　　　　题 7-7 图

7-7 非线性电阻 R_1 和 R_2 相串联，如题 7-8 图(a)所示，它们各自的伏安特性分别如题 7-8 图(b)和(c)所示，求端口的伏安特性。

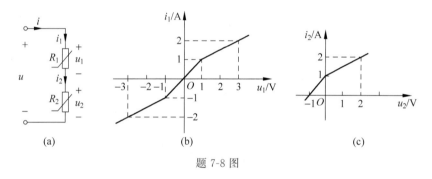

题 7-8 图

7-8 非线性电阻 R_1 和 R_2 相并联，如题 7-9 图所示，R_1 和 R_2 的伏安特性分别如题 7-8 图(b)和(c)所示，求其端口的伏安特性。

7-9 求如题 7-10 图所示电路端口的伏安特性(图中二极管为理想二极管)。

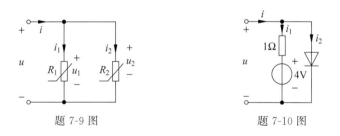

题 7-9 图　　　　　　　　　　题 7-10 图

7-10 如题 7-11 图(a)所示电路，非线性电阻的伏安特性如图(b)所示，求 2Ω 电阻的端电压 u。

7-11 如题 7-12 图所示电路，已知非线性电阻的伏安特性为 $u = i^2 (i > 0)$，求电压 u。

7-12 如题 7-13 图所示电路，若非线性电阻 R 的伏安特性为 $i_R = f(u_R) = u_R^2 - 3u_R + 1$。

(a) 求图中所示端口电路 N 的伏安特性。

(b) 若 $U_S = 3\text{V}$，求 u 和 i_R。

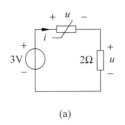

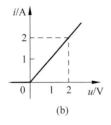

题 7-11 图

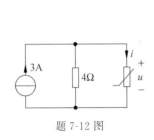

题 7-12 图

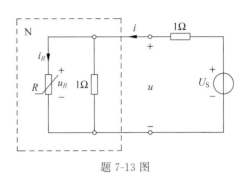

题 7-13 图

7-13 如题 7-14 图所示电路,非线性电阻的电压、电流关系为 $u=i^2$,求 u、i 和 i_1。

7-14 求题 7-15 图所示电路中理想二极管 D 两端电压 U。

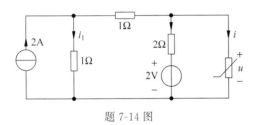

题 7-14 图

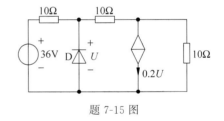

题 7-15 图

7-15 如题 7-16 图所示电路,非线性电阻的伏安特性为 $u=i^3-3i$,如 $u_S(t)=0$,求工作点。如果 $u_S(t)=\cos t\,\text{mV}$,用小信号分析法求电压 u。

7-16 如题 7-17 图所示电路,小信号电流源电流 $i_S(t)=0.5\cos\omega t\,\text{mA}$,非线性电阻伏安特性为

$$i=\begin{cases}u^2, & \text{当 } u\geqslant 0 \\ 0, & \text{当 } u<0\end{cases}$$

试用小信号分析法求 $i(t)$ 与 $u(t)$。

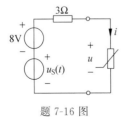

题 7-16 图

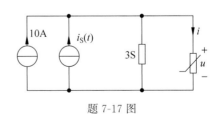

题 7-17 图

7-17 如题 7-18 图所示运算电路中的非线性电阻元件的 VCR 为

$$i = A e^{u/B} \quad (A \text{、} B \text{ 均为常数})$$

求出 u_o 和 u_S 之间的关系,说明该电路实现了什么运算功能。

7-18 如题 7-19 图所示运算电路中的非线性电阻元件的 VCR 为

$$i = A e^{u/B} (A \text{、} B \text{ 均为常数})$$

求出 u_o 和 u_S 之间的关系,说明该电路实现了什么运算功能。

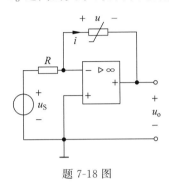

题 7-18 图

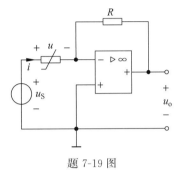

题 7-19 图

电路理论发展简史

电路理论是研究电路的基本规律及基本分析方法的工程学科。电路理论融合了物理学、数学和工程技术等多方面的成果。物理学,尤其是其中的电磁学为研制各种电路器件提供了原理依据,对各种电路现象作出了理论上的阐述;数学中的许多理论在电路与网络理论中得到了广泛应用,成为分析、设计电路的重要方法;工程技术的进展不断地向电路与网络理论提出新课题,推动电路与网络理论的发展。

电路理论起源于物理学中电磁学的一个分支,若从欧姆定律(1827 年)和基尔霍夫定律(1845 年)的发表算起,至今至少已有 170 多年的历史。以该历史起点到 20 世纪 50 年代的这段时期可称为"经典电路理论发展阶段",期间许多学者作出了不同的贡献,例如网孔回路分析法原理(G. Kirchhoff,1847 年)、节点分析法原理(Maxwell,1873 年)、戴维南定理(L. C. Thévenin,1883 年)及诺顿定理(L. Norton,1933 年)、复数理论应用于电路计算(C. P. Steinmetz,1894 年)、△-Y变换(Kennelly,1899 年)、阻抗概念(O. Heaviside,1911 年)、理想变压器概念(Campbell,1920 年)、四端网络和黑箱概念(Breisig,1921 年)、回转器理论(Tellegen,1948 年)、特勒根定理(Tellegen,1952 年)等。20 世纪初由于真空三极管的发明,使通信技术得到迅速发展,相继出现许多新的概念和装置,如传输线理论、滤波器、振荡器、反馈放大器等,涉及这些装置的电路分析、设计和综合又给电路理论增添了大量新的课题和研究方向,加速了电路理论的进展。二次大战后,自动控制、信息科学、半导体电子学和微电子学、数字计算机、激光技术以及核科学和航天技术等新兴尖端科学技术以惊人的速度突飞猛进,与它们关系密切的电路理论从 20 世纪 60 年代起不得不在内容和概念上进行不断的调整和革新,以适应科学技术"爆炸"的新时代,这就形成了所谓"近代电路理论"的概念。

电路理论建立在模型概念基础之上,通常指电路分析和网络综合两个分支。经典电路理论提供了简单易懂、生命力较强的电路分析和综合方法,适合规模不大的电路。近代电路理论是经典电路理论的继续、扩展和更新,主要是针对随着工程技术发展的新器件及其电路、大规模电路的分析和综合方法。另外,由于电子元件与设备的规模扩大,促进了故障诊断理论的发展,因而故障诊断理论被人们视为继电路分析和网络综合之后电路理论的一个新的分支。

由于电路理论发展的每一步都是与相关科学家的贡献密切相连的,在介绍电路理论历史的时候就不可避免地涉及这些科学家的事略,故以下将以电路理论发展史上的重要人物为主线进行概略介绍。这些人物包括欧姆、基尔霍夫、麦克斯韦、伏特、安培、爱迪生、特斯拉、戴维南、诺顿、法拉第、亨利、斯泰因梅茨、特勒根、Breisig、肯内利、海维赛德、多布洛沃利斯基等。正是有了这些重要人物不懈的努力和卓越的贡献，才奠定了今天工业文明和信息社会的主要基石。

欧姆（George Simon Ohm，1787—1845），如图 A-1 所示。德国物理学家，1787 年生于巴伐利亚的一个贫苦家庭。1826 年通过实验发现了确定电阻元件两端电压电流关系的欧姆定律，并于 1827 年将结果发表。该定律在电学史上具有里程碑意义，与后来的基尔霍夫定律一起构成了电路理论的两大基石。但他的工作最初饱受质疑。由于该定律逐渐在电学领域中发挥出极端重要的作用，逐渐为他赢得了巨大声誉。1841 年，伦敦皇家学院授予他 Copley Medal 奖。1849 年，慕尼黑大学授予他物理学首席教授职位。欧姆的名字被用于电阻的单位。

基尔霍夫（Gustav Robert Kirchhoff，1824—1887），如图 A-2 所示。基尔霍夫生于东普鲁士柯尼斯堡（Konigsberg）的一个律师家庭，18 岁时进入柯尼斯堡大学，后来在柏林担任讲师。基尔霍夫的研究领域横跨了工程、化学和物理等学科并作出了重要成就。1845 年，在他还是一个 21 岁大学生时即提出了著名的基尔霍夫定律。1847 年，他又提出了电路的网孔回路分析法。此外，他与德国化学家本森（Robert Bunscn）合作，在光谱学领域开展了创造性的工作，1860 年和 1861 年分别发现了铯元素和铷元素。他还是著名的基尔霍夫辐射定律的提出者。

图　A-1　　　　　　　　　　　　　图　A-2

麦克斯韦（James Clerk Maxwell，1831—1879），如图 A-3 所示。英国物理学家、数学家，著名的麦克斯韦方程组的提出者。科学史上，称牛顿把天上和地上的运动规律统一起来，是实现第一次大综合，麦克斯韦把电、光统一起来，是实现第二次大综合，因此应与牛顿齐名。1873 年出版的《论电和磁》，也被尊为继牛顿《自然哲学的数学原理》之后的又一部重要的物理学经典。该书中还首先提出了电路的节点分析法。

伏特（Alessandro Anastasio Volta，1745—1827），如图 A-4 所示。意大利帕维亚大学物理教授。1775 年发明了起电盘。1792 年发表了最早的金属电势次序表。他经过反复实验，于 1800 年发明了靠金属在酸液里的化学反应产生电的“伏特电堆”。这个伏特电堆就是最早的电池。电池的发明促成了电化学的诞生。在伏特工作基础上人们又发明了电流源。1836 年美国科学家约翰·丹尼尔在伏特电池基础上发明了蓄电池。现在广为使用的电池包括光电池、热电耦、压电电池和化学电池等。伏特的名字被用于电压的单位。

图 A-3 　　　　　　　　　　　　　　　　　　图 A-4

　　安培(Andre-Marie Ampere，1775—1836)，如图 A-5 所示。法国化学家，在电磁作用方面的研究成就卓著，对数学和物理也有贡献。安培最主要的成就是 1820—1827 年对电磁作用的研究。提出了著名的安培定律、安培定则、分子电流概念等。1827 年，安培将他的电磁现象的研究综合在《电动力学现象的数学理论》一书中，这是电磁学史上一部重要的经典论著，对以后电磁学的发展起了深远的影响。安培的名字被用于电流的单位。

　　爱迪生(Thomas Alva Edison，1847—1931)，如图 A-6 所示。美国发明家。生于美国的俄亥俄州的米兰，后来迁居休伦。童年时对科学实验有兴趣，十岁时有自己的化学实验室。1869 年，爱迪生到了纽约，到一家电报公司工作。他希望自己发明新的用电方法。在22 岁时发明了一架改进的自动证券报价机，得到 4 万美元的报酬。他带着这些钱到新泽西州建立了自己的工厂。在这时期他进行了现有技术的改进和新技术的发明。1874 年发明了四键电报传送系统。1877 年在新泽西州建立了世界上第一个科学技术研究所，这是现代科技研究机构的雏形。1877 年他发明了留声机。从 1867 年到 1879 年期间他研制了具有接近完全真空状态和高度耐燃性能灯丝的玻璃灯泡，可连续不断亮 1200 小时。1882 年在纽约建立了第一个发电厂，同时生产灯泡。由灯丝放出粒子使灯泡变黑提出了爱迪生效应，后来引起了电子管的出现。他对电影的成长作过很多贡献，还完善了电动机和蓄电池。爱迪生为人类社会与科技进步作出了重大贡献，有着 1000 多种改变人们生活方式的发明。

图 A-5 　　　　　　　　　　　　　　　　　　图 A-6

特斯拉(Nikola Tesla,1856—1943),如图 A-7 所示。美国发明家、物理学家、机械工程师和电机工程师。他在 19 世纪末和 20 世纪初对电和磁的研究做出了杰出贡献。他的专利包括多相电力分配系统和 AC 马达等。特斯拉曾经与爱迪生就交流电和直流电的地位作用问题进行过激烈的竞争,最终交流电占了上风,并成为今天最广泛实用的用电方式。特斯拉的名字被用于磁感应强度的单位。

戴维南(Léon Charles Thévenin,1857—1926),如图 A-8 所示。法国电信工程师。戴维南出生于法国莫城,1876 年毕业于巴黎综合理工学院。1878 年他加入了电信工程军团(即法国 PTT 的前身),最初的任务为架设地底远距离的电报线。1882 年成为综合高等学院的讲师,让他对电路测量问题有了浓厚的兴趣。在研究了基尔霍夫电路定律以及欧姆定律后,他发现了著名的戴维南定理,用于计算复杂电路网络的电压和电流。戴维南定理于 1883 年发表在法国科学院刊物上,文仅一页半,是在直流电源和电阻下推出的。然而,由于其证明所带有的普遍性,实际上它适用于当时未知的其他情况,如含电流源、受控源以及正弦交流、复频域等电路,目前已成为一个重要的电路定理。

图　A-7　　　　　　　　　　　　　　　　图　A-8

诺顿(Edward Lawry Norton,1898—1983),如图 A-9 所示。美国工程师。1926 年在 Bell 实验室的一个技术报告中提出了戴维南定理的对偶定理:用电流源和等效电阻来等效电路。该定理被称为诺顿定理。实际上德国人 Mayer(1895—1980)也在 1926 年发现了该定理。诺顿报告和 Mayer 论文是在同一个月发表的。

法拉第(Michael Faraday,1791—1867),如图 A-10 所示。英国物理学家、化学家,也是著名的自学成才的科学家。生于萨里郡纽因顿一个贫苦铁匠家庭。仅上过小学。1831 年,他作出了关于力场的关键性突破,永远改变了人类文明。1815 年 5 月他到皇家研究所在戴维指导下进行化学研究。1824 年 1 月当选皇家学会会员,1825 年 2 月任皇家研究所实验室主任,1833—1862 年任皇家研究所化学教授。1846 年荣获伦福德奖章和皇家勋章。法拉第在电磁学上的主要成就包括提出电磁感应学说,发现电场与磁场的联系,提出磁场力线的假说,发现了电解定律等。法拉第的名字被用于电容的单位。

图　A-9

图　A-10

约瑟夫·亨利(Henry Joseph,1797—1878),如图 A-11 所示。美国科学家,在电学上有杰出的贡献。他发明了继电器(电报的雏形),比法拉第更早发现了电磁感应现象,还发现了电子自动打火的原理,但却没有及时去申请专利。他的主要贡献还包括制成强电磁铁、电报机、无线绕组等。亨利的名字被用作电感的单位。

斯泰因梅茨(Steinmetz,Charles Proteus,1865—1923),如图 A-12 所示。德国-美国电机工程师。他出生即带有残疾,自幼受人嘲侮,但意志坚强,刻苦学习,1882 年入布雷斯劳大学就读,1889 年赴美。1892 年 1 月,在美国电机工程师学会的一次会议上,他提交了两篇论文,提出了计算交流电机的磁滞损耗的公式,成为当时在交流电研究方面的第一流成果。随后,他又创立了计算交流电路的实用方法——相量法,并于 1893 年向国际电工会议报告,受到广泛的欢迎。同年,他进入美国通用电气公司,负责为尼亚加拉瀑布电站建造发电机。他还研制成保护高压线的避雷器、高压电容器。他的另一项重要科研成就是研究电的瞬变现象理论。晚年,他还开发了人工雷电装置。他的研究领域涉及发电、输电、配电、电照明、电机、电化学等方面。他一生获得近 200 项专利。

图　A-11

图　A-12

特勒根(Bernard D. H. Tellegen,1900—1990),如图 A-13 所示。荷兰电气工程师,特勒根定理的提出者,五极真空管和回转器的发明人。拥有 41 项美国专利。应用特勒根定理可方便地证明电路中的互易定理、复功率平衡定理等。

Franz Breisig(1868—1934),德国数学家。1921 年提出了四端网络的概念,后进一步提出二端口网络的概念。他还提出了黑箱的概念,为各类工程学科所广泛使用。

肯内利(Arthur Edwin Kennelly,1861—1939),如图 A-14 所示。美国电气工程师。与海维赛德一起预言了电离层的存在,当时被命名为肯内利—海维赛德层。1899 年提出了阻抗网络的Y-△变换方法和公式,简化了这类网络的分析。

图　A-13

图　A-14

海维赛德(Oliver Heaviside,1850—1925),如图 A-15 所示。一名自学成才的英国电气工程师、数学家、物理学家。他在电路理论中的主要贡献包括将复数用于电路研究、提出阻抗的概念等。

多布洛沃利斯基(Михаил Осипович Доливо- Добровольский,1861—1919),如图 A-16 所示。俄国电工科学家。三相电流技术的创始人。1888 年,多布洛沃利斯基制成第一台功率为 2.2 千瓦的旋转磁场式三相交流发电机,并提出了转子用铸铁制造、在转子上套有空心铜圆柱体的三相交流异步电动机。这种笼形转子使异步电机性能得到显著改善(1889)。他还设计了多种交流三相电路电器,如三相变压器(1890)、起动变阻器、各种测量仪器(如相位计,1894)、发电机和电动机的星形和三角形连接线路等。1891 年,在法兰克福举行的世界电工技术博览会上,多布洛沃利斯基演示了世界上第一个长达 170 千米的三相输电系统。他最早提出了开关电器中目前广为采用的灭弧方法(1910—1914),1919 年又提出了关于交流电能长距离(数百和数千千米)传输由于线路损耗太大可能不经济的论点。

图　A-15

图　A-16

此外,还有许多科学家、工程师和发明家都为电路理论的广泛应用作出了突出贡献,如莫尔斯发明了电报,贝尔发明了电话,马可尼和波波夫发明了无线电,弗莱明发明了真空二极管,贝尔德发明电视,诺依曼主持发明电子计算机,贝尔实验室发明了晶体管,基尔比发明了集成电路,等等,电路理论也在这些丰富的应用中得到了不断扩充和完善,目前仍处在快速发展之中。

电路理论发展历史表明,电路理论的内容螺旋式攀升、深化,彼此间的内在联系非常密切,是一门内容广泛且还在不断发展的基础工程学科,历来为研究人员和业界所重视。现代理论既保留了经典理论的基本特点,又补充和延拓了工程领域中的一些新内容。新的研究方向迭起,新的研究成果不断。例如,近代理论中系统地运用拓扑学特别是网络图论的观点来论证电路中的有关问题和分析、设计电路,极大地丰富了电路理论的内容和提高了它的理论水平,又为计算机辅助分析设计电路提供了理论依据。又如,超大规模集成电路、开关电容电路、故障诊断自动测试技术、非线性电路的分析综合、器件建模和新器件的创制、电路的数字综合等都是当前研究的热点,这些研究将引进新的数学工具、创立许多新的概念、形成许多新的观点。今后,电路理论将紧密地与系统理论相结合,并随着计算机技术发展而发展,成为现代科学技术基础理论中一门十分活跃、举足轻重而又有着广阔前景的学科。

复数及其运算

B.1 复数的表示

形如 $A=a+\mathrm{j}b$ 的数称为复数。其中，$\mathrm{j}=\sqrt{-1}$ 称为虚数单位（虚数单位在数学中是用 i 表示的，但在电路中 i 已用于表示电流，为避免混乱，故用 j 表示）。a、b 为任意实数，分别称为复数 A 的实部和虚部，用 Re、Im 运算算子分别表示取实部、虚部后又可表示为

$$a=\mathrm{Re}[A], \quad b=\mathrm{Im}[A]$$

一个复数还可在复平面内用一有向线段表示，如图 B-1 所示，即复数 A 可以用一条从原点指向 A 对应坐标点的有向线段表示。这条线段的长度称为复数的模，记为 $|A|$，模总是取正值。有向线段与实轴正方向的夹角称为复数 A 的辐角，记为 v 角，其单位可以用角度或弧度表示。由图 B1-1 中的直角三角形可以看出

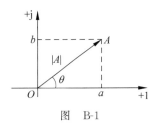

图　B-1

$$a=|A|\cos\theta, \quad b=|A|\sin\theta$$

因此，复数又可以表示为

$$A=|A|(\cos\theta+\mathrm{j}\sin\theta) \tag{B.1-1}$$

而根据欧拉公式 $\mathrm{e}^{\mathrm{j}\theta}=\cos\theta+\mathrm{j}\sin\theta$，上式又可以进一步表示为指数形式

$$A=|A|(\cos\theta+\mathrm{j}\sin\theta)=|A|\mathrm{e}^{\mathrm{j}\theta} \tag{B.1-2}$$

指数形式又可写成极坐标形式为

$$A=|A|\angle\theta \tag{B.1-3}$$

综上所述，任何一个复数 A 可用如下几种数学形式表达：

（1）直角坐标形式或三角形式 $A=a+\mathrm{j}b$ 或 $A=|A|(\cos\theta+\mathrm{j}\sin\theta)$。

（2）指数形式或极坐标形式 $A=|A|\mathrm{e}^{\mathrm{j}\theta}$ 或 $A=|A|\angle\theta$。

上述几种数学表达式，可根据欧拉公式 $\mathrm{e}^{\mathrm{j}\theta}=\cos\theta+\mathrm{j}\sin\theta$ 建立联系，并可得到如下关系相互转换：

$$\begin{cases} |A|=\sqrt{a^2+b^2} \\ \theta=\tan\left(\dfrac{b}{a}\right) \end{cases} \tag{B.1-4}$$

$$\begin{cases} a=|A|\cos\theta \\ b=|A|\sin\theta \end{cases} \tag{B.1-5}$$

B.2　复数的代数运算

设有两个复数

$$\begin{cases} A_1 = a_1 + jb_1 = |A_1| \, e^{j\theta_1} = |A_1| \, \angle\theta_1 \\ A_2 = a_2 + jb_2 = |A_2| \, e^{j\theta_2} = |A_2| \, \angle\theta_2 \end{cases} \tag{B.2-1}$$

下面介绍复数的代数运算规则。

1. 相等

当且仅当两复数的实部相等、虚部也相等时，两者相等，即两复数 A_1 和 A_2，当且仅当

$$a_1 = a_2, \quad b_1 = b_2 \tag{B.2-2}$$

时，有 $A_1 = A_2$。显然，若

$$|A_1| = |A_2|, \theta_1 = \theta_2 \tag{B.2-3}$$

则也有 $A_1 = A_2$。以上的逆也成立，即若复数 $A_1 = A_2$，则有 $a_1 = a_2, b_1 = b_2$ 和 $|A_1| = |A_2|$，$\theta_1 = \theta_2$。

2. 加（减）运算

两复数相加（减）等于实部加（减）实部、虚部加（减）虚部，即

$$A_1 \pm A_2 = (a_1 \pm a_2) + j(b_1 \pm b_2) \tag{B.2-4}$$

显然，进行加（减）运算时，复数宜采用直角坐标形式。复数的加减运算还可以用复平面上的图形来表示，如图 B2-2 至图 B2-5 所示。这种运算在复平面上是符合平行四边形法则的，图 B-2 和图 B-4 是复数加减的平行四边形画法，图 B-3 和图 B-5 是复数加减的首尾连接的三角形画法。

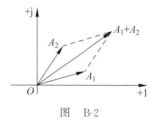

图　B-2

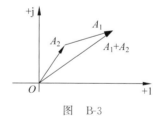

图　B-3

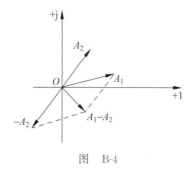

图　B-4

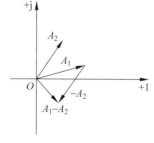

图　B-5

3. 共轭复数

两个实部等值同号、虚部等值异号的复数称为共轭复数。A 的共轭复数用 A^* 表示。例如,若 $A = a + jb = |A|e^{j\theta} = |A|\angle\theta$,则其共轭复数

$$A^* = a - jb = |A|e^{-j\theta} = |A|\angle-\theta \tag{B.2-5}$$

4. 乘(除)运算

复数的乘(除)运算用极坐标形式比较方便。两复数相乘(除),等于其模与模相乘(除),辐角与辐角相加(减),即

$$A_1 A_2 = |A_1|\angle\theta_1 \cdot |A_2|\angle\theta_2 = |A_1| \cdot |A_2|\angle(\theta_1 + \theta_2) \tag{B.2-6}$$

$$\frac{A_1}{A_2} = \frac{|A_1|\angle\theta_1}{|A_2|\angle\theta_2} = \frac{|A_1|}{|A_2|}\angle(\theta_1 - \theta_2) \tag{B.2-7}$$

若采用直角坐标形式进行乘(除)运算,则为

$$A_1 A_2 = (a_1 + jb_1)(a_2 + jb_2) = (a_1 a_2 - b_1 b_2) + j(a_1 b_2 + b_1 a_2) \tag{B.2-8}$$

$$\frac{A_1}{A_2} = \frac{a_1 + jb_1}{a_2 + jb_2} = \frac{(a_1 + jb_1)(a_2 - jb_2)}{(a_2 + jb_2)(a_2 - jb_2)} = \frac{a_1 a_2 + b_1 b_2}{a_2^2 + b_2^2} + j\frac{b_1 a_2 - a_1 b_2}{a_2^2 + b_2^2} \tag{B.2-9}$$

在推导式(B2-9)的过程中,用了共轭复数的重要性质

$$A_2 A_2^* = (a_2 + jb_2)(a_2 - jb_2) = a_2^2 + b_2^2 \tag{B.2-10}$$

或

$$A_2 A_2^* = |A_2|\angle\theta_2 \cdot |A_2|\angle-\theta_2 = |A_2|^2\angle0° = |A_2|^2 \tag{B.2-11}$$

B.3 算子 Re 的运算规则

设有一个复数 $A_1 = |A_1|e^{j\theta_1}$,由它构成的复指数函数为

$$A_1(t) = A_1 e^{j\omega t} = |A_1|e^{j\theta_1}e^{j\omega t} = |A_1|e^{j(\omega t + \theta_1)}$$
$$= |A_1|\cos(\omega t + \theta_1) + j|A_1|\sin(\omega t + \theta_1)$$

为了方便,令

$$a_1(t) = |A_1|\cos(\omega t + \theta_1)$$
$$b_1(t) = |A_1|\sin(\omega t + \theta_1)$$

这样,实变量 t 的复指数函数 $A_1(t)$ 可写为

$$A_1(t) = A_1 e^{j\omega t} = a_1(t) + jb_1(t) \tag{B.3-1}$$

设另有一个复指数函数 $A_2(t)$ 可写为

$$A_2(t) = A_2 e^{j\omega t} = a_2(t) + jb_2(t) \tag{B.3-2}$$

下面介绍算子 Re 的运算规则。

1. 乘以实常数 α

如有实数 α,则

$$\text{Re}[\alpha A_1(t)] = \alpha\text{Re}[A_1(t)] \tag{B.3-3}$$

证明：由式(B3-1)有

$$\mathrm{Re}[\alpha A_1(t)] = \mathrm{Re}[\alpha a_1(t) + \mathrm{j}\alpha b_1(t)] = \alpha\,\mathrm{Re}[A_1(t)]$$

证毕。

2. 相等

若

$$\mathrm{Re}[A_1 \mathrm{e}^{\mathrm{j}\omega t}] = \mathrm{Re}[A_2 \mathrm{e}^{\mathrm{j}\omega t}] \quad \forall\, t \tag{B.3-4a}$$

则

$$A_1 = A_2 \tag{B.3-4b}$$

其逆也成立，即若 $A_1 = A_2$，则

$$\mathrm{Re}[A_1 \mathrm{e}^{\mathrm{j}\omega t}] = \mathrm{Re}[A_2 \mathrm{e}^{\mathrm{j}\omega t}] \quad \forall\, t$$

证明：由式(B3-1)和式(B3-2)可知，又根据前提条件式(B3-4)有

$$a_1(t) = a_2(t) \tag{B.3-5}$$

由于式(B3-4)对所有时间 t 均成立，令 $t' = t + T/4$，则 $\omega t' = \omega t + \pi/2$，代入式(B3-4)，得

$$\mathrm{Re}[A_1 \mathrm{e}^{\mathrm{j}(\omega t + \pi/2)}] = \mathrm{Re}[A_2 \mathrm{e}^{\mathrm{j}(\omega t + \pi/2)}]$$

即

$$\mathrm{Re}[\mathrm{j}A_1 \mathrm{e}^{\mathrm{j}\omega t}] = \mathrm{Re}[\mathrm{j}A_2 \mathrm{e}^{\mathrm{j}\omega t}]$$

即

$$\mathrm{Re}[\mathrm{j}a_1(t) - b_1(t)] = \mathrm{Re}[\mathrm{j}a_2(t) - b_2(t)]$$

于是有

$$b_1(t) = b_2(t) \tag{B.3-6}$$

根据式(B3-5)和式(B3-6)可知两函数相等，即

$$A_1 \mathrm{e}^{\mathrm{j}\omega t} = A_2 \mathrm{e}^{\mathrm{j}\omega t}$$

由于 $\mathrm{e}^{\mathrm{j}\omega t} \neq 0$，所以 $A_1 = A_2$。证毕。

3. 相加(减)

对于式(B3-1)和式(B3-2)的两个复数，有

$$\mathrm{Re}[(A_1 \pm A_2)\mathrm{e}^{\mathrm{j}\omega t}] = \mathrm{Re}[A_1 \mathrm{e}^{\mathrm{j}\omega t}] \pm \mathrm{Re}[A_2 \mathrm{e}^{\mathrm{j}\omega t}] \tag{B.3-7}$$

证明：由式(B3-1)和式(B3-2)得

$$\begin{aligned}
\mathrm{Re}[(A_1 \pm A_2)\mathrm{e}^{\mathrm{j}\omega t}] &= \mathrm{Re}[A_1 \mathrm{e}^{\mathrm{j}\omega t} \pm A_2 \mathrm{e}^{\mathrm{j}\omega t}] \\
&= \mathrm{Re}[a_1(t) + \mathrm{j}b_1(t) \pm a_2(t) \pm \mathrm{j}b_2(t)] \\
&= a_1(t) \pm a_2(t) \\
&= \mathrm{Re}[A_1 \mathrm{e}^{\mathrm{j}\omega t}] \pm \mathrm{Re}[A_2 \mathrm{e}^{\mathrm{j}\omega t}]
\end{aligned}$$

证毕。

4. 导数

$$\frac{\mathrm{d}}{\mathrm{d}t}\mathrm{Re}[A_1 \mathrm{e}^{\mathrm{j}\omega t}] = \mathrm{Re}\left[\frac{\mathrm{d}}{\mathrm{d}t}(A_1 \mathrm{e}^{\mathrm{j}\omega t})\right] = \mathrm{Re}[\mathrm{j}\omega A_1 \mathrm{e}^{\mathrm{j}\omega t}] \tag{B.3-8}$$

证明：由于 $A_1 \mathrm{e}^{\mathrm{j}\omega t} = a_1(t) + \mathrm{j}b_1(t)$，且 $a_1(t)$ 和 $a_2(t)$ 是 t 的实函数，所以

$$\frac{\mathrm{d}}{\mathrm{d}t}\mathrm{Re}[A_1 \mathrm{e}^{\mathrm{j}\omega t}] = \frac{\mathrm{d}a_1(t)}{\mathrm{d}t} = \mathrm{Re}\left[\frac{\mathrm{d}a_1(t)}{\mathrm{d}t} + \mathrm{j}\frac{\mathrm{d}b_1(t)}{\mathrm{d}t}\right] = \mathrm{Re}\left[\frac{\mathrm{d}}{\mathrm{d}t}(A_1 \mathrm{e}^{\mathrm{j}\omega t})\right]$$

由于 A 不是 t 的函数，故

$$\mathrm{Re}\left[\frac{\mathrm{d}}{\mathrm{d}t}(A_1 \mathrm{e}^{\mathrm{j}\omega t})\right] = \mathrm{Re}[\mathrm{j}\omega A_1 \mathrm{e}^{\mathrm{j}\omega t}]$$

证毕。

参 考 文 献

[1] 王松林.电路基础[M].3 版.西安：西安电子科技大学出版社,2008.

[2] 李瀚荪.电路分析基础[M].4 版.北京：高等教育出版社,2006.

[3] 张永瑞,陈生潭.电路分析基础[M].北京：电子工业出版社,2002.

[4] 沈元隆,刘陈.电路分析[M].北京：人民邮电出版社,2001.

[5] 胡翔骏.电路分析[M].2 版.北京：高等教育出版社,2006.

[6] [美]NILSSON J W,RIEDEL S A.电路分析基础[M].英文版.张民,改编.北京：电子工业出版
     社,2012.

[7] 刘景夏.电路分析基础教程[M].北京：清华大学出版社,2005.

[8] 邱关源,罗先觉.电路[M].5 版.北京：高等教育出版社,2006.

[9] 陈洪亮.张峰.电路基础[M].北京：高等教育出版社,2007.

[10] 秦曾煌.电工学[M].7 版.北京：高等教育出版社,2009.

[11] 燕庆明.电路分析教程[M].2 版.北京：高等教育出版社,2007.

[12] 于歆杰,朱桂萍,陆文娟,等.电路原理[M].北京：清华大学出版社,2007.

[13] 俎云霄,李巍海,吕玉琴.电路分析基础[M].北京：电子工业出版社,2009.

[14] 赵录怀.工程电路分析[M].北京：高等教育出版社,2007.

[15] 朱国荣,卢家航,黎沃铭.燃料电池实时电池匹配最大功率跟踪法[J].中国电机工程学报,
      2011,(31)：26.

[16] 于战科,王娜,林莹,等.电工与电路基础[M].北京：机械工业出版社,2021.

图书资源支持

感谢您一直以来对清华大学出版社图书的支持和爱护。为了配合本书的使用，本书提供配套的资源，有需求的读者请扫描下方的"书圈"微信公众号二维码，在图书专区下载，也可以拨打电话或发送电子邮件咨询。

如果您在使用本书的过程中遇到了什么问题，或者有相关图书出版计划，也请您发邮件告诉我们，以便我们更好地为您服务。

我们的联系方式：

地　　址：北京市海淀区双清路学研大厦 A 座 714

邮　　编：100084

电　　话：010-83470236　010-83470237

资源下载：http://www.tup.com.cn

客服邮箱：tupjsj@vip.163.com

QQ：2301891038（请写明您的单位和姓名）

用微信扫一扫右边的二维码,即可关注清华大学出版社公众号。

教学资源·教学样书·新书信息

人工智能科学与技术
人工智能|电子通信|自动控制

资料下载·样书申请

书圈